冶金工业出版社

普通高等教育“十四五”规划教材

过程冶金中的传输现象

邹宗树　邵　磊　主编

北　京
冶　金　工　业　出　版　社
2024

内 容 提 要

本书的定位是冶金工程专业研究生的专业基础课教材，对应的先修课程为本科专业的“冶金传输原理基础”。鉴于本科教材已对基本传输现象的解析和表征进行了详细介绍，本书重点介绍更复杂的传输现象的解析和表征。考虑动量传输是热量传输和质量传输的基础，本书仍按照动量传输、热量传输和质量传输的顺序编排。鉴于传输现象在机理上的类似和耦合，在分别介绍三类传输现象之后，本书单列章节介绍了传输现象的类似律和耦合传输现象的表征处理。最后，本书扼要介绍了数值模拟的相关基础知识，为读者开展传输现象的数值模拟研究提供入门参考。

本书除作为研究生的专业基础课教材外，也可供冶金及相关专业领域的科研、设计和生产部门的科技人员参考。

图书在版编目(CIP)数据

过程冶金中的传输现象／邹宗树，邵磊主编．北京：冶金工业出版社，2024.11. --（普通高等教育“十四五”规划教材）. -- ISBN 978-7-5240-0051-8

Ⅰ. TF01

中国国家版本馆CIP数据核字第2024QR7809号

过程冶金中的传输现象

出版发行 冶金工业出版社　　**电　话** (010)64027926
地　址 北京市东城区嵩祝院北巷39号　　**邮　编** 100009
网　址 www.mip1953.com　　**电子信箱** service@mip1953.com

责任编辑 张熙莹　美术编辑 彭子赫　版式设计 郑小利
责任校对 梁江凤　责任印制 禹　蕊
三河市双峰印刷装订有限公司印刷
2024年11月第1版，2024年11月第1次印刷
787mm×1092mm　1/16；22.5印张；542千字；348页
定价89.00元

投稿电话 (010)64027932　投稿信箱 tougao@cnmip.com.cn
营销中心电话 (010)64044283
冶金工业出版社天猫旗舰店 yjgycbs.tmall.com
（本书如有印装质量问题，本社营销中心负责退换）

前　言

传输现象是传递和输运两种现象的合称。本书的传输现象是动量传输、热量传输和质量传输三类传输现象的总称。动量传输是指流体运动过程中流体与固体表面之间的动量传递（作用力）和流体内部的动量输运；热量传输包括流体与固体之间的热量传递及流体和固体内部的热量输运；质量传输包括流体与固体之间的质量传递及流体和固体内部的质量输运。

过程冶金，尤其是火法过程冶金，其核心内容是在高温下通过化学反应从矿物中提取和精炼金属。过程冶金中的化学反应绝大多数都不是均相反应，而是非均相的多相反应。在多相反应体系中，化学反应只在相界面上发生，需要反应物持续不断地从两相的本体向反应界面迁移，而产物则是从反应界面向两相的本体迁移，这便是质量传输现象。可见，质量传输是实现多相反应的前提条件。另外，在高温下，一般化学反应本身速度很快，整个过程的控制环节往往是质量传输。因此，质量传输现象在过程冶金中起着举足轻重的作用。

火法过程冶金，也包括电热冶金，顾名思义都是在高温下进行的，但所使用的原料和形成的最终产品都是常温的。因此，在过程冶金中加热和冷却是不可或缺的环节。事实上，一般情况下，火法冶金整个过程的效率往往取决于加热和/或冷却环节，亦即热量传输现象。因此，热量传输现象在过程冶金中同样起着举足轻重的作用。

在有流体参与的过程冶金中，无论是相间的质量传输还是热量传输，其速率都取决于流体流动，或者说动量传输同时决定着质量和热量传输。由于质量和热量传输现象在过程冶金中的作用，也使得动量传输现象在过程冶金中同样起着举足轻重的作用。

综上所述，传输现象与过程冶金的逻辑关系如图 1 所示。在有流体参与的高温多相反应过程中，动量传输同时决定着热量传输和质量传输，而热量传输和质量传输又分别决定着加热和反应物及产物的迁移。这样一来，传输现象便成为实现高温多相化学反应，进而实现过程冶金的必经环节。事实上，绝大多数冶金多相反应的控制环节都是传输现象，这也使得传输现象成为过程冶金领域的主要研究内容之一。

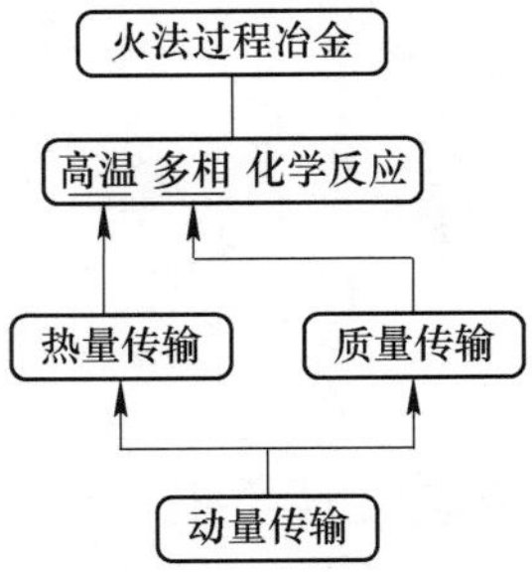

图 1　传输现象与过程冶金的逻辑关系

另外，作为一门工程性学科，冶金工程专业不仅有着高温多相化学反应的核心科学内涵，也有着一般工程学科的固有工程属性。加热冷却和流体流动便是其主要的工程属性。以钢铁冶金为例，加热和冷却方面，钢铁生产工艺流程中铁矿粉的高温烧结、热风炉的空气加热、电弧炉的废钢加热熔化、精炼环节中的钢水二次加热、连铸中的钢水冷却和凝固等，其科学基础都是热量传输和影响其速率的动量传输。流体流动方面，钢铁厂内随处可见大量的各种管道对流体进行输送和喷吹，其科学基础则都是动量传输。因此，传输现象不仅是过程冶金核心科学内涵的基础，也是冶金专业工程属性的科学基础，这也使得传输现象成为过程冶金领域的主要研究内容之一。

本书的定位是冶金工程专业研究生的专业基础课教材，篇幅为课堂讲授100学时左右，但可根据专业课程设置选讲所需内容。本书对应的先修课程为本科专业的“冶金传输原理基础”。鉴于本科教材已对基本传输现象的解析和表征进行了详细介绍，本书重点介绍更复杂的传输现象的解析和表征。但考虑到内容的系统性和完整性，同时为了便于读者查阅参考，本书给出了基本传输现象的解析结果。考虑动量传输是热量传输和质量传输的基础，本书仍按照动量传输、热量传输和质量传输的顺序编排。鉴于三种传输现象在数学表征上的类似，对一些冗长的数学分析只在动量传输中做详细介绍，而在热量传输和质量传输中则应用与动量传输的类似直接给出结果。考虑到传输现象在机理上的类似和耦合，在分别介绍三类传输现象之后，本书单列章节介绍了传输现象的类似律和耦合传输现象的表征处理。另外，考虑到对复杂传输现象，尤其是湍流传输现象进行数值模拟的需要，最后扼要介绍了数值模拟的相关基础知识，为读者开展传输现象的数值模拟研究提供入门参考。

需要说明的一点是，关于有流体流动情况下的物理量传输，本书没有沿用绝大多数讲授传输现象的教科书中所用的笼统的“对流传输”的术语，而是严谨地区分了“移流输运”机理和“对流传递”方式。前者是指流体运动携带所导致的物理量的输运，是物理量传输的一种基本机理；而后者是指流动流体与固体表面之间的物理量的交换，不是一种基本机理，而是一种包含了移流输运和扩散传输两种基本机理的综合传输方式的模型化。另外，关于气固两相流动，考虑到粉料输送和喷吹在冶金中的应用，在第 5 章气固两相流动中增加了气粉两相可压缩流动的相关内容。关于气体扩散，本书在基本的两组元气体扩散的基础上，增加了多组元气体扩散的内容，包括等摩尔和非等摩尔逆向扩散。

除作为研究生的专业基础课教材外，本书也可供冶金领域的科研、设计和生产部门的科技人员参考。另外，传输现象不仅是冶金工程的专业基础，也是所有涉及传输现象的工程专业的专业基础，例如化学工程、能源与动力工程、核化工与核燃料工程、矿物加工工程、环境科学与工程等，所以本书也可供相关专业的本科生和研究生，以及科研、设计和生产部门的科技人员参考。

本书是在编者长期以来讲授冶金工程专业研究生专业基础课的备课笔记的基础上整理编纂而成的。第 3~5 章主要由李明明完成，第 6、9 章主要由曲迎霞完成，其余章节由邵磊完成，全书由邹宗树审改定稿。

由于编者的水平所限，书中不足之处敬请读者批评指正。

作　者

2024 年 2 月

目　　录

第一篇　动量传输现象

第二篇　热量传输现象

第三篇　质量传输现象

第一篇

动量传输现象

1 动量传输的基本概念和基本方程

为避免对动量传输知识构架的全盘介绍，同时考虑与后续相关知识点的呼应，本章仅就动量传输的基本概念和定律进行重点阐述，并在之后给出描述流体流动的基本方程和一些典型一维稳态流动的精确解，作为读者开展相关计算的参考。

1.1 基本概念和定律

流体是气体和液体的统称，二者都具有流动性和黏性的共性，但二者在力学性质方面仍有较大区别。液体的分子间距很难缩小，因而具有一定的体积，所以被称为不可压缩流体。气体的分子间距很大，对其施加压力时分子间距减小进而体积缩小，所以通常被称为可压缩流体。然而，尽管气体可压缩，但在许多工程问题中，当气体的温度和压力变化不大且气流速度小于音速❶时，气体的可压缩性是可以忽略的，此时气体流动和液体流动在运动规律方面是完全相同的，液体运动的基本理论对不可压缩气体来说也完全适用。

从力学的角度来看，流动性是指流体受到外部剪切力作用而发生连续变形的特性。流体变形一经发生，其内部就会出现抵抗的切应力，流体这种对外部剪切力导致的变形所表现出的抵抗就是其黏性。

图 1-1 所示的沿壁面的流体流动，每一运动较慢的流体层都是在运动较快的流体层带动下才运动的，而每一运动较快的流体层又都受到运动较慢流体层的阻碍而无法运动得更快。也就是说，在做相对运动的两流体层的接触面上，存在着一对等值但反向的作用力来维持两层流体稳定的相对运动，这是流体黏性的另一种解释，其中维持两层流体稳定相对运动的作用力即为黏性力，也称内摩擦力或黏性摩擦力。

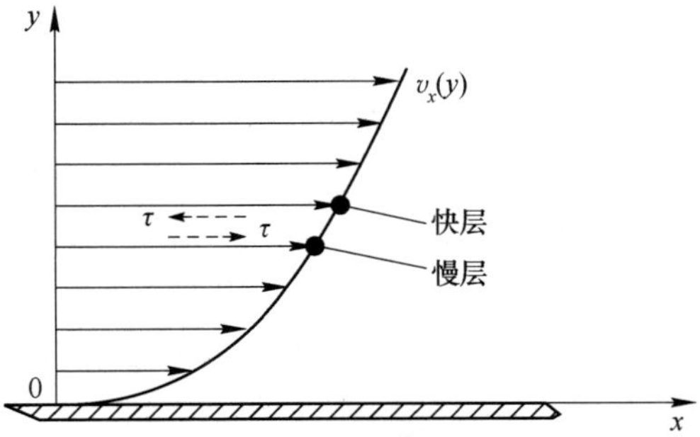

图 1-1 流体薄层的相对运动

---

❶ 《现代汉语词典》（第 7 版）中为声速，旧称音速。本书研究冶金传输原理基础，将音速定义为介质中微弱压强扰动的传播速度，将声速定义为声波在介质中的传播速度，由于本书中相关理论公式的推导始于微弱压强扰动前后的流体质量和动量守恒分析，同时考虑到本专业领域的术语习惯，如对应于不同马赫数的亚音速、音速、超音速及采用拉瓦尔喷管形成的超音速射流，故本书中使用“音速”一词。

牛顿（I. Newton）通过大量实验于 1686 年提出了确定流体黏性力的牛顿黏性定律：层流（于本节末讨论）状态下，当流体的薄层间存在相对位移，即存在速度梯度时，在其速度不相等的薄层之间及流动流体与固体表面之间所产生的内摩擦力 F 的大小与速度梯度 $\mathrm{d}u/\mathrm{d}y$ 和接触面积 A 成正比，即

$$F=\mu\frac{\mathrm{d}u}{\mathrm{d}y}A \tag{1-1}$$

于是，单位面积上的内摩擦力，即内摩擦应力（或黏性切应力）τ 与速度梯度 $\mathrm{d}u/\mathrm{d}y$ 成正比，即

$$\tau=\mu\frac{\mathrm{d}u}{\mathrm{d}y} \tag{1-2}$$

式（1-1）和式（1-2）中等号右边的比例系数 μ 为动力黏性系数或动力黏度（dynamic viscosity），也简称为黏度。在工程计算和动量传输分析中，也常使用流体的动力黏度与其密度的比值 μ/ρ，这个比值称为运动黏性系数或运动黏度（kinematic viscosity），也称为动量扩散系数，以 ν 表示。

对内摩擦力的产生机理进行深入探究可知，由于流体分子（或原子、离子等微观粒子）永不停息地做不规则运动，各流体薄层间必然互有分子的迁移掺混。慢层分子迁移到快层时，给快层以主流反向的碰撞，使快层减速；而快层分子进入慢层时给慢层以主流方向的碰撞，实现动量的传输，从而使慢层加速，达到延缓两层相对运动的效果。因此，从物量传输的角度看，单位面积上的内摩擦力，即内摩擦应力（或黏性切应力）就是由快层流体向慢层流体，即沿速度梯度反向的动量传输通量。据此，可将式（1-2）改写为

$$\tau_{yx}=-\nu\frac{\mathrm{d}(\rho u)}{\mathrm{d}y} \tag{1-3}$$

式中，ρu 为单位体积流体的动量，亦即动量浓度。

式（1-3）表明，动量通量与动量浓度梯度成正比，因此黏性切应力就是黏性动量通量。

在不可压缩流体的条件下，有

$$\tau_{yx}=-\mu\frac{\mathrm{d}u}{\mathrm{d}y} \tag{1-4}$$

式（1-1）~式（1-4）统称为牛顿黏性（或内摩擦）定律。由式（1-3）可知，运动黏度 ν 实际为上述流体的动量扩散系数，其中等号右边的负号表示动量传输与速度梯度反向，等号左边内摩擦应力 τ 的下标中前者表示速度（动量浓度）梯度方向，后者表示流体的主流（动量）方向。

根据式（1-2），以内摩擦应力（又称剪切应力）τ 对速度梯度 $\mathrm{d}u/\mathrm{d}y$（又称剪切速率）在直角坐标系中作图，应当得到一条通过原点的直线，具有这种特性的流体，即服从牛顿黏性定律的流体，称为牛顿流体。自然界和工程中的全部气体、所有单相非聚合态流体（如水和甘油等）及均质流体基本属于牛顿流体。

当流体的黏度很小，小到可以忽略不计时，按照黏度为零处理，此时的流体称为无黏流体。在中文文献中，无黏流体有时也被称为理想流体，但这种称谓与理想气体的定义相矛盾，因为理想气体并非必须无黏。在自然界中，无黏流体是不存在的，但是对一些工程

问题所涉及的流体，当其黏性决定的黏性力比起作用于其上的其他外力要小得多时，可以忽略黏性对流体运动的影响，此时的流体可以视为无黏流体。

气体的黏度除与气体种类有关外，还与温度有关。温度升高使气体分子热运动加剧，导致流动的气体层间分子交换增加，动量交换增加，因而表现为气体的黏度增加。基于气体分子运动论（kinetic theory of gases），并应用伦纳德-琼斯 6-12 势函数（Lennard-Jones 6-12 potential function）对其修正，查普曼-恩斯克（Chapman-Enskog，也译为奇普曼-昂萨格）得到了单一气体黏度 μ（单位：Pa·s）的计算公式。

$$\mu = 2.6693 \times 10^{-6} \frac{\sqrt{MT}}{\sigma^2 \Omega_\mu} \tag{1-5}$$

式中，M 为气体的摩尔质量，g/mol；σ 为气体分子的碰撞直径，Å，1 Å = 0.1 nm；Ω_μ 为表征气体分子/原子非刚性球的碰撞积分，是无因次参量 $\kappa_E T/\varepsilon$ 的函数；κ_B 为玻尔兹曼常数（Boltzmann constant，1.380649×10^{-23} J/K）；ε 为气体分子的特征能量，J。

常见气体的 σ 和 ε/κ_B 数据见表 1-1，$\kappa_B T/\varepsilon$ 与 Ω_μ 的函数关系数据见表 1-2。

表 1-1　常见气体的 σ 和 ε/κ_B 数据

气体	摩尔质量/g·mol^{-1}	σ/nm	$\frac{\varepsilon}{\kappa_B}$/K
H_2	2.016	0.2915	38.0
He	4.003	0.2567	10.2
Ne	20.183	0.2789	35.7
Ar	39.944	0.3418	124.0
N_2	28.02	0.3681	91.5
O_2	32.0	0.3433	113.0
CO	28.01	0.3590	110.0
CO_2	44.01	0.3996	190.0
SO_2	64.07	0.4290	252.0
F_2	38.0	0.3653	112.0
Cl_2	70.91	0.4115	357.0
CH_4	16.04	0.3822	138.0
CS_2	76.14	0.4438	488.0
空气	28.97	0.3617	97.0

表 1-2　$\kappa_B T/\varepsilon$ 与 Ω_μ 的函数关系数据

$\kappa_B T/\varepsilon$	Ω_μ	$\kappa_B T/\varepsilon$	Ω_μ	$\kappa_B T/\varepsilon$	Ω_μ	$\kappa_B T/\varepsilon$	Ω_μ
0.30	2.785	0.75	10841	1.20	1.452	1.65	1.264
0.35	2.628	0.80	1.708	1.25	1.424	1.70	1.248
0.40	2.492	0.85	1.725	1.30	1.399	1.75	1.234
0.45	2.368	0.90	1.675	1.35	1.375	1.80	1.221
0.50	2.257	0.95	1.629	1.40	1.353	1.85	1.209
0.55	2.156	1.00	1.587	1.45	1.333	1.90	10197
0.60	2.065	1.05	1.549	1.50	1.314	1.95	1.186
0.65	1.982	1.10	1.514	1.55	1.296	2.00	1.175
0.70	1.908	1.15	1.482	1.60	1.279	2.10	1.156

续表 1-2

$\kappa_B T/\varepsilon$	Ω_μ	$\kappa_B T/\varepsilon$	Ω_μ	$\kappa_B T/\varepsilon$	Ω_μ	$\kappa_B T/\varepsilon$	Ω_μ
2. 20	1. 138	3. 30	1. 014	4. 40	0. 9507	10. 0	0. 8242
2. 30	1. 122	3. 40	1. 007	4. 50	0. 9464	20. 0	0. 7432
2. 40	1. 107	3. 50	0. 9999	4. 60	0. 9422	30. 0	0. 7005
2. 50	1. 093	3. 60	0. 9932	4. 70	0. 9382	40. 0	0. 6718
2. 60	1. 081	3. 70	0. 9870	4. 80	0. 9343	50. 0	0. 6504
2. 70	1. 069	3. 80	0. 9811	4. 90	0. 9305	60. 0	0. 6335
2. 80	1. 085	3. 90	0. 9755	5. 0	0. 9269	70. 0	0. 6194
2. 90	1. 048	4. 00	0. 9700	6. 0	0. 8963	80. 0	0. 6076
3. 00	1. 039	4. 10	0. 9649	7. 0	0. 8727	90. 0	0. 5973
3. 10	1. 030	4. 20	0. 9600	8. 0	0. 8538	100. 0	0. 5882
3. 20	1. 022	4. 30	0. 9553	9. 0	0. 8379		

单组分气体的黏度与温度的关系也可以用经验公式（1-6）确定。

$$\mu = \mu_0 \frac{1 + \dfrac{C}{273}}{1 + \dfrac{C}{T}} \sqrt{\frac{T}{273}} \tag{1-6}$$

式中，μ_0 为气体 0 ℃时的黏度；T 为绝对温度；C 为常数。

几种气体的 μ_0 和 C 值见表 1-3。

表 1-3　几种气体的 μ_0 和 C 值

气体	空气	H_2	O_2	N_2	H_2O	CO	CO_2	SO_2
μ_0/Pa · s	1.687×10^{-5}	0.834×10^{-5}	1.903×10^{-5}	1.668×10^{-5}	0.883×10^{-5}	1.697×10^{-5}	1.373×10^{-5}	1.167×10^{-5}
C	111	71	125	104	961	100	254	300

对多组分混合气体，可用威尔基（C. R. Wilke）公式计算其黏度：

$$\mu_{\text{mix}} = \sum_{i=1}^{n} \frac{x_i \mu_i}{\sum_{j=1}^{n} x_j \Phi_{ij}} \tag{1-7}$$

其中

$$\Phi_{ij} = \frac{1}{\sqrt{8}}\left(1 + \frac{M_i}{M_j}\right)^{-1/2}\left[1 + \left(\frac{\mu_i}{\mu_j}\right)^{1/2}\left(\frac{M_j}{M_i}\right)^{1/4}\right]^2 \tag{1-8}$$

式中，x_i 为组分 i 的摩尔分数；μ_i 为组分 i 的黏度；M_i、M_j 分别为组分 i 和 j 的摩尔质量。

若混合气体各组分的摩尔质量相近，也可用式（1-9）计算其黏度。

$$\mu_{\text{mix}} = \frac{\sum x_i \mu_i (M_i)^{1/2}}{\sum x_i (M_i)^{1/2}} \tag{1-9}$$

与气体的黏性主要来自分子运动导致的动量交换不同，液体的黏性主要来自分子间的相互作用力。分子间的相互作用力随温度的升高而减弱，所以液体的黏度随温度的升高而减小，与气体黏度随温度的升高而增大不同。作为参考，图 1-2 给出了 1 atm（101325 Pa）下几种液体和气体的黏度随温度的变化。另外，纯水（H_2O）的运动黏度 ν（单位：m^2/s）可用经验公式（1-10）计算。

$$\nu = \frac{\mu}{\rho} = \frac{1.775 \times 10^{-6}}{1 + 0.337T + 0.000221T^2} \tag{1-10}$$

式中，T 为纯水的温度，℃。

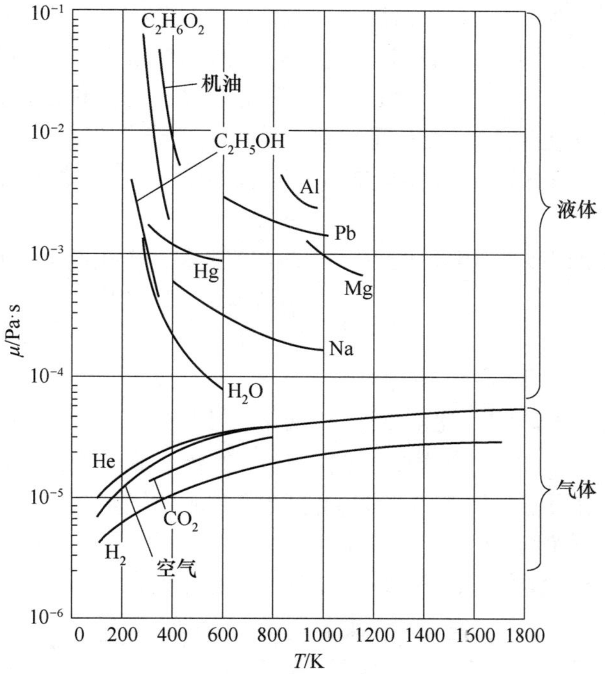

图 1-2　几种液体和气体的黏度随温度的变化

由于还没有成熟的模型用于描述液体结构及其分子间的相互作用力，因此也就没有可靠的模型用于计算液体的黏度，故需要的黏度数据一般通过实验测定。大量实验数据表明，正规分子液体（molecular liquids）的黏度 μ（单位：Pa·s）与温度的关系服从阿累尼乌斯（Arrhenius）关系式（1-11）。

$$\mu = A\exp\left(\frac{\Delta H^*}{RT}\right) \tag{1-11}$$

式（1-11）中的指前因子 A（单位：Pa·s）为

$$A = \frac{N_0 h_0}{\tilde{V}} \tag{1-12}$$

式中，N_0 为阿伏伽德罗常数（Avogadro constant，$6.022\times10^{23}\ \mathrm{mol^{-1}}$）；$h_0$ 为普朗克常数（Planck constant，6.626×10^{-34} J·s）；$\tilde{V}$ 为液体的摩尔体积，$\mathrm{m^3/mol}$。

式（1-11）中的活化焓为

$$\Delta H^* \approx 0.41\Delta H_{vap} \tag{1-13a}$$

或

$$\Delta H^* \approx 3.8RT_b \tag{1-13b}$$

式中，ΔH_{vap}、T_b 分别为液体的汽化焓和沸点的绝对温度。

当使用沸点温度 T_b 时，式（1-11）变为艾林公式（Eyring formula）：

$$\mu = \frac{N_0 h_0}{\widetilde{V}} \exp\left(\frac{3.8T_b}{T}\right) \tag{1-14}$$

对比式（1-5）和式（1-11），不难发现，虽然气体和液体的流体力学理论相似，但两者的分子动力学机理不同。气体的黏度随温度升高而增大，而液体黏度随温度升高而减小，如图1-2所示。这是因为，液体的单元流动包括两种机理，一种是分子中的原子作为流动单元挤过相邻分子之两个流动单元原子之间的运动，另一种是流动单元借助空穴的运动。式（1-11）中的活化焓 ΔH^* 便是流动单元挤过运动或者形成空穴需要克服的能垒，能够克服这一能垒的流动单元占比随温度的升高呈指数增加，所以液体的黏度随温度的升高呈指数减小。

考虑上述流体借助空穴的流动机理，液体黏度随压力变化的关系可写为：

$$\mu = B\exp\left(\frac{p\Delta V^*}{RT}\right) \tag{1-15}$$

式中，ΔV^* 为液体流动所需的空穴体积。

表1-4列出了几种液体的活化焓 ΔH^* 和汽化焓 ΔH_{evap}。在液体中形成一个分子大小的空穴所需的能量为 $\Delta H_{evap}/N_0$。由表中数据可知，在分子液体中，ΔH^* 与 ΔH_{evap} 的比值为0.20~0.40，说明形成原子尺度空穴所需的能量为形成分子空穴所需能量的1/5~2/5。而在液态金属这样的原子液体中，ΔH^* 与 ΔH_{evap} 的比值仅为1/20~1/10，这表明液态金属中的流动单元是嵌入在自由电子云中的离子，而汽化的蒸发单元是尺寸更大的中性原子。

表1-4　几种液体的活化焓 ΔH^* 和汽化焓 ΔH_{evap}

液体	ΔH^*/kJ·mol^{-1}	ΔH_{evap}/kJ·mol^{-1}	$\Delta H^*/\Delta H_{evap}$
CCl_4	10.5	27.6	0.379
C_6H_6	10.6	27.9	0.381
CH_4	3.01	7.61	0.395
N_2	1.88	5.06	0.371
O_2	1.67	6.15	0.271
CS_2	5.36	24.8	0.261
Na	6.07	97.9	0.0620
K	4.73	79.5	0.0595
Ag	20.2	254.0	0.0794
Hg	2.72	56.9	0.0478

对于液态金属，假定可以用伦纳德-琼斯6-12势函数来近似描述原子间的相互作用力，查普曼得到，无因次黏度 μ^* 是无因次温度 T^* 和无因次原子体积 V^* 的一般函数，即

$$\mu^* = f(T^*, V^*) \tag{1-16}$$

其中

$$\begin{cases} \mu^* = \dfrac{\mu\delta^2 N_0}{(MRT)^{1/2}} \\ T^* = \dfrac{\kappa_B T}{\varepsilon} \\ V^* = \dfrac{1}{n\delta^3} \end{cases} \tag{1-17}$$

式中，δ 为特征距离参数，取戈尔德施米特（Goldschmidt）原子直径（即配位数为 12 时的原子直径），m；n 为单位体积液体中的原子数；R 为气体常数，取 8.3144 J/(mol·K)；M 为摩尔质量，kg/mol；μ 为黏度，Pa·s。

关于一般函数的具体形式，应用 X 射线衍射数据确定伦纳德-琼斯 6-12 势函数，得到了如图 1-3 所示的 $\mu^*(V^*)^2$-$1/T^*$ 关系曲线。查普曼通过将如图 1-4 所示的 19 种液态金属的黏度数据拟合到图 1-3 的曲线上，确定了这些液态金属的特征能量 ε。19 种液态金属的 δ 和 ε/κ_B 数据见表 1-5，最终得到的 $\mu^*(V^*)^2$-$1/T^*$ 关系曲线如图 1-5 所示。

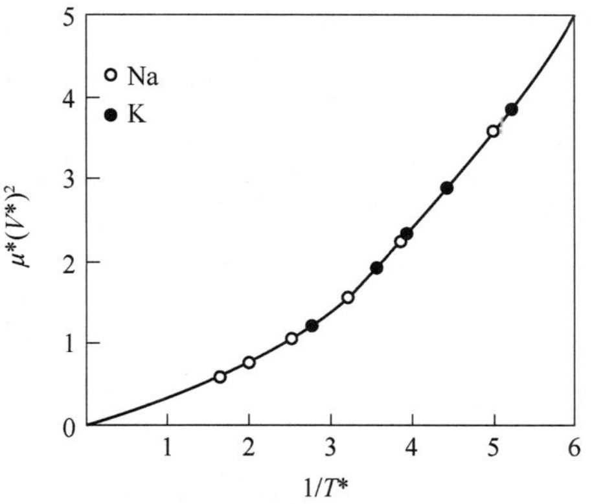

图 1-3　应用 X 射线衍射数据确定伦纳德-琼斯 6-12 势函数得到的 $\mu^*(V^*)^2$-$1/T^*$ 关系曲线

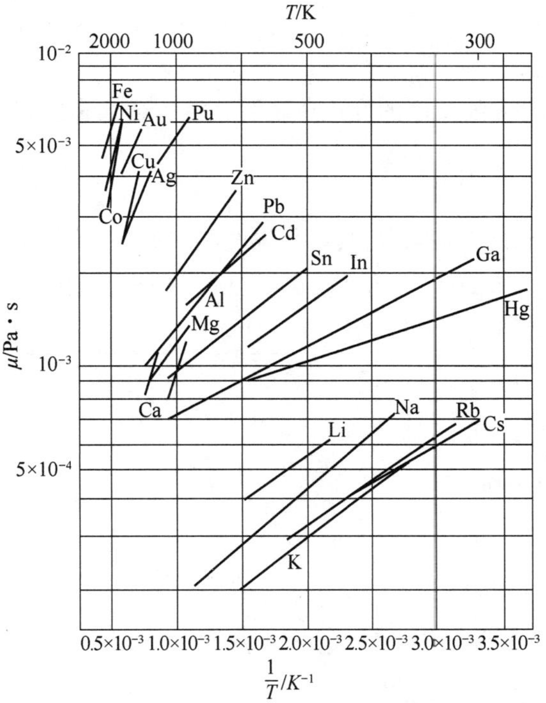

图 1-4　19 种液态金属黏度随温度的变化

表 1-5　金属的戈尔德施米特原子直径和特征能量参数

金属	δ/nm	$\frac{\varepsilon}{\kappa_B}$/K	金属	δ/nm	$\frac{\varepsilon}{\kappa_B}$/K
Na	0. 384	1970	Rb	0. 504	1600
K	0. 476	1760	Ag	0. 288	6400
Li	0. 314	2350	Cd	0. 304	3300
Mg	0. 320	4300	In	0. 314	2500
Al	0. 286	4250	Sn	0. 316	2650
Ca	0. 402	5250	Cs	0. 540	1550
Fe	0. 252	10900	Au	0. 288	6750
Co	0. 232	9550	Hg	0. 310	1250
Ni	0. 250	9750	Pb	0. 350	2800
Cu	0. 256	6600	Pu	0. 31	5550
Zn	0. 274	4700			

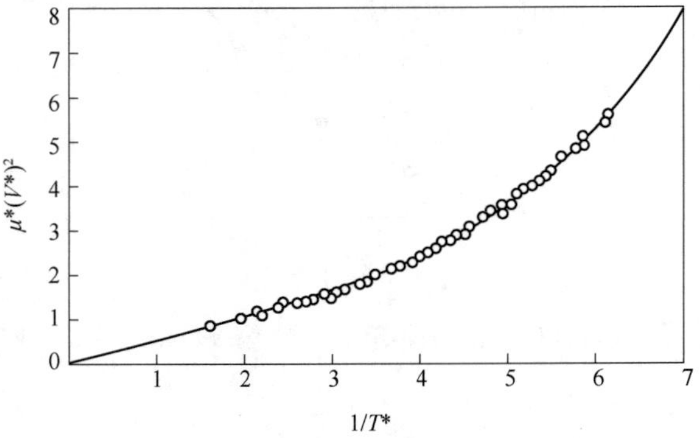

图 1-5　图 1-4 中液态金属的 $\mu^*(V^*)^2$-$1/T^*$ 关系曲线

图 1-4 中液态金属黏度随温度的变化还表明，液态金属黏度与温度的关系同样服从阿累尼乌斯关系式，即 $\mu=A\exp\left(\frac{\Delta H^*}{RT}\right)$。

图 1-6 给出了液态金属的 ε/κ_B 与其熔化温度 T_m 的关系，其中 ε/κ_B 是金属熔点 T_m 的线性函数，具体为 $\varepsilon/\kappa_B=5.20T_m$。由此可知，任一液态金属的黏度都可以根据其熔化温度、密度和戈尔德施米特原子直径来估算。

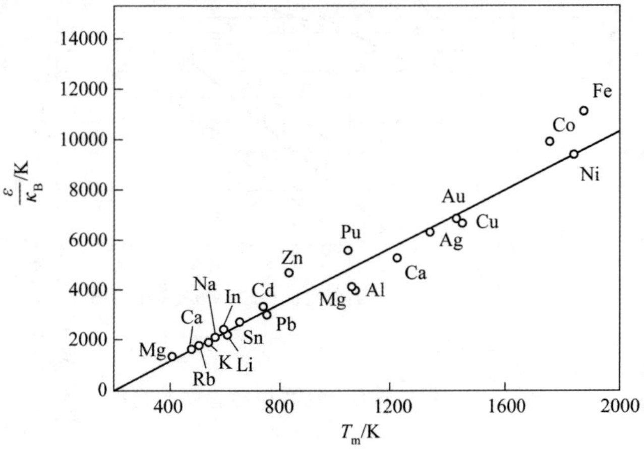

图 1-6　液态金属的 ε/κ_B 与 T_m 的关系

冶金中常见的液态金属大多为非单一金属，而是合金。合金熔体的黏度与其成分关系很大，一般通过实验测定。作为参考，表 1-6 给出了一般铁水不同温度下的黏度数据。文献和手册中可查到更多金属熔体的黏度数据，以及不同研究者得到的各种经验模型。

表 1-6　一般铁水不同温度下的黏度

温度/℃	1550	1600	1700	1800	1850
黏度/Pa·s	6.7×10^{-3}	6.1×10^{-3}	5.6×10^{-3}	5.3×10^{-3}	5.2×10^{-3}

熔渣的黏度与其成分的关系更大，大都通过实验测定。文献和手册中也可查到常见熔渣的黏度数据，以及不同研究者得到的计算熔渣黏度的经验模型。作为示例，图 1-7（a）给出了 CaO-SiO_2-MgO-Al_2O_3 渣系 1500 ℃下的等黏度线，其中 Al_2O_3 的质量分数固定为 15%，黏度的单位为 Pa·s；图 1-7（b）为该渣系的等液相线图。

剪切应力 τ 和剪切速率 du/dy 的关系不符合牛顿黏性定律的流体称为非牛顿流体，如重油、泥浆、胶态溶液及高分子溶液等。图 1-8 给出了牛顿流体及几种典型非牛顿流体 τ 随 du/dy 的变化曲线。

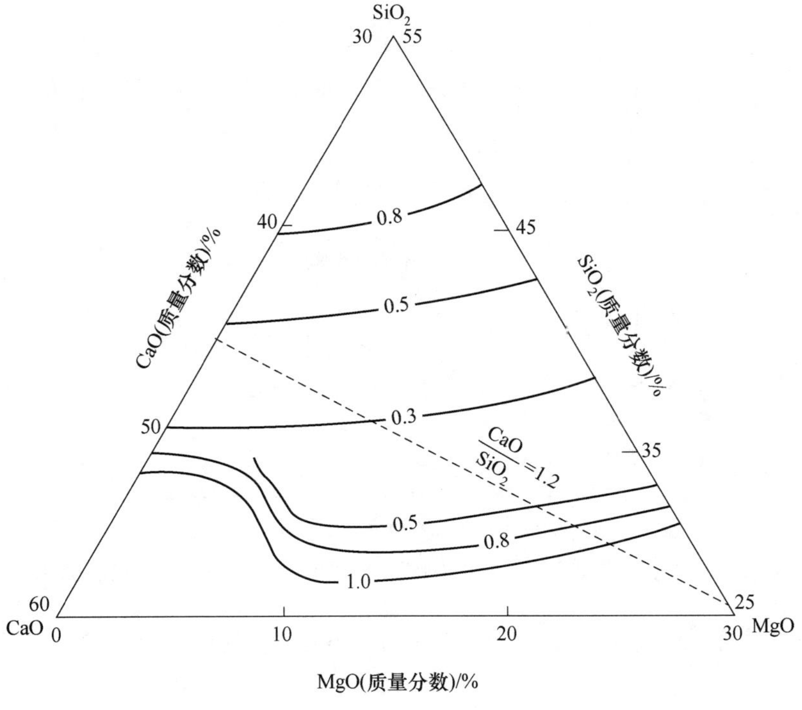

(a)

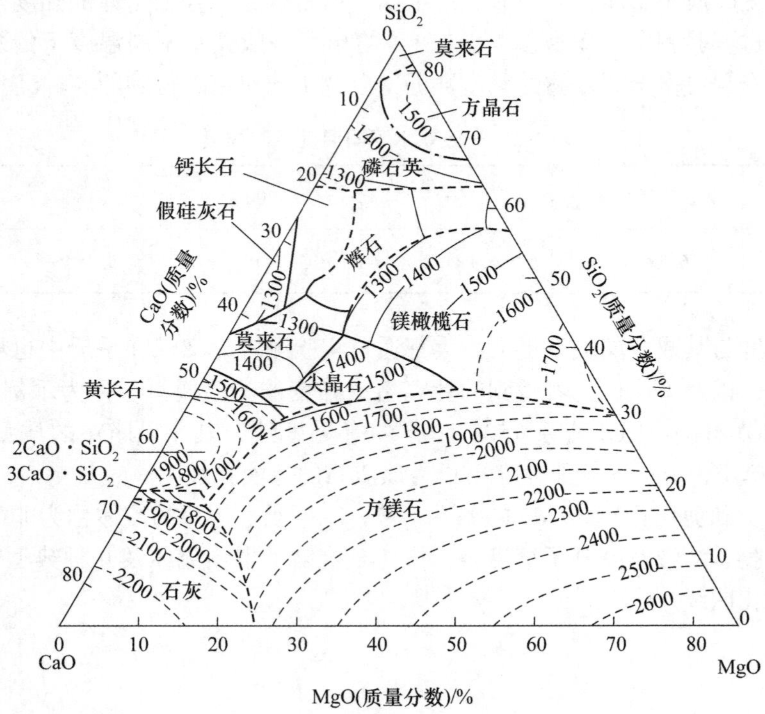

(b)

图 1-7　CaO-SiO_2-MgO-Al_2O_3（15%）渣系 1500 ℃下的等黏度线（a）和等液相线图（b）

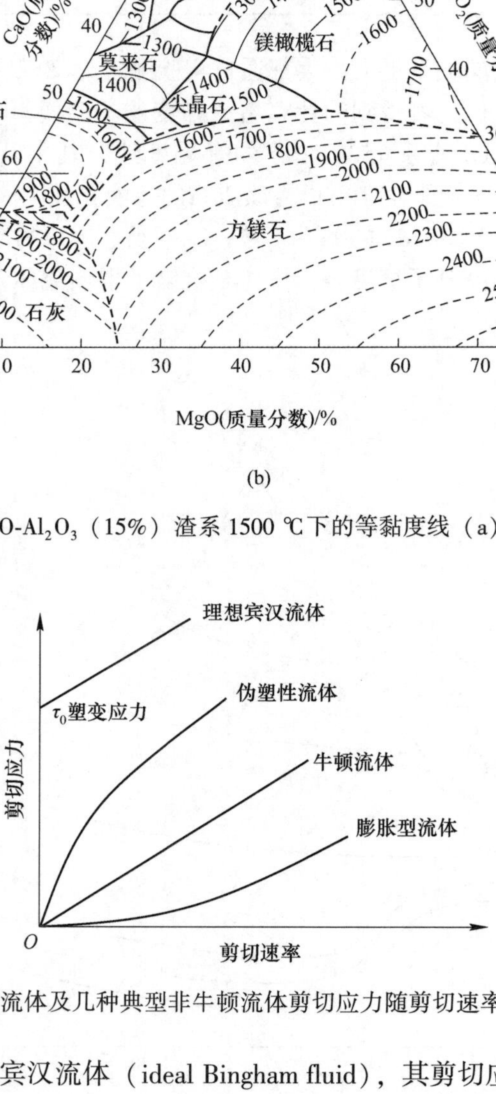

图 1-8　牛顿流体及几种典型非牛顿流体剪切应力随剪切速率的变化曲线

对于图 1-8 中的理想宾汉流体（ideal Bingham fluid），其剪切应力随剪切速率的变化关系为

$$\tau = \tau_0 + \mu \frac{du}{dy} \tag{1-18}$$

式（1-18）表明，要使宾汉流体流动，首先需要施加一定的塑变应力 τ_0。换言之，当剪切应力小于 τ_0 时，该流体处于固结状态。常见的粉煤泥浆、矿浆、砂浆等均属于这种情况。

对于图 1-8 中的伪塑性流体（pseudo-plastic fluid）和膨胀型流体（dilatant fluid），前者的应力-速率曲线的斜率随剪切应力的提高而减小，而后者的曲线斜率随剪切应力的提高而增大。这两类流体剪切应力随剪切速率的变化关系为

$$\tau = \mu\left(\frac{\mathrm{d}u}{\mathrm{d}y}\right)^n \tag{1-19}$$

式中，n 为常数，伪塑性流体的 $n<1$，膨胀型流体的 $n>1$。

高分子胶体溶液和浓溶液大都属于伪塑性流体，比较典型的膨胀型流体有半熔融态金属、石灰和水泥岩悬浮液等。

流体的流动存在两种运动规律截然不同的状态，即层流（laminar flow）和湍流（turbulent flow）。流体层与层之间不发生混合的分层流动状态称为层流；而流体层与层之间发生混合的紊乱流动状态称为湍流，也称为紊流。雷诺（O. Reynolds）在 1883 年的著名实验便研究了这一现象。

大量的雷诺实验表明，流动状态转变的临界流速与流体的运动黏度成正比，与圆管的内径成反比。因此，可引入一个由流速 U、流体运动黏度 ν 及圆管内径 D 组成的无因次相似准数来判定流体的流动状态。为纪念系统研究流体流动状态的雷诺，后人将此相似准数命名为雷诺数（Re），其表达式为

$$Re = \frac{UD}{\nu} = \frac{\rho UD}{\mu} \tag{1-20}$$

对于光滑圆管中的流动，上临界雷诺数 Re'_c 和下临界雷诺数 Re_c 的数值分别为 2300 和 2100。鉴于处于过渡状态的流动状态不稳定特性，稍有扰动便会转变为湍流，所以一般取下临界雷诺数 $Re_c = 2100$ 作为区分层流和湍流的临界雷诺数。需要指出的是，导致（或者说触发）湍流的原因是外界对流动施加的扰动（例如管壁的粗糙、管道的震动）、流体物性的不均匀，以及流体中异相的存在等。在尽可能避免扰动的严格实验条件下，有学者曾得到了雷诺数高达 10^7 的层流流动。

1.2 动量传输的基本方程

1.2.1 研究流体运动的分析方法

研究流体运动一般有两种分析方法，一种是拉格朗日（Lagrange）方法，另一种是欧拉（Euler）方法。

1.2.1.1 拉格朗日方法

拉格朗日方法是从分析流体各质点的运动来研究流体的整体运动的。为此，要把流体分成许多质点，而某个质点的初始空间坐标为（a，b，c），不同的（a，b，c）代表不同的质点，其中 a、b、c 常被称为拉格朗日变数。因此，流体质点的运动规律就可以表示为

$$\boldsymbol{r} = \boldsymbol{r}(a, b, c, t) \tag{1-21}$$

式中，$\boldsymbol{r}$ 为质点的位置矢量；t 为时间。

在直角坐标系下式（1-21）可写为

$$\begin{cases} x = x(a,\ b,\ c,\ t) \\ y = y(a,\ b,\ c,\ t) \\ z = z(a,\ b,\ c,\ t) \end{cases} \tag{1-22}$$

任一质点在 t 时刻的速度在三个坐标轴方向的分量为

$$\begin{cases} v_x = \dfrac{\mathrm{d}x}{\mathrm{d}t} = \dfrac{\partial x}{\partial t} = x'(a,\ b,\ c,\ t) \\ v_y = \dfrac{\mathrm{d}y}{\mathrm{d}t} = \dfrac{\partial y}{\partial t} = y'(a,\ b,\ c,\ t) \\ v_z = \dfrac{\mathrm{d}z}{\mathrm{d}t} = \dfrac{\partial z}{\partial t} = z'(a,\ b,\ c,\ t) \end{cases} \tag{1-23}$$

应当注意，是因为 a、b、c（质点初始空间坐标）不随时间变化，所以式（1-23）中才有 $\dfrac{\mathrm{d}x}{\mathrm{d}t}=\dfrac{\partial x}{\partial t}$，$\dfrac{\mathrm{d}y}{\mathrm{d}t}=\dfrac{\partial y}{\partial t}$，$\dfrac{\mathrm{d}z}{\mathrm{d}t}=\dfrac{\partial z}{\partial t}$。

同理，任一质点在 t 时刻的加速度分量为

$$\begin{cases} a_x = \dfrac{\mathrm{d}v_x}{\mathrm{d}t} = \dfrac{\partial^2 x}{\partial t^2} = x''(a,\ b,\ c,\ t) \\ a_y = \dfrac{\mathrm{d}v_y}{\mathrm{d}t} = \dfrac{\partial^2 y}{\partial t^2} = y''(a,\ b,\ c,\ t) \\ a_z = \dfrac{\mathrm{d}v_z}{\mathrm{d}t} = \dfrac{\partial^2 z}{\partial t^2} = z''(a,\ b,\ c,\ t) \end{cases} \tag{1-24}$$

对于流体质点的密度、压强等物理量，它们同样是 a、b、c 及 t 的函数。

1.2.1.2　欧拉方法

在讨论欧拉方法之前，首先引入场的概念。设在任一空间内，每一空间点都对应着一个确定的标量或矢量的值，这样一组标量或矢量就构成一个标量场或矢量场。如果描述场的物理量不随时间而变化，仅是坐标的函数，则称为稳定场；如果描述场的物理量不仅是坐标的函数，而且随时间而变化，则称为不稳定场。

欧拉方法是从分析空间某点上流体运动的物理量随时间的变化，以及由一点到另一点时这些量的变化来研究整个流体的运动，其流动参数是空间坐标和时间的函数。因此，欧拉方法下 t 时刻场中任一（空间）点（x，y，z）处流体质点的速度分量为

$$\begin{cases} v_x = v_x(x,\ y,\ z,\ t) \\ v_y = v_y(x,\ y,\ z,\ t) \\ v_z = v_z(x,\ y,\ z,\ t) \end{cases} \tag{1-25}$$

t 时刻场中任一点处流体质点加速度在 x 方向的分量为 $a_x=\dfrac{\mathrm{d}v_x}{\mathrm{d}t}=\dfrac{\partial v_x}{\partial t}+\dfrac{\partial v_x}{\partial x}\dfrac{\mathrm{d}x}{\mathrm{d}t}+\dfrac{\partial v_x}{\partial y}\dfrac{\mathrm{d}y}{\mathrm{d}t}+\dfrac{\partial v_x}{\partial z}\dfrac{\mathrm{d}z}{\mathrm{d}t}$。因 $v_x=\dfrac{\mathrm{d}x}{\mathrm{d}t}$，$v_y=\dfrac{\mathrm{d}y}{\mathrm{d}t}$，$v_z=\dfrac{\mathrm{d}z}{\mathrm{d}t}$，于是有

$$a_x = \frac{\partial v_x}{\partial t} + v_x\frac{\partial v_x}{\partial x} + v_y\frac{\partial v_x}{\partial y} + v_z\frac{\partial v_x}{\partial z} \tag{1-26}$$

式中，等号右边第一项表示通过空间固定点的流体质点速度随时间的变化率，称为当地加

速度或区域导数；后三项联合反映固定时刻流体质点从一个空间点转移到另一个空间点的速度变化率，称为迁移加速度；等号右边四项之和描述流场中任一流体质点总的速度变化率，称为全加速度或全导数。

由于式（1-26）实质上是随流体运动的观察者观察到的所在流体的加速度，因此相应的算符称为实质或物质导数（substantial/material derivative），中文也形象地称为随体导数。

同理，加速度在 y 和 z 方向的分量分别为

$$\begin{cases} a_y = \dfrac{\partial v_y}{\partial t} + v_x \dfrac{\partial v_y}{\partial x} + v_y \dfrac{\partial v_y}{\partial y} + v_z \dfrac{\partial v_y}{\partial z} \\ a_z = \dfrac{\partial v_z}{\partial t} + v_x \dfrac{\partial v_z}{\partial x} + v_y \dfrac{\partial v_z}{\partial y} + v_z \dfrac{\partial v_z}{\partial z} \end{cases} \tag{1-27}$$

流体力学中，任一物理量 $\boldsymbol{\Phi}$（x，y，z，t）的随体导数常表示为

$$\frac{\mathrm{D}\boldsymbol{\Phi}}{\mathrm{D}t} = \frac{\partial \boldsymbol{\Phi}}{\partial t} + v_x \frac{\partial \boldsymbol{\Phi}}{\partial x} + v_y \frac{\partial \boldsymbol{\Phi}}{\partial y} + v_z \frac{\partial \boldsymbol{\Phi}}{\partial z} \tag{1-28a}$$

式中，D 为随体导数。

或进一步地表示为

$$\frac{\mathrm{D}\boldsymbol{\Phi}}{\mathrm{D}t} = \frac{\partial \boldsymbol{\Phi}}{\partial t} + (\boldsymbol{v} \cdot \nabla)\boldsymbol{\Phi} \tag{1-28b}$$

式中，∇为哈密顿算子，$\nabla=\dfrac{\partial}{\partial x}\boldsymbol{i}+\dfrac{\partial}{\partial y}\boldsymbol{j}+\dfrac{\partial}{\partial z}\boldsymbol{k}$，为一矢量；$\boldsymbol{i}$、$\boldsymbol{j}$、$\boldsymbol{k}$ 分别为 x、y、z 三个坐标方向的单位矢量。

如果流场的运动参数既随位置变化又随时间变化，则这种流动称为非稳态（或称瞬态）流动；如果流场的运动参数仅随位置变化而不随时间变化，则这种流动称为稳态流动。最后还应强调，拉格朗日方法和欧拉方法都可用来研究流体运动，但前者不太方便，故一般都采用后者，本书也是如此。

1.2.2　描述流体运动的几何方法

描述流体运动的几何方法有迹线和流线两种。

1.2.2.1　迹线

某一流体质点在空间运动时所走过的轨迹称为迹线。在以欧拉法分析流体运动时，可以用欧拉方法和拉格朗日方法互换来求出迹线方程。例如，某一流场的欧拉表达式为

$$\begin{cases} v_x = v_x(x,\ y,\ z,\ t) \\ v_y = v_y(x,\ y,\ z,\ t) \\ v_z = v_z(x,\ y,\ z,\ t) \end{cases} \tag{1-29}$$

因 $v_x=\dfrac{\mathrm{d}x}{\mathrm{d}t}$，$v_y=\dfrac{\mathrm{d}y}{\mathrm{d}t}$，$v_z=\dfrac{\mathrm{d}z}{\mathrm{d}t}$，于是有

$$\frac{\mathrm{d}x}{v_x(x,\ y,\ z,\ t)} = \frac{\mathrm{d}y}{v_y(x,\ y,\ z,\ t)} = \frac{\mathrm{d}z}{v_z(x,\ y,\ z,\ t)} = \mathrm{d}t \tag{1-30}$$

式（1-30）即为流体质点迹线的微分方程，其中 t 是独立变数，x、y、z 为 t 的函数。

1.2.2.2　流线

当用欧拉方法分析流体运动时，流线是流场中某时刻的一条空间曲线，曲线上每一流体质点的速度矢量 $\boldsymbol{v}$ 与该点的切线方向重合，如图 1-9 所示。

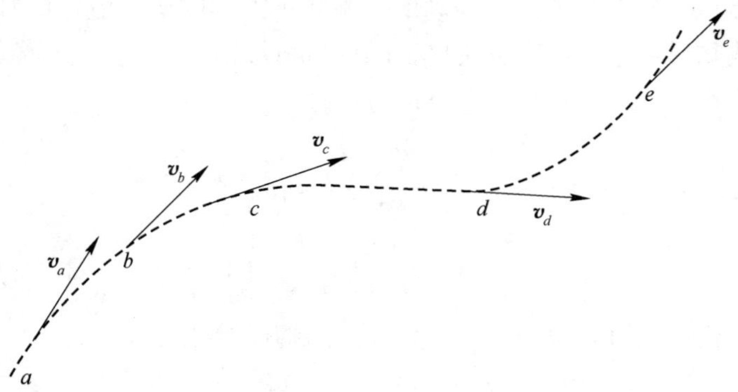

图 1-9　流线概念的示意图

设在某时刻 t，流场内某一空间点 a 处流体质点的速度为 $\boldsymbol{v}_a$，沿流线方向距 a 点无穷小距离 b 处的流体质点速度为 $\boldsymbol{v}_b$，沿流线方向距 b 点无穷小距离 c 处的流体质点速度为 $\boldsymbol{v}_c$。以此类推，在空间有一条折线 $abcde\ldots$，当 a、b、c、d、e、…各点无限接近时，该折线的极限为一条光滑曲线，这条光滑曲线就是 t 时刻流场中的一条流线，它给出 t 时刻不同流体质点的运动方向。

根据流速与流线相切的定义，每一流体质点的速度矢量 $\boldsymbol{v}$ 必与该点处曲线元矢量 $\mathrm{d}\boldsymbol{r}$ 重合，即 $\boldsymbol{v}\times\mathrm{d}\boldsymbol{r}=0$，其行列式表达为

$$\begin{vmatrix} \boldsymbol{i} & \boldsymbol{j} & \boldsymbol{k} \\ v_x & v_y & v_z \\ \mathrm{d}x & \mathrm{d}y & \mathrm{d}z \end{vmatrix} = 0 \tag{1-31}$$

由行列式（1-31）可得

$$\frac{\mathrm{d}x}{v_x(x,\ y,\ z,\ t)} = \frac{\mathrm{d}y}{v_y(x,\ y,\ z,\ t)} = \frac{\mathrm{d}z}{v_z(x,\ y,\ z,\ t)} \tag{1-32}$$

式（1-32）即为流体质点流线的微分方程。其中 x、y、z 为独立变数；t 为给定量，在积分时当作常数处理。

流动流体中流体微团的可能运动形式包括平移、转动、线变形和角变形，而流动速度是这四种可能运动形式的综合结果。流体微团无转动的流动称为无旋流动，又称有势流动，简称势流；反之，称为有涡流动，简称涡流。根据对流体微团运动形式的分析，流体微团绕 x、y、z 三个坐标轴转动的角速度分别为

$$\omega_x = \frac{1}{2}\left(\frac{\partial v_z}{\partial y} - \frac{\partial v_y}{\partial z}\right),\ \omega_y = \frac{1}{2}\left(\frac{\partial v_x}{\partial z} - \frac{\partial v_z}{\partial x}\right),\ \omega_z = \frac{1}{2}\left(\frac{\partial v_y}{\partial x} - \frac{\partial v_x}{\partial y}\right) \tag{1-33}$$

因此，对势流有

$$\begin{cases} \omega_x = 0, & \dfrac{\partial v_z}{\partial y} = \dfrac{\partial v_y}{\partial z} \\ \omega_y = 0, & \dfrac{\partial v_x}{\partial z} = \dfrac{\partial v_z}{\partial x} \\ \omega_z = 0, & \dfrac{\partial v_y}{\partial x} = \dfrac{\partial v_x}{\partial y} \end{cases} \tag{1-34}$$

式（1-34）是使 $v_x\mathrm{d}y+v_y\mathrm{d}y+v_z\mathrm{d}z$ 为某一函数 $\Phi(x, y, z)$ 全微分的充要条件。因此，对于势流，必然有如下关系

$$\mathrm{d}\Phi = \frac{\partial \Phi}{\partial x}\mathrm{d}x + \frac{\partial \Phi}{\partial y}\mathrm{d}y + \frac{\partial \Phi}{\partial z}\mathrm{d}z = v_x\mathrm{d}x + v_y\mathrm{d}y + v_z\mathrm{d}z \tag{1-35}$$

于是可得

$$\frac{\partial \Phi}{\partial x} = v_x, \quad \frac{\partial \Phi}{\partial y} = v_y, \quad \frac{\partial \Phi}{\partial z} = v_z \tag{1-36}$$

可见，在势流中必然存在着一个标量场 $\Phi(x, y, z)$，其与速度场的关系为式（1-36），故常把 Φ 这样的函数称为速度势函数，简称势函数。于是，在分析无旋运动（势流）时，只要求出未知函数 $\Phi(x, y, z)$，就可以用式（1-36）求出速度场 $\boldsymbol{v}=v_x\boldsymbol{i}+v_y\boldsymbol{j}+v_z\boldsymbol{k}$，从而大大简化求解过程。

将式（1-36）代入不可压缩流体势流流动的连续性方程（见 1.2.3.1 节）可得

$$\frac{\partial^2 \Phi}{\partial x^2} + \frac{\partial^2 \Phi}{\partial y^2} + \frac{\partial^2 \Phi}{\partial z^2} = 0 \tag{1-37}$$

式（1-37）表明，不可压缩流体势流流动的势函数满足拉普拉斯方程。

严格地讲，具有黏性的实际流体运动都是有旋运动。但是，当流体黏性对流动的作用很小时，可近似认为是无旋运动，从而可按势流的理论来处理。例如，平板绕流边界层外的无纵向速度梯度的横向流动便可按势流处理。

在具体问题中，当流动参数在某一个方向上的变化相对于另外两个方向上的变化是微量时，即可以按平面流动处理。若取直角坐标系，流动平面为 xy 平面，则在稳定条件下流动参数只是 x 和 y 的函数，这样的流动称为稳态平面流动。

由前述内容可知，流线是描述流场在空间分布的一族曲线。在稳态二维情况下，一条流线可一般地表示为 $\varphi(x, y)=C$，其中 C 为常数，取不同的值代表不同的流线。因此，将 φ 称为稳态平面流的流函数，可见等流函数线就是流线。

二维情况下流体流动的流线微分方程 $\dfrac{\mathrm{d}x}{v_x}=\dfrac{\mathrm{d}y}{v_y}$ 可写为

$$-v_y\mathrm{d}x + v_x\mathrm{d}y = 0 \tag{1-38}$$

由数学分析可知，式（1-38）可积分的充分必要条件为

$$\frac{\partial v_x}{\partial x} = -\frac{\partial v_y}{\partial y} \quad 或 \quad \frac{\partial v_x}{\partial x} + \frac{\partial v_y}{\partial y} = 0$$

这正是不可压缩流体平面流动的连续性方程，应该总是满足的。对式（1-38）积分可得

$$\int (v_x\mathrm{d}y - v_y\mathrm{d}x) = \varphi(x, y) \tag{1-39}$$

式中，$\varphi(x, y)$ 为积分结果，即为流函数。

式（1-39）也从数学上证明了不可压缩流体稳态平面流动的流函数的存在。对式（1-39）微分，得

$$d\varphi = v_x dy - v_y dx \tag{1-40}$$

又由于 φ 是空间坐标 x 和 y 的函数，对其取全微分有

$$d\varphi = \frac{\partial \varphi}{\partial x}dx + \frac{\partial \varphi}{\partial y}dy \tag{1-41}$$

比较式（1-40）和式（1-41）可知

$$\frac{\partial \varphi}{\partial y} = v_x, \quad \frac{\partial \varphi}{\partial x} = -v_y \tag{1-42}$$

这就是流函数与速度之间的关系式。可见，在平面流中，只要能求出流函数，就可以求出速度场。式（1-42）也被作为流函数的定义。

平面流动若为势流，则 $\omega_z = 0$，即$\frac{\partial v_x}{\partial y} = \frac{\partial v_y}{\partial x}$。将式（1-42）代入可得

$$\frac{\partial^2 \varphi}{\partial x^2} + \frac{\partial^2 \varphi}{\partial y^2} = 0 \tag{1-43}$$

式（1-43）表明，对平面有势流动，与势函数一样，流函数也满足拉普拉斯方程。

1.2.3　基本微分方程

下面给出直角坐标系下描述流体流动的基本微分方程。

1.2.3.1　连续性方程

流体连续性方程的一般形式为

$$\frac{\partial \rho}{\partial t} + \frac{\partial(\rho v_x)}{\partial x} + \frac{\partial(\rho v_y)}{\partial y} + \frac{\partial(\rho v_z)}{\partial z} = 0 \tag{1-44}$$

考虑随体导数的概念，式（1-44）可表示为

$$\frac{D\rho}{Dt} + \rho\left(\frac{\partial v_x}{\partial x} + \frac{\partial v_y}{\partial y} + \frac{\partial v_z}{\partial z}\right) = 0 \tag{1-45}$$

对稳态流动，式（1-44）可简化为

$$\frac{\partial(\rho v_x)}{\partial x} + \frac{\partial(\rho v_y)}{\partial y} + \frac{\partial(\rho v_z)}{\partial z} = 0 \tag{1-46}$$

对不可压缩流体（ρ 为常数），式（1-44）可简化为

$$\frac{\partial v_x}{\partial x} + \frac{\partial v_y}{\partial y} + \frac{\partial v_z}{\partial z} = 0 \tag{1-47}$$

考虑哈密顿算子$\nabla = \frac{\partial}{\partial x}\boldsymbol{i} + \frac{\partial}{\partial y}\boldsymbol{j} + \frac{\partial}{\partial z}\boldsymbol{k}$，式（1-44）~式（1-47）可分别简写为

$$\frac{\partial \rho}{\partial t} + \nabla \cdot (\rho \boldsymbol{v}) = 0 \tag{1-48}$$

$$\frac{D\rho}{Dt} + \rho \nabla \cdot \boldsymbol{v} = 0 \tag{1-49}$$

$$\nabla\cdot(\rho\boldsymbol{v})=0 \tag{1-50}$$

$$\nabla\cdot\boldsymbol{v}=0 \tag{1-51}$$

1.2.3.2 流体运动方程

对于常密度（即不可压缩）牛顿流体，应用广义牛顿内摩擦定律所得运动方程的一般形式为

$$\begin{cases}\rho\dfrac{\mathrm{D}v_x}{\mathrm{D}t}=\dfrac{\partial}{\partial x}\left(2\mu\dfrac{\partial v_x}{\partial x}-\dfrac{2}{3}\mu\nabla\cdot\boldsymbol{v}\right)+\dfrac{\partial}{\partial y}\left[\mu\left(\dfrac{\partial v_x}{\partial y}+\dfrac{\partial v_y}{\partial x}\right)\right]+\dfrac{\partial}{\partial z}\left[\mu\left(\dfrac{\partial v_z}{\partial x}+\dfrac{\partial v_x}{\partial z}\right)\right]-\dfrac{\partial p}{\partial x}+\rho g_x\\ \rho\dfrac{\mathrm{D}v_y}{\mathrm{D}t}=\dfrac{\partial}{\partial x}\left[\mu\left(\dfrac{\partial v_y}{\partial x}+\dfrac{\partial v_x}{\partial y}\right)\right]+\dfrac{\partial}{\partial y}\left(2\mu\dfrac{\partial v_y}{\partial y}-\dfrac{2}{3}\mu\nabla\cdot\boldsymbol{v}\right)+\dfrac{\partial}{\partial z}\left[\mu\left(\dfrac{\partial v_z}{\partial y}+\dfrac{\partial v_y}{\partial z}\right)\right]-\dfrac{\partial p}{\partial y}+\rho g_y\\ \rho\dfrac{\mathrm{D}v_z}{\mathrm{D}t}=\dfrac{\partial}{\partial x}\left[\mu\left(\dfrac{\partial v_z}{\partial x}+\dfrac{\partial v_x}{\partial z}\right)\right]+\dfrac{\partial}{\partial y}\left[\mu\left(\dfrac{\partial v_z}{\partial y}+\dfrac{\partial v_y}{\partial z}\right)\right]+\dfrac{\partial}{\partial z}\left(2\mu\dfrac{\partial v_z}{\partial z}-\dfrac{2}{3}\mu\nabla\cdot\boldsymbol{v}\right)-\dfrac{\partial p}{\partial z}+\rho g_z\end{cases} \tag{1-52}$$

式中，g_x、g_y、g_z 为重力加速度 $\boldsymbol{g}$ 在 x、y、z 方向上的分量。

考虑哈密顿算子，并引入拉普拉斯算子$\nabla^2=\nabla\cdot\nabla=\dfrac{\partial^2}{\partial x^2}+\dfrac{\partial^2}{\partial y^2}+\dfrac{\partial^2}{\partial z^2}$，对不可压缩牛顿流体（$\rho$ 和 μ 均为常数），式（1-52）可简写为以下简洁的矢量形式。

$$\rho\frac{\mathrm{D}\boldsymbol{v}}{\mathrm{D}t}=\mu\nabla^2\boldsymbol{v}-\nabla p+\rho\boldsymbol{g} \tag{1-53}$$

式（1-53）即为纳维-斯托克斯方程（Navier-Stokes equation），本书中简称为 N-S 方程。若考虑无黏流体，则可将 N-S 方程中的黏性项去掉，于是有

$$\rho\frac{\mathrm{D}\boldsymbol{v}}{\mathrm{D}t}=-\nabla p+\rho\boldsymbol{g}\quad 或\quad \frac{\mathrm{D}\boldsymbol{v}}{\mathrm{D}t}=-\frac{\nabla p}{\rho}+\boldsymbol{g} \tag{1-54}$$

式（1-54）即为无黏流体运动的欧拉方程。

对不可压缩无黏流体的稳定流动，将欧拉方程沿流线积分，可得到伯努利方程（Bernoulli's equation）。

$$\frac{v^2}{2}+gz+\frac{p}{\rho}=C\quad 或\quad \frac{v_1^2}{2}+gz_1+\frac{p_1}{\rho}=\frac{v_2^2}{2}+gz_2+\frac{p_2}{\rho} \tag{1-55}$$

需要指出的是，对非势流来说，伯努利方程针对的是同一流线上的流体质点；而对势流来说，针对的则可以是流场中的任意流体质点。

式（1-55）可用于不可压缩无黏流体流动的管路计算。对不可压缩实际流体的管路计算，由于存在流通截面上的速度分布和管壁摩擦损失，因此需要采用如下修正的伯努利方程（modified Bernoulli equation）。

$$\frac{1}{2}(\alpha_2\bar{v}_2^2-\alpha_1\bar{v}_1^2)+g(z_2-z_1)+\frac{p_2-p_1}{\rho}+\sum h_{\text{loss}}+W_{\text{s}}=0 \tag{1-56}$$

式中，$\bar{v}$ 为流通截面平均速度；$\sum h_{\text{loss}}$ 为能量损失；W_{s} 为流体对机械所做的功率；α 为速度分布校正系数，$\alpha=\dfrac{\iint_A\dfrac{\rho v^3}{2}\mathrm{d}A}{\dfrac{\rho\bar{v}^3}{2}A}$，层流时 $\alpha=2$，湍流时 $\alpha\approx1$。

表 1-7~表 1-9 分别给出了柱坐标系（r，θ，z）及球坐标系（r，θ，ϕ）下流体流动的连续性方程和 N-S 方程。

表 1-7 柱坐标系及球坐标系下的连续性方程

坐标系	连续性方程（一般形式）
柱坐标系	$\frac{\partial\rho}{\partial t}+\frac{1}{r}\cdot\frac{\partial(r\rho v_r)}{\partial r}+\frac{1}{r}\cdot\frac{\partial(\rho v_\theta)}{\partial\theta}+\frac{\partial(\rho v_z)}{\partial z}=0$
球坐标系	$\frac{\partial\rho}{\partial t}+\frac{1}{r^2}\cdot\frac{\partial(\rho r^2 v_r)}{\partial r}+\frac{1}{r\sin\theta}\cdot\frac{\partial(\rho v_\phi)}{\partial\phi}+\frac{1}{r\sin\theta}\cdot\frac{\partial(\rho v_\theta\sin\theta)}{\partial\theta}=0$

表 1-8 柱坐标系下的 N-S 方程

坐标分量	N-S 方程
r 方向	$\rho\left(\frac{\partial v_r}{\partial t}+v_r\frac{\partial v_r}{\partial r}+\frac{v_\theta}{r}\cdot\frac{\partial v_r}{\partial\theta}-\frac{v_\theta^2}{r}+v_z\frac{\partial v_r}{\partial z}\right)$ $=-\frac{\partial p}{\partial r}+\mu\left\{\frac{\partial}{\partial r}\left[\frac{1}{r}\cdot\frac{\partial}{\partial r}(rv_r)\right]+\frac{1}{r^2}\cdot\frac{\partial^2 v_r}{\partial\theta^2}-\frac{2}{r^2}\cdot\frac{\partial v_\theta}{\partial\theta}+\frac{\partial^2 v_r}{\partial z^2}\right\}+\rho g_r$
θ 方向	$\rho\left(\frac{\partial v_\theta}{\partial t}+v_r\cdot\frac{\partial v_\theta}{\partial r}+\frac{v_\theta}{r}\cdot\frac{\partial v_\theta}{\partial\theta}+\frac{v_r v_\theta}{r}+v_z\frac{\partial v_\theta}{\partial z}\right)$ $=-\frac{1}{r}\cdot\frac{\partial p}{\partial\theta}+\mu\left\{\frac{\partial}{\partial r}\left[\frac{1}{r}\cdot\frac{\partial}{\partial r}(rv_\theta)\right]+\frac{1}{r^2}\cdot\frac{\partial^2 v_\theta}{\partial\theta^2}+\frac{2}{r^2}\cdot\frac{\partial v_r}{\partial\theta}+\frac{\partial^2 v_\theta}{\partial z^2}\right\}+\rho g_\theta$
z 方向	$\rho\left(\frac{\partial v_z}{\partial t}+v_r\frac{\partial v_z}{\partial r}+\frac{v_\theta}{r}\cdot\frac{\partial v_z}{\partial\theta}+v_z\frac{\partial v_z}{\partial z}\right)$ $=-\frac{\partial p}{\partial z}+\mu\left[\frac{1}{r}\cdot\frac{\partial}{\partial r}\left(r\frac{\partial v_z}{\partial r}\right)+\frac{1}{r^2}\cdot\frac{\partial^2 v_z}{\partial\theta^2}+\frac{\partial^2 v_z}{\partial z^2}\right]+\rho g_z$

注：g_r、g_θ、g_z 分别为 r、θ、z 方向上的质量力。

表 1-9 球坐标系下的 N-S 方程

坐标分量	N-S 方程
r 方向	$\rho\left(\frac{\partial v_r}{\partial t}+v_r\frac{\partial v_r}{\partial r}+\frac{v_\theta}{r}\cdot\frac{\partial v_r}{\partial\theta}+\frac{v_\phi}{r\sin\theta}\cdot\frac{\partial v_r}{\partial\phi}-\frac{v_\theta^2+v_\phi^2}{r}\right)$ $=-\frac{\partial p}{\partial r}+\mu\left(\nabla^2 v_r-\frac{2}{r^2}v_r-\frac{2}{r^2}\cdot\frac{\partial v_\theta}{\partial\theta}-\frac{2}{r^2}v_\theta\cot\theta+\frac{2}{r^2\sin\theta}\cdot\frac{\partial v_\phi}{\partial\phi}\right)+\rho g_r$
θ 方向	$\rho\left(\frac{\partial v_\theta}{\partial t}+v_r\frac{\partial v_\theta}{\partial r}+\frac{v_\theta}{r}\cdot\frac{\partial v_\theta}{\partial\theta}+\frac{v_\phi}{r\sin\theta}\cdot\frac{\partial v_\theta}{\partial\phi}+\frac{v_r v_\theta}{r}-\frac{v_\phi^2\cot\theta}{r}\right)$ $=-\frac{1}{r}\cdot\frac{\partial p}{\partial\theta}+\mu\left(\nabla^2 v_\theta+\frac{2}{r^2}\cdot\frac{\partial v_r}{\partial\theta}-\frac{v_\theta}{r^2\sin^2\theta}-\frac{2\cos\theta}{r^2\sin^2\theta}\cdot\frac{\partial v_\phi}{\partial\phi}\right)+\rho g_\theta$

续表 1-9

坐标分量	N-S 方程
ϕ 方向	$\rho\left(\frac{\partial v_\phi}{\partial t}+v_r\frac{\partial v_\phi}{\partial r}+\frac{v_\theta}{r}\cdot\frac{\partial v_\phi}{\partial\theta}+\frac{v_\phi}{r\sin\theta}\cdot\frac{\partial v_\phi}{\partial\phi}+\frac{v_\phi v_r}{r}+\frac{v_\theta v_\phi}{r}\cot\theta\right)$ $=-\frac{1}{r\sin\theta}\cdot\frac{\partial p}{\partial\phi}+\mu\left(\nabla^2 v_\phi-\frac{v_\phi}{r^2\sin^2\theta}+\frac{2}{r^2\sin\theta}\cdot\frac{\partial v_r}{\partial\phi}+\frac{2\cos\theta}{r^2\sin^2\theta}\cdot\frac{\partial v_\theta}{\partial\phi}\right)+\rho g_\phi$

注：g_r、g_θ、g_ϕ 分别为 r、θ、ϕ 方向上的质量力。

1.3　典型的一维稳态流动

工程问题中的绝大多数流动都可由 N-S 方程描述。由于 N-S 方程非常复杂，迄今仅能在一些特定条件下得到其精确解，而尚未出现可精确求解的普适方法。以下给出一些典型一维稳态层流流动的 N-S 方程精确解，以供参考。

1.3.1　平行平板间的流动

1.3.1.1　库埃特流

如图 1-10 所示，由上下相距 H 的两平行平板组成的槽道内充满黏度为 μ 的不可压缩流体。若下板固定，而上板以匀速 U 向右运动，由于流体具有黏性，上板会带动槽中流体沿 x 方向流动，则这种流动称为库埃特（M. Couette）流。

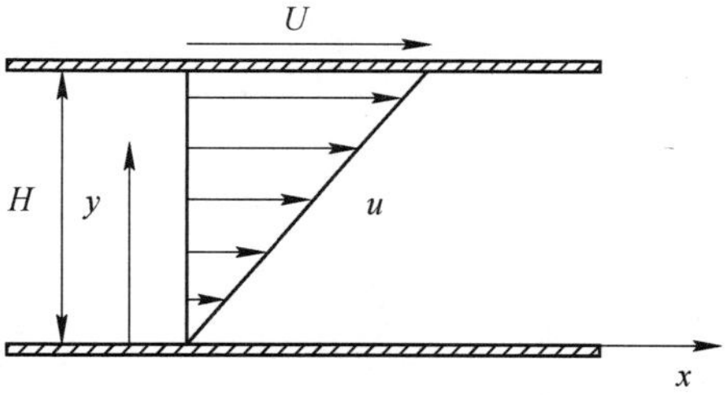

图 1-10　库埃特流

若 x 方向不存在压力梯度，即 $\frac{\mathrm{d}p}{\mathrm{d}x}=0$，则稳定状态下库埃特流的精确解如下：

速度分布为

$$u=\frac{y}{H}U \tag{1-57a}$$

黏性切应力分布为

$$\tau_{yx}=-\mu\frac{U}{H} \tag{1-57b}$$

截面平均流速为

$$\bar{u}=\frac{1}{2}U \tag{1-57c}$$

体积流量（单位板宽）为

$$Q = \frac{H}{2}U \tag{1-57d}$$

1.3.1.2 两平行平板间的流动

如图 1-11 所示，由上下相距 $2H$ 的两平行平板组成的槽道内充满黏度为 μ 的不可压缩流体。固定两板，同时采取措施在板的两端维持一给定压差 Δp，使槽中流体沿 x 方向流动。

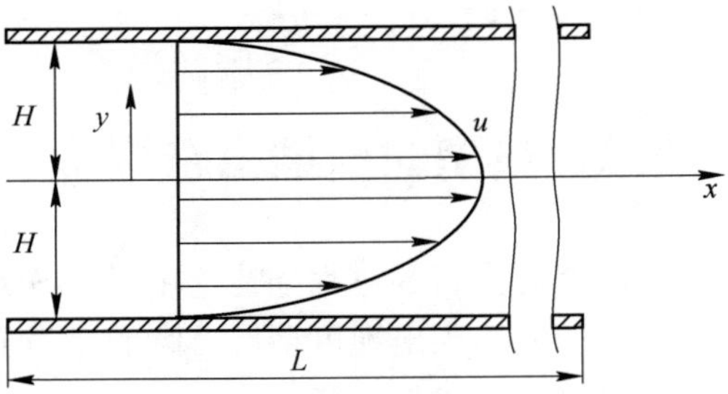

图 1-11 两平行平板间的流动

对充分发展的流动，L 长度上压差为 Δp 的两平行平板间流动的精确解如下：

速度分布为

$$u = \frac{\Delta p}{2L\mu}(H^2 - y^2) \tag{1-58a}$$

黏性切应力分布为

$$\tau_{yx} = \frac{\Delta p}{L}y \tag{1-58b}$$

截面平均流速为

$$\bar{u} = \frac{\Delta p}{3L\mu}H^2 \tag{1-58c}$$

体积流量（单位板宽）为

$$Q = \frac{2\Delta p}{3L\mu}H^3 \tag{1-58d}$$

1.3.2 倾斜平板上的流动

如图 1-12 所示，与竖直方向夹角为 θ 的平板上持续存在一薄层黏度为 μ、密度为 ρ、厚度为 H 的不可压缩流体，在重力作用下，倾斜平板上的流体沿 x 方向流动。

稳定状态下图 1-12 所示流动的精确解如下：

速度分布为

$$u = \frac{\rho g\cos\theta}{2\mu}(H^2 - y^2) \tag{1-59a}$$

黏性切应力分布为

$$\tau_{yx} = y\rho g\cos\theta \tag{1-59b}$$

截面平均流速为

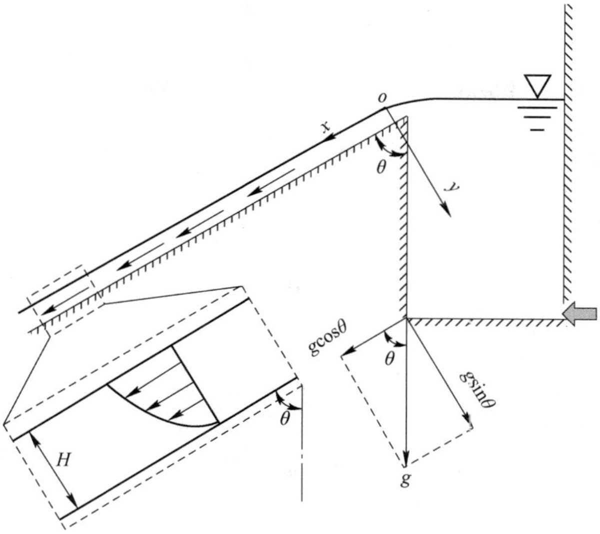

图 1-12　倾斜平板上的流动

$$\bar{u}=\frac{\rho g\cos\theta}{3\mu}H^{2} \tag{1-59c}$$

体积流量（单位板宽）为

$$Q=\frac{\rho g\cos\theta}{3\mu}H^{3} \tag{1-59d}$$

1.3.3　圆管内的流动

如图 1-13 所示，倾斜放置（轴向与竖直方向夹角为 θ）半径为 R、长为 L 的圆管内充满黏度为 μ、密度为 ρ 的不可压缩流体，圆管两端压差为 Δp，管中流体沿 x 方向流动。

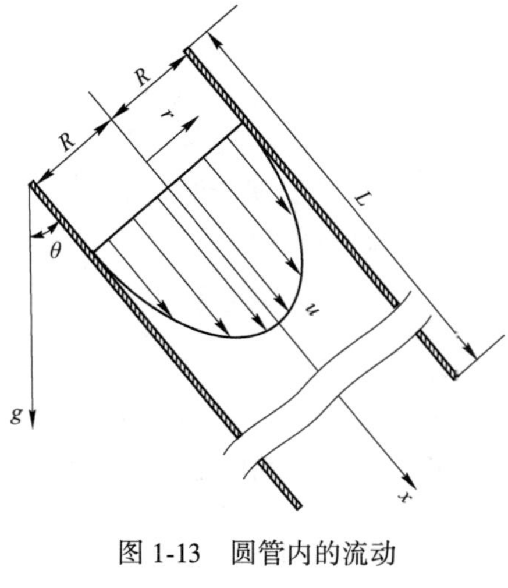

图 1-13　圆管内的流动

下面给出稳定状态下图 1-13 所示流动的精确解：

速度分布为

$$u=\left(\frac{\Delta p}{L}\pm\rho g\cos\theta\right)\frac{R^2-r^2}{4\mu} \tag{1-60a}$$

黏性切应力分布为

$$\tau_{rx}=\left(\frac{\Delta P}{L}\pm\rho g\cos\theta\right)\frac{r}{2} \tag{1-60b}$$

截面平均流速为

$$\bar{u}=\left(\frac{\Delta P}{L}\pm\rho g\cos\theta\right)\frac{R^2}{8\mu} \tag{1-60c}$$

体积流量为

$$Q=\pi\left(\frac{\Delta P}{L}\pm\rho g\cos\theta\right)\frac{R^4}{8\mu} \tag{1-60d}$$

需要指出，以上四个公式中重力项（即ρg）之前的“±”在流体流动方向与重力作用同向的情况下取“+”；反之取“−”。

若将图 1-13 中的圆管水平放置，重力的影响可以消除，则稳定状态下相应的精确解如下：

速度分布为

$$u=\frac{\Delta p}{L}\cdot\frac{R^2-r^2}{4\mu} \tag{1-61a}$$

黏性切应力分布为

$$\tau_{rx}=\frac{\Delta p}{L}\cdot\frac{r}{2} \tag{1-61b}$$

截面平均流速为

$$\bar{u}=\frac{\Delta p}{L}\cdot\frac{R^2}{8\mu} \tag{1-61c}$$

体积流量为

$$Q=\pi\frac{\Delta p}{L}\cdot\frac{R^4}{8\mu} \tag{1-61d}$$

复习思考题

1-1　流体黏性（黏度）的本质是什么？

1-2　流线与迹线的区别和共同点是什么？

1-3　流函数与势函数之间有什么关系？

1-4　纳维-斯托克斯（N-S）方程和伯努利方程是否可以用于求解可压缩气体流动？

1-5　为何一般取下临界数 $Re_c=2100$ 作为区分圆管内层流和湍流的标准？

1-6　为何至今尚未出现可精确求解 N-S 方程的普适方法？

2　边界层理论基础

第 1 章所列 N-S 方程高度概括了黏性不可压缩流体流动的基本力学规律，但其同时又是复杂的对流扩散型二阶非线性偏微分方程组，以致迄今尚未出现可精确求解的普适方法。令人欣慰的是，自然界和工程实践中常见的问题多是流体掠过固体表面的大雷诺数流动，如容器或管道等受限空间内的流动及翼型绕流等，这类流动除靠近固体壁面的一薄层中存在显著速度梯度外，其余绝大部分主流区域流速的变化都很小。对于这类流动，复杂的 N-S 方程可以得到简化，从而能大大降低其求解难度。一方面，由于流速变化很小，远壁面主流区的流动几乎不受与速度梯度成正比的黏性力影响，因此可略去 N-S 方程中的黏性项，将其简化为无黏流体的欧拉方程；另一方面，虽然在靠近壁面的薄层中速度梯度显著，导致黏性力对流动的影响不能忽略，但仍可利用大雷诺数条件下该层厚度很小的特点，使 N-S 方程得到若干重要简化。正是基于这些考虑，德国学者普朗特（L. Prandtl）于 20 世纪初提出了将整体流动区域的解析转化为求解远壁面主流区无黏流体流动和近壁面薄层中黏性流体流动的分区处理思想，并将前述存在大速度梯度的近壁面流体薄层称为边界层（boundary layer）。由此发展起来的边界层理论一举实现了经典流体力学成为实用技术科学的转变，并为近代空气动力学的飞速发展奠定了坚实基础。在传输原理中，边界层理论不仅是动量传输的核心，同时与热量和质量传输密切相关，因此具有广泛的理论和实际意义。本章主要围绕边界层理论的基本概念、平板绕流边界层微分方程和其精确解及积分方程和其近似解等内容进行阐述，以作为读者开展相关计算和更深入理论研究的基础。

2.1　边界层理论基本概念

2.1.1　边界层流动基本特征

以最典型的平板绕流为例对边界层的基本特征进行说明，设一极薄平板顺流静置于来流速度为 v_∞ 的平行流中，如图 2-1 所示。当流体流经平板时，紧靠平板的流体质点会黏附于板壁，且速度为零（即无滑移条件），而在离板壁仅一小段距离内，流体的速度便可急剧增大至与来流速度大致相等，于是在平板壁面附近形成一个速度梯度很大的边界层，其中黏性力对流动的影响很大。此外，大速度梯度使得流体微团在运动中发生顺时针方向的转动，流体流动具有相当大的旋度或涡量，所以边界层内的流动是有旋的。从更普遍的角度来说，物体绕流过程中受无滑移条件影响，在壁面形成的存在显著速度梯度的流体薄层即为流动边界层。

由图 2-1 还可以看出，当边界层流体离开平板时，在平板后部会形成尾流。在尾流中，流体一开始带有一定强度的旋涡，速度梯度也较大，由于已离开壁面，因此不会再产生新的旋涡。随着与平板的不断远离，原来的旋涡不断扩散和衰减，流体速度分布逐渐趋

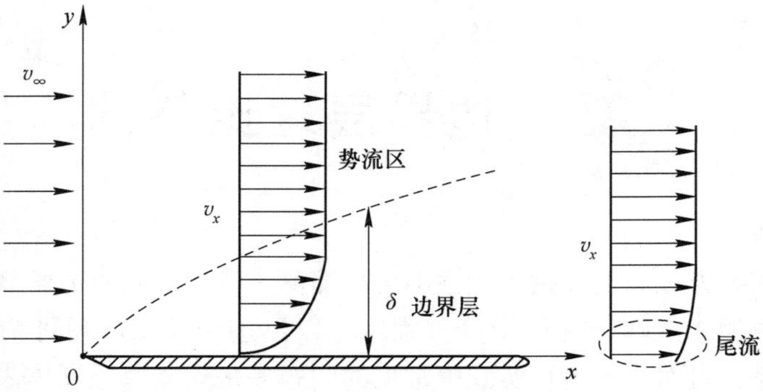

图 2-1 流体流经平板的流动

于均匀，直至尾流消失，流场复原。在边界层和尾流以外的区域，流体的速度梯度很小，黏性力的影响也就可以忽略，流动可按势流处理，所以称该区域为势流区。

2.1.2 边界层厚度

理论上讲，平板绕流边界层的厚度应是自板壁流速为零处一直延伸到流速达到来流速度处的距离。但严格地说，流速达到与来流速度完全相同处极远，所以习惯上将流速达到来流速度的99%，即 $v_x=0.99v_\infty$ 处作为边界层区与势流区的界限，把该界限到板壁的垂直距离定义为边界层厚度，又称为名义厚度（nominal thickness），一般用 δ 表示。在图 2-1 中可以看到，随着掠过平板进流距离的增加，由于板壁产生的旋涡不断向外传递，因此边界层厚度呈逐渐增大的趋势。

在边界层中，速度梯度很大，黏性力与惯性力相比不能忽略，二者具有相同的量级，据此可对边界层厚度进行估算。设任意形状物体绕流的特征速度为 U、特征长度为 L、边界层（名义）厚度为 δ、流体的密度和黏度分别为 ρ 和 μ，则边界层内单位体积流体的黏性力和惯性力分别具有 $\mu U/\delta^2$ 和 $\rho U^2/L$ 的量级，于是有

$$\frac{\mu U}{\delta^2} \sim \frac{\rho U^2}{L} \tag{2-1}$$

由此可得

$$\delta \sim \sqrt{\frac{\mu L}{\rho U}} = \frac{L}{\sqrt{Re}} \tag{2-2}$$

进一步有

$$\frac{\delta}{L} \sim \frac{1}{\sqrt{Re}} \tag{2-3}$$

由式（2-3）可知，大雷诺数（Re）流动的情形下，边界层厚度 δ 远小于被绕物体的特征长度 L，为一微量。以 20 ℃水的平板绕流为例，在 $U=0.1\ \mathrm{m/s}$、$L=1\ \mathrm{m}$、$\rho=1000\ \mathrm{kg/m^3}$、$\mu=0.001\ \mathrm{Pa\cdot s}$ 的条件下可求得 $Re=10^5$，进而可估算 $\delta/L\approx0.003$，即边界层厚度 δ 仅为被绕物体特征长度 L 的 0.3%。

2.1.3 边界层的转捩和脱离

前已述及，流体的流动状态有层流和湍流之分，两种流态的判别标准是雷诺数，对边界层流动也是如此。以平板绕流为例，局部雷诺数可表示为 $Re_x = \rho v_\infty x/\mu$（其中，$x$ 为流体的进流距离）。由于 Re_x 是 x 的函数，若平板足够长，位于平板之上流体的流态将经历由层流到湍流的发展，因此边界层也会出现相应的转捩，最终形成混合边界层。如图 2-2 所示，平板之上流体的流态可经历层流、过渡区，最后转变为湍流。若平板光滑，$Re_x < 3\times 10^5$ 时为层流，对应的边界层称为层流边界层；$Re_x > 3\times 10^6$ 时为湍流，对应的边界层为湍流边界层；在 $3\times 10^5 \leqslant Re_x \leqslant 3\times 10^6$ 时为层流到湍流的过渡区，其中流态不稳定，层流和湍流交替出现。值得注意的是，无论是过渡区还是湍流区，边界层最靠近壁面的一薄层内始终处于层流状态，一般称该层为层流底层。应当指出，边界层和层流底层是两个不同的概念，前者是以有无速度梯度作为界定标准，而后者则是根据有无湍流脉动划分。

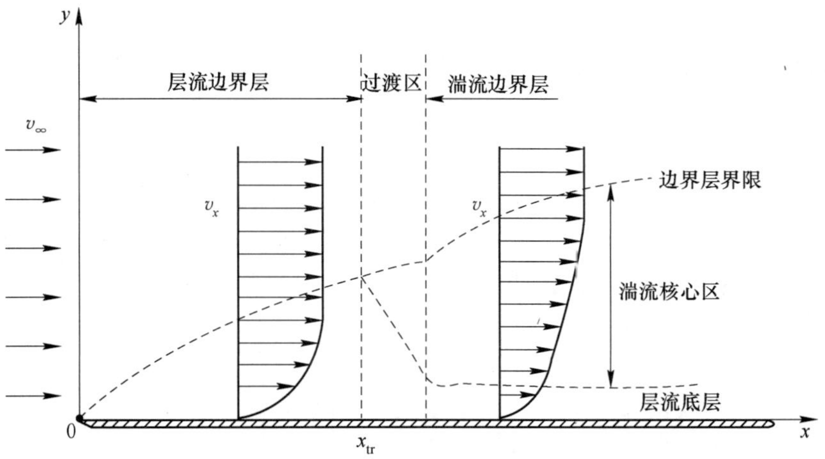

图 2-2 平板绕流时的边界层转捩

边界层转捩是流体力学领域的重要现象，这是因为层流边界层和湍流边界层在边界层厚度的发展规律、边界层内的流速分布规律、壁面切应力等方面均不相同。影响边界层转捩的因素有很多，其中重要的有来流的压力分布、湍流强度、板壁粗糙度及其他扰动因素等。工程计算中常假定层流向湍流的转变是在某一点突然发生的，并称该点为边界层转捩点（见图 2-2 中的 x_{tr}），所对应的雷诺数为临界雷诺数 Re_c（对于掠过光滑平板流动，Re_c 一般取 5×10^5）。

以上以平板绕流为例，对边界层的基本特征进行了说明。事实上，大雷诺数条件下，绕任意形状固壁的流动都可划分为边界层、尾流及势流三个区域。需要强调的是，在非平板绕流情况下，界定边界层厚度所用的速度为当地势流流速，而势流流速并不一定与来流速度相等。另外，与平板绕流情况下整个流场中压强恒定不同，大曲率固壁绕流时流场压强并非恒定，边界层流向的压强梯度大于零，即存在逆向压强梯度的情况下会发生边界层脱离壁面的现象。研究表明，边界层脱离后所形成尾流区中的流动也是非稳态的。由于边界层脱离会额外产生压差阻力，以致流动阻力和能量耗损增大，因此人们总是试图避免这种现象的发生。防止边界层脱离的措施有很多，常见的使绕流物体流线型化便是其中一种。此外，向边界层内吹入高速流体也已被证明是避免边界层脱离的有效方法。

2.2 边界层微分方程

2.2.1 N-S 方程的简化

如前所述，在边界层以外的势流区可忽略黏性力的影响，所以 N-S 方程可简化为欧拉方程。在边界层内，虽然黏性力对流动的影响不能忽略，但黏性动量传输主要发生在穿过边界层的 y 方向上，且 y 方向的流动很弱（移流动量传输很小），因此仍然可以对 N-S 方程进行简化。

对如图 2-3 所示的绕平板二维稳态边界层流动来说，连续性方程为

$$\frac{\partial v_x}{\partial x}+\frac{\partial v_y}{\partial y}=0 \tag{2-4}$$

由于边界层中重力作用的方向与主体流向垂直，可以忽略，对应的 N-S 方程为

$$v_x\frac{\partial v_x}{\partial x}+v_y\frac{\partial v_x}{\partial y}=-\frac{1}{\rho}\cdot\frac{\partial p}{\partial x}+\frac{\mu}{\rho}\left(\frac{\partial^2 v_x}{\partial x^2}+\frac{\partial^2 v_x}{\partial y^2}\right) \tag{2-5a}$$

$$v_x\frac{\partial v_y}{\partial x}+v_y\frac{\partial v_y}{\partial y}=-\frac{1}{\rho}\cdot\frac{\partial p}{\partial y}+\frac{\mu}{\rho}\left(\frac{\partial^2 v_y}{\partial x^2}+\frac{\partial^2 v_y}{\partial y^2}\right) \tag{2-5b}$$

式中，v_x、v_y 分别为 x 和 y 方向的速度分量。

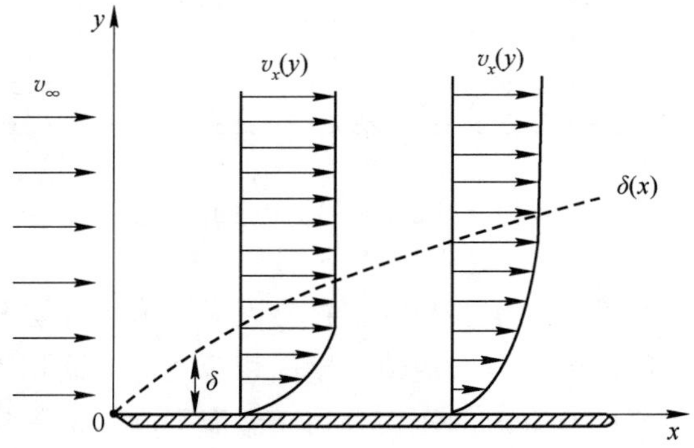

图 2-3 绕平板二维稳态边界层

下面通过方程中各项的量级分析对方程进行简化。为便于量级分析，先将方程进行无量纲化。为此，取板长 L 和来流速度 v_∞ 分别为体系的特征尺寸和特征速度，将所有变量做如下的无量纲化，

$$x^*=\frac{x}{L},\ y^*=\frac{y}{L},\ \delta^*=\frac{\delta}{L},\ v_x^*=\frac{v_x}{v_\infty},\ v_y^*=\frac{v_y}{v_\infty},\ p^*=\frac{p}{\rho v_\infty^2} \tag{2-6}$$

代入式（2-4），整理后可得无量纲的连续性方程为

$$\frac{\partial v_x^*}{\partial x^*}+\frac{\partial v_y^*}{\partial y^*}=0 \tag{2-7}$$

由边界层厚度为微量的条件可知，式（2-6）中无量纲边界层厚度 δ^* 的数量级必然小于 1，于是递减的量级次序为

$$\frac{1}{\delta^{*2}} > \frac{1}{\delta^*} > 1 > \delta^* > \delta^{*2} \tag{2-8}$$

以下分析中以式（2-8）作为数量级比较的依据，并用符号 $\sim O(\ )$ 表示“某项属于某一数量级”。

（1）边界层内 x 最大为 L，y 最大为 δ，故有 $x^* \sim O(1)$ 及 $y^* \sim O(\delta^*)$；

（2）根据定义，边界层内 v_x 最大为 $0.99v_\infty$，于是有 $v_x^* \sim O(1)$，进而可以定出 $\dfrac{\partial v_x^*}{\partial x^*} \sim O(1)$，$\dfrac{\partial v_x^*}{\partial y^*} \sim O\left(\dfrac{1}{\delta^*}\right)$，$\dfrac{\partial^2 v_x^*}{\partial x^{*2}} \sim O(1)$ 及 $\dfrac{\partial^2 v_x^*}{\partial y^{*2}} \sim O\left(\dfrac{1}{\delta^{*2}}\right)$；

（3）由 $\dfrac{\partial v_x^*}{\partial x^*} \sim O(1)$ 和无量纲连续性方程式（2-7）可得 $\dfrac{\partial v_y^*}{\partial y^*} \sim O(1)$，于是可以定出 $v_y^* \sim O(\delta^*)$，$\dfrac{\partial v_y^*}{\partial x^*} \sim O(\delta^*)$，$\dfrac{\partial v_y^*}{\partial y^*} \sim O(1)$，$\dfrac{\partial^2 v_y^*}{\partial x^{*2}} \sim O(\delta^*)$ 及 $\dfrac{\partial^2 v_y^*}{\partial y^{*2}} \sim O\left(\dfrac{1}{\delta^*}\right)$；

（4）由式（2-3）可知，板长雷诺数 $Re = \dfrac{\rho v_\infty L}{\mu} \sim O\left(\dfrac{1}{\delta^*}\right)$。

将无量纲连续性方程的数量级标出，将式（2-6）中的无量纲量变量代入式（2-5a）和式（2-5b）得到无量纲的 N-S 方程，标出方程中各项的数量级，则问题的控制方程变为

$$\frac{\partial v_x^*}{\partial x^*} + \frac{\partial v_y^*}{\partial y^*} = 0 \tag{2-9}$$

$$\begin{matrix} 1 & \quad 1 \end{matrix}$$

$$v_x^* \frac{\partial v_x^*}{\partial x^*} + v_y^* \frac{\partial v_x^*}{\partial y^*} = -\frac{\partial p^*}{\partial x^*} + \frac{1}{Re}\left(\frac{\partial^2 v_x^*}{\partial x^{*2}} + \frac{\partial^2 v_x^*}{\partial y^{*2}}\right) \tag{2-10a}$$

$$1 \quad 1 \qquad \delta^* \quad \frac{1}{\delta^*} \qquad\qquad \delta^{*2} \quad 1 \qquad \frac{1}{\delta^{*2}}$$

$$v_x^* \frac{\partial v_y^*}{\partial x^*} + v_y^* \frac{\partial v_y^*}{\partial y^*} = -\frac{\partial p^*}{\partial y^*} + \frac{1}{Re}\left(\frac{\partial^2 v_y^*}{\partial x^{*2}} + \frac{\partial^2 v_y^*}{\partial y^{*2}}\right) \tag{2-10b}$$

$$1 \quad \delta^* \qquad \delta^* \quad 1 \qquad\qquad \delta^{*2} \quad \delta^* \qquad \frac{1}{\delta^*}$$

通过数量级比较，略去各式中量级小于 1 的项，再进行参数还原，整理后可得

$$\begin{cases} \dfrac{\partial v_x}{\partial x} + \dfrac{\partial v_y}{\partial y} = 0 \\ v_x \dfrac{\partial v_x}{\partial x} + v_y \dfrac{\partial v_x}{\partial y} = -\dfrac{1}{\rho} \cdot \dfrac{\partial p}{\partial x} + \dfrac{\mu}{\rho} \cdot \dfrac{\partial^2 v_x}{\partial y^2} \\ \dfrac{\partial p}{\partial y} = 0 \end{cases} \tag{2-11}$$

式（2-11）首先由普朗特推导得到，因此又被称为普朗特边界层微分方程，它与 N-S 方程相比已大为简化。可以看到，方程中只有对 y 的二阶导数，所以方程由椭圆型变为抛物线型，问题的求解域由一个二维无穷域变成一个半无限的长条域。对于前者，必须在封闭边界上给出边值条件；对于后者，下游边界条件无需给出。但是，简化后的动量方程仍是非线性的，数学上求解依然困难，因此只能对一些简单情况求得边界层微分方程的精确解。需要指出的是，对于曲率半径 R 满足 L/R 远小于 1 的微曲壁面，式（2-11）同样适用。但是，在平板或微曲面的前缘附近，由于边界层厚度为微量的条件不能成立，边界层微分方程就不适用。

2.2.2 平板层流边界层的精确解

对于层流状态下的平板绕流来说，式（2-11）给出$\dfrac{\partial p}{\partial y}=0$，表明压强 p 与 y 无关。因此，若给定 x，边界层内压强在 y 方向上不变，等于边界层外势流区的压强。对于势流区流动来说，其速度恒定，为与 x 无关的来流流速 v_∞；根据伯努利方程可知，势流区的压强应与 x 无关。这样一来，边界层内压强便是常数，与 x 和 y 均无关，于是可得$\dfrac{\partial p}{\partial x}=0$。因此，边界层微分方程中的未知量减少为 v_x 和 v_y 两个，待解的方程为

$$\frac{\partial v_x}{\partial x}+\frac{\partial v_y}{\partial y}=0 \tag{2-12a}$$

$$v_x\frac{\partial v_x}{\partial x}+v_y\frac{\partial v_x}{\partial y}=\nu\frac{\partial^2 v_x}{\partial y^2} \tag{2-12b}$$

式中，ν 为 μ/ρ，即流体的运动黏度。

方程的边界条件为：$y=0$，$v_x=v_y=0$；$y=\infty$，$v_x=v_\infty$。

式（2-12）描述的问题为稳态平面流动，可以应用流函数来求解。但是，不同于无黏流体绕圆柱体的流动（可通过求解拉普拉斯方程获得流函数）和黏性流体绕流球体的流动（可通过边界条件分析获得流函数），该问题难以通过直接分析来获得流函数。应用流函数的核心是将两个坐标转化为一个自变量，将偏微分方程转化为更易求解的常微分方程。为此，先尝试寻找一个同时包含 x 和 y 的无因次坐标。

如图 2-3 所示，边界层内的速度分布存在相似性，即无因次速度$\dfrac{v_x}{v_\infty}$可表示为一个无因次坐标$\dfrac{y}{\delta(x)}=\eta(x, y)$ 的函数，可基于分析通过边界层的动量传输来确定 $\eta(x, y)$ 的具体形式。一方面，由边界层上沿向壁面的动量传输的特征速度 v_V 正比且同量级于$\dfrac{\nu}{\delta}$，即 $v_V\sim\dfrac{\nu}{\delta}$，而 δ 又对应着流体水平运动到达 x 处所需的时间$\dfrac{x}{v_\infty}$；另一方面，流体以 v_V 穿过边界层垂直运动所需的时间为$\dfrac{\delta}{v_V}$，或结合 $v_V\sim\dfrac{\nu}{\delta}$写为$\dfrac{\delta^2}{\nu}$。由垂直运动和水平运动所需时间相

同可得$\frac{\delta^2}{\nu} \sim \frac{x}{v_\infty}$，或$\delta \sim \sqrt{\frac{\nu x}{v_\infty}}$，这一关系式也可从边界层内惯性力与黏性力为同一数量级来得到，即可由式（2-2）直接写出。将y分别除以δ和$\sqrt{\frac{\nu x}{v_\infty}}$可得到$\frac{y}{\delta} \sim y\sqrt{\frac{v_\infty}{\nu x}}$。这样，所寻找的无因次坐标$\eta(x,y)$便为

$$\eta = y\sqrt{\frac{v_\infty}{\nu x}} \tag{2-13}$$

有了无因次坐标，流函数的确定就比较容易了。流函数的定义为$v_x = \frac{\partial \varphi}{\partial y}$，这里$\varphi$应为一个包含$f(\eta)$的函数，或者说$\frac{v_x}{v_\infty} = \frac{1}{v_\infty} \cdot \frac{\partial \varphi}{\partial y}$应为一个包含$f'(\eta)$的函数。选择$\frac{v_x}{v_\infty} = \frac{1}{v_\infty} \cdot \frac{\partial \varphi}{\partial y} = f'(\eta)$，则有$\mathrm{d}\varphi = v_\infty f'(\eta)\mathrm{d}y$。而$\mathrm{d}\eta = \sqrt{\frac{v_\infty}{\nu x}}\mathrm{d}y$，所以有

$$\mathrm{d}\varphi = v_\infty f'(\eta)\mathrm{d}\eta\sqrt{\frac{\nu x}{v_\infty}}$$

上式等号两边同时积分，最终得到流函数为

$$\varphi = f(\eta)\sqrt{\nu x v_\infty} \tag{2-14}$$

接着便可用流函数将偏微分方程转化为常微分方程，式（2-12b）中的各项可写为

$$\begin{cases} v_x = \dfrac{\partial \varphi}{\partial y} = v_\infty f'(\eta) \\ v_y = -\dfrac{\partial \varphi}{\partial x} = \dfrac{1}{2}\left(\dfrac{\nu v_\infty}{x}\right)^{1/2}(\eta f' - f) \\ \dfrac{\partial v_x}{\partial x} = -\dfrac{\eta v_\infty}{2x} f'' \\ \dfrac{\partial v_x}{\partial y} = v_\infty \left(\dfrac{v_\infty}{\nu x}\right)^{1/2} f'' \\ \dfrac{\partial^2 v_x}{\partial y^2} = \dfrac{v_\infty^2}{\nu x} f''' \end{cases} \tag{2-15}$$

将式（2-15）各项代入式（2-12b），整理后可得

$$ff'' + 2f''' = 0 \tag{2-16}$$

相应地，边界条件转化为

$$\begin{cases} \eta = 0,\ f = f' = 0 \\ \eta = \infty,\ f' = 1 \end{cases} \tag{2-17}$$

这样就把偏微分方程问题转化成了常微分方程问题。式（2-16）为三阶非线性常微分方程，由式（2-17）给出的三个边界条件在理论上可以确定它的解。布拉休斯（H. Blasius）假定函数f为指数级数形式，即

$$\begin{cases} f(\eta)=C_0+C_1\eta+\dfrac{C_2}{2!}\eta^2+\dfrac{C_3}{3!}\eta^3+\dfrac{C_4}{4!}\eta^4+\dfrac{C_5}{5!}\eta^5+\cdots+\dfrac{C_n}{n!}\eta^n+\cdots \\ f'(\eta)=C_1+C_2\eta+\dfrac{C_3}{2!}\eta^2+\dfrac{C_4}{3!}\eta^3+\dfrac{C_5}{4!}\eta^4+\cdots+\dfrac{C_n}{(n-1)!}\eta^{n-1}+\cdots \\ f''(\eta)=C_2+C_3\eta+\dfrac{C_4}{2!}\eta^2+\dfrac{C_5}{3!}\eta^3+\cdots+\dfrac{C_n}{(n-2)!}\eta^{n-2}+\cdots \\ f'''(\eta)=C_3+C_4\eta+\dfrac{C_5}{2!}\eta^2+\cdots+\dfrac{C_n}{(n-3)!}\eta^{n-3}+\cdots \end{cases} \tag{2-18}$$

由 $\eta=0$ 时 $f=f'=0$ 的边界条件可得 $C_0=C_1=0$。将式（2-18）代入式（2-16），有

$$\left(\frac{C_2}{2!}\eta^2+\frac{C_3}{3!}\eta^3+\frac{C_4}{4!}\eta^4+\frac{C_5}{5!}\eta^5+\cdots\right)\left(C_2\eta+\frac{C_3}{2!}\eta^2+\frac{C_4}{3!}\eta^3+\frac{C_5}{4!}\eta^4+\cdots\right)+$$

$$2\left(C_3+C_4\eta+\frac{C_5}{2!}\eta^2+\cdots\right)=0 \tag{2-19}$$

整理可得

$$2C_3+2C_4\eta+\frac{1}{2!}(C_2^2+2C_5)\eta^2+\left(\frac{C_2C_3}{2!}+\frac{C_2C_3}{3!}+\frac{2C_6}{3!}\right)\eta^3+\cdots=0 \tag{2-20}$$

进而得到

$$C_3=0,\ 2C_4=0,\ C_2^2+2C_5=0,\ \frac{2}{3}C_2C_3+2C_6=0$$

更进一步有

$$C_3=0,\ C_4=0,\ C_5=-\frac{1}{2}C_2^2,\ C_6=0,\ C_7=0,\ C_8=\frac{11}{4}C_2^3,\ C_9=0,\ \cdots$$

由此可见，非 0 的 C_n 都是 C_2 的函数。因此，$f(\eta)$ 可表示为

$$\begin{aligned} f(\eta)&=\frac{C_2}{2!}\eta^2-\frac{1}{2}\times\frac{C_2^2}{5!}\eta^5+\frac{11}{4}\times\frac{C_2^3}{8!}\eta^8-\frac{375}{8}\times\frac{C_2^4}{11!}\eta^{11}+\cdots \\ &=\sum_{n=0}^{\infty}\left(-\frac{1}{2}\right)^n\frac{C_2^{n+1}A_n}{(3n+2)!}\eta^{3n+2} \end{aligned} \tag{2-21}$$

最后的待定常数 C_2 可由 $\eta=\infty$ 时 $f'=1$ 的边界条件确定。为此，先将 $C_2=1$ 的 $f(\eta)$ 用 $F(\eta)$ 表示，即

$$F(\eta)=\frac{1}{2!}\eta^2-\frac{1}{2}\times\frac{1}{5!}\eta^5+\frac{11}{4}\times\frac{1}{8!}\eta^8-\frac{375}{8}\times\frac{1}{11!}\eta^{11}+\cdots \tag{2-22}$$

用 $C_2^{1/3}\eta$ 替代其中的 η，有

$$F(C_2^{1/3}\eta)=\frac{1}{2!}C_2^{2/3}\eta^2-\frac{1}{2}\times\frac{1}{5!}C_2^{5/3}\eta^5+\frac{11}{4}\times\frac{1}{8!}C_2^{8/3}\eta^8-\frac{375}{8}\times\frac{1}{11!}C_2^{11/3}\eta^{11}+\cdots \tag{2-23}$$

比较式（2-21）和式（2-23）两式，有

$$f(\eta)=C_2^{1/3}F(C_2^{1/3}\eta) \tag{2-24}$$

求导，有

$$f'(\eta)=\frac{\mathrm{d}f}{\mathrm{d}\eta}=C_2^{1/3}\frac{\mathrm{d}F(C_2^{1/3}\eta)}{\mathrm{d}(C_2^{1/3}\eta)}\cdot\frac{\mathrm{d}(C_2^{1/3}\eta)}{\mathrm{d}\eta}=C_2^{2/3}F'(C_2^{1/3}\eta) \tag{2-25}$$

因为 C_2 为有限数，所以 $\eta\to\infty$ 时 $C_2^{1/3}\eta\to\infty$ 。因此，根据 $f'=1$ 的边界条件，有

$$\lim_{\eta\to\infty}f'(\eta)=C_2^{2/3}\lim_{\substack{\eta\to\infty\\ C_2^{1/3}\eta\to\infty}}F'(C_2^{1/3}\eta)=C_2^{2/3}\lim_{\eta\to\infty}F'(\eta)=1$$

由此得到

$$C_2=\left[\frac{1}{\lim\limits_{\eta\to\infty}F'(\eta)}\right]^{3/2}=0.33206 \tag{2-26}$$

一般取 $C_2=0.332$。这样，便可由式（2-15）得到边界层内的速度分布为

$$\begin{aligned}\frac{v_x}{v_\infty}&=f'(\eta)=C_2\eta-\frac{1}{2}\times\frac{C_2^2}{4!}\eta^4+\frac{11}{4}\times\frac{C_2^3}{7!}\eta^7-\frac{375}{8}\times\frac{C_2^4}{10!}\eta^{10}+\cdots\\&=\sum_{n=1}^{\infty}\left(-\frac{1}{2}\right)^{n-1}\frac{C_2^n}{(3n-2)!}\eta^{3n-2}\end{aligned} \tag{2-27}$$

式（2-27）即为平板层流边界层的布拉休斯精确解。图 2-4 为由布拉休斯精确解得到的边界层内无量纲速度 v_x/v_∞ 的分布曲线与实验结果的对比，由图可以看出，不同 Re_x 条件下的实验点与理论曲线非常吻合。

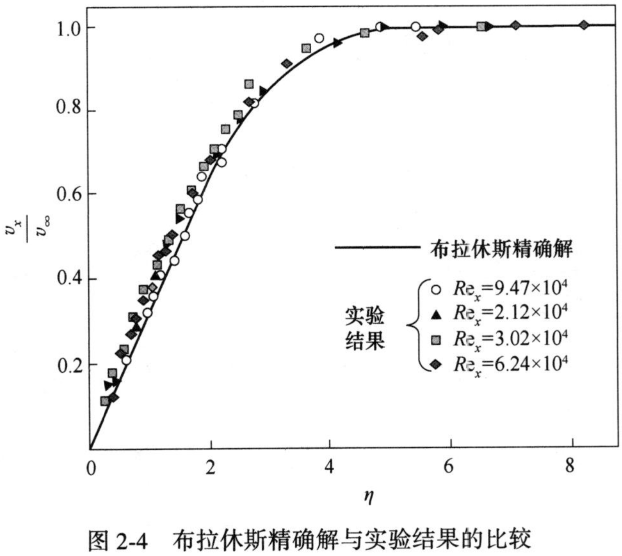

图 2-4 布拉休斯精确解与实验结果的比较

霍华斯（L. Howarth）后来依照类似求解步骤，但采用更精确计算方法得到一系列数值解数据，见表 2-1。

表 2-1 霍华斯得到的边界层微分方程数值解

$\eta=y\sqrt{\frac{v_\infty}{\nu x}}$	$f(\eta)$	$f'(\eta)$	$f''(\eta)$
0	0	0	0.33206
0.4	0.02656	0.13277	0.33147

续表 2-1

$\eta=y\sqrt{\frac{v_\infty}{\nu x}}$	$f(\eta)$	$f'(\eta)$	$f''(\eta)$
0.8	0.10611	0.26471	0.32739
1.2	0.23795	0.39378	0.31659
1.6	0.42032	0.51676	0.29667
2.0	0.65003	0.62977	0.26675
2.4	0.92330	0.72899	0.22809
2.8	1.23099	0.81152	0.18401
3.2	1.56911	0.87609	0.13913
3.6	1.92594	0.92333	0.09809
4.0	2.30576	0.95552	0.06424
4.4	2.69238	0.97587	0.03897
4.8	3.08534	0.98779	0.02187
5.0	3.28329	0.99155	0.01591
5.2	3.48189	0.99425	0.01134
5.6	3.88031	0.99748	0.00543
6.0	4.27964	0.99898	0.00240
6.4	4.67938	0.99961	0.00098
6.8	5.07928	0.99987	0.00037
7.2	5.47925	0.99996	0.00013
7.6	5.87924	0.99999	0.00004
8.0	6.27930	1.00000	0.00001
8.4	6.67923	1.00000	0

以下利用平板层流边界层的理论解及表 2-1 中数据，对相应边界层厚度及摩擦阻力进行讨论。

（1）边界层厚度。由图 2-4 和表 2-1 可知，当 $\eta=5.0$ 时，$v_x\approx 0.99v_\infty$，于是有

$$\eta\big|_{y=\delta}=\delta\sqrt{\frac{v_\infty}{\nu x}}=5.0 \tag{2-28}$$

因此得到边界层厚度为

$$\delta=5.0\sqrt{\frac{\nu x}{v_\infty}} \tag{2-29a}$$

或

$$\frac{\delta}{x}=5.0\sqrt{\frac{\nu}{v_\infty x}}=\frac{5.0}{\sqrt{Re_x}} \tag{2-29b}$$

由式（2-29b）可以看出，δ 与$\sqrt{x}$和$\sqrt{\nu}$成正比，与$\sqrt{v_\infty}$成反比，即距离绕流起点越近，流体的黏度越小，来流速度越大，则所形成的边界层越薄。

（2）摩擦阻力。由于平板绕流不涉及边界层脱离的情况，板壁对流体的阻力仅是流体的黏性摩擦力。根据牛顿黏性定律，局部黏性摩擦应力为

$$\tau_0 = \mu \frac{\partial v_x}{\partial y}\bigg|_{y=0} \tag{2-30}$$

将式（2-15）中的相关项代入式（2-30），整理后可得

$$\tau_0 = \mu v_\infty \sqrt{\frac{v_\infty}{\nu x}} f''\big|_{\eta=0} \tag{2-31}$$

由表 2-1 中数值可知，$f''|_{\eta=0} \approx 0.332$，于是有

$$\tau_0 = 0.332\mu v_\infty \sqrt{\frac{v_\infty}{\nu x}} \tag{2-32}$$

一般将局部壁面摩擦应力表示为边界层外势流区动能的函数，即

$$\tau_0 = f_x \cdot \frac{1}{2}\rho v_\infty^2 \tag{2-33}$$

式中，f_x 称为局部摩擦因数（friction factor），习惯上也称为摩擦系数，式（2-33）也是摩擦系数的定义式。

由式（2-32）和式（2-33）可写出

$$f_x = 0.664\sqrt{\frac{\nu}{v_\infty x}} = \frac{0.664}{\sqrt{Re_x}} \tag{2-34}$$

对于长度为 L、宽度为 W 的平板，其单侧所受的总摩擦力为

$$F = W\int_0^L \tau_0 \mathrm{d}x = 0.664 W v_\infty \sqrt{\rho\mu v_\infty L} = 0.664 W v_\infty \mu \sqrt{Re_L} \tag{2-35}$$

同样定义平均摩擦系数 $\bar{f}_L$，将总摩擦力表示为

$$F = A\bar{f}_L \cdot \frac{1}{2}\rho v_\infty^2 = LW\bar{f}_L \cdot \frac{1}{2}\rho v_\infty^2 \tag{2-36}$$

式中，A 为壁面总面积，$A=LW$。

这样，由式（2-35）可以得到

$$\bar{f}_L = \frac{1.328}{\sqrt{Re_L}} \tag{2-37}$$

需要再次强调，式（2-37）中的 Re_L 为按 L 计算的板长雷诺数。另外，上述涉及边界层厚度和摩擦阻力（包括摩擦系数）的各公式仅适用于层流的情况，其适用范围一般取 $100<Re_L<5\times10^5$。对于 $Re_L \leqslant 100$ 的情况，边界层厚度为微量的条件（即 $\delta \ll L$）不能成立，导致边界层微分方程不适用。我国著名力学家郭永怀从 N-S 方程出发，求出了层流平板绕流的二阶近似解，并给出了 $Re_L \leqslant 100$ 时平均摩擦系数的计算式：

$$\bar{f}_L = \frac{1.328}{\sqrt{Re_L}} + \frac{4.12}{Re_L} \tag{2-38}$$

2.3　边界层积分方程

从普朗特边界层理论的思想出发，将不可压缩实际黏性流体的 N-S 方程简化为边界层

微分方程，方程的形式被大大简化，数学上求解的难度也大大降低。但无论如何，边界层微分方程的求解过程仍很麻烦，并且布拉休斯精确解是一个无穷级数，使用起来不方便。更重要的是，精确解仅适用于平板表面的层流边界层。鉴于此，本节介绍可用于不同流态和不同几何形状固体表面边界层问题的近似解法。这种方法最早由冯·卡门（T. von Karman）提出，其核心是避开复杂的 N-S 方程，而是直接从动量守恒出发，建立边界层内的动量方程，然后进行求解。

2.3.1　边界层积分方程的导出

下面对如图 2-5 所示的边界层控制体做动量衡算，取垂直于纸面 z 方向为单位长度。

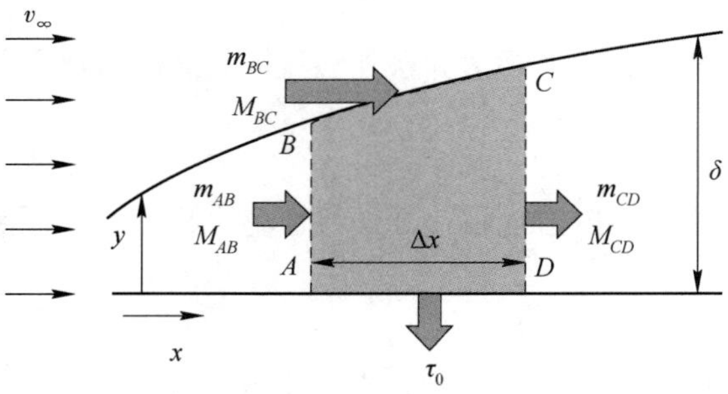

图 2-5　用于动量衡算的边界层控制体

（1）AB 面。由 AB 面单位时间内流入控制体的流体质量为 $m_{AB}=\int_0^\delta \rho v_x \mathrm{d}y$，则单位时间内流入的动量为

$$M_{AB}=\int_0^\delta \rho v_x v_x \mathrm{d}y=\int_0^\delta \rho v_x^2 \mathrm{d}y \tag{2-39}$$

（2）CD 面。由 CD 面单位时间内流出控制体的流体质量为

$$m_{CD}=\int_0^\delta \rho v_x \mathrm{d}y+\frac{\mathrm{d}}{\mathrm{d}x}\left(\int_0^\delta \rho v_x \mathrm{d}y\right)\Delta x \tag{2-40}$$

由 CD 面单位时间内流出控制体的流体动量为

$$M_{CD}=\int_0^\delta \rho v_x^2 \mathrm{d}y+\frac{\mathrm{d}}{\mathrm{d}x}\left(\int_0^\delta \rho v_x^2 \mathrm{d}y\right)\Delta x \tag{2-41}$$

（3）BC 面。由 CD 面单位时间内流出控制体的流体质量见式（2-40）。因为 AD 面为固壁，没有流体的流入和流出，根据质量守恒，由 BC 面流入控制体的流体质量必然为 $m_{BC}=m_{CD}-m_{AB}=\frac{\mathrm{d}}{\mathrm{d}x}\left(\int_0^\delta \rho v_x \mathrm{d}y\right)\Delta x$，则由 BC 面流入控制体的流体动量为

$$M_{BC}=v_\infty \frac{\mathrm{d}}{\mathrm{d}x}\left(\int_0^\delta \rho v_x \mathrm{d}y\right)\Delta x \tag{2-42}$$

于是，x 方向边界层控制体的净动量为 $M_x=M_{CD}-M_{AB}-M_{BC}$，联立式（2-39）、式（2-41）和式（2-42），整理后可得

$$M_x=\frac{\mathrm{d}}{\mathrm{d}x}\left(\int_0^\delta \rho v_x^2 \mathrm{d}y\right)\Delta x-v_\infty \frac{\mathrm{d}}{\mathrm{d}x}\left(\int_0^\delta \rho v_x \mathrm{d}y\right)\Delta x \tag{2-43}$$

（4）黏性摩擦力。固壁 AD 面所受的黏性摩擦力为

$$F_{AD}=\tau_0\Delta x=\mu\frac{\partial v_x}{\partial y}\bigg|_{y=0}\Delta x \tag{2-44}$$

（5）压力。考虑仅存在 x 方向压力梯度的情况，AB 面所受流体压力为

$$p_{AB}=p\delta \tag{2-45}$$

CD 面所受流体压力为$\left(p+\frac{\mathrm{d}p}{\mathrm{d}x}\Delta x\right)\left(\delta+\frac{\mathrm{d}\delta}{\mathrm{d}x}\Delta x\right)$，将其展开并忽略高阶项，整理后可得

$$p_{CD}=p\delta+p\frac{\mathrm{d}\delta}{\mathrm{d}x}\Delta x+\delta\frac{\mathrm{d}p}{\mathrm{d}x}\Delta x \tag{2-46}$$

另外，由于仅考虑 x 方向存在压力梯度的情况，BC 面所受 x 方向的流体压力为

$$p_{BC}=p\frac{\mathrm{d}\delta}{\mathrm{d}x}\Delta x \tag{2-47}$$

因此，边界层控制体所受 x 方向合力为 $p_x=p_{AB}+p_{BC}-p_{CD}-F_{AD}$。联立式（2-44）~式（2-47），整理可得边界层控制体所受 x 方向合力为

$$p_x=-\delta\frac{\mathrm{d}p}{\mathrm{d}x}\Delta x-\tau_0\Delta x \tag{2-48}$$

根据动量守恒定律，式（2-43）与式（2-48）相等。令两式相等，并将等式两边同时除以 Δx，整理后可得

$$\frac{\mathrm{d}}{\mathrm{d}x}\left(\int_0^\delta \rho v_x^2\mathrm{d}y\right)-v_\infty\frac{\mathrm{d}}{\mathrm{d}x}\left(\int_0^\delta \rho v_x\mathrm{d}y\right)=-\delta\frac{\mathrm{d}p}{\mathrm{d}x}-\tau_0 \tag{2-49}$$

由势流伯努利方程$\frac{v_\infty^2}{2}+gz+\frac{p}{\rho}=C$ 可知，$p=\rho\left(C-gz-\frac{v_\infty^2}{2}\right)$，则有

$$\frac{\mathrm{d}p}{\mathrm{d}x}=-\rho v_\infty\frac{\mathrm{d}v_\infty}{\mathrm{d}x} \tag{2-50}$$

将式（2-50）代入式（2-49），并两边同时除以 ρ（不可压缩流体密度为常数），整理后可得

$$\frac{\mathrm{d}}{\mathrm{d}x}\left(\int_0^\delta v_x^2\mathrm{d}y\right)-v_\infty\frac{\mathrm{d}}{\mathrm{d}x}\left(\int_0^\delta v_x\mathrm{d}y\right)=\delta v_\infty\frac{\mathrm{d}v_\infty}{\mathrm{d}x}-\frac{\tau_0}{\rho} \tag{2-51}$$

由分部求导法可知

$$\frac{\mathrm{d}}{\mathrm{d}x}\left(v_\infty\int_0^\delta v_x\mathrm{d}y\right)=v_\infty\frac{\mathrm{d}}{\mathrm{d}x}\left(\int_0^\delta v_x\mathrm{d}y\right)+\int_0^\delta v_x\mathrm{d}y\frac{\mathrm{d}v_\infty}{\mathrm{d}x} \tag{2-52}$$

为方便凑项，将式（2-52）左边改写为$\frac{\mathrm{d}}{\mathrm{d}x}\left(\int_0^\delta v_\infty v_x\mathrm{d}y\right)$，将其与式（2-51）联立，同时考虑 $\delta v_\infty=\int_0^\delta v_\infty\mathrm{d}y$（因来流速度 v_∞ 与 y 无关），整理后可得

$$\frac{\mathrm{d}}{\mathrm{d}x}\left[\int_0^\delta v_x(v_\infty-v_x)\mathrm{d}y\right]+\frac{\mathrm{d}v_\infty}{\mathrm{d}x}\left[\int_0^\delta (v_\infty-v_x)\mathrm{d}y\right]=\frac{\tau_0}{\rho} \tag{2-53}$$

式（2-53）即冯·卡门边界层积分方程，它适用于不同流态和不同几何形状固体表面的边界层问题。需要说明的是，上述积分方程建立的过程中忽略了 AB、BC 和 CD 三个面

上的黏性动量通量，所以冯·卡门边界层积分方程是一个近似方程。方程中保留 v_∞ 的导数项是为了引出并定义下面的边界层位移厚度（displacement thickness，常记作 δ_1）和动量厚度（momentum thickness，常记作 δ_2）。

2.3.1.1　边界层位移厚度

在固壁附近的边界层中，由于流速受到壁面的阻滞而降低，使得在这个区域内所通过的流量较之无黏流体（以 v_∞）流动时所能通过的流量减少。将减少的这部分流量折合为固壁向流体侧位移 δ_1 距离后所形成区域内无黏流体的流量，这个距离 δ_1 即为边界层位移厚度。根据此定义有 $\rho v_\infty \delta_1 = \rho\int_0^\infty (v_\infty - v_x)\mathrm{d}y$，于是可得

$$\delta_1 = \int_0^\infty \left(1 - \frac{v_x}{v_\infty}\right)\mathrm{d}y \tag{2-54}$$

式（2-54）的积分上限为无穷远∞。根据边界层名义厚度的定义，$y=\delta$ 处流体 x 方向速度分量 v_x 与来流速度 v_∞ 之比为 0.99。也就是说，该积分在 $\delta\to\infty$ 区间内的值很小，可以忽略。因此，实际应用中边界层位移厚度常表示为

$$\delta_1 = \int_0^\delta \left(1 - \frac{v_x}{v_\infty}\right)\mathrm{d}y \tag{2-55}$$

2.3.1.2　边界层动量厚度

边界层内流速的降低不仅使通过的流体流量减少，而且也使通过的流体动量减少。边界层中实际通过的动量为 $\int_0^\delta \rho v_x^2 \mathrm{d}y$，相同流量流体以外部势流速度（即来流速度 v_∞）通过的动量为 $\int_0^\delta \rho v_\infty v_x \mathrm{d}y$。将两者之差折合为固壁向流体侧位移 δ_2 距离后所形成区域内无黏流体流通的动量，这个距离 δ_2 即为边界层动量厚度。根据此定义有：$\rho v_\infty^2 \delta_2 = \rho\int_0^\infty (v_\infty - v_x)v_x \mathrm{d}y$，于是可得

$$\delta_2 = \int_0^\infty \frac{v_x}{v_\infty}\left(1 - \frac{v_x}{v_\infty}\right)\mathrm{d}y \tag{2-56}$$

同理，实际应用中边界层动量厚度常表示为

$$\delta_2 = \int_0^\delta \frac{v_x}{v_\infty}\left(1 - \frac{v_x}{v_\infty}\right)\mathrm{d}y \tag{2-57}$$

将式（2-55）和式（2-57）代入式（2-53），整理后可得

$$\frac{\mathrm{d}v_\infty}{\mathrm{d}x}(\delta_1 v_\infty) + \frac{\mathrm{d}}{\mathrm{d}x}(\delta_2 v_\infty^2) = \frac{\tau_0}{\rho} \tag{2-58}$$

定义边界层形状系数（shape factor）$H=\dfrac{\delta_1}{\delta_2}$，并两边同时除以 v_∞^2，可将式（2-58）改写为

$$\frac{\mathrm{d}\delta_2}{\mathrm{d}x} + (2 + H)\frac{\delta_2}{v_\infty}\frac{\mathrm{d}v_\infty}{\mathrm{d}x} = \frac{\tau_0}{\rho v_\infty^2} = \frac{f_x}{2} \tag{2-59}$$

式（2-59）也称边界层积分方程。实际上，边界层积分方程也可由微分方程积分得到，可参阅黏性流体力学相关书籍。

2.3.2 平板层流边界层的近似解

对于平板层流边界层问题而言，$\frac{\mathrm{d}v_\infty}{\mathrm{d}x}=0$，因此式（2-53）可简化为

$$\frac{\mathrm{d}}{\mathrm{d}x}\left[\int_0^\delta v_x(v_\infty - v_x)\mathrm{d}y\right]=\frac{\tau_0}{\rho} \tag{2-60}$$

在应用式（2-60）求解平板层流边界层问题时，为得到与微分方程理论解尽可能接近的摩擦阻力计算公式，正确选择一个近似速度分布来代替实际速度分布极为关键。通常，边界层理论中近似速度分布曲线的选择有一次多项式、二次多项式、三次多项式、四次多项式及正弦函数等，其中的常数可由相关边界条件确定。近似速度分布曲线应满足的边界条件为：

（1）$y=0$ 处，由无滑移条件可知 $v_x=v_y=0$；再由边界层动量方程 $v_x\frac{\partial v_x}{\partial x}+v_y\frac{\partial v_x}{\partial y}=\nu\frac{\partial^2 v_x}{\partial y^2}$ 可知，$\frac{\partial^2 v_x}{\partial y^2}=0$。

（2）$y=\delta$ 处，由边界层定义可知，$v_x=0.99v_\infty\approx v_\infty$；再由势流区速度梯度可忽略的条件可知，$\frac{\partial^n v_x}{\partial y^n}=0$（$n=1,2,3,\cdots$）。

最早成功求解式（2-60）的波尔豪森（E. Pohlhansen）假设在层流状态下速度分布曲线为 $v_x=a+by+cy^2+dy^3$，其中的四个常数 a、b、c、d 由式（2-61）四个边界条件求出

$$\begin{cases} y=0,\ v_x=0 \\ y=0,\ \dfrac{\partial^2 v_x}{\partial y^2}=0 \\ y=\delta,\ v_x=v_\infty \\ y=\delta,\ \dfrac{\partial v_x}{\partial y}=0 \end{cases} \tag{2-61}$$

四个常数分别为 $a=0$，$b=\frac{3}{2}\times\frac{v_\infty}{\delta}$，$c=0$，$d=-\frac{1}{2}\times\frac{v_\infty}{\delta^3}$。因此，速度分布曲线为

$$v_x=\frac{1}{2}\times\frac{v_\infty}{\delta}\left(3y-\frac{y^3}{\delta^2}\right) \quad 或 \quad \frac{v_x}{v_\infty}=\frac{3}{2}\times\frac{y}{\delta}-\frac{1}{2}\times\frac{y^3}{\delta^2} \tag{2-62}$$

将式（2-62）代入式（2-60），并注意到$\tau_0=\mu\left.\frac{\partial v_x}{\partial y}\right|_{y=0}$，整理后可得

$$\frac{39}{280}\times v_\infty^2\frac{\mathrm{d}\delta}{\mathrm{d}x}=\frac{3}{2}\times\frac{\nu v_\infty}{\delta} \tag{2-63}$$

移项之后两边同时积分，得

$$\int_0^\delta \delta\mathrm{d}\delta=\frac{140}{13}\times\frac{\nu}{v_\infty}\int_0^x \mathrm{d}x \tag{2-64}$$

于是有

$$\frac{\delta}{x}=\sqrt{\frac{2\times 140}{13}}\times\frac{1}{\sqrt{Re_x}}\approx\frac{4.64}{\sqrt{Re_x}} \tag{2-65}$$

式（2-65）为平板层流边界层厚度δ随进流距离x的变化，它与微分方程精确解对应的式（2-29b）$\left(即\frac{\delta}{x}=\frac{5.0}{\sqrt{Re_x}}\right)$在数学形式上完全一致，只是系数略有不同而已。

将速度分布式（2-62）代入$\tau_0=\mu\left.\frac{\partial v_x}{\partial y}\right|_{y=0}$，整理后可得

$$\tau_0=0.323\mu v_\infty\sqrt{\frac{v_\infty}{\nu x}} \tag{2-66}$$

根据局部摩擦系数f_x的定义可写出

$$f_x=\frac{0.646}{\sqrt{Re_x}} \tag{2-67}$$

根据平均摩擦系数$\bar{f}_L$的定义可写出

$$\bar{f}_L=\frac{1.292}{\sqrt{Re_L}} \tag{2-68}$$

上述结果及其他一些速度分布函数形式和布拉休斯精确解对应的结果列于表2-2中。

表2-2　不同速度分布条件下的边界层近似解与布拉休斯精确解的比较

速度分布：$\frac{v_x}{v_\infty}=f\left(\frac{y}{\delta}\right)$	$\frac{\delta}{x}\sqrt{Re_x}$	$\frac{\delta_1}{x}\sqrt{Re_x}$	$\frac{\delta_2}{x}\sqrt{Re_x}$	$\bar{f}_L\sqrt{Re_L}$
$f=\frac{y}{\delta}$	3.46	1.732	0.577	1.156
$f=2\frac{y}{\delta}-\left(\frac{y}{\delta}\right)^2$	5.48	1.825	0.730	1.462
$f=\frac{3}{2}\times\frac{y}{\delta}-\frac{1}{2}\times\left(\frac{y}{\delta}\right)^3$	4.64	1.740	0.646	1.292
$f=2\frac{y}{\delta}-2\left(\frac{y}{\delta}\right)^3+\left(\frac{y}{\delta}\right)^4$	5.84	1.752	0.685	1.372
$f=\sin\left(\frac{\pi}{2}\times\frac{y}{\delta}\right)$	4.80	1.741	0.655	1.310
布拉休斯精确解	5.0	1.721	0.664	1.328

2.3.3　平板湍流边界层的近似解

如前所述，直接从动量守恒定理出发建立的积分方程对不同流态和不同几何形状固体表面的边界层问题均适用，所以可参照2.3.2节给出的方法对平板湍流边界层问题进行求解。由于牛顿黏性定律对应的壁面摩擦阻力关系式仅在层流条件下成立，在求解湍流问题时，除需选择合适的湍流速度分布外，还要补充湍流状态下壁面摩擦阻力的关系式。

2.3.3.1 光滑平板湍流边界层

普朗特认为，平板湍流边界层的速度分布和壁面（平均）摩擦力经验关系式可参考圆管湍流的实验结果（见 2.3.4.3 小节）给出，分别为

$$\frac{v_x}{v_\infty}=\left(\frac{y}{\delta}\right)^{1/7} \tag{2-69}$$

$$\tau_0=0.0233\left(\frac{v_\infty \delta}{\nu}\right)^{-1/4}\rho v_\infty^2 \tag{2-70}$$

将式（2-69）和式（2-70）代入式（2-60），整理后可得

$$\frac{7}{72}\times\frac{\mathrm{d}\delta}{\mathrm{d}x}=0.0233\left(\frac{v_\infty \delta}{\nu}\right)^{-1/4} \tag{2-71}$$

假定从平板前缘开始的整个边界层都是湍流边界层，于是从平板前缘（$x=0$，$\delta=0$）起对式（2-71）积分可得

$$\frac{\delta}{x}=\frac{0.381}{Re_x^{1/5}} \tag{2-72}$$

将 $Re_x=\frac{v_\infty x}{\nu}$ 代入式（2-72）可知，湍流边界层厚度 δ 与进流距离 x 的 4/5 次方成正比，而由式（2-65）$\left(\frac{\delta}{x}=\frac{4.64}{\sqrt{Re_x}}\right)$ 可知，层流边界层厚度与 x 的 1/2 次方成正比，所以湍流边界层厚度沿流动方向增长比层流边界层更快。这是因为，湍流状态下流体质点剧烈的横向运动造成的速度脉动可使边界层急剧增厚。

由式（2-70），根据局部摩擦系数 f_x 的定义，即式（2-33）可写出

$$f_x=\frac{0.059}{Re_x^{1/5}} \tag{2-73}$$

根据平均摩擦系数 $\bar{f}_L$ 的定义可写出

$$\bar{f}_L=\frac{0.074}{Re_L^{1/5}} \tag{2-74}$$

需要指出，式（2-72）~式（2-74）的适用条件为 $5\times10^5<Re_L<10^7$。实验表明，$Re_L>10^7$ 时边界层内湍流平均速度符合以下对数型分布

$$\frac{v_\tau}{v_\infty}=5.85\lg\frac{\delta v_\tau}{\nu}+5.56 \tag{2-75}$$

式中，v_τ 为壁面摩擦速度，$v_\tau=\sqrt{\tau_0/\rho}$。

利用式（2-75），并结合实验数据进行修正，普朗特和施利希廷（H. Schlichiting）给出的适用条件 $10^7<Re_L<10^9$ 的关系式为

$$\bar{f}_L=\frac{0.455}{(\lg Re_L)^{2.58}} \tag{2-76}$$

2.3.3.2 粗糙平板湍流边界层

以上讨论的是光滑平板湍流边界层的情况，但大多数实际问题往往涉及的是粗糙壁面。对粗糙平板的湍流边界层，由于边界层厚度 δ 随进流距离变化，因此将壁面粗糙度与

板长之比 ε/L 作为相对粗糙度来处理问题更方便。图 2-6 为粗糙平板绕流的平均摩擦系数 $\bar{f}_L$ 与雷诺数 Re_L 和相对粗糙度 ε/L 的倒数三者间的关系。

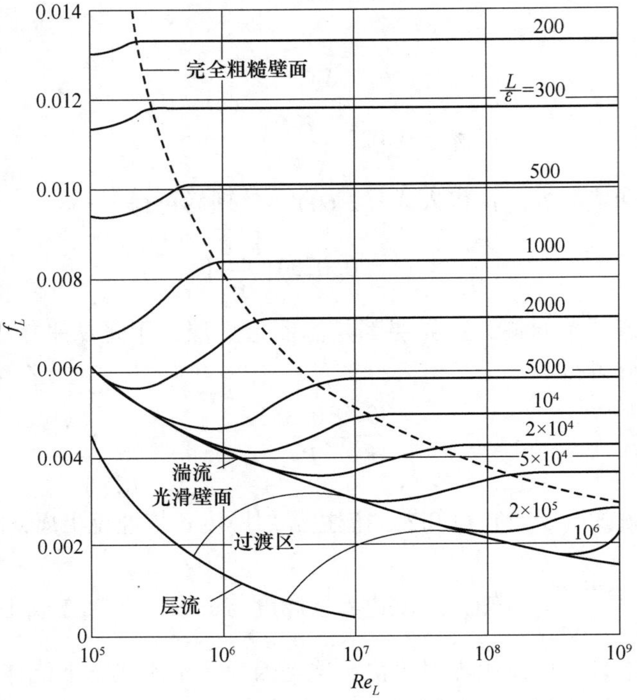

图 2-6 粗糙平板绕流的平均摩擦系数与雷诺数和相对粗糙度的倒数的关系

大量实验证实，当粗糙度超过层流底层厚度时，壁面可视为完全粗糙（fully-rough），这种情况下摩擦系数与雷诺数无关，仅受相对粗糙度的影响，如图 2-6 中的虚线右侧区域所示。在 $10^2<L/\varepsilon<10^6$ 范围内，平均摩擦系数可由以下经验式计算：

$$\bar{f}_L=\left(1.89+1.62\lg\frac{L}{\varepsilon}\right)^{-2.5} \tag{2-77}$$

2.3.3.3 平板混合边界层

上述内容中假定整个边界层都是湍流边界层，但实际情况往往是平板前段为层流、后段为湍流的混合边界层。因此，混合边界层中层流段所占比例越大，按全部为湍流计算的摩擦阻力越失准。针对这一问题，记平板上层流到湍流的转捩发生于临界雷诺数决定的边界层转捩点 x_{tr} 处，如图 2-7 所示。

令 $\bar{f}_{L,t}$ 为全湍流假定下的（平均）摩擦系数，$\bar{f}_{tr,t}$ 为将层流段假定为湍流所对应的摩擦系数，$\bar{f}_{tr,l}$ 为层流段内按实际层流计算的摩擦系数，则混合边界层的总摩擦阻力为 $F=\frac{1}{2}\rho v_\infty^2(\bar{f}_{L,t}L-\bar{f}_{tr,t}x_{tr}+\bar{f}_{tr,l}x_{tr})$，故混合边界层的摩擦系数为

$$\bar{f}_{L,m}=\frac{F}{\frac{1}{2}\rho v_\infty^2\cdot L\times 1}=\bar{f}_{L,t}-\frac{x_{tr}}{L}(\bar{f}_{tr,t}-\bar{f}_{tr,l})=\bar{f}_{L,t}-\frac{Re_c}{Re_L}(\bar{f}_{tr,t}-\bar{f}_{tr,l}) \tag{2-78}$$

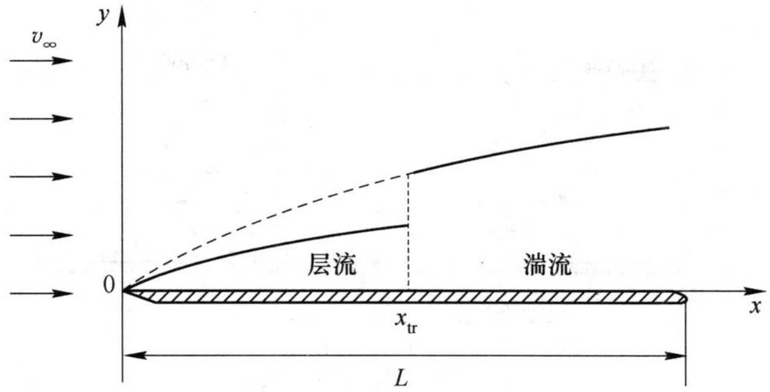

图 2-7 计算平板混合边界层阻力

令 $A=Re_c(\bar{f}_{tr,t}-\bar{f}_{tr,l})$，则式（2-78）可简写为

$$\bar{f}_{L,m}=\bar{f}_{L,t}-\frac{A}{Re_L} \tag{2-79}$$

对于光滑平板，不同 Re_c 对应的 A 值列于表 2-3。

表 2-3 光滑平板条件下不同 Re_c 对应的 A 值

Re_c	3×10^5	5×10^5	1×10^6	3×10^6
A	1050	1700	3300	8700

由于工程上通常取 $Re_c=5\times10^5$，则 $A=1700$。于是，$5\times10^5<Re_L<10^7$ 范围内，混合边界层摩擦系数为

$$\bar{f}_{L,m}=\frac{0.074}{Re_L^{1/5}}-\frac{1700}{Re_L} \tag{2-80}$$

$10^7<Re<10^9$ 范围内，混合边界层摩擦系数为

$$\bar{f}_{L,m}=\frac{0.455}{(\lg Re_L)^{2.58}}-\frac{1700}{Re_L} \tag{2-81}$$

对于完全粗糙的平板，A 一般取 300，则混合边界层摩擦系数为

$$\bar{f}_{L,m}=\left(1.89+1.62\lg\frac{L}{\varepsilon}\right)^{-2.5}-\frac{300}{Re_L} \tag{2-82}$$

2.3.4 圆管内流动的边界层

如图 2-8 所示，流体以来流速度 u_∞ 进入圆管流动，在圆管内壁形成边界层，边界层厚度会在圆管的轴向（即沿主流方向）逐渐增大，该特征与掠过平板流动边界层相似，但主要的区别是平板边界层厚度在理论上没有限制，而圆管边界层厚度的上限则为圆管半径。也就是说，只要圆管足够长，管内边界层会在圆管轴线汇合，此后边界层厚度维持不变。通常将圆管入口到边界层首次汇合点的距离称为入口段长度（entry length），边界层厚度维持不变后的流动称为充分发展的流动（fully-developed flow），如图 2-8 所示。判断圆管内充分发展的流动是层流或湍流的依据为雷诺数是否小于 2100。

需要注意的是，此时雷诺数的定义为：$Re=\dfrac{\rho\bar{u}D}{\mu}$（其中，$\rho$、$\mu$ 及 D 分别为流体的密

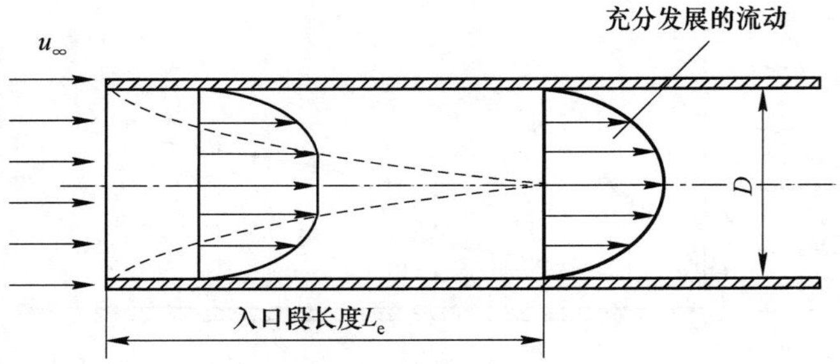

图 2-8　圆管内流动的边界层

度、动力黏度及圆管内径，$\bar{u}$ 为管内流体的截面平均流速)。另外，即使圆管内充分发展的流动为湍流，在近（圆管）壁面处仍存在一个层流底层，这与掠过平板流动也是相似的。

2.3.4.1　入口段长度

为计算入口段长度 L_e，可参照以下两式

$$\frac{L_e}{D} = 0.055Re \quad (Re < 2100) \tag{2-83a}$$

$$\frac{L_e}{D} = 1.359Re^{1/4} \quad (Re > 2100) \tag{2-83b}$$

比较式（2-83a）和式（2-83b）可知，湍流时的入口段长度比层流时的短，这是因为湍流边界层要比层流边界层增长得快。在进行粗略计算时，一般可取层流入口段长度为 100D、湍流时为 50D。在大多数工程应用中，圆管内流动的入口段效应在 10D 之外已经可以忽略，因此常取 $L_e \approx 10D$。

以下重点介绍圆管足够长，其内部流动充分发展的情况下，流体流速沿圆管径向如何分布及由流体黏性引起的摩擦阻力（系数）如何计算。

2.3.4.2　圆管层流

由 1.3.3 节内容可知，充分发展的层流条件下，水平放置，长度为 L、半径为 R 的圆管内的流速分布为 $u = \frac{\Delta p}{L}\frac{R^2-r^2}{4\mu}$，由此可得截面平均流速和最大流速分别为

$$\bar{u} = \frac{\Delta p}{L}\frac{R^2}{8\mu} \tag{2-84}$$

$$u_{max} = \frac{\Delta p}{L}\frac{R^2}{4\mu} \tag{2-85}$$

于是有

$$\frac{u}{u_{max}} = 1 - \left(\frac{r}{R}\right)^2 \tag{2-86}$$

$$\frac{\bar{u}}{u_{max}} = \frac{1}{2} \tag{2-87}$$

同样条件下，圆管壁面黏性切应力$\tau_0 = \frac{\Delta p}{L} \cdot \frac{r}{2}\bigg|_{r=R} = \frac{\Delta p}{L} \cdot \frac{R}{2}$，则沿程摩擦阻力为

$$F = A\tau_0 = 2\pi RL \cdot \tau_0 = \pi R^2 \cdot \Delta p \tag{2-88}$$

将式（2-84）代入式（2-88），整理后可得

$$F = 8\pi L\bar{u}\mu \tag{2-89}$$

定义圆管内流动摩擦数为

$$f = \frac{F}{\frac{1}{2}\rho\bar{u}^2 A} = \frac{F}{\frac{1}{2}\rho\bar{u}^2 \times 2\pi RL} \tag{2-90}$$

联立式（2-88）和式（2-90）可得

$$\Delta p = f \times 4 \times \frac{L}{D} \times \frac{1}{2}\rho\bar{u}^2 \tag{2-91}$$

需要注意的是，依据式（2-91）定义的摩擦系数 f 通常称为范宁摩擦因数（Fanning friction factor）。有文献中也将式（2-91）中的 $4f$ 组合，记作 λ，并称其为摩擦阻力因数（friction resistance factor）。

联立式（2-89）和式（2-90）可得

$$f = \frac{16}{Re} \tag{2-92}$$

尼古拉兹（J. Nikuradse）的实验研究表明，式（2-92）同样适用于不同粗糙度圆管内流动摩擦阻力的计算，这就说明层流条件下 f 的值与壁面粗糙度无关，仅由 Re 决定。

对于非圆管中的流动，当特征尺寸使用当量直径时，摩擦系数的计算公式需要引入雷诺数修正因子 ϕ，即

$$f = \frac{16}{\phi Re} \tag{2-92'}$$

边长分别为 z_1 和 z_2 矩形管的修正因子如图 2-9 所示。

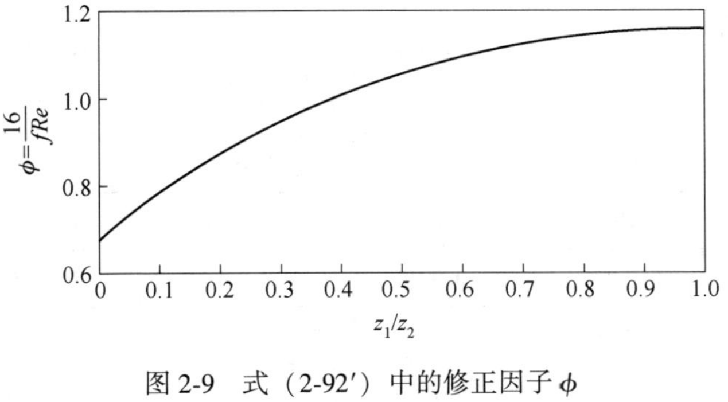

图 2-9 式（2-92′）中的修正因子 ϕ

2.3.4.3 圆管湍流

圆管湍流的流速分布主要由实验确定。布拉休斯通过实验研究圆管湍流时发现，在 $3\times10^3 < Re < 10^5$ 条件下

$$\frac{u}{u_{max}} = \left(1 - \frac{r}{R}\right)^{1/7} \tag{2-93}$$

对式（2-93）进行积分，可得管内截面平均流速为

$$\bar{u}=\frac{u_{\max}}{\pi R^2}\int_0^R 2\pi\left(1-\frac{r}{R}\right)^{1/7} r\mathrm{d}r=0.817u_{\max} \tag{2-94}$$

于是有

$$\frac{\bar{u}}{u_{\max}}=0.817 \tag{2-95}$$

若定义坐标 y 垂直于管壁，并由管壁指向管轴，用其替代圆管径向坐标 r，则式（2-93）可写为

$$\frac{u}{u_{\max}}=\left(\frac{y}{R}\right)^{1/7} \tag{2-96}$$

式（2-96）即为湍流的七分之一次方律（one-seventh power law）。

在大量实验数据的基础上，布拉休斯总结出摩擦系数与雷诺数的经验关系为

$$f=\frac{0.0791}{Re^{1/4}} \tag{2-97}$$

式（2-97）的适用条件为 $2.1\times10^3<Re<10^5$。

对粗糙圆管湍流而言，可采用哈兰德（S. E. Haaland）提出的经验公式计算摩擦系数。

$$f^{-1/2}=-3.6\lg\left[\left(\frac{\varepsilon}{3.7D}\right)^{1.11}+\frac{6.9}{Re}\right] \tag{2-98}$$

式中，ε 为管壁的绝对粗糙度；ε/D 为相比于管径 D 的相对粗糙度。

表 2-4 为采用式（2-98）计算的一些条件下粗糙圆管湍流摩擦系数。

表 2-4　粗糙圆管湍流的摩擦系数

Re	ε/D				
	1×10^{-4}	5×10^{-4}	1×10^{-3}	5×10^{-3}	1×10^{-2}
5×10^4	0.0052	0.0056	0.0059	0.0080	0.0098
1×10^5	0.0046	0.0050	0.0055	0.0078	0.0096
5×10^5	0.0036	0.0044	0.0050	0.0077	0.0095
1×10^6	0.0033	0.0043	0.0050	0.0076	0.0095
5×10^6	0.0031	0.0042	0.0049	0.0076	0.0095
1×10^7	0.0030	0.0042	0.0049	0.0076	0.0095
5×10^7	0.0030	0.0042	0.0049	0.0076	0.0095
1×10^8	0.0030	0.0042	0.0049	0.0076	0.0095

最后需要指出，布拉休斯经验公式和哈兰德经验公式用于非圆管时，只需使用当量直径作为特征尺寸即可，无需像层流那样引入雷诺数修正因子。

复习思考题

2-1 为什么会出现边界层，边界层的本质是什么？

2-2 相同来流速度下，气体和液体的边界层厚度哪个大一些？

2-3 冯·卡门积分方程对不同流态的边界层问题均适用，但利用其成功求解边界层问题的条件是什么？

2-4 对掠过平板的流动，是否存在充分发展的边界层？

2-5 圆管流动问题中常见的范宁摩擦因数与摩擦阻力因数的区别是什么？

3　射流现象

在许多工程实际中会遇到这种情况，气体或液体经喷嘴喷射到一个足够大的空间中去，由于脱离了原来限制它的环境而在这一空间中继续扩散流动，这种流体的流动称为射流。射流广泛存在于冶金过程中，如钢包喷粉处理、氧气转炉炼钢、AOD、铜转炉吹炼、连铸及轧钢中钢材冷却等，并对工艺过程有着重要的影响。本章重点介绍自由射流、限制射流和浸入式射流的基本特性。

3.1　自由射流

自由射流是最简单的一种射流，它的流动规律是研究其他更复杂射流流动现象的基础。当流体从喷嘴流出后，不受固体边界的限制，在空间中扩张流动，若周围空间介质的温度、密度与射流的温度、密度相同，并且空间中介质是静止的，这种情况下的射流称为自由射流。

根据流动速度的大小，自由射流可分为层流自由射流和湍流自由射流。层流自由射流仅依靠层流边界层内的分子扩散进行质量、动量和热量的交换，而湍流自由射流主要通过湍流边界层内湍流涡扩散来实现质量、动量和热量的交换。一般来说，绝大多数工程实践涉及的射流都属于湍流情况，因此本节主要介绍湍流自由射流的特性。

3.1.1　湍流射流的一般特性

在湍流情况下，流体分子微团做无规则的运动，流体中的各点温度、速度和压力等参数随时间变化。但研究表明，流体微团的无规则运动在足够长的时间间隔内仍服从数学统计规律，因而可用统计的方法来研究湍流运动的规律。然而，由于湍流产生的机理及其微观运动规律尚不完全清楚，在解决实际工程问题时，往往人为地把瞬态流动参数进行时均化处理，如采用不变的时均速度和随时间变化的脉动速度表征瞬时速度，即

$$v_x = \overline{v_x} + v'_x;\ v_y = \overline{v_y} + v'_y;\ v_z = \overline{v_z} + v'_z \tag{3-1}$$

由于流体微团在正方向和负方向脉动的机会均等，因此对脉动速度按不同时间取平均值，所得结果都等于零，即

$$\overline{v'_x} = \overline{v'_y} = \overline{v'_z} = 0 \tag{3-2}$$

因此，在工程上一般采用脉动速度的均方根值来衡量流体脉动程度的大小，即

$$v'_x = \sqrt{\overline{v'^2_x}};\ v'_y = \sqrt{\overline{v'^2_y}};\ v'_z = \sqrt{\overline{v'^2_z}} \tag{3-3}$$

下面介绍通常表征湍流运动特点的有关参数及其物理意义。

3.1.1.1　湍流强度

如式（3-4）定义所示，湍流强度为脉动速度均方根值与流体时均速度之比，即脉动

速度相对于时均速度的大小。湍流强度表征流体流动的紊乱程度，此值越大表明湍流程度越强。

$$\varepsilon_x = \frac{\sqrt{\overline{v'^2_x}}}{\overline{v_x}};\ \varepsilon_y = \frac{\sqrt{\overline{v'^2_y}}}{\overline{v_y}};\ \varepsilon_z = \frac{\sqrt{\overline{v'^2_z}}}{\overline{v_z}} \tag{3-4}$$

3.1.1.2 方向关联系数

方向关联系数表示同一位置不同方向脉动程度间的联系程度，其数学定义式为

$$R_{xy} = \frac{\overline{v'_x v'_y}}{\sqrt{\overline{v'^2_x}}\sqrt{\overline{v'^2_y}}};\ R_{yz} = \frac{\overline{v'_y v'_z}}{\sqrt{\overline{v'^2_y}}\sqrt{\overline{v'^2_z}}};\ R_{zx} = \frac{\overline{v'_z v'_x}}{\sqrt{\overline{v'^2_z}}\sqrt{\overline{v'^2_x}}} \tag{3-5}$$

由于流体的湍流脉动是无规律的，有时朝正方向，有时朝负方向；v_i'与v_j'的符号可能相同，也可能相反，因此不同方向的脉动速度乘积的时均值永远小于或等于脉动速度的均方根值的乘积，即 $\overline{v_i'v_j'} \leqslant \sqrt{\overline{v'^2_i}}\sqrt{\overline{v'^2_j}}$，因此恒有 $|R_{ij}| \leqslant 1$。

以二维湍流流场为例，将流场中某一瞬时的脉动速度的大小和方向记录下来，可得到如图 3-1 所示的三种情况。

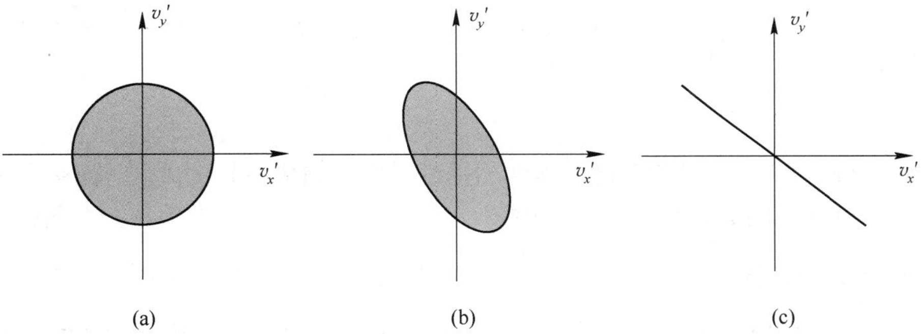

图 3-1 二维流场中某一瞬时的脉动速度的大小和方向的统计

(a) $R_{xy}=0$；(b) $0<|R_{xy}|\leqslant 1$；(c) $|R_{xy}|=1$

(1) 每一瞬时的脉动速度值 v_x'与 v_y'均匀分布在一个圆中，表明二者正负方向脉动的概率相等，相互间无约束关系，其统计平均值 $\overline{v_x'v_y'}=0$，即 $R_{xy}=0$。

(2) 每一瞬时的脉动速度值 v_x'与 v_y'均匀分布在一个椭圆中，表明脉动速度朝某个方向出现的概率增加，v_x'与 v_y'的方向有一定程度的联系，此时其统计平均值不为零，即 $0<|R_{xy}|\leqslant 1$。

(3) 每一瞬时的脉动速度值 v_x'与 v_y'均匀分布在一条直线上，这是一种极限情况，即v_x'与 v_y' 脉动的方向相反、大小相等，此时二者之间的联系最大。

由于流体流动的连续性，若 x 方向的脉动离开流体微团，则 y 方向的脉动必然是趋向流体微团以补充微团内质量的亏损，因此 v_x'与 v_y'的方向总是相反，即 $\overline{v_x'v_y'}$ 为负值，R_{xy} 也是负值。

$|R_{xy}|$值越小，表明各任意方向脉动的可能性越大，流体质量交换越剧烈，混合越均匀，湍流程度越强，故流体的方向关联系数的数值反映了流体在该空间中进行质量交换、

动量交换和热量交换的能力。

3.1.1.3 坐标关联系数

与方向关联系数不同，坐标关联数是描述在同一方向、不同位置的两个质点之间脉动速度的统计联系，以 x 方向为例（y 及 z 方向类似），其数学表达式为

$$R_{x1,x2}=\frac{\overline{v'_{x1}v'_{x2}}}{\sqrt{\overline{v'^2_{x1}}}\sqrt{\overline{v'^2_{x2}}}} \tag{3-6}$$

若在流动空间中相距为 l 的 1、2 两个点，则点 1 处流体微团以 v'_{x1} 向前脉动时，对在点 2 处流体微团的作用取决于 v'_{x1} 的强度和两点间的距离 l。l 越短，在点 1 处的流体微团脉动因惯性和黏性作用对点 2 处流体微团脉动的影响越大。当 1、2 两点无限接近时（即 $l\to0$），两点处的流体微团以相同的频率和振幅脉动，即 $(\overline{v'_{x1}v'_{x2}})_{l\to0}\approx\sqrt{\overline{v'^2_{x1}}}\sqrt{\overline{v'^2_{x2}}}$，故有 $R_{x1,x2}\approx1$，此时两点处流体微团间的脉动联系最密切；相反，当两点距离趋于无穷远时，$R_{x1,x2}\approx0$，两点处流体微团基本上无统计联系。同样，坐标关联数表明了流场湍流程度的强弱，对于给定距离的流场中的两个质点，$R_{x1,x2}$ 越小，则湍流程度越强。

3.1.1.4 湍流尺度（欧拉法）

根据上述坐标关联系数的概念，可以引出湍流尺度。湍流尺度是表征湍流运动的重要参数，以 x 方向为例，其数学定义式为

$$L_{\mathrm{Eu}x}=\int_0^{\infty}R_{x1,x2}\mathrm{d}l \tag{3-7}$$

湍流尺度的意义可理解为与脉动速度相垂直平面上的横向长度 $L_{\mathrm{Eu}x}$，在这一距离内有着相同的脉动速度和脉动频率。若已知图 3-2 所示的 $R_{x1,x2}=f(l)$ 的关系，在图中选择一个 $R_{x1,x2}=1$ 的长方形，其面积为 $\int_0^{\infty}R_{x1,x2}\mathrm{d}l$，则此时长方形的底边长度即为湍流尺度 $L_{\mathrm{Eu}x}$。可见，$L_{\mathrm{Eu}x}$ 是一个假想的线性尺度，在这一范围内，流体各点的脉动速度和频率均相同，因此 $L_{\mathrm{Eu}x}$ 代表了假想的湍流微团尺寸。

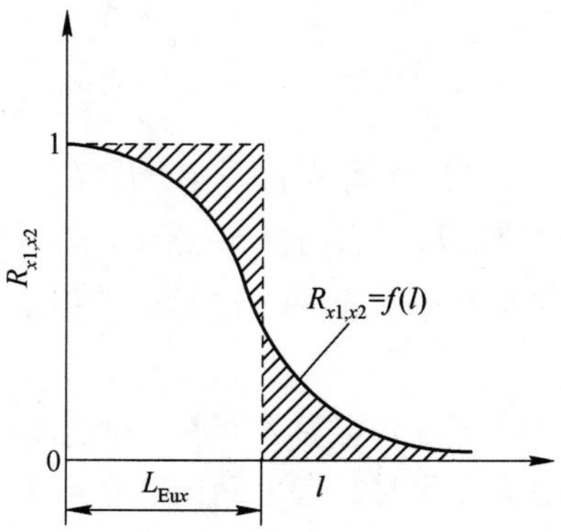

图 3-2 $R_{x1,x2}$ 与 l 的关系

以上讨论的湍流参数是采用欧拉法，即把问题归结到空间某些固定点在不同时刻的脉动情况。但在湍流情况下，真实运动速度是不稳定的，所研究的微团位置经常变化，故采用跟踪某个质点微团在不同时间内运动轨迹的研究方法，也即采用拉格朗日法来研究较为

合理。下面介绍基于拉格朗日法的两个重要湍流参数。

3.1.1.5 时间关联系数（拉格朗日法）

时间关联系数表征同一流体微团在不同时刻的统计联系，其数学定义式为

$$R_t = \frac{\overline{v'_{t_0} v'_{t_1}}}{\sqrt{\overline{v'^2_{t_0}}}\sqrt{\overline{v'^2_{t_1}}}} \tag{3-8}$$

式中，v'_{t_0}、v'_{t_1} 分别代表同一流体微团在 t_0 和 t_1 时刻的脉动速度。

从时间关联系数 R_t 的物理定义可知，当 t_0 时刻和 t_1 时刻的时间差 $\Delta t \to 0$ 时，$R_t \to 1$，二者联系最密切；当 $\Delta t \to \infty$ 时，流体微团向各方向脉动的机会均等，$R_t \to 0$，此时二者没有任何统计联系。可见，时间关联系数 R_t 随 Δt 的增大而减小，其典型曲线如图 3-3 所示。

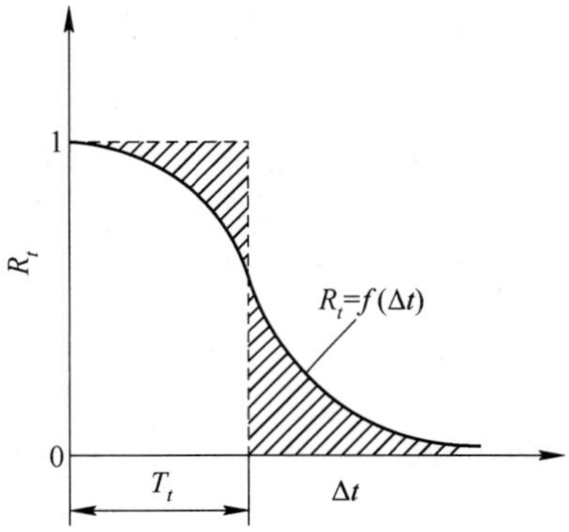

图 3-3 R_t 与 Δt 的关系

3.1.1.6 湍流尺度（拉格朗日法）

如果把时间关联系数在（0，∞）区间积分，可得到以时间为量纲的参数

$$F_t = \int_0^\infty R_t \mathrm{d}t \tag{3-9}$$

式中，F_t 为脉动特性时间，表示某一脉动微团保持同一脉动振幅和频率时所能持续的时间，显然这是一假想时间，根据其概念，可定义湍流尺度（拉格朗日法）L_{La} 为

$$L_{\mathrm{La}} = u'\int_0^\infty R_t \mathrm{d}t = u'F_t \tag{3-10}$$

可见，L_{La} 表示脉动流体微团在保持其脉动特性的时间 F_t 内所走的路程，亦即其作用范围。

用拉格朗日法来描述湍流运动是比较合理的，但 L_{La} 和 F_t 的测量极其困难，且目前尚未找到 $L_{\mathrm{Eu}x}$ 和 L_{La} 之间的理论联系。有学者根据一些实验结果推算出 $L_{\mathrm{Eu}x} \approx 2L_{\mathrm{La}}$。这表明当一个流体微团的脉动距离为其自身尺寸的一半时，其脉动特征就开始改变。

在研究湍流运动中，有时会遇到两种特殊的湍流流动。一种称为均一湍流流动，在这种湍流流动的同一流动方向上，脉动参数 $\overline{v'^2_x}$ 及 $\overline{v'_x v'_y}$ 在该方向上的所有各点均相同。此时坐标关联系数式（3-6）可简化为

$$R_{x1,\ x2} = \frac{\overline{v'_{x1} v'_{x2}}}{\overline{v'^2_{x1}}} \tag{3-11}$$

另外一种是各向同性的湍流流动，比均一湍流更理想化，在任何方向上的湍流脉动值均相等，即

$$\overline{v_x'^2}=\overline{v_y'^2}=\overline{v_z'^2} \tag{3-12}$$

而且在不同方向上的脉动分速度间无统计约束，即

$$\overline{v_x'v_y'}=\overline{v_y'v_z'}=\overline{v_z'v_x'}=0 \tag{3-13}$$

此时方向关联系数 $R_{xy}=R_{yz}=R_{zx}=0$。可见，各向同性的湍流是最简单、最易研究的一种湍流流动。工程实践中的湍流问题一般可视为均一湍流。在特殊情况下，当流体混合比较强烈时，可能会在局部出现各向同性的湍流流动，如流体流过细栅网后的流动。

3.1.2 等温自由射流特性

湍流射流射入静止的无限大空间，由于流体微团的不规则运动，特别是流体微团的横向速度脉动使其与周围介质进行质量和动量交换，引起或带动周围介质流动，结果使射流的质量增加，宽度（直径）变大，同时本身速度减小，最终初始动能全部消失在空间介质中。射流的这种抽引周围介质进入其内部的能力称为引射作用。

通过实验和观察了解到，自由射流具有如图 3-4 所示的流动结构。根据射流速度分布可将射流分为如下几个区段。

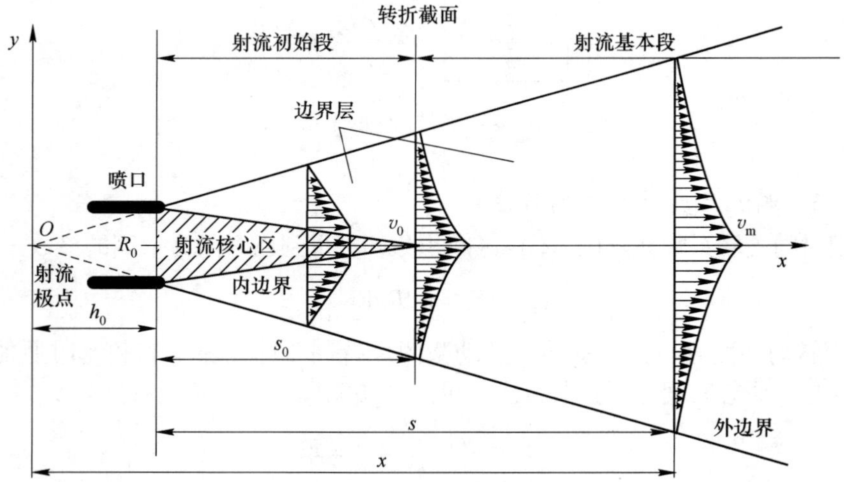

图 3-4 自由射流的结构示意图

（1）转折截面。射流以初始速度 v_0 刚离开喷嘴，其速度分布均匀。沿 x 方向流动一段距离后，射流抽引了大量周围介质，使射流边界越来越宽，而射流主体速度却逐步下降，速度值等于初始速度的区域也会变小。通常把速度等于零的边界称为射流外边界，速度还保持初始速度 v_0 的边界称为射流内边界。射流内、外边界之间的区域称为射流边界层。显然，射流边界层随着 x 方向流动距离的增大而向两边扩展。一边是向外扩展，带动更多介质进入边界层；一边向中心扩展，进一步消蚀速度保持初始速度的区域。这样，沿 x 方向距离越大，射流边界层越宽。在某一距离处，射流边界层扩展到射流中心线，只有射流中心一点处的流动还保持初始速度。此处的射流横截面，即射流中心速度开始减小的

截面，称为转折截面。在转折截面左侧，射流中心线上的速度保持射流初始速度，而转折截面后，射流中心线速度开始下降。

（2）射流初始段。射流出口截面与转折截面之间的区域为射流初始段，其特点是射流中心的速度都等于初始速度。射流初始段内有核心区和边界层之分，核心区内射流都具有初始速度，核心区的外缘称为内边界，边界层的外缘称为外边界。

（3）射流基本段。转折截面后的区域称为射流基本段，在这一区段射流速度沿 x 流动方向不断下降。射流基本段完全由射流边界层构成。

（4）射流极点。射流外边界的交点称为射流极点，由图 3-4 可见，它是在喷管内部的一个几何点。

除上述讨论的自由射流的结构特性外，研究射流各截面上的速度分布也有重要意义。

实验和理论分析表明，自由射流中任一截面上的横向速度 v_y 与轴向速度 v_x 相比是很小的，可以忽略不计，因此 $v \approx v_x$，而且射流内部气流的静压也等于周围介质的静压。

图 3-5 给出了特吕佩尔（Trüpel）实验测得的轴对称自由射流基本段不同截面上的速度分布，图中射流初始速度 v_0 为 87 m/s，喷嘴半径 R_0 为 0.045 m。由图可见，射流速度分布曲线是逐渐变化的，距出口越远，速度分布越平坦，射流宽度越大。如果把这些速度分布曲线画在无因次坐标上，纵坐标用 v/v_m 表示，其中 v_m 为射流中心速度，v 为同一截面上射流中心外某点处的速度；横坐标用 $y/y_{0.5}$ 表示，其中 y 为该点的横向位置，$y_{0.5}$ 为该截面处速度为中心速度的一半，即为 $v=0.5v_m$ 点的横向位置。特吕佩尔得到的上述轴对称射流基本段无因次速度分布曲线如图 3-6 所示。可见各截面上的实验点全部在同一条曲线上，这表明射流基本段所有截面上的速度分布都是相似的。

对于射流初始段中的速度分布也存在上述的相似规律，图 3-7 给出了阿勃拉莫维奇（Абрамович）的实验结果。纵坐标中 v_0 是出口处射流速度，v 是所取点的速度。横坐标中 $\Delta y_c = y - y_c$，此处 y_c 是速度为 $0.5v_0$ 处与 x 轴的距离；$\Delta y_b = y_{0.9} - y_{0.1}$，此处 $y_{0.9}$、$y_{0.1}$ 是速度分别为 $0.9v_0$ 和 $0.1v_0$ 处与 x 轴的距离。由图可见，距喷口不同距离的测定点都落在一条曲线上，说明速度分布具有相似性。

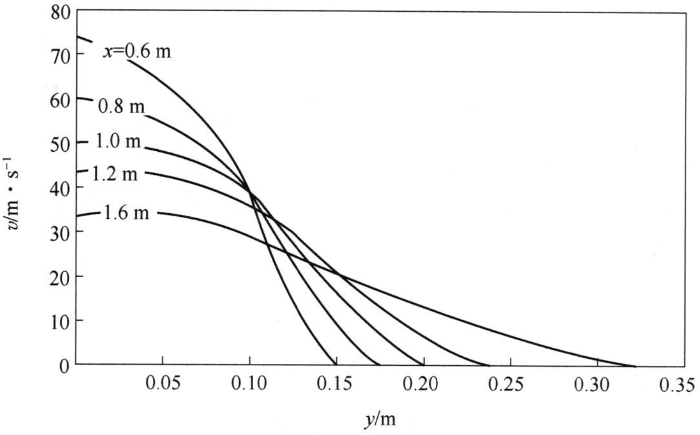

图 3-5　自由射流基本段不同截面上的速度分布

（$v_0 = 87$ m/s，$R_0 = 0.045$ m）

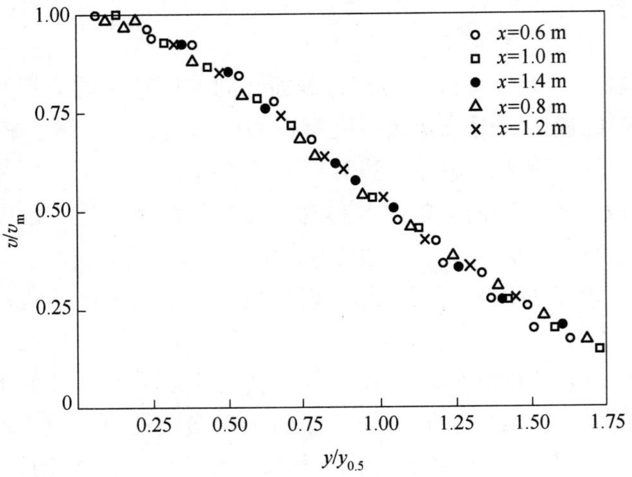

图 3-6　自由射流基本段无量纲速度分布

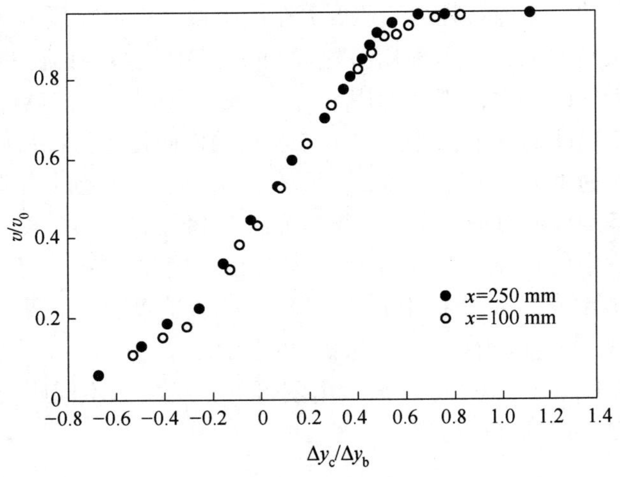

图 3-7　自由射流初始段无量纲速度分布

在自由射流中，射流各截面上的速度分布都具有相似的性质，可用与雷诺数无关的普遍无因次速度分布曲线来表示。这种特性称为自由射流的自模性。

射流各截面上速度分布的相似性表明可以用一个通用的数学表达式来描述。经总结归纳实验结果，得到如下经验式：

$$\frac{v}{v_m}=\left[1-\left(\frac{y}{y_b}\right)^{3/2}\right]^2 \tag{3-14}$$

对射流初始段，式（3-14）中的 y_b 为射流边界层厚度；对射流基本段，y_b 指的是射流的截面半径，即边界层厚度。v 指的是在该截面上，距射流中心距离为 y 的某点处速度。

当周围介质不是静止时，即周围介质速度 $v_a \neq 0$，则有

$$\frac{v-v_a}{v_m-v_a}=\left[1-\left(\frac{y}{y_b}\right)^{3/2}\right]^2 \tag{3-15}$$

3.1.3 自由射流的湍流特性

湍流射流的流动是混乱的因而具有脉动特性，因此研究射流流动的脉动特性具有十分重要的意义。目前速度脉动的测量已比较成熟，下面介绍一些关于湍流自由射流的纵向速度脉动与横向速度脉动的测量结果。

图 3-8~图 3-10 给出了安东诺娃（Г. С. Антонова）在雷诺数为（3~6）×10^4 的范围内测量的自由射流初始段和基本段中边界层内的脉动速度和方向关联系数等湍流参数。图 3-8~图 3-10 中，R 和 b 分别为射流半径及射流初始段的边界层厚度，$\bar{v}_m$ 和 $\bar{v}_0$ 分别表示 v_m 和 v_0 的时均值。各图中纵坐标为脉动速度的时间均方根与 $\bar{v}_m$、$\bar{v}_0$ 的比值，表示无因次脉动速度，并不是湍流强度。由图可知，射流纵向脉动速度和横向脉动速度均具有相似性和自模性，都可用一条无因次分布曲线来归纳。从图 3-10 可以看出方向关联系数 R_{xy} 在射流截面内大致相似，其值在 0.15~0.6 之间。

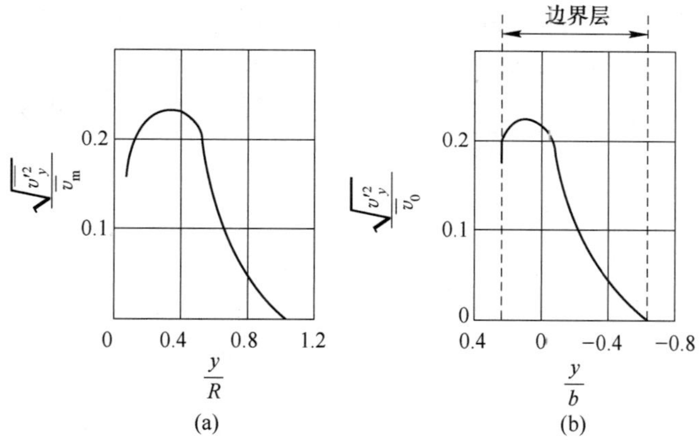

图 3-8 自由射流中纵向脉动速度

（a）基本段；（b）初始段边界层

（射流出口速度 v_0 = 35 m/s，Re = 3.93×10^4）

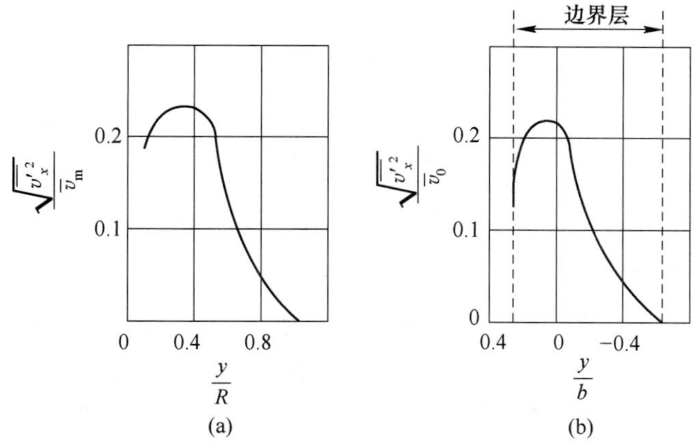

图 3-9 自由射流中横向脉动速度

（a）基本段；（b）初始段边界层

（射流出口速度 v_0 = 35 m/s，Re = 3.93×10^4；v_0 = 30 m/s，Re = 3.05×10^4）

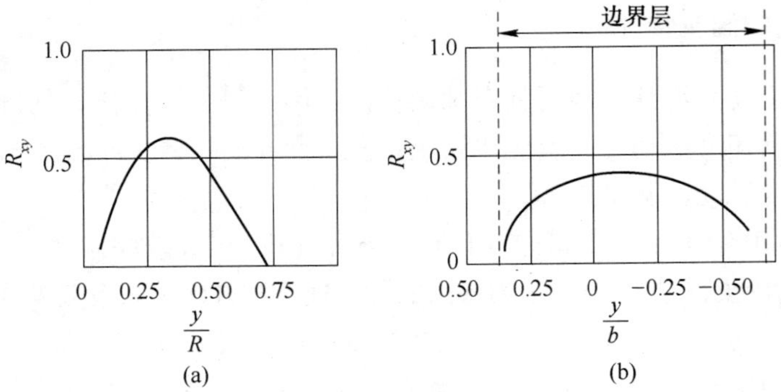

图 3-10 自由射流横截面中方向关联系数 R_{xy} 的变化

（a）基本段；（b）初始段边界层

（射流出口速度 $v_0=35$ m/s，$Re=5.9\times10^4$）

图 3-11 为劳伦斯（I. C. Laurence）在 $y/R_0=1$、$Re=3\times10^5$ 且具有自模性的射流上测得的湍流横向尺度 L_{Eu} 随着距喷口距离 x/R_0 的变化规律。此结果表明，在湍流自由射流中，存在一个与射流发展距离成比例的长度因次的统计特性参数，这也是普朗特混合长理论的依据。

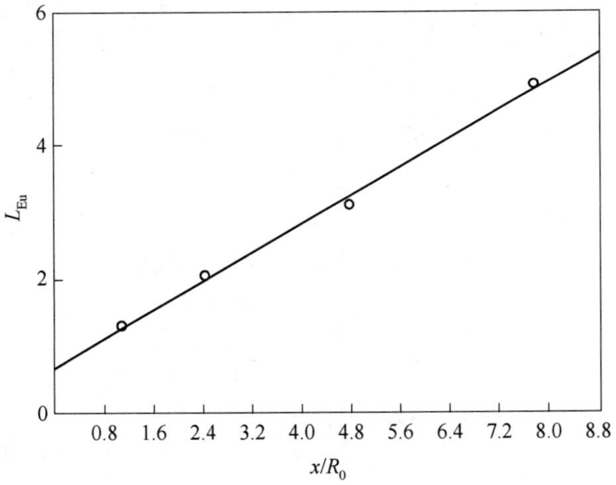

图 3-11 湍流横向尺度 L_{Eu} 随距离 x/R_0 的变化

3.1.4 轴对称射流的运动分析

在 3.1.2 节中讨论了射流截面上速度分布的经验式（3-14），但若利用此式进行实际工程计算还需确定 v_m 和 y_b 沿 x 轴的变化规律，本节将讨论这个问题。

普朗特认为，当湍流状态下流体微团从具有某一速度的流层进入具有另一速度的流层而完成动量交换时，沿垂直于时均速度的方向移动的距离 l 称为混合长。这就是普朗特混合长半经验理论。根据这一理论，当微团由一层横跨入速度不相同的另一层中去时，其速度较周围流体的速度有一差值，该平均速度差用泰勒级数展开并略去高阶项，可得 $\Delta\bar{v}_x = l\dfrac{\partial\bar{v}_x}{\partial y}$。这种流体微团的跨流层运动造成了接收微团的流层的速度脉动，即 $v_x' = \Delta\bar{v}_x = l\dfrac{\partial\bar{v}_x}{\partial y}$。半经验湍流理论认为，横向脉动速度和纵向脉动速度成正比，于是有 $v_y' \sim v_x'$，也就有 $v_y' \sim l\dfrac{\partial\bar{v}_x}{\partial y}$。

射流速度分布的相似性表明射流边界层相似，结合劳伦斯实验结果，可假定气流在不同截面上的无因次混合长相等，即

$$\frac{l_1}{y_{b1}} = \frac{l_2}{y_{b2}} = \frac{l}{y_b} = 常数 \tag{3-16}$$

由于射流的横向扩展是横向脉动造成的，因此

$$\frac{dy_b}{dt} \sim v_y' \sim l\frac{\partial\bar{v}_x}{\partial y} \tag{3-17}$$

另外，由射流各截面上速度分布的相似性可得

$$\frac{\partial\bar{v}_x}{\partial y} \sim \frac{v_m}{y_b} \tag{3-18}$$

由式（3-16）~式（3-18）可得

$$\frac{dy_b}{dt} \sim \frac{l}{y_b}v_m \sim v_m \tag{3-19}$$

而$\dfrac{dy_b}{dt}=\dfrac{dy_b}{dx}\dfrac{dx}{dt}=\dfrac{dy_b}{dx}v_x$，再根据速度场的相似性$\left(\dfrac{v_x}{v_m}=常数\right)$，于是有

$$\frac{dy_b}{dt} \sim \frac{dy_b}{dx}v_m \tag{3-20}$$

比较式（3-19）和式（3-20）可知，$\dfrac{dy_b}{dx}=常数$，即 $y_b=常数\times x$。再由式（3-16）可得 $l=常数\times x$。因此有

$$y_b = Kx,\ l = Cx \tag{3-21}$$

式中，K、C 均为常数。

式（3-21）表明，射流宽度沿 x 方向按线性规律增加。因此射流外边界是一条直线，轴对称射流的外边界是一圆锥面，锥点为射流的极点。实验表明，$K=3.4a$（其中，a 为经验系数）。

由式（3-21）及无因次速度分布式（3-14）可知，不同截面上同 y/y_b 处的无因次速度相等。在射流初始段，由于轴心速度均等于初始速度，因此 y/y_b 相同点的连线就是等速度线，即初始段边界层内等速度线是开始于喷嘴出口边缘的射线族，如图 3-12 所示。对于射流基本段，在相同的 y/y_b 处无因次速度 v/v_m 也相等，但射流中心速度 v_m 沿 x 变化，因此绝对速度 v 的等速线较复杂，随 v_m 的变化而变化。但是，无因次等速线 v/v_m 是一束起源于射流极点的射线族，如图 3-13 所示。

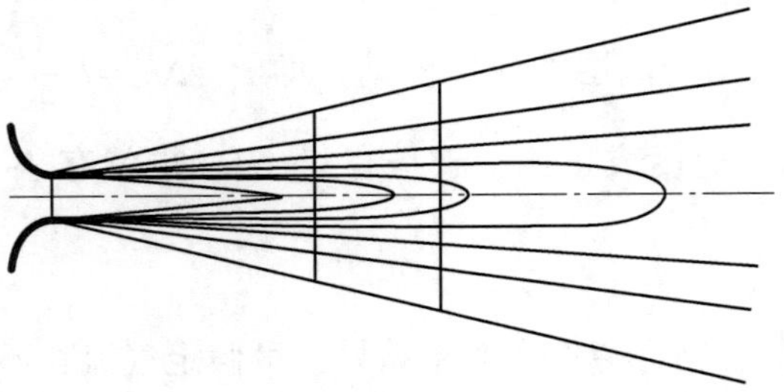

图 3-12　自由射流中的等速线

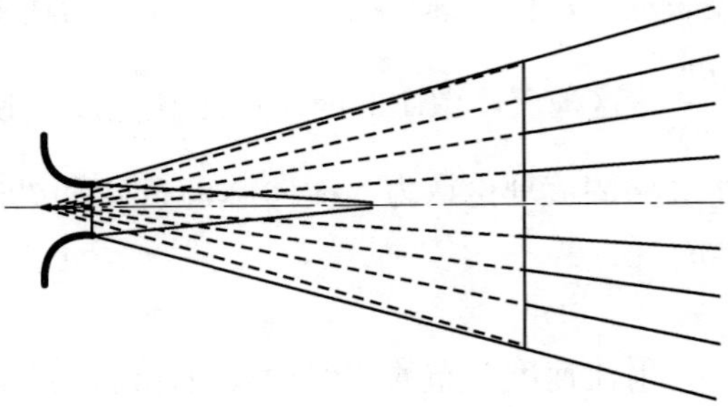

图 3-13　基本段中的无量纲等速线

由于射流中各处压力相等，等于周围介质的压力，因此根据动量守恒可知，射流的任一截面上的总动量保持不变，等于喷嘴出口的初始总动量，即

$$\int_A \rho v^2 \mathrm{d}A = \pi R_0^2 \rho v_0^2 \tag{3-22}$$

式中，R_0 为喷嘴的半径。

式（3-22）的无量纲形式为

$$\int_A \frac{\rho v^2 \mathrm{d}A}{\pi R_0^2 \rho v_0^2} = 1 \tag{3-23}$$

对其改写有

$$2\int_0^{\frac{y_b}{R_0}} \left(\frac{v}{v_0}\right)^2 \frac{y}{R_0} \mathrm{d}\,\frac{y}{R_0} = 1 \tag{3-24}$$

进一步积分可得

$$\left(\frac{v_m}{v_0}\right)^2 \left(\frac{y_b}{R_0}\right)^2 2\int_0^1 \left(\frac{v}{v_m}\right)^2 \frac{y}{y_b} \mathrm{d}\,\frac{y}{y_b} = 1 \tag{3-25}$$

将速度分布式（3-14）代入式（3-25）可得

$$\left(\frac{v_m}{v_0}\right)^2 \left(\frac{y_b}{R_0}\right)^2 2\int_0^1 \left[1 - \left(\frac{y}{y_b}\right)^{\frac{3}{2}}\right]^4 \frac{y}{y_b} \mathrm{d}\,\frac{y}{y_b} = 1 \tag{3-26}$$

其中的定积分值为 0.0668，所以有

$$\left(\frac{v_m}{v_0}\right)^2 \left(\frac{y_b}{R_0}\right)^2 \times 2 \times 0.0668 = 1$$

因此得

$$\frac{y_b}{R_0} = 2.74\,\frac{v_0}{v_m} \tag{3-27}$$

在转折截面上有 $v_{m,t} = v_0$，故转折截面上的无因次半径为常数，即

$$\frac{y_{b,t}}{R_0} = 2.74 \tag{3-28}$$

式（3-28）表明，在转折截面上，射流宽度为喷嘴出口直径的 2.74 倍。

上述结果与实验结果有一定的偏差，基于实验数据修正后有

$$\begin{cases}\dfrac{y_{b,t}}{R_0}=3.3\\ \dfrac{y_b}{R_0}=3.3\dfrac{v_0}{v_m}\end{cases} \tag{3-29}$$

将 $y_b=3.4ax$，即式（3-21）代入式（3-29）可得

$$\frac{v_m}{v_0}=3.3\frac{R_0}{3.4ax}=0.97\frac{R_0}{ax} \tag{3-30}$$

式（3-30）表明，轴对称射流中心速度与该截面到极点的距离 x 成反比。在转折截面上有 $v_{m,t}=v_0$，故转折截面与射流极点的距离为

$$x_0=0.97\frac{R_0}{a} \tag{3-31}$$

这一结果与实验结果及按普朗特混合长理论求解不可压缩边界层运动方程所得结果一致，表明对式（3-28）的修正是合理的。

利用式（3-29）和式（3-31），并考虑图 3-4 所示的相似三角形原理，可得$\frac{y_b}{x_0}=\frac{R_0}{h_0}$，于是有

$$h_0=x_0\frac{R_0}{y_b}=0.97\frac{R_0}{a}\cdot\frac{R_0}{3.3R_0}=0.29\frac{R_0}{a} \tag{3-32}$$

考虑射流核心区长度 $s_0=x_0-h_0$，故有

$$s_0=(0.97-0.29)\frac{R_0}{a}=0.68\frac{R_0}{a} \tag{3-33}$$

一般工程计算中，习惯上将喷嘴出口截面作为起始点，即 $s=x-h_0$，故有

$$\frac{ax}{R_0}=\frac{as}{R_0}+0.29 \tag{3-34}$$

遂可将式（3-30）改写为

$$\frac{v_m}{v_0}=0.97\frac{R_0}{ax}=\frac{0.97}{\dfrac{as}{R_0}+0.29} \tag{3-35}$$

图 3-14 给出了按式（3-35）计算的轴对称射流中心速度沿流动方向的变化曲线与哥廷根、特吕佩尔、赛尔基、图尔库斯等人的实验结果（即图 3-14 中各散点）的比较，表明该半经验公式具有足够的精度。

射流任一截面上通过的流体流量为

$$Q=2\pi\int_0^{y_b}vy\mathrm{d}y=2\pi v_m y_b^2\int_0^1\frac{v}{v_m}\cdot\frac{y}{y_b}\mathrm{d}\frac{y}{y_b}=2\pi v_0R_0^2\left(\frac{y_b}{R_0}\right)^2\frac{v_m}{v_0}\int_0^1\frac{v}{v_m}\frac{y}{y_b}\mathrm{d}\frac{y}{y_b} \tag{3-36}$$

考虑到喷嘴出口截面流量 $Q_0=\pi R_0^2v_0$，将其代入射流截面无因次速度式（3-14），可将式（3-36）写为

$$Q=2Q_0\left(\frac{y_b}{R_0}\right)^2\frac{v_m}{v_0}\int_0^1\left[1-\left(\frac{y}{y_b}\right)^{\frac{3}{2}}\right]^2\frac{y}{y_b}\mathrm{d}\frac{y}{y_b} \tag{3-37}$$

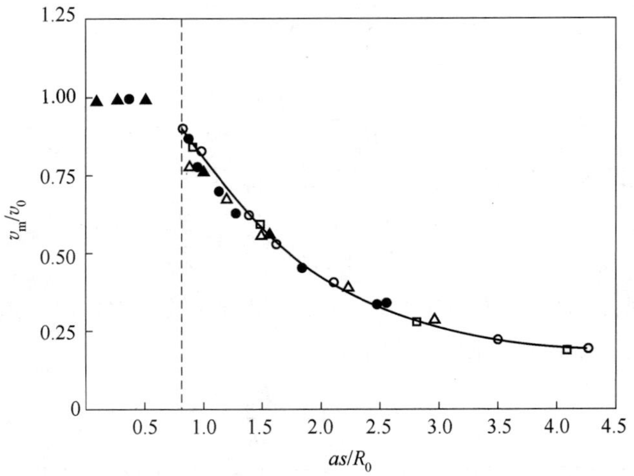

图 3-14　射流中心速度衰减规律

式中的定积分结果为 0.1285。再考虑式（3-29），于是有

$$Q = 2Q_0 \times 3.3^2 \times \left(\frac{v_0}{v_m}\right)^2 \times \frac{v_m}{v_0} \times 0.1285$$

整理后可得

$$\frac{Q}{Q_0} = 2.8\frac{v_0}{v_m} \tag{3-38}$$

对式（3-38）进行基于实验数据的修正，结果为

$$\frac{Q}{Q_0} = 2.13\frac{v_0}{v_m} \tag{3-39}$$

再将式（3-35）代入式（3-39），可得

$$\frac{Q}{Q_0} = 2.20\left(\frac{as}{R_0} + 0.29\right) \tag{3-40}$$

在转折截面上有 $v_{m,t}=v_0$，故由式（3-39）可得

$$\frac{Q_t}{Q_0} = 2.13 \tag{3-41}$$

即转折截面上的射流流量增大为射流出口流量的 2.13 倍。以截面积去除当地流量，可得射流截面的平均流速，即

$$\frac{\bar{v}}{v_0} = 2.13\frac{Q}{Q_0}\cdot\frac{A_0}{A} = 2.13\frac{v_0}{v_m}\Bigg/\left[3.3^2\left(\frac{v_0}{v_m}\right)^2\right]$$

整理可得

$$\bar{v} = 0.2v_m \tag{3-42}$$

表明射流基本段的任一截面上，按面积平均的流速为中心流速的 20%。

式（3-29）、式（3-39）及式（3-42）表明，只要测出射流某截面上的中心速度 v_m，就可求出射流的截面尺寸、流量和平均流速。

关于射流扩展角，有如下关系：

$$\tan\frac{\theta}{2}=\frac{y_b}{x}=\frac{3.4ax}{x}=3.4a \tag{3-43}$$

式中，a 为实验系数，与射流初始速度在出口截面的分布情况有关。实验表明：当速度分布均匀时，$a=0.066$；当速度分布不太均匀，中心速度超过平均速度的10%时，$a=0.07$；当速度分布更不均匀，中心速度超过平均速度的25%时，$a=0.076$。同时，a 也与射流初始湍流强度 ε_0 有关，ε_0 越大，则射流在喷嘴前已"湍化"，具有很大的与周围介质掺混的能力。因此，ε_0 大，a 值也大，导致射流的扩展角变大，核心区缩短，基本段中心速度沿 x 方向衰减快，同样距离内射流流量增加得也快。

通常取 $a=0.07$，故由式（3-43）可知，$\theta/2=14°$，即射流扩展角 θ 近似为28°。

射流核心区的收缩角为

$$\tan\frac{\alpha}{2}=\frac{R_0}{s_0}=\frac{R_0}{0.68\dfrac{R_0}{a}}=1.47a \tag{3-44}$$

因此，核心区的收缩角 $\alpha\approx12°$。

在工程实践中，时常会遇到非等温射流，其中的湍流混合会引起热量的传递。同时由于射流速度场的相似性，必然会带来温度场的相似性。关于温度场的分析方法与速度场一样，结果也类似，不再详述。根据相关学者的实验结果，已得到如下的射流基本段的温度分布关系。

$$\frac{T-T_a}{T_m-T_a}=\sqrt{\frac{v}{v_m}}=1-\left(\frac{y}{y_b}\right)^{3/2} \tag{3-45}$$

式中，T_a 为周围环境介质温度；T_m 为射流中心温度。

射流中心温度 T_m 的变化规律与速度变化规律类似，即

$$\frac{T_m-T_a}{T_0-T_a}=\frac{0.7}{\dfrac{as}{R_0}+0.29} \tag{3-46}$$

式中，T_0 为射流起始温度。

上述分析针对的是圆形轴对称自由射流，对于从长方形喷管流出的平面平行射流，其性质相似，分析方法也相似，不再赘述。表3-1概括了圆形轴对称射流和平面平行射流的流动计算公式，以供参考。

表3-1 圆形轴对称射流和平面平行射流的特性关系

名称	轴对称射流	平面平行射流
无因次中心速度 $\dfrac{v_m}{v_0}$	$\dfrac{v_m}{v_0}=\dfrac{0.97}{as/R_0+0.29}$ $\dfrac{v_m}{v_0}=\dfrac{0.97R_0}{a}\dfrac{1}{x}=\dfrac{常数}{x}$	$\dfrac{v_m}{v_0}=\dfrac{1.2}{\sqrt{as/b_0+0.41}}$ $\dfrac{v_m}{v_0}=\dfrac{常数}{\sqrt{x}}$ 式中，b_0 为射流起始宽度

续表 3-1

名称	轴对称射流	平面平行射流
无因次速度 $\frac{v}{v_m}$	$\frac{v}{v_m}=\left[1-\left(\frac{y}{y_b}\right)^{3/2}\right]^2$	$\frac{v}{v_m}=\left[1-\left(\frac{y}{b}\right)^{3/2}\right]^2$ 式中，b 为射流边界层厚度
无因次边界层厚度 $\frac{y_b}{R_0}$ 及 $\frac{b}{b_0}$	$\frac{y_b}{R_0}=3.3\frac{v_0}{v_m}$ 转折截面处：$y_{b,t}/R_0=3.3$	$\frac{b}{b_0}=3.46\left(\frac{v_0}{v_m}\right)^2$ 转折截面处：$b_t/b_0=3.46$
边界层厚度 y_b 及 b	$y_b=3.4ax$	$b=2.4ax$
无因次流量 $\frac{Q}{Q_0}$	$\frac{Q}{Q_0}=2.13\frac{v_0}{v_m}$ 转折截面处：$Q_t/Q_0=2.13$	$\frac{Q}{Q_0}=1.42\frac{v_0}{v_m}$ 转折截面处：$Q_t/Q_0=1.42$
平均流速 $\bar{v}$	$\bar{v}=0.2v_m$	$\bar{v}=0.41v_m$
x_0	$x_0=0.97\frac{R_0}{a}$	$x_0=1.44\frac{b_0}{a}$
h_0	$h_0=0.29\frac{R_0}{a}$	$h_0=0.41\frac{b_0}{a}$
$\tan\frac{\theta}{2}$	$\tan\frac{\theta}{2}=3.4a$	$\tan\frac{\theta}{2}=2.4a$
实验系数 a	$a=0.07\sim0.08$	$a=0.1\sim0.11$

3.2 限制射流

在大多数实际应用中，射流射入的不是无限介质，而是限制空间，使得其流动要比自由射流复杂得多。这种限制射流是相对于自由射流而言的，是指流体自喷嘴流出后流动空间区域由于外部边界条件（包括障碍物和外界壁面等）的影响和限制而使得流体流动形式被迫改变的流动形式。本节主要介绍两种常见的限制射流，分别为半限制空间射流和冲击射流。

3.2.1 半限制空间射流

如图 3-15 所示，半限制空间射流是指沿固体表面运动的射流，因此也称贴壁射流。由图可知，贴壁射流的结构可分为三部分：在紧贴壁的表面上，有一层很薄的层流底层Ⅰ，其运动受流体黏性的制约；在层流底层以外，为湍流贴壁层Ⅱ，此层的边界可认为是在射流各截面上速度最大 v_m 处；在层流底层Ⅰ及湍流贴壁层Ⅱ之外，则为自由湍流层Ⅲ。因此，贴壁湍流射流的特点是，以沿射流各截面最大速度 v_m 处为分界线，此线以下的贴壁流动，即Ⅰ与Ⅱ层，可作为湍流边界层考虑，自由湍流层 Ⅲ 则可作为湍流自由射流考虑。

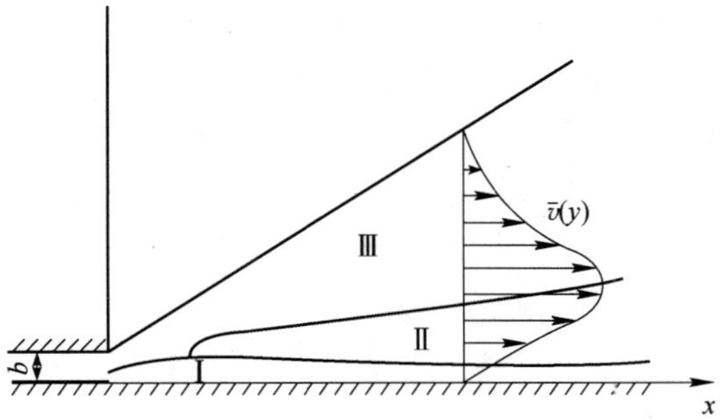

图 3-15 半限制空间射流

图 3-16 为实验测得沿平壁湍流射流不同截面上的速度分布。图 3-17 为沿平壁湍流射流在充分发展段上的无量纲速度分布。由图可见，无量纲速度分布是相似的。然而，与自由射流不同的是，以最大速度为分界面的上、下两侧的边界层是不对称的。

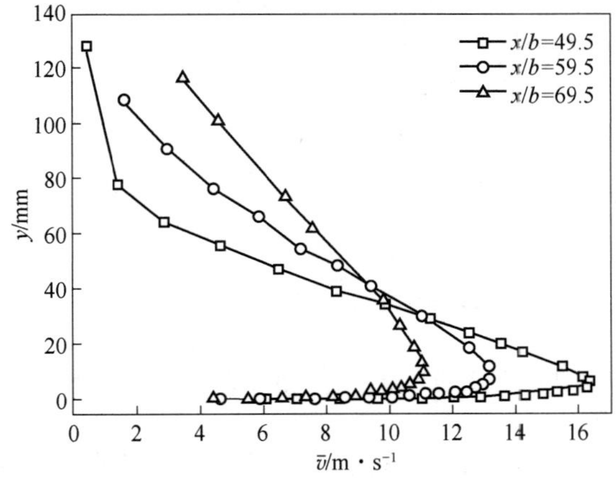

图 3-16 贴壁射流的速度分布

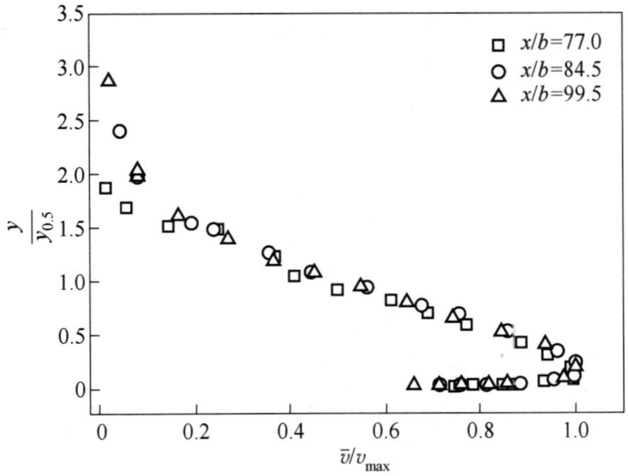

图 3-17 贴壁射流的无量纲速度分布

“附壁效应”是贴壁射流的一个重要特点，也称为柯安达（H. Coanda）效应。如图 3-18 所示，二维平面射流射入有边壁限制的空间内，射流因受推而贴向壁面，这就是射流附壁效应的一例。对此现象可作如下解释：由于射流的引射作用，射流会沿程卷吸周围的介质。对自由射流而言，射流侧表面均能引射吸入周围的介质，介质从原来静止不动到被卷入射流中去。对贴壁射流而言，自由湍流层Ⅲ的情况与自由射流相同，但对贴近壁面的层流底层Ⅰ和湍流贴壁层Ⅱ来说，由于壁面的限制，外界介质不能被引射进来，致使Ⅰ、Ⅱ层内的速度梯度很大，动能的增加和摩擦阻力的作用使静压下降，射流上、下两侧压力不平衡，在压差的作用下，射流弯曲贴向壁面。

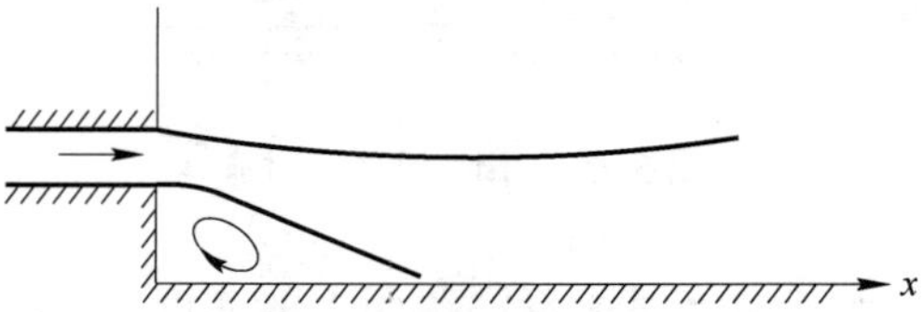

图 3-18　附壁效应

在其他一些流动情况下，也会发生柯安达效应。例如，在圆柱绕流雷诺数为 3×10^5 ~ 3×10^6 情况下，当层流边界层自圆柱面脱离，流动过渡为湍流时，可重又贴附于壁面，如图 3-19 所示。

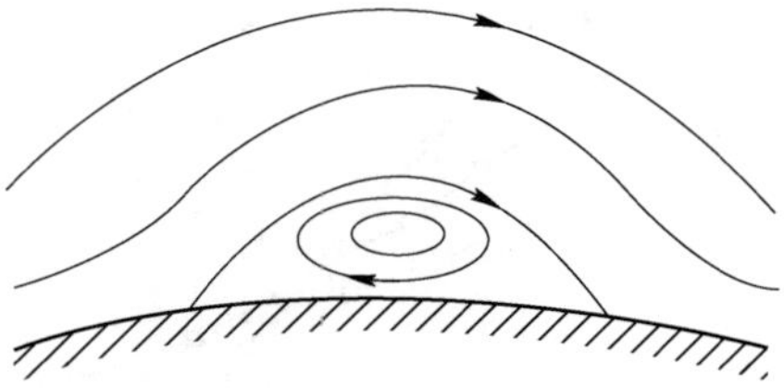

图 3-19　层流边界层脱离后过渡为湍流时的附壁现象

另外，由于柯安达效应，氧气转炉炼钢用氧枪的多孔喷头所产生的各子射流的中心线不再是喷孔轴线的直线，而是随着其前进而向内弯曲，产生所谓的射流束聚并现象，如图 3-20 所示。射流束聚并将导致总射流尺寸减小，从而使其冲击面积减小。图 3-21 比较了不同喷孔数量氧枪射流在同一轴向距离（1.5 m）的横截面处的速度分布，可见喷孔数量越多，射流聚并越严重，总射流尺寸越小。因此，在氧枪的多孔喷头设计中应考虑柯安达效应。

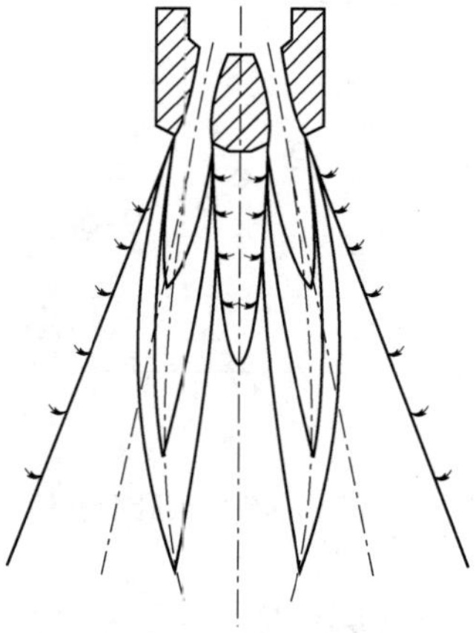

图 3-20　转炉氧枪射流的柯安达效应

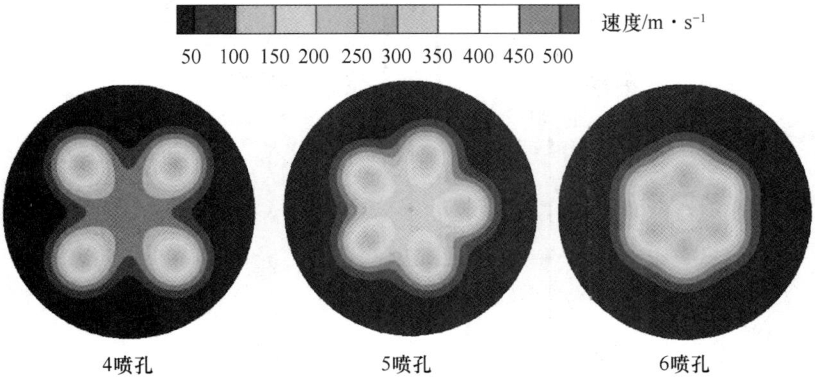

图 3-21 不同喷孔数量氧枪射流在距喷孔出口轴向距离 1.5 m 的截面处速度分布

3.2.2 冲击射流

在许多冶金过程中，冲击射流具有重大的实用意义。例如，带钢和铸模的冷却是利用气体射流冲击到固体表面来进行气-固间的换热；在氧气转炉炼钢，利用超音速氧气射流冲击到熔池表面来实现钢水的脱碳、搅拌等冶炼功能。

气体射流冲击液体表面时会在液体表面形成冲击坑。冲击坑的深度和面积是衡量系统性能的两个主要指标。例如，在氧气转炉炼钢过程中，低枪位时冲击坑深度大，对熔池的搅拌效果好，这种情况通常用于熔池的脱碳期，高枪位时冲击坑面积大，氧化反应面积大，这种情况通常用于造渣脱磷期。

布拉德肖（A. V. Bradshaw）和瓦克林（D. Wakelin）针对如图 3-22 所示的冲击射流体系，提出了气体射流冲击到液面时的冲击深度和直径的预测模型，即式（3-47）和式（3-48）。不同冲击射流体系下获得的实验结果如图 3-23 所示。

利用式（3-47）和式（3-48）可以计算转炉炼钢过程超音速氧气射流的冲击深度和直径，从而为冶炼过程操作参数的制定提供依据。

$$\frac{h}{H}\left(\frac{H+h}{H}\right)^2=\frac{115P_j}{\pi g\rho_l H^3} \tag{3-47}$$

$$\begin{cases}\dfrac{d_c}{h}=\left(\dfrac{16}{\pi}\right)^{\frac{1}{2}}\left(\dfrac{P_j}{g\rho_l H^3}\right)^{\frac{1}{2}} & \text{(抛物线形冲击坑)}\\[2ex] \dfrac{d_c}{h}=\left(\dfrac{12}{\pi}\right)^{\frac{1}{2}}\left(\dfrac{P_j}{g\rho_l H^3}\right)^{\frac{1}{2}} & \text{(椭圆形冲击坑)}\end{cases} \tag{3-48}$$

式中，H 为喷嘴与静止液面间的距离，即枪位；h 为射流冲击深度；d_c 为射流冲击直径；ρ_l 为液体密度；射流的冲击动量 $P_j=\frac{\pi}{4}d_0^2\rho_G v_0$；$d_0$ 为喷嘴直径；ρ_G 为喷嘴出口处射流密度；v_0 为喷嘴出口处射流速度。

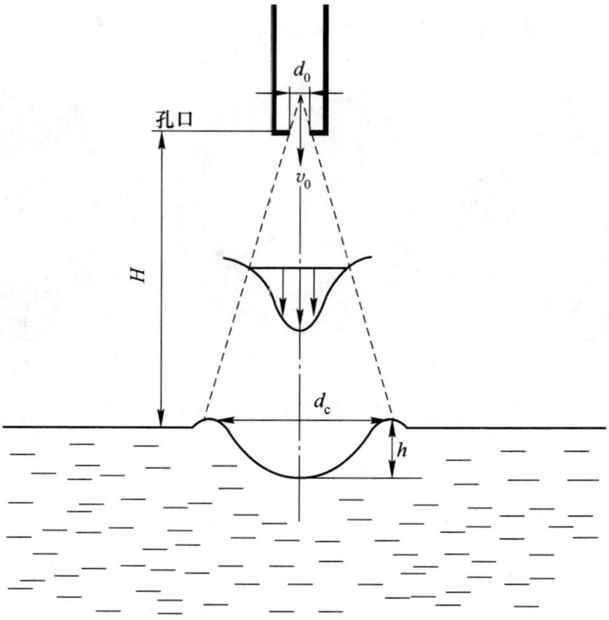

图 3-22 气体射流冲击液体表面系统模型

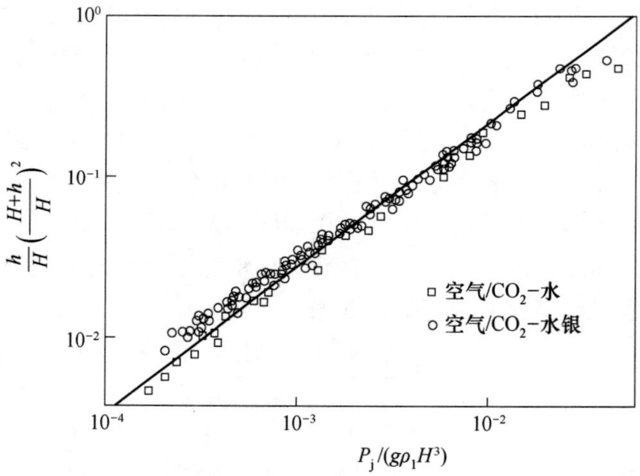

图 3-23 气体射流冲击熔池时射流动量和喷枪高度对穿透深度的影响

在实际转炉冶炼过程，冲击坑深度和面积受供氧压力、枪位、喷孔夹角和数量等因素的影响。Koria 和 Lange 提出了关联转炉操作参数的冲击坑深度和直径的预测模型，即

$$\frac{h}{H} = 4.469\left[\frac{0.7854 \times 10^5 \times d_*^2 \times p_b\left(1.27\frac{p}{p_b} - 1\right)\cos\alpha}{g\rho_1 H^3}\right]^{0.66} \tag{3-49}$$

$$\frac{d_c}{h} = 1.5887 \times \frac{0.7854 \times 10^5 \times d_*^2 \times p_b\left(1.27\frac{p}{p_b} - 1\right)^{0.378}(\cos\alpha)^{0.66}}{g\rho_1 H^3\left[n(1 + \sin\alpha)\right]^{0.282}} \tag{3-50}$$

式中，p_b 为转炉内的环境压力；p 为氧枪供氧压力；α 为氧枪喷孔夹角；d_* 为喷孔喉口直径；n 为喷孔数量。

3.3　浸入式射流

浸入式射流在冶金过程中有重要的应用，例如 AOD 精炼、铜转炉吹炼、铁浴熔融还原炼铁等。在这些应用中，气体射流由熔池表面层下吹入，则熔池能更有效地接触气体，强化熔池搅拌。图 3-24 为舍克里（J. Szekely）所展示射入水中的水平空气射流特性。如图 3-24（a）所示，在 0.6 ms 曝光下拍摄的照片表面射流边界是不稳定的，甚至在接近于喷管处，射流核心内也存在气-液混合，而不是单纯的连续气流。图 3-24（b）为 5 s 曝光下对相同系统拍摄的照片，这种情况可看作对图 3-24（a）中脉动运动的平均。可见，系统存在一个射流特征锥角。

(a)

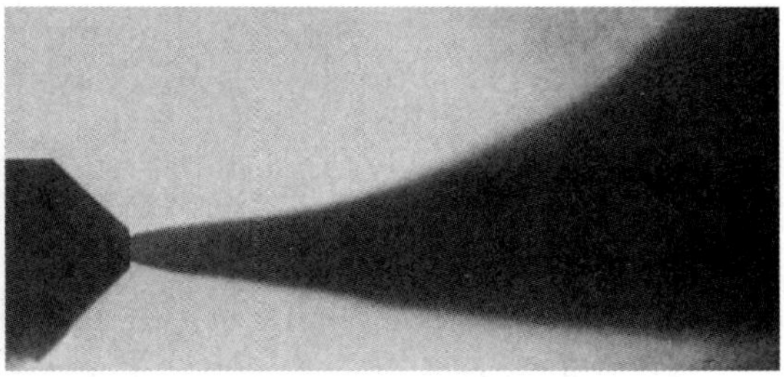

(b)

图 3-24　空气射流射入水中的照片
（a）0.6 ms 曝光；（b）显示射流特征锥角的 5 s 曝光

射流在熔池内的穿透情况，或者更精确地说射流在熔池内的轨迹，是浸入式射流的一个重要特征。由图 3-24（a）可见，射流离开喷孔一定距离后就会破散。这是由于射流抽吸液体，使射流的流动逐渐变慢，一旦射流水平速度下降到比液体中大气泡的上升速度还小时，垂直速度分量将起主导作用，而射流将破碎成气泡。

在绝大多数实际应用中，为了增大熔池和气体的接触面积，同时减小上升气流对熔池壁面的磨蚀，要求射流能有较深的穿透。塞麦里斯（N. J. Themelis）考虑了如图 3-25 所示的理想系统，通过建立水平和垂直方向的动量平衡，得到了如下射流中心轨迹线的微分方程。

$$\frac{d^2 y_r}{dx_r^2} = 4Fr'^{-1}\tan^2\left(\frac{\theta_c}{2}\right)\left[1+\left(\frac{dy_r}{dx_r}\right)^2\right]^{1/2} x_r^2\alpha_g \tag{3-51}$$

式中，Fr' 为修正弗鲁德（Froude）准数，$Fr'=\rho_g u_0^2/[g(\rho_l-\rho_g)d_0]$，$d_0$ 为喷孔直径；ρ_l、ρ_g 分别为液体和气体的密度；θ_c 为射流锥角；α_g 为在水平距离 x_r 处射流中气体的体积分率。

假设射流中气体体积分率 α_g 随射流轨迹变化，则其计算式为

$$\alpha_g = \frac{1}{2\tan(\theta_c/2)\int_0^{x_r}\sqrt{1+(dy_r/dx_r)^2}\,dx_r}\left[\alpha_g + \frac{\rho_l}{\rho_g}(1-\alpha_g)\right]^{1/2} \tag{3-52}$$

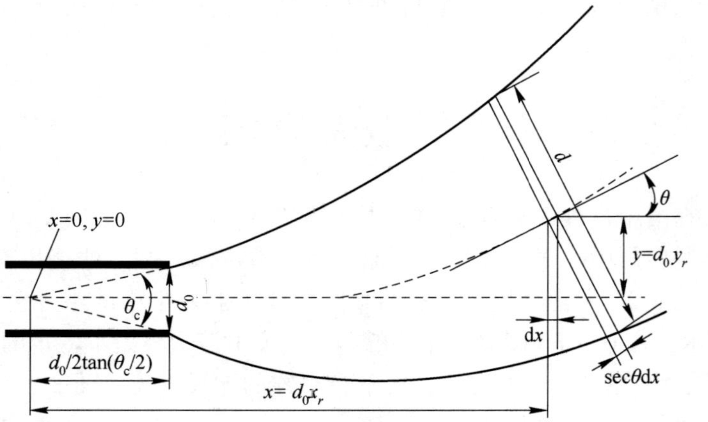

图 3-25 水平浸没射流的轨迹

复习思考题

3-1 试采用边界层微分方程和连续性方程证明自由射流的动量保持不变。

3-2 为什么说转炉氧枪的喷孔数量并非越多越好？

3-3 浸入式射流在冶金过程中有重要应用，影响浸入式射流穿透深度的主要因素有哪些？

3-4 本章的相关结论可否用于层流射流，层流射流与湍流射流有哪些可能的区别？

4 气体的可压缩流动现象

在流体力学中，一般忽略液体的可压缩性，将其视为不可压缩流体。气体的密度虽然随着压力和温度而变化，但当气体流场中各点的速度相较当地音速很小，且其密度变化较小（小于工程计算允许误差）时，可近似地按照不可压缩流体来处理，这时的流动也称为不可压缩流动。相反，当气体以接近或超过音速流动时，由于流场中气体密度变化很大（大于工程计算允许误差），尤其是超音速流动参数的变化规律与亚音速流动有着本质的差别，这时必须考虑气体的可压缩性，此时的流动称为可压缩流动。气体做高速运动时其状态参数（压力、温度、密度、焓、熵）的变化与气体运动时所经历的过程密切相关，因此气体运动力学与热力学有着密切的联系。本章将从气体热力学和运动力学基础知识出发，介绍可压缩气体流动的运动规律和特点。这些内容是冶金过程中氧枪技术、喷射冶金、氧煤喷枪等单元设计的理论基础。

4.1 可压缩流动的基本概念

4.1.1 可压缩性与音速

如第 1 章中所述，可压缩性是流体的重要性质之一。当作用在流体上的压强增加（减小）时，流体的体积减小（增大），这被称为流体（介质）的可压缩性。液体和气体均具有可压缩性。在工程上，常忽略液体的可压缩性，把其作为不可压缩流体来处理，而把气体的可压缩性与其运动过程相关联。当气体运动速度变化（从而压强变化）引起的密度变化不可忽略时，气体的可压缩性不能被忽略，此时的气体被看作可压缩流体，气体的流动称为可压缩流动；反之，气体被看作不可压缩流体，其流动称为不可压缩流动。

在流体中，当出现压力扰动（压力变化）时会产生压力波。压力的微小扰动在介质中的传播速度称为音速，常用 a 表示。音速的大小由扰动所在介质的可压缩性决定，因此音速也是衡量流体可压缩性的指标之一。

下面举例说明微小扰动在可压缩性气体中的传播过程，亦即声波的传播机理。

如图 4-1 所示，设有一充满静止气体的等截面圆管，其一端装有一活塞。若活塞以微小速度 dv 向左运动，则紧挨着活塞左侧的气体也随之以微小速度 dv 向左运动，并产生微小的压强增量 dp（即压强扰动）。向左运动的气体又推动它左侧的气体向左运动，并产生微小的压强增量。如此继续下去，这个过程以平面波的形式且以音速 a 向左传递。这就是微小扰动波的传播过程，亦即声波的传播机理。微小扰动的波面就是受扰动区和未受扰动区的分界面。显然，在波面未达到的区域气体仍然处于静止状态（$v=0$），其压强为 p、密度为 ρ；而波面已通过的区域气体参数变为 dv、$p+dp$、$\rho+d\rho$。

下面推导流体中的音速公式。仍以图 4-1 所示的微小扰动波的传播为例，若将坐标放

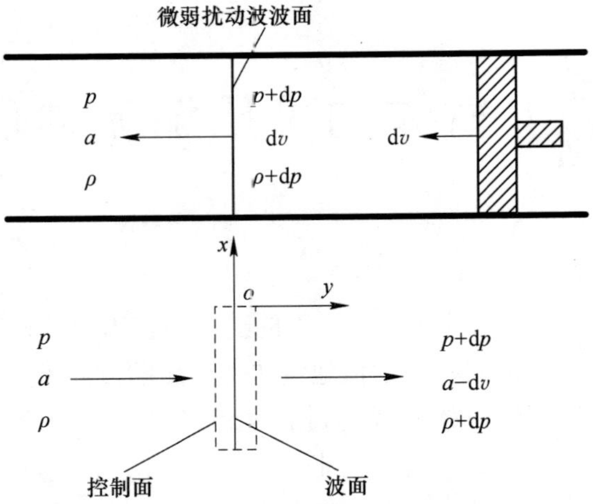

图 4-1 微小扰动波的传播过程

在波面上，并取一与波面同步运动的控制面，就相对坐标而言，波面是静止不动的，站在坐标上观察之，则气流以音速 a 流向波面，其压强为 p、密度为 ρ；然后又以速度 $a-\mathrm{d}v$ 离开波面，其压强和密度分别为 $p+\mathrm{d}p$、$\rho+\mathrm{d}\rho$。假定圆管截面积为 A，则可写出如下的连续性方程。

$$\rho aA = (\rho + \mathrm{d}\rho)(a - \mathrm{d}v)A \tag{4-1}$$

将式（4-1）展开，忽略二阶微量后有 $-\rho\mathrm{d}v+a\mathrm{d}\rho=0$，可得

$$\mathrm{d}v = \frac{a}{\rho}\mathrm{d}\rho \tag{4-2}$$

根据动量守恒方程（忽略黏性影响）可写出

$$pA - (p + \mathrm{d}p)A = \rho aA[(a - \mathrm{d}v) - a] \tag{4-3}$$

将式（4-3）展开，整理后得

$$\mathrm{d}v = \frac{1}{\rho a}\mathrm{d}p \tag{4-4}$$

联立式（4-2）和式（4-4）有 $\mathrm{d}p=a^2\mathrm{d}\rho$，即

$$a = \sqrt{\frac{\mathrm{d}p}{\mathrm{d}\rho}} \tag{4-5}$$

由上面推导过程可知，给定的条件是微小扰动，所以被扰动的气体压强和温度的变化很小，接近于可逆过程。此外，扰动的传播很快，并且开口体系两边的温度差趋于零，因而整个过程是绝热的。过程既绝热又可逆，因此是等熵的。这样，音速的定义式更确切地写为

$$a = \sqrt{\left(\frac{\mathrm{d}p}{\mathrm{d}\rho}\right)_S} \tag{4-6}$$

式（4-6）中的下标 S 代表熵，对所有流体都适用。由该式可知，改变单位密度所需压力变化越小，则流体越易被压缩，其音速越小。也就是说，介质可压缩性越大，则音速越小；反之，对于不可压缩流体，音速应为无限大。但是，真正的不可压缩流体并不存

在，即便是液体，受压后其密度也要改变，只是相对气体来说变化很小而已。

对等熵过程，由于过程绝热，根据热力学第一定律有

$$dq = dH + pdV = c_V dT + pdV = 0 \tag{4-7}$$

将理想气体状态方程代入式（4-7），经微分运算并整理后得

$$\frac{dp}{p} + \frac{c_V + R}{c_V}\frac{dV}{V} = 0 \tag{4-8}$$

由于 $c_p = c_V + R$，则 $(c_V + R)/c_V = c_p/c_V = \gamma$，代入式（4-8）得

$$\frac{dp}{p} + \gamma\frac{dV}{V} = 0 \tag{4-9}$$

积分得 $\ln(pV^\gamma) =$ 常数，则 $pV^\gamma =$ 常数。由于气体密度 $\rho = m/V$，对于一定的气体来说，m 是常数，因此

$$\frac{p}{\rho^\gamma} = \text{常数} \tag{4-10}$$

式中，γ 为绝热指数（定压热容与定容热容的比值，故也称热容比），对于单原子气体，$\gamma = 1.66$；双原子气体，$\gamma = 1.40$；三原子气体，$\gamma = 1.10 \sim 1.30$。

式（4-10）即为等熵过程方程式。

对式（4-10）微分，展开后整理得

$$\frac{dp}{d\rho} = \gamma\frac{p}{\rho} = \gamma R'T \tag{4-11}$$

将式（4-11）代入式（4-6），可得理想气体中的音速为

$$a = \sqrt{\gamma\frac{p}{\rho}} = \sqrt{\gamma R'T} \tag{4-12}$$

其中

$$R'(\mathrm{m^2/(s^2 \cdot K)}) = R \times 1000/M = 8314/M$$

式中，M 为气体摩尔质量。

由式（4-12）可知，不同气体（γ 和 R' 不同）的音速不同。例如，常压下 15 ℃空气中的音速为 341 m/s，而同样条件下的氢气中的音速为 1295 m/s。而且，对于同一种气体，其音速与温度有关。因此，通常所说的音速是指当地音速。

对于 N 组分组成的理想混合气体，绝热指数为

$$\gamma = \frac{\sum_i^N n_i c_{pi}}{\sum_i^N n_i c_{Vi}} = \frac{\sum_i^N n_i \frac{\gamma_i}{\gamma_i - 1}}{\sum_i^N n_i \frac{1}{\gamma_i - 1}} \tag{4-13}$$

式中，c_{pi}、c_{Vi} 分别为第 i 气体组分的恒压热容和恒容热容；γ_i 为第 i 气体组分的绝热指数；n_i 为第 i 气体组分的物质的量。

混合气体的质量密度为

$$\rho = \frac{1}{1000V}\sum_i^N n_i M_i \tag{4-14}$$

将式（4-13）和式（4-14）代入式（4-12），可得理想混合气体的音速为

$$a = \sqrt{\left(\frac{1}{\sum_{i}^{N} x_i \frac{1}{\gamma_i - 1}} + 1\right) \frac{1000RT}{\sum_{i}^{N} x_i M_i}} \tag{4-15}$$

式中，x_i 为第 i 气体组分的摩尔分数。

特别地，当混合气体中各组分原子数相同时（即各组分绝热指数相等），则混合气体的音速为

$$a = \sqrt{\frac{1000\gamma RT}{\sum_{i}^{N} x_i M_i}} \tag{4-16}$$

4.1.2 马赫角与马赫数

在阐述了声波和音速概念的基础上，再考察一个运动的点扰源在气体介质中产生的扰动场，以便进一步理解可压缩流动与不可压缩流动的差别。

根据点扰源运动速度的不同，其产生的扰动场可分为如图 4-2 所示的四种情况。

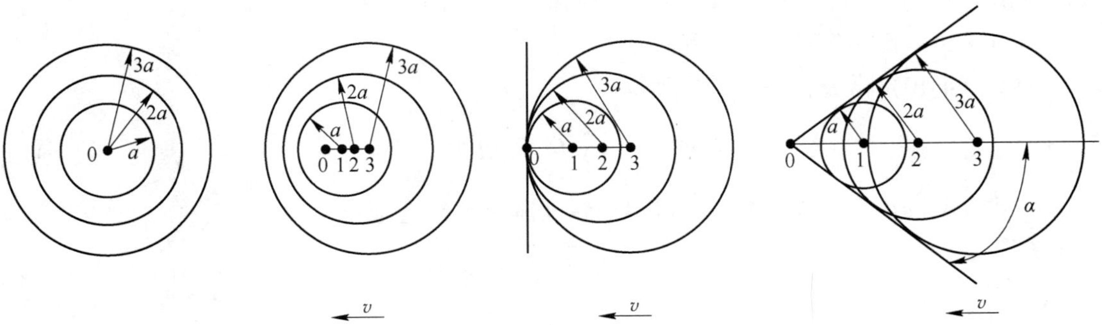

(a) (b) (c) (d)

图 4-2 微小扰动的传播图形

(a) $v=0$；(b) $v<a$；(c) $v=a$；(d) $v>a$

（1）点扰源相对于气体介质是静止的，即 $v=0$，则它产生的微小压力扰动以球面波的方式向外传播，波的传播速度为在该气体中的音速。不同时刻产生的扰动球面波是同心的球面，如图 4-2（a）所示。

（2）点扰源以相对速度 v 从右向左运动。点扰源在运动中每一瞬时都对气体产生一个微小的压力扰动，扰动从发射点以音速 a 按球面波形式传播。若 $v<a$，则扰动波面总是走在物体的前面，如图 4-2（b）所示。

（3）若 $v=a$，则在同一时刻扰动波的球面半径正好与点扰源运动的距离相等，如图 4-2（c）所示。此时存在一个与各球面波相切的分界面，其右侧是受到扰动的气体，而左侧的气体未被扰动。

（4）若 $v>a$，则点扰源总是走在扰动波的前面，形成一个以点扰源为顶点的圆锥区域，在圆锥区域内气体受到扰动，而在区域外气体不受扰动，如图 4-2（d）所示。

图 4-2 中圆锥的半顶角 α 满足下面的方程

$$\sin\alpha = \frac{at}{vt} = \frac{1}{v/a} = \frac{1}{Ma} \tag{4-17}$$

式中，α 称为马赫角，一般可用光学的方法测出马赫角；Ma 为马赫数，定义为点扰源运动速度与当地音速之比，即

$$Ma = \frac{v}{a} \tag{4-18}$$

马赫数是气体动力学中一个重要的无量纲参数，与雷诺数一样，也是确定气体流动状况的准则。

由此可以更清楚地看出可压缩流动与不可压缩流动的区别。

（1）在不可压缩流体中，由于音速很大，只要在其中有压力扰动，扰动就立即传播到各处，亦即扰动源永远不会走到扰动波的前面，且扰动在空间的传播是对称的。而对可压缩气体，当 $Ma \ll 1$ 时，扰动波的传播特性与不可压缩流体接近，因此只有在气体流速很低的情况下才可视为不可压缩流动。

（2）当气流速度与音速可比时，即 $Ma<1$，虽然扰动向各方向传播，且扰动波仍走在扰动源的前面，但是扰动传播图形已不对称，流动表现出了可压缩性。

（3）当 $Ma>1$ 时，扰动源不仅走在扰动波的前面，而且扰动波仅限于圆锥体区域内，Ma 越大，马赫角 α 越小，此时必须按可压缩流动处理。

综上分析，根据 Ma 的大小可将可压缩气体的流动分为以下几种类型：

（1）$Ma \ll 1$，不可压缩流动；

（2）$Ma<1$，亚音速可压缩流动；

（3）$Ma \approx 1$，音速可压缩流动；

（4）$Ma>1$，超音速可压缩流动。

这种分类主要是根据扰动源的影响范围。对实际的喷管或通道内的流动问题，流动气体的可压缩性主要体现在其密度随运动速度的变化上。关于这方面的问题将在第 4.3 节详细讨论。

4.2 一维稳态等熵流动基本方程

工程中常见的是可压缩气体的一维稳态等熵流动。当高速气流通过一段很短的喷管时，过程进行的时间很短，可以看作绝热流动。又因摩擦很小，可近似认为流动是可逆的，故流动接近等熵流动。一维流动认为速度、温度、压力和密度等流动参数沿流动方向变化，但在与流动方向垂直的截面上是均匀的。当流动是稳态时，流动参数仅是坐标位置的函数。因此，结合流体力学和热力学知识，便可得到描述一维稳态等熵流动的基本方程。

图 4-3 为气体沿微小流管的一维稳态等熵流动。取流管中长度为 dl 的一个控制体，设截面 1 和 2 上参数分别为 v_1、p_1、ρ_1、T_1、A_1 和 v_2、p_2、ρ_2、T_2、A_2，通过控制体的物量守恒分析可得到描述流动的基本方程。

4.2.1 连续性方程

由于过程为稳态，可写出如下方程

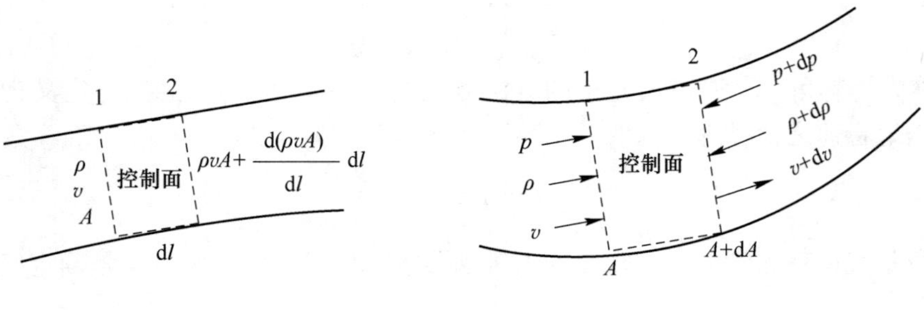

图 4-3　建立控制方程所取控制容积

（a）连续方程控制容积；（b）能量方程控制容积

$$\rho vA - \left[\rho vA + \frac{d(\rho vA)}{dl}dl\right] = 0 \tag{4-19}$$

于是有 $d(\rho vA) = 0$，或

$$\rho vA = 常数 \tag{4-20}$$

对式（4-20）进行微分，则有

$$\frac{d\rho}{\rho} + \frac{dv}{v} + \frac{dA}{A} = 0 \tag{4-21}$$

式（4-21）即为可压缩气体一维稳态流动连续性方程的微分形式。

4.2.2　动量方程

流动过程忽略了摩擦的影响，因此可认为是无黏流体，对应欧拉方程的微分形式为

$$\frac{\partial v_x}{\partial t} + v_x\frac{\partial v_x}{\partial x} + v_y\frac{\partial v_x}{\partial y} + v_z\frac{\partial v_x}{\partial z} = g_x - \frac{1}{\rho}\frac{\partial p}{\partial x} \tag{4-22}$$

考虑流动为一维稳态，并忽略气体重力，则式（4-22）整理后变为

$$\frac{dp}{\rho} + v dv = 0 \tag{4-23}$$

写成积分形式为

$$\int\frac{dp}{\rho} + \frac{v^2}{2} = 常数 \tag{4-24a}$$

或

$$\int\frac{dp_1}{\rho_1} + \frac{v_1^2}{2} = \int\frac{dp_2}{\rho_2} + \frac{v_2^2}{2} \tag{4-24b}$$

此即可压缩气体一维稳态流动的动量守恒方程。

4.2.3　能量方程

对图 4-3 中的控制体，理想流体的热力学第一定律（外界对系统所做的功与系统对外界传递的热量之和等于系统能量的变化）可表示为

$$dQ = dU + d\frac{v^2}{2} + dW \tag{4-25}$$

式中，dQ 为外界给控制体中单位质量流体的热量；dU、$d(v^2/2)$ 分别为单位质量流体的内能和动能的变化；dW 为单位质量流体克服所有外力做功，包括质量力、压力做功和外界对控制体的机械功。对理想气体而言，可忽略重力功，且无机械功，因此只有克服压力做功。单位时间克服压力的做功为

$$(p+dp)(A+dA)(v+dv)-pAv \tag{4-26}$$

展开并忽略高阶项可得

$$pAdv+pvdA+vAdp=pd(vA)+vAdp \tag{4-27}$$

因为 $\rho vA=G$（G 为质量流量），则式（4-27）可改写为

$$Gpd\frac{1}{\rho}+G\frac{1}{\rho}dp=Gd\frac{p}{\rho} \tag{4-28}$$

因此，单位质量流量流体对外（克服压力）的做功为

$$dW=pd\frac{1}{\rho}+\frac{1}{\rho}dp=d\frac{p}{\rho} \tag{4-29}$$

式中，$pd(1/\rho)$ 为气体的体积压缩或膨胀功；$(1/\rho)dp$ 为气体的移动功。

这样，上述热力学第一定律变为

$$dQ=dU+d\frac{v^2}{2}+d\frac{p}{\rho} \tag{4-30}$$

将焓的定义式，即 $dH=dU+d(p/\rho)$ 代入式（4-30），可得

$$dQ=dH+d\frac{v^2}{2} \tag{4-31}$$

考虑到过程绝热，即 $dQ=0$，则得到一维稳态等熵流动能量方程的微分形式

$$dH+d\frac{v^2}{2}=0 \tag{4-32}$$

其积分形式为

$$H+\frac{v^2}{2}=\text{常数} \tag{4-33a}$$

或

$$H_1+\frac{v_1^2}{2}=H_2+\frac{v_2^2}{2} \tag{4-33b}$$

由热力学可知

$$H=c_pT=\frac{\gamma}{\gamma-1}\cdot\frac{p}{\rho} \tag{4-34}$$

代入式（4-33）得

$$\frac{\gamma}{\gamma-1}\cdot\frac{p}{\rho}+\frac{v^2}{2}=\text{常数} \tag{4-35a}$$

或

$$\frac{\gamma}{\gamma-1}\cdot\frac{p_1}{\rho_1}+\frac{v_1^2}{2}=\frac{\gamma}{\gamma-1}\cdot\frac{p_2}{\rho_2}+\frac{v_2^2}{2} \tag{4-35b}$$

4.2.4　状态方程

对于理想气体，有如下状态方程

$$\frac{p}{\rho}=R'T \tag{4-36}$$

综上所述，由连续性方程、动量方程、能量方程和理想气体状态方程组成的方程组就构成了可压缩气体一维稳定流动的基本方程，即

$$\begin{cases}\rho vA=\text{常数}\\ \int\frac{\mathrm{d}p}{\rho}+\frac{v^2}{2}=\text{常数}\\ \frac{\gamma}{\gamma-1}\cdot\frac{p}{\rho}+\frac{v^2}{2}=\text{常数}\\ \frac{p}{\rho}=R'T\end{cases} \tag{4-37}$$

在式（4-37）中，若要求解积分项 $\int\frac{\mathrm{d}p}{\rho}$，则需要知道 p 和 ρ 的关系。对于等熵过程，$\frac{p}{\rho^{\gamma}}$=常数，将其代入式（4-37）中第二个方程，整理后有

$$\frac{\gamma}{\gamma-1}\cdot\frac{p}{\rho}+\frac{v^2}{2}=\text{常数} \tag{4-38}$$

式（4-38）说明，式（4-37）中第二个方程和第三个方程不是相互独立的，因此该方程组需改写为

$$\begin{cases}\rho vA=\text{常数}\\ \frac{\gamma}{\gamma-1}\cdot\frac{p}{\rho}+\frac{v^2}{2}=\text{常数}\\ \frac{p}{\rho^{\gamma}}=\text{常数}\\ \frac{p}{\rho}=R'T\end{cases} \tag{4-39}$$

4.3 一维稳态等熵流动的基本特性

在建立起一维稳态等熵气体流动的基本方程后，就可进一步研究气流速度变化时，其压强、密度和温度是如何变化的，这些参数之间的相互变化关系就是一维稳态等熵流动的基本特性。

下面，引入在整个流动过程中不变的三种参考状态。

4.3.1 滞止状态

如果流体在流动中某一截面上的速度等于零（处于静止或滞止），此时的流动状态称为滞止状态。滞止状态下相应的流动参数称为滞止参数，一般用下标“0”表示。

在滞止状态下，$v_0=0$，则由能量方程可得

$$H_0=H+\frac{v^2}{2}=\text{常数} \tag{4-40}$$

对于理想气体，$H_0=c_pT_0$，且 c_p 为常数，故 T_0 为常数。

根据理想气体状态方程和等熵方程可以导出$\dfrac{\rho_0}{T_0^{\frac{1}{\gamma-1}}}=\dfrac{\rho}{T^{\frac{1}{\gamma-1}}}=$常数。因为 T_0 为常数，所以 ρ_0 为常数。再根据式（4-39）的第三个方程可知，p_0 也为常数。由此可见，在滞止状态下，H_0、T_0、ρ_0、p_0 均是常数；而且，$v_0=0$ 意味着 $Ma=0$，气体的焓升到最大值，气体温度也到达最大值，因此滞止音速 $a_0=(\gamma R'T)^{1/2}$ 也到达最大值。

滞止参数很有实际意义。如果气体从大容器中流出，那么容器中的气体参数就可以认为是滞止参数。又如气体绕流物体，其驻点的速度为零，驻点处的流动参数就是滞止参数。

根据描述一维稳态等熵流动基本方程可得

$$
\begin{cases}
\dfrac{H}{H_0}=\dfrac{T}{T_0}=1-\dfrac{v^2}{2H_0} \\
\dfrac{p}{p_0}=\left(\dfrac{T}{T_0}\right)^{\frac{\gamma}{\gamma-1}}=\left(1-\dfrac{v^2}{2H_0}\right)^{\frac{\gamma}{\gamma-1}} \\
\dfrac{\rho}{\rho_0}=\left(\dfrac{T}{T_0}\right)^{\frac{1}{\gamma-1}}=\left(1-\dfrac{v^2}{2H_0}\right)^{\frac{1}{\gamma-1}}
\end{cases}
\tag{4-41}
$$

式（4-41）描述的变化关系如图 4-4 所示。由图可见，当气流速度 v 减小时，T、p、ρ 均增大，且压强比温度增大得快，所以密度随 v 减小而增大；相反，当 v 增大时，T、p、ρ 均减小，且压强比温度降低得快，所以密度随 v 增大而减小。因此，在等熵流动情况下，随着气流速度的增加，气体发生膨胀。

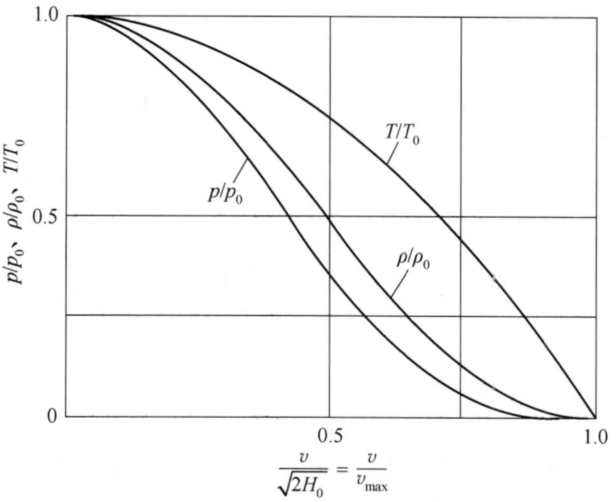

图 4-4　一维稳态等熵气流基本特性关系曲线

4.3.2　临界状态

当一维稳态等熵气流中某一截面上的气流速度等于当地音速时，此时的流动状态称为临界状态，该截面上的流动参数称为临界参数，本书以下标“ * ”表示。临界参数在整个流动过程中不变，所以可作为另一种参考状态。

由音速的定义 $a=(\gamma R'T)^{1/2}=(\gamma p/\rho)^{1/2}$，并联合能量方程式（4-35b）可得

$$\frac{a^2}{\gamma-1}+\frac{v^2}{2}=H_0=\frac{a_0^2}{\gamma-1} \tag{4-42}$$

当 $v=a$ 时，记为 a_*，则有

$$\frac{a_*^2}{\gamma-1}+\frac{a_*^2}{2}=H_0=\frac{a_0^2}{\gamma-1} \text{和} a_*=\frac{2H_0(\gamma-1)}{\gamma+1}=\frac{2\frac{a_0^2}{\gamma-1}(\gamma-1)}{\gamma+1}=\frac{2a_0^2}{\gamma+1} \tag{4-43}$$

亦即

$$a_*=\sqrt{\frac{2}{\gamma+1}}a_0 \tag{4-44}$$

再由 $a=(\gamma R'T)^{1/2}$ 可知，$(T_*/T_0)=(a_*^2/a_0^2)$，所以有

$$\frac{T_*}{T_0}=\frac{2}{\gamma+1} \tag{4-45}$$

根据式（4-41）可知，$\frac{p}{p_0}=\left(\frac{T}{T_0}\right)^{\frac{\gamma}{\gamma-1}}$及$\frac{\rho}{\rho_0}=\left(\frac{T}{T_0}\right)^{\frac{1}{\gamma-1}}$，于是

$$\frac{p_*}{p_0}=\left(\frac{2}{\gamma+1}\right)^{\frac{\gamma}{\gamma-1}} \tag{4-46}$$

$$\frac{\rho_*}{\rho_0}=\left(\frac{2}{\gamma+1}\right)^{\frac{1}{\gamma-1}} \tag{4-47}$$

对于双原子气体（如空气、氧气），$\gamma=1.4$，则式（4-45）~式（4-47）转变为

$$\frac{T_*}{T_0}=0.833,\ \frac{p_*}{p_0}=0.528,\ \frac{\rho_*}{\rho_0}=0.634 \tag{4-48}$$

如前所述，当气流速度 v 增大时，T、p、ρ 都减小，进而有如下推论：当$\frac{T_*}{T_0}<0.833$、$\frac{p_*}{p_0}<0.528$、$\frac{\rho_*}{\rho_0}<0.634$ 时，气流为超音速流动；当$\frac{T_*}{T_0}>0.833$、$\frac{p_*}{p_0}>0.528$、$\frac{\rho_*}{\rho_0}>0.634$ 时，气流为亚音速流动。

4.3.3　极限状态

若一维稳态等熵流动在某一截面上的温度 $T=0$，则该截面上的气流速度达到最大值 v_{max}，此时的流动状态称为极限状态。在极限状态下，因为 $T=0$，故分子热运动停止。由此可见，极限状态实际上是达不到的，但具有理论上的意义。由于 v_{max} 在整个运动过程中不变，故又可作为一种参考状态。

由于 $T=0$，即 $H=0$，因此由能量方程可得

$$\frac{v_{max}^2}{2}=H_0 \tag{4-49}$$

即

$$v_{\max}=\sqrt{2H_0}=\sqrt{\frac{2\gamma}{\gamma-1}\cdot\frac{p_0}{\rho_0}} \tag{4-50}$$

式（4-50）为一维稳态等熵气流中的总能量全部转化为动能时所能达到的最大速度，此时，

$$\begin{cases}\dfrac{p}{p_0}=\left(1-\dfrac{v_{\max}^2}{2H_0}\right)^{\frac{\gamma}{\gamma-1}}=0,\ \text{即}\ p=0\\[2ex]\dfrac{\rho}{\rho_0}=\left(1-\dfrac{v_{\max}^2}{2H_0}\right)^{\frac{1}{\gamma-1}}=0,\ \text{即}\ \rho=0\end{cases} \tag{4-51}$$

式（4-51）说明极限状态下，气流的压强和密度均为零。

需要指出，尽管上述三种参考状态下的公式是在等熵条件下获得的，但它们对理想气体的绝热不等熵流动同样适用。

4.3.4 任一截面上的参数与滞止参数、临界参数间的关系

在上述三种参考状态中，滞止状态和临界状态很有实用价值。在工程计算中，通常选择对应于这两种状态的两个特殊截面作为基准截面，只要其中有一个截面上的参数确定，就可以计算出其他截面上的参数。

由式（4-41）可知

$$\frac{T}{T_0}=1-\frac{v^2}{2H_0}=1-\frac{v^2}{2H+v^2}=1-\frac{v^2}{\dfrac{2\gamma}{\gamma-1}R'T+v^2}=1-\frac{v^2}{\dfrac{2a^2}{\gamma-1}+v^2}=\frac{1}{\dfrac{\gamma-1}{2}Ma^2+1} \tag{4-52}$$

即有

$$\frac{T}{T_0}=\left(1+\frac{\gamma-1}{2}Ma^2\right)^{-1} \tag{4-53}$$

进而有

$$\frac{p}{p_0}=\left(1+\frac{\gamma-1}{2}Ma^2\right)^{-\frac{\gamma}{\gamma-1}} \tag{4-54}$$

$$\frac{\rho}{\rho_0}=\left(1+\frac{\gamma-1}{2}Ma^2\right)^{-\frac{1}{\gamma-1}} \tag{4-55}$$

式（4-53）~式（4-55）为任一截面上的参数与滞止参数的关系。

将临界参数与滞止参数间的关系式（4-45）~式（4-47）代入式（4-53）~式（4-55），整理后可得

$$\frac{T}{T_*}=\frac{\dfrac{\gamma+1}{2}}{1+\dfrac{\gamma-1}{2}Ma^2} \tag{4-56}$$

$$\frac{p}{p_*}=\left(\frac{\frac{\gamma+1}{2}}{1+\frac{\gamma-1}{2}Ma^2}\right)^{\frac{\gamma}{\gamma-1}} \tag{4-57}$$

$$\frac{\rho}{\rho_*}=\left(\frac{\frac{\gamma+1}{2}}{1+\frac{\gamma-1}{2}Ma^2}\right)^{\frac{1}{\gamma-1}} \tag{4-58}$$

式（4-56）~式（4-58）为任一截面上的参数与临界参数的关系。

在式（4-53）~式（4-58）给出的任一截面上参数与滞止参数和临界参数的关系中，都以 Ma 数为自变量。这虽然大大简化了问题，但一方面随着截面的变化，截面上气流速度 v 和音速 a 都发生变化，导致 Ma 数也随之变化；另一方面，当气流速度非常高时，因气流温度降低而音速减小，致使 Ma 很大以至无穷大。为避免上述缺点，引入无因次速度 λ，其定义为

$$\lambda=\frac{v}{v_*} \tag{4-59}$$

式中，v 为任一截面上的气流速度；v_* 为临界截面上的气流速度，故有 $v_*=a_*$，对于确定的变截面管内理想气体绝热流动，v_* 为定值。

下面分析 λ 与 Ma 的关系。由能量方程式（4-35a）和音速定义式（4-12）可得

$$\frac{a^2}{\gamma-1}+\frac{v^2}{2}=\frac{a_0^2}{\gamma-1} \tag{4-60}$$

将式（4-44）代入式（4-60）得

$$\frac{a^2}{\gamma-1}+\frac{v^2}{2}=\frac{\gamma+1}{2(\gamma-1)}a_*^2 \tag{4-61}$$

两边同除以 a^2 得

$$\frac{1}{\gamma-1}+\frac{Ma^2}{2}=\frac{\gamma+1}{2(\gamma-1)}\cdot\frac{a_*^2}{a^2} \tag{4-62}$$

由于 $\frac{a_*^2}{a^2}=\frac{v^2}{a^2}\cdot\frac{a_*^2}{v^2}=\frac{Ma^2}{\lambda^2}$，故

$$\lambda^2=\frac{\frac{\gamma+1}{2}Ma^2}{1+\frac{\gamma-1}{2}Ma^2} \tag{4-63}$$

或

$$Ma^2=\frac{2\lambda^2}{(\gamma+1)-(\gamma-1)\lambda^2} \tag{4-64}$$

可见，λ 与 Ma 之间具有一一对应的关系，并由式（4-63）和式（4-64）可知

$$
\begin{cases}
Ma = 0, \ \lambda = 0 \\
Ma < 1, \ \lambda < 0 \\
Ma = 1, \ \lambda = 1 \\
Ma > 1, \ \lambda > 1 \\
Ma = \infty, \ \lambda = \sqrt{\dfrac{\gamma + 1}{\gamma - 1}}
\end{cases}
\tag{4-65}
$$

因此，用 λ 值与 Ma 值的大小判断理想气体绝热流动的状态是一样的。将式（4-64）代入式（4-53）~式（4-58），可得出以 λ 为自变量的一维稳态等熵流动关系式，即

$$
\begin{cases}
\dfrac{T}{T_0} = 1 - \dfrac{\gamma - 1}{\gamma + 1}\lambda^2 \\
\dfrac{p}{p_0} = \left(1 - \dfrac{\gamma - 1}{\gamma + 1}\lambda^2\right)^{\frac{\gamma}{\gamma-1}} \\
\dfrac{\rho}{\rho_0} = \left(1 - \dfrac{\gamma - 1}{\gamma + 1}\lambda^2\right)^{\frac{1}{\gamma-1}}
\end{cases}
\tag{4-66}
$$

$$
\begin{cases}
\dfrac{T}{T_*} = \dfrac{\gamma + 1}{2} - \dfrac{\gamma - 1}{2}\lambda^2 \\
\dfrac{p}{p_*} = \left(\dfrac{\gamma + 1}{2} - \dfrac{\gamma - 1}{2}\lambda^2\right)^{\frac{\gamma}{\gamma-1}} \\
\dfrac{\rho}{\rho_*} = \left(\dfrac{\gamma + 1}{2} - \dfrac{\gamma - 1}{2}\lambda^2\right)^{\frac{1}{\gamma-1}}
\end{cases}
\tag{4-67}
$$

任一截面上的参数与滞止参数的关系式同时表明了气体参数随速度（马赫数 Ma）的变化，因此也可用来讨论流动的可压缩性，即流动可按不可压缩近似处理的条件。将式（4-53）~式（4-55）作图，如图 4-5 所示。由图可见，当 $Ma \leqslant 0.3$ 时，气体的密度、压强和温度的变化分别小于或等于 4.37%、6.05%和 1.77%。因此，对一般工程上的喷管流动问题来说，当 $Ma \leqslant 0.3$ 时可按不可压缩流动近似计算。当喷管出口接近音速，例如 $Ma \geqslant 0.9$ 时，气体的密度、压强和温度的变化分别大于或等于 31.30%、40.87%和 13.94%，显然不能按不可压缩处理，而是应该按照可压缩流动计算。

压降是工程上最关心的问题之一，通过与伯努利方程的对比也可以确定按不可压缩流动近似处理的条件。为此，首先将压降表示为

$$
\frac{p_0 - p}{\dfrac{1}{2}\rho v^2} = \frac{\dfrac{p_0}{p} - 1}{\dfrac{\rho v^2}{2p}} = \frac{2}{\gamma Ma^2}\left[\left(1 + \frac{\gamma - 1}{2}Ma^2\right)^{\frac{\gamma}{\gamma-1}} - 1\right]
\tag{4-68}
$$

当 $Ma<1$ 时，将 $\left(1+\dfrac{\gamma-1}{2}Ma^2\right)^{\frac{\gamma}{\gamma-1}}$ 做泰勒级数展开，得

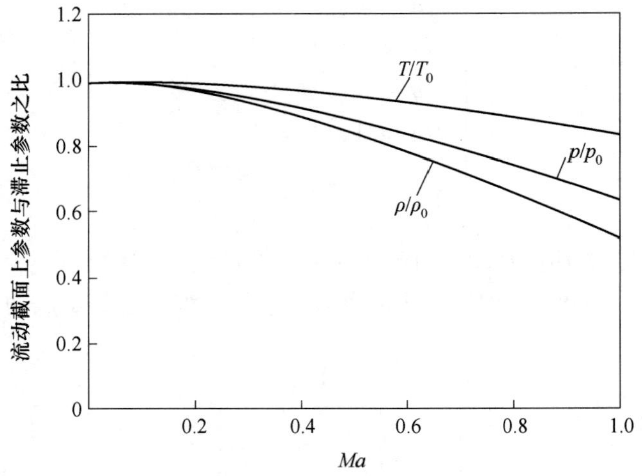

图 4-5　喷管出口气体密度、压强和温度随马赫数的等熵变化

$$\frac{p_0 - p}{\frac{1}{2}\rho v^2} = 1 + \frac{1}{4}Ma^2 + O(Ma^4) \tag{4-69}$$

当 $Ma<1$ 时，式（4-69）可近似为

$$\frac{p_0 - p}{\frac{1}{2}\rho v^2} = 1 \quad 或 \quad p_0 = p + \frac{1}{2}\rho v^2 \tag{4-70}$$

式（4-70）即为不可压缩无黏流体的伯努利方程。比较上述两式可见，若略去 Ma^4 的高阶项，两者的差别为 $Ma^2/4$。当 $Ma \leqslant 0.3$ 时，两者的差别小于或等于 0.0255，即 2.25%，这在工程计算中一般是允许的。因此，当最大马赫数不超过 0.3 时，理想气体的稳态等熵流动往往可以用不可压缩无黏流体方程来近似计算。

4.4　气流参数与流通截面的关系

可压缩气体等熵流动过程中气流的速度、密度和压力等流动参数与流通截面具有复杂的耦合关系，本节将详细叙述。

由连续性方程 $\frac{d\rho}{\rho}+\frac{dv}{v}+\frac{dA}{A}=0$ 和动量方程 $\frac{dp}{\rho}+v dv=0$ 可得

$$\frac{dA}{A} = \frac{dp}{v^2\rho} - \frac{d\rho}{\rho} = \frac{dp}{v^2\rho}\left(1 - \frac{v^2}{dp/d\rho}\right) \tag{4-71}$$

将音速的定义 $a^2=dp/d\rho$ 和马赫数的定义 $Ma=v/a$ 代入式（4-71）可得

$$\frac{dA}{A} = \frac{dp}{v^2\rho}(1 - Ma^2) \tag{4-72}$$

再将动量方程代入式（4-72）可得

$$\frac{dA}{A} = -\frac{dv}{v}(1 - Ma^2) \tag{4-73}$$

由式（4-72）和式（4-73）可得结论如下：

（1）$Ma<1$，即 $v<a$。此时 $1-Ma^2>0$，dA 与 dp 同号而与 dv 异号，即在亚音速等熵流动中，若气流的流通截面面积逐渐变小（渐缩喷管），则气流压强也逐渐变小，速度逐渐增大；相反，若气流的流通截面面积逐渐变大（渐扩喷管），则气流压强也逐渐变大，速度逐渐减小。

（2）$Ma>1$，即 $v>a$。此时 $1-Ma^2<0$，dA 与 dp 异号而与 dv 同号，即在超音速等熵流动中，若气流的流通截面面积逐渐变小（渐缩喷管），则气流压强逐渐变大，而速度逐渐减小；相反，若气流的流通截面面积逐渐变大（渐扩喷管），则气流压强逐渐变小，而速度逐渐增大。

上述两种情况可表示于表 4-1 中。可见，在亚音速流动情况下，流通截面面积的变化与压强、速度变化的关系和不可压缩流动情况相同；在超音速流动情况下，流通截面面积的变化与压强、速度变化的关系和不可压缩流动情况正好相反。下面分析原因。

表 4-1　气流参数与流通截面面积的关系

参数	$dp<0$，$dT<0$，$d\rho<0$，$dv>0$	$dp>0$，$dT>0$，$d\rho>0$，$dv<0$
$Ma<1$（亚音速流动）	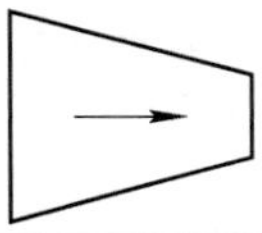	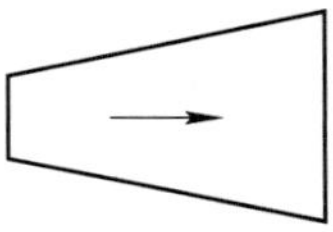
$Ma>1$（超音速流动）	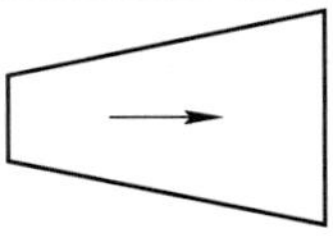	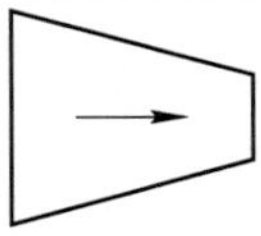

将连续性方程 $\frac{d\rho}{\rho}+\frac{dv}{v}+\frac{dA}{A}=0$ 代入式（4-73）可得

$$\frac{d\rho}{\rho}=-Ma^2\frac{dv}{v} \tag{4-74}$$

式中，负号表明密度变化与速度变化的方向相反，即气流速度增加时，气体密度总是减小，但两者的变化速率随 Ma 数的不同而异。

（1）当 $Ma<1$ 时，$\left|\frac{d\rho}{\rho}\right|<\left|\frac{dv}{v}\right|$，即密度的相对变化要比速度的相对变化慢。若气流加速（$dv>0$），则根据连续性方程，必须减小流通截面面积（$dA<0$）才能使三者的相对变化平衡；相反，若气流减速，则必须增大流通截面面积（$dA>0$）。

（2）当 $Ma>1$ 时，$\left|\frac{d\rho}{\rho}\right|>\left|\frac{dv}{v}\right|$，即密度的相对变化要比速度的相对变化快。若气流加速（$dv>0$），则必须增大流通截面面积（$dA>0$）才能使三者的相对变化平衡；相反，若气流减速，则必须减小流通截面面积（$dA<0$）。

由此可知，在超音速流动情况下，当速度增加时，密度的下降比速度的增加要快，气体膨胀非常显著，因而流通截面积沿流动方向只有不断增大，才能保证气流的连续性。

（3）当 $Ma=1$ 时，$\frac{d\rho}{\rho}=-\frac{dv}{v}$，由连续性方程可知，$\frac{dA}{A}=0$。这表明流通截面积有极值，

且 $Ma=1$ 只能在该极值截面上达到。

综上所述，若将静止的气体加速到超音速，必须满足两个条件：（1）$p/p_0<0.528$；（2）气体先在一渐缩管内加速并在最小截面上达到音速，然后在最小截面下游连接一渐扩管并在渐扩管继续加速到超音速。

瑞典工程师拉瓦尔（C. G. B. de Laval）于 1889 年首先发明了这种利用先收缩后扩张的喷管把气流加速到超音速的方法，因此这种缩放喷管又称为拉瓦尔喷管。

式（4-74）也给出了喷管内流动时气体速度变化对其密度的影响，即速度相对变化与气体密度相对变化之间的关系，将该式改写为

$$Ma^2 = -\frac{\mathrm{d}\rho}{\rho}\bigg/\frac{\mathrm{d}v}{v} \tag{4-75}$$

当 $Ma \leqslant 0.3$ 时

$$\left|\frac{\mathrm{d}\rho}{\rho}\bigg/\frac{\mathrm{d}v}{v}\right| \leqslant 0.09 \tag{4-76}$$

即速度的相对变化导致气体密度的相对变化小于或等于 9%。

4.5 渐缩喷管和拉瓦尔喷管

渐缩喷管和拉瓦尔喷管在工程中已得到广泛应用，如蒸汽轮机和燃气轮机、飞行器和航天器的推进系统、炼钢氧枪的喷枪系统等。本节重点分析渐缩喷管和拉瓦尔喷管的工作特性。

4.5.1 渐缩喷管的工作特性

如图 4-6 所示，一大容器上装有一渐缩喷管。因容器足够大，故可忽略喷管入口的气体速度，其滞止参数为 p_0、ρ_0、T_0，喷管出口的参数为 v_e、p_e、ρ_e、T_e、A_e，外界压强（背压）为 p_b。

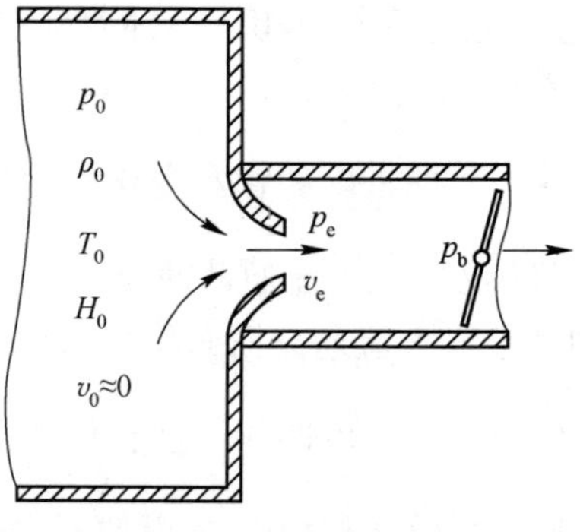

图 4-6 与大容器相连的渐缩喷管

根据一维稳态等熵流动基本方程，可列出入口截面和出口截面的基本方程为

$$\begin{cases} G = \rho_e v_e A_e \\ \dfrac{\gamma}{\gamma - 1} \cdot \dfrac{p_0}{\rho_0} = \dfrac{\gamma}{\gamma - 1} \cdot \dfrac{p_e}{\rho_e} + \dfrac{v_e^2}{2} \\ \dfrac{p_0}{\rho_0^{\gamma}} = \dfrac{p_e}{\rho_e^{\gamma}} \\ \dfrac{p_e}{\rho_e} = R'T_e \end{cases} \tag{4-77}$$

联立求解可得

$$v_e = \sqrt{\frac{2\gamma}{\gamma - 1} \cdot \frac{p_0}{\rho_0}\left[1 - \left(\frac{p_e}{p_0}\right)^{\frac{\gamma-1}{\gamma}}\right]} \tag{4-78}$$

$$\rho_e = \rho_0\left(\frac{p_e}{p_0}\right)^{\frac{1}{\gamma}} \tag{4-79}$$

$$T_e = \frac{p_e}{\rho_e R'} = \frac{p_0^{\frac{1}{\gamma}} p_e^{\frac{\gamma-1}{\gamma}}}{\rho_0 R'} \tag{4-80}$$

$$G_{max} = \rho_e v_e A_e = A_e\rho_0\sqrt{\frac{2\gamma}{\gamma + 1} \cdot \frac{p_0}{\rho_0}\left[\left(\frac{p_e}{p_0}\right)^{\frac{2}{\gamma}} - \left(\frac{p_e}{p_0}\right)^{\frac{\gamma+1}{\gamma}}\right]} \tag{4-81}$$

根据式（4-78）~式（4-81），可讨论渐缩喷管的工作特性。

（1）当 $p_b=p_0$ 时，管内无气体流动，此时管内气体参数的变化和喷管出口截面上的参数分别如图 4-7（a）中的曲线①与图 4-7（b）中的点 1 所示。

（2）若降低背压 p_b，此时在压差的作用下，容器内的气体从喷管入口向喷管出口流动，流动过程压强逐渐下降。外界背压的变化（减小）以音速向四周传播。若喷管出口气体的速度小于音速，则背压的压力扰动能够传播到喷管出口截面及其上游，使得喷管出口处压力减小，且 $p_e=p_b$。在这种情况下，管内气体参数的变化和喷管出口截面上的参数分别如图 4-7（a）中的曲线②与图 4-7（b）中的点 2 所示。

（3）继续降低背压 p_b，喷管内气体的流速增加但仍是亚音速。背压的压力扰动仍能够传播到喷管出口截面及其上游，使得喷管出口处压力进一步减小，且 $p_e=p_b$。此种情况下，管内气体参数的变化和喷管出口截面上的参数分别如图 4-7（a）中的曲线③与图 4-7（b）中的点 3 所示。出口截面上气流马赫数和质量流量都增大，即 $Ma_3>Ma_2$，$G_3>G_2$。

（4）继续降低背压 p_b，使其等于喷管出口截面上的临界压强 p_*，即 $p_e=p_b=p_*$。管内气体参数的变化和喷管出口截面上的参数分别如图 4-7（a）中的曲线④与图 4-7（b）中的点 4 所示。此种情况下，出口截面上气流速度达到该处音速，$Ma_4=1>Ma_3$，质量流量达到最大值，$G_4=G_{max}>G_3$。

（5）继续降低背压 p_b，由于喷孔出口截面上气流速度已达到音速，背压的压力扰动不能在音速气流中向上游传播，亦即背压的变化不会影响喷管内的压强分布、出口压强和质量流量，这种现象称为壅塞（choking）。此时 $p_e=p_*>p_b$，气流在离开喷孔后突然膨胀，压强急剧下降至 $p_e=p_b$。管内气体参数的变化和喷管出口截面上的参数分别如图 4-7（a）中的曲线⑤与图 4-7（b）中的点 5 所示。出口截面上气流逗度仍为音速，$Ma=1$，质量流量达到最大值，$G_5=G_{max}$。

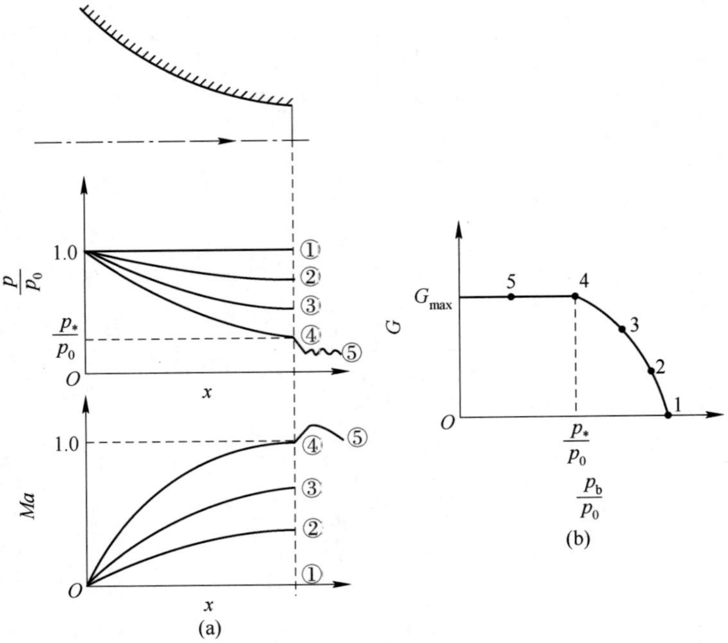

图 4-7 渐缩喷管的工作特性

（a）喷管流通截面压力与速度变化；（b）质量流量

壅塞时气流最大速度和最大质量流量为

$$v_{max} = v_* = a_* = \sqrt{\frac{2\gamma}{\gamma-1}\cdot\frac{p_0}{\rho_0}\left[1-\left(\frac{p_*}{p_0}\right)^{\frac{\gamma-1}{\gamma}}\right]} = \sqrt{\frac{2\gamma}{\gamma-1}\cdot\frac{p_0}{\rho_0}\left(1-\frac{2}{\gamma+1}\right)} \tag{4-82}$$

简化后有

$$v_{max} = \sqrt{\frac{2\gamma}{\gamma+1}\cdot\frac{p_0}{\rho_0}} \tag{4-83}$$

而 $G_{max}=\rho_e v_* A_* = \rho_* v_* A_* = A_*\rho_0\left(\frac{p_*}{p_0}\right)^{\frac{1}{\gamma}}\sqrt{\frac{2\gamma}{\gamma+1}\cdot\frac{p_0}{\rho_0}} = A_*\rho_0\left(\frac{2}{\gamma+1}\right)^{\frac{1}{\gamma-1}}\sqrt{\frac{2\gamma}{\gamma+1}\cdot\frac{p_0}{\rho_0}}$，于是有

$$G_{max} = A_*\sqrt{\gamma p_0\rho_0}\left(\frac{2}{\gamma+1}\right)^{\frac{\gamma+1}{2(\gamma-1)}} \tag{4-84a}$$

或

$$G_{max} = \frac{p_0 A_*}{\sqrt{T_0}}\left(\frac{2}{\gamma+1}\right)^{\frac{\gamma+1}{2(\gamma-1)}}\left(\frac{\gamma}{R'}\right)^{\frac{1}{2}} \tag{4-84b}$$

可见，最大质量流量 G_{max} 取决于滞止参数和截面积 A_*，而与背压 p_b 无关。对于空气，$\gamma=1.4$，$R'=287$ J/(kg·K)，则有

$$G_{max} = 0.0404\frac{p_0 A_*}{\sqrt{T_0}} \tag{4-85}$$

壅塞现象可用来控制流量，即选用不同的出口尺寸便可得到不同的流量，且不随下游状态变化，这种方法可用于由一个气罐向背压不同的多处供气的各路流量控制。

4.5.2 拉瓦尔喷管的工作特性

使用拉瓦尔喷管可以把气体的压力降低到临界值以下，从而得到超音速气流。由于拉瓦尔喷管的结构是先收缩后扩张，因此其工作特性与渐缩喷管有很大差别。下面具体分析。

设有如图 4-8（a）所示的一大容器上连接有一拉瓦尔喷管。喷管入口截面上滞止参数为 p_0、ρ_0、T_0，喷管出口截面上的参数为 v_e、p_e、ρ_e、T_e、A_e，外界压强（背压）为 p_b。

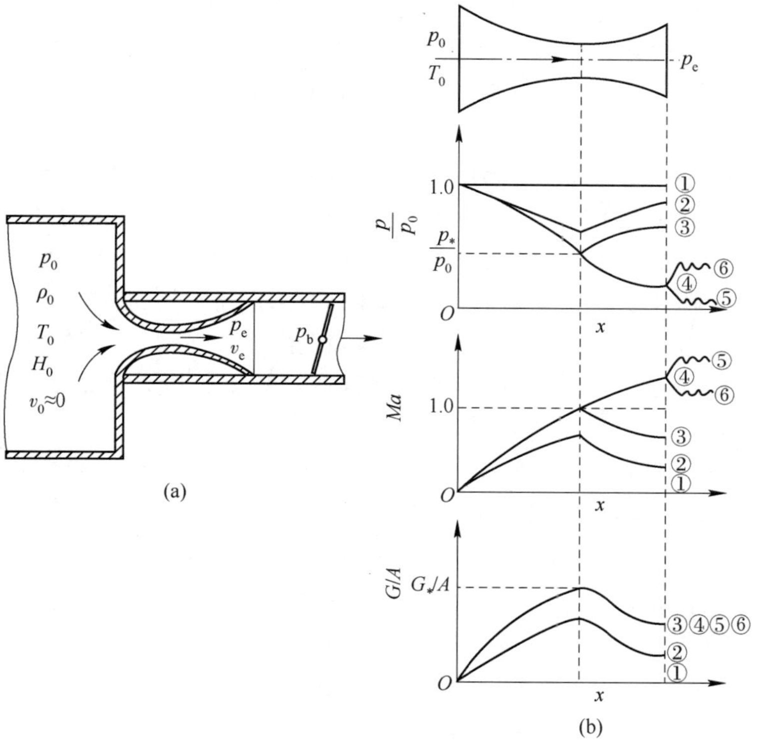

图 4-8 拉瓦尔喷管及其工作特性

（a）拉瓦尔喷管；（b）拉瓦尔喷管流通截面气流参数变化

（1）当 $p_b=p_0$ 时，管内无气体流动，管内气体参数的变化如图 4-8（b）中的曲线①所示。

（2）当 p_b 略小于 p_0 时，管内有气体流过。在喷管的渐缩部分气体做增速减压运动，在喉口处 $Ma<1$，在渐扩部分气体做减速增压运动，喷管出口截面上的压强 $p_{e2}=p_b$。在此情况下，管内气体参数的变化如图 4-8（b）中的曲线②所示。

（3）逐渐降低背压 p_b，直至喉口处达到音速，即喉口处气体流动达到临界状态，$Ma=1$，此时气体的质量流量达到最大值。气体流过喉部进入渐扩管后，压强逐渐稳定地升高至出口截面压强，$p_{e3}=p_b$。此时管内气体参数的变化如图 4-8（b）中的曲线③所示。

在上述（2）和（3）两种情况下，拉瓦尔喷管的计算与渐缩喷管的计算完全一致。

（4）进一步降低背压 p_b，此时气体流过喉部后会在渐扩管中形成超音速气流。若喷管出口截面上的压强仍与背压相同，即 $p_{e4}=p_b$，此时渐扩管内全部为超音速气流，该条件下拉瓦尔喷管的工作工况称为设计工况，$p_{e4}/p_0=p_b/p_0$ 称为拉瓦尔喷管的设计压强比。管内气体参数的变化如图 4-8（b）中的曲线④所示。设计工况下拉瓦尔喷管的计算式仍与渐缩喷管的计算式（4-78）~式（4-81）相同。

（5）若喷管出口截面上的压强大于背压，即 $p_{e4}>p_b$，渐扩管内仍全部为超音速气流，但管内气流不充分膨胀（欠膨胀），气流离开喷管后会突然膨胀。管内气体参数的变化如图 4-8（b）中的曲线⑤所示。

（6）若喷管出口截面上的压强小于背压，且 $p_{e4}<p_b<p_{e3}$，渐扩管内前一部分为超音速气流，而在某一截面前后很小一个厚度内超音速气流突然变成亚音速气流，气流的压强和密度同时出现突然的跳跃，形成一个压强和密度为不连续的间断面，即"激波"（见 4.6 节）。此时气流在激波面后为过度膨胀。管内气体参数的变化如图 4-8（b）中的曲线⑥所示。

上述（5）和（6）两种情况称为拉瓦喷管的非设计工况。在氧气转炉炼钢中，氧枪的喷孔设计是在设计工况下进行的，但是在实际操作中由于管道中压力降等因素，往往是在非设计工况下进行的。非设计工况下的不充分膨胀和过度膨胀都不能把压力能最大限度地转化为动能。为避免激波的形成导致氧气流的冲击力下降，一般在实际操作时，提高滞止压强 p_0，在保证 $p/p_0<0.528$ 的同时，使氧枪喷孔出口压强 p_e 大于炉内环境压力 p_b，这种情况下虽然会出现膨胀波，但其效果比出现激波要好，可以保证氧气流有足够的冲击力。

根据拉瓦尔喷管的工作特性，可得到结论：当拉瓦尔喷管喉部的气流达到临界状态时，在其渐缩段和扩张段同样大小的 A/A_* 截面上，对应着两个不同的气流速度，前者 $Ma<1$，而后者 $Ma>1$。下面讨论喷管截面积与气流 Ma 数的关系。

由连续性方程 $\rho vA=\rho_* v_* A_* =\rho_* a_* A_*$ 可知

$$\frac{A}{A_*}=\frac{\rho_*}{\rho}\cdot\frac{a_*}{v}=\frac{\rho_*}{\rho}\cdot\frac{a_*}{aMa} \tag{4-86}$$

将 $\dfrac{a_*}{a}=\sqrt{\dfrac{T_*}{T}}$ 及式（4-56）和式（4-58）代入式（4-86），整理可得

$$\frac{A}{A_*}=\frac{\left(1+\dfrac{\gamma-1}{2}Ma^2\right)^{\frac{\gamma+1}{2(\gamma-1)}}}{Ma\left(\dfrac{\gamma+1}{2}\right)^{\frac{\gamma+1}{2(\gamma-1)}}} \tag{4-87}$$

当 $\gamma=1.4$ 时，式（4-87）简化为

$$\frac{A}{A_*}=\frac{(1+0.2Ma^2)^3}{1.728\ Ma} \tag{4-88}$$

将式（4-88）做成曲线，如图 4-9 所示。由图可见，每一个 Ma 数对应有一个 A/A_*；而每一个 A/A_* 却对应有两个 Ma 数，其中一个是亚音速、一个是超音速。对此可以作两方面的理解：一方面，这表明有两个截面具有同一个 A/A_* 值，一个在亚音速区，另一个在超音速区；另一方面，这表明在拉瓦尔喷管的渐扩部分，对应于每一个 A/A_* 值的截面，气流可能有两个 Ma 数，一个是 $Ma<1$，一个是 $Ma>1$。

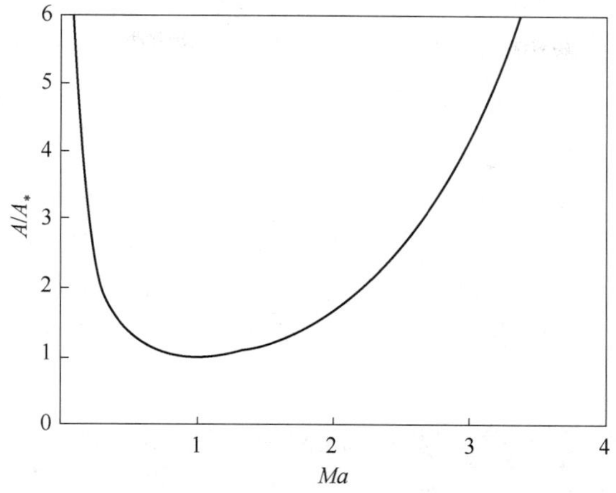

图 4-9　A/A_* 与 Ma 的关系

4.6 激　波

4.6.1 激波现象

4.5 节在叙述渐缩喷管和拉瓦尔喷管的工作特性时，曾指出若渐缩喷管下游背压小于出口截面上的临界压强（$p_b<p_*$），则气流离开喷孔后将发生膨胀，即气流的压强下降，流通截面积扩大，变成超音速气流，如图 4-10（a）所示。对拉瓦尔喷管而言，若喷管下游背压小于出口截面上的设计压强（$p_b<p_{e4}$），气流流出喷管后，也会发生管外膨胀现象。实验表明，拉瓦尔喷管外的超音速膨胀，压强与密度的降低是在如图 4-10（b）中虚线所示的两个小三角形区域内完成的，而三角线区域外的压强与密度没有变化，该虚线所表示的小三角形区是膨胀波。可见，膨胀波是气流在膨胀加速过程中形成的物理现象。气流通过膨胀波时，气流速度逐渐增加，而其他流动参数逐渐降低。

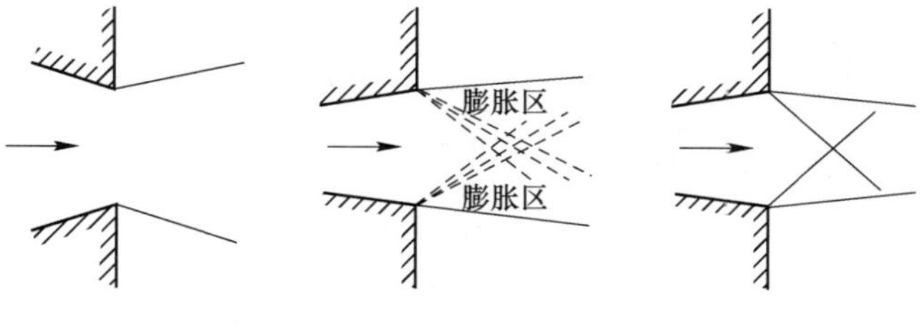

图 4-10　喷管结构及下游背压对气流状态的影响

（a）管外膨胀；（b）膨胀波；（c）压缩波

如果拉瓦尔喷管下游背压大于出口截面上的设计压强（$p_b>p_{e4}$），气流离开喷管后将受到压缩，即流动截面积变小，压强升高，并且这个压强的升高是在图 4-10（c）所示的两条很窄的倾斜线区域内完成的。若背压 p_b 再提高，这两条斜线与喷管轴线所形成的角度增大，直到在喷管的出口处形成一个与流动方向垂直的面。气流通过这个面后，超音速气流的速度、压强、密度发生突变，变成了亚音速流。它的压强由出口处的 p_{e4} 值跃升到管外的 p_b 值。若背压 p_b 进一步提高，出口处这个与流动方向垂直的面就会往喷管上游移动，一直到喉部为止。上面所说的超音速气流中的速度、压强、密度的间隙面称为激波。

激波又称为冲击波，它是超音速气流在流动过程中受到突然的压缩或遇到障碍物时，气流速度、压强、密度和温度等状态参数发生急剧变化而出现的物理现象。激波是由于气流局部受压而出现的压缩波，在气体介质中形成一个很薄的面，其厚度等于气体分子的平均自由程，一般为 10^{-5}mm。如果激波的方向与流速垂直，称为正激波；如果互相倾斜，称为斜激波；如果激波形状是曲面，称为曲面激波。图 4-11 为 G. S. Settles 给出的正激波和斜激波图像。

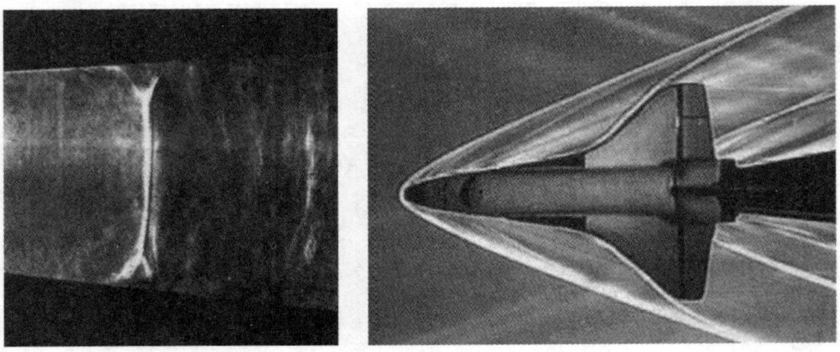

(a) (b)

图 4-11 激波图像

（a）正激波；（b）斜激波

激波只有在超音速气流受到较大的压缩时才能形成，而亚音速气流则不会出现激波。膨胀波不可能形成激波。图 4-12 为亚音速气流和超音速气流遇到障碍物时出现的物理现象。

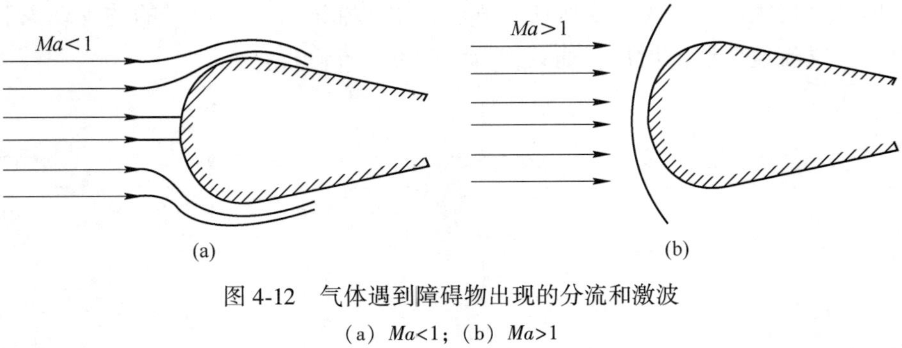

(a) (b)

图 4-12 气体遇到障碍物出现的分流和激波

（a）$Ma<1$；（b）$Ma>1$

如图 4-12（a）所示，当亚音速气流（$Ma<1$）的前方遇到障碍物时，在障碍物顶端滞止点上，气流速度为零，气流受到压缩将出现气流的压力和温度增加，且压缩波立即逆气流方向以声速传播至上游，使得压力从上游就开始逐渐增加。上游气体介质在距离障碍物不远的前方，由于压力的变化而预感到下游存在障碍物，使气流提前分流绕过障碍物流过，结果在障碍物前方形成连续的压力梯度，而不是在障碍物前端形成压力跃升。

如图 4-12（b）所示，当超音速气流（$Ma>1$）的前方遇到障碍物时，障碍物前端的气体分子受到阻滞作用，气体被压缩而压强、密度和温度增加。由于超音速气流速度大于音速，因此由压缩波引起压强变化的传播速度也必然小于气流速度而不能逆气流方向传播到上游。上游的气体分子不能预感到下游障碍物的存在必然按原来的气流方向直冲到障碍物前端，致使气体质点在某一断面处逐渐堆积起来，使产生的压缩波叠合在一起，在气流中形成一个强间断面，即激波面，这就是激波的物理形成过程。

激波前后气体状态变化是绝热过程（但不是等熵过程），这可以解释如下：激波厚度中有着极大的温度梯度，因而有传热作用。气流通过激波厚度时，先是吸热压缩，然后是放热压缩，而总的吸热量为零，故为绝热变化。但气流是在低温吸热，而在高温放热，故熵有所增加，说明运动是不可逆过程，必然伴随有机械能的损失，这就使转化为速度的能量减少。因此，激波的存在使阻力大大增加。例如，飞机、火箭等以接近或超过音速的速度飞行，其运动阻力的增加要比按速度平方的增加多得多；而在氧气转炉炼钢时若氧气射流形成激波，则会使射流冲击力明显下降。

4.6.2 正激波

4.6.1 节提到当激波方向与流速垂直时为正激波。正激波属于一维流动问题，而斜激波、曲面激波则不是。本节只讨论与正激波有关的问题，建立激波前后气流参数的变化关系。为简化起见，认为正激波是一个与流动方向垂直的纯不连续平面。取图 4-13 所示的包含正激波面的控制体，激波面两侧截面积相等，则可建立理想气体的正激波方程。

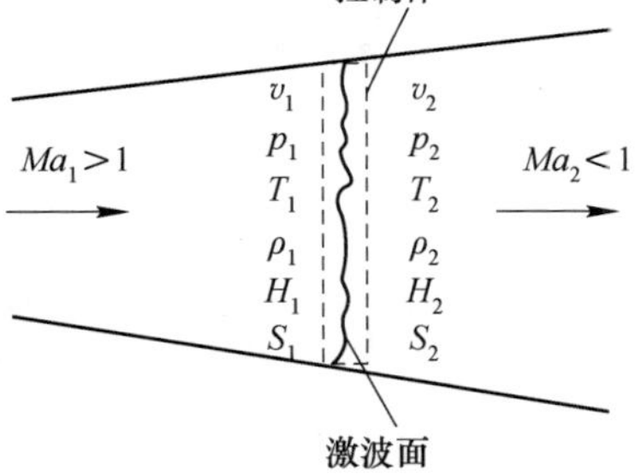

图 4-13 激波面控制体

对于理想气体有下列性质

$$\begin{cases} p = \rho R'T \\ a = \sqrt{\gamma R'T} \\ H = \dfrac{\gamma}{\gamma - 1}\dfrac{p}{\rho} = \dfrac{\gamma}{\gamma - 1}R'T \end{cases} \tag{4-89}$$

连续性方程为 $\rho_1 v_1 A = \rho_2 v_2 A = G$，利用状态方程，则有

$$\frac{p_1}{R'T_1}v_1 = \frac{p_2}{R'T_2}v_2 \tag{4-90a}$$

或

$$\frac{p_1 v_1}{\sqrt{1/\gamma \cdot R'T_1}\, a_1} = \frac{p_2 v_2}{\sqrt{1/\gamma \cdot R'T_2}\, a_2} \tag{4-90b}$$

亦即

$$\frac{p_1 Ma_1}{\sqrt{T_1}} = \frac{p_2 Ma_2}{\sqrt{T_2}} \tag{4-91}$$

动量方程为 $p_1A-p_2A=\rho_2v_2v_2A-\rho_1v_1v_1A$，也可写为

$$p_1 + \rho_1 v_1^2 = p_2 + \rho_2 v_2^2 \tag{4-92}$$

将气体状态方程代入式（4-92），则有

$$p_1 + \frac{p_1}{R'T_1}v_1^2 = p_2 + \frac{p_2}{R'T_2}v_2^2 \tag{4-93}$$

亦即

$$p_1\left(1 + \frac{\gamma}{\gamma R'T_1}v_1^2\right) = p_2\left(1 + \frac{\gamma}{\gamma R'T_2}v_2^2\right) \tag{4-94}$$

因而可得

$$p_1(1 + \gamma Ma_1^2) = p_2(1 + \gamma Ma_2^2) \tag{4-95a}$$

或

$$\frac{p_2}{p_1} = \frac{1 + \gamma Ma_1^2}{1 + \gamma Ma_2^2} \tag{4-95b}$$

能量方程为 $H_1+\frac{v_1^2}{2}=H_2+\frac{v_2^2}{2}$，根据理想气体性质，可变形为

$$\frac{\gamma}{\gamma - 1}R'T_1 + \frac{v_1^2}{2} = \frac{\gamma}{\gamma - 1}R'T_2 + \frac{v_2^2}{2} \tag{4-96}$$

进而有

$$\frac{a_1^2}{\gamma - 1} + \frac{v_1^2}{2} = \frac{a_2^2}{\gamma - 1} + \frac{v_2^2}{2}$$

整理可得

$$T_1\left(1 + \frac{\gamma - 1}{2}Ma_1^2\right) = T_2\left(1 + \frac{\gamma - 1}{2}Ma_2^2\right) \tag{4-97a}$$

或

$$\frac{T_2}{T_1} = \frac{1 + \frac{\gamma - 1}{2}Ma_1^2}{1 + \frac{\gamma - 1}{2}Ma_2^2} \tag{4-97b}$$

式（4-91）、式（4-95b）和式（4-97b）中有且仅有三个未知数 p_2、T_2、Ma_2，因而是可解的。联合这三个方程可得

$$\frac{Ma_1\sqrt{1 + \frac{\gamma - 1}{2}Ma_1^2}}{1 + \gamma Ma_1^2} = \frac{Ma_2\sqrt{1 + \frac{\gamma - 1}{2}Ma_2^2}}{1 + \gamma Ma_2^2} \tag{4-98}$$

将式（4-98）两边平方，并令 $Ma_1^2=b$，$Ma_2^2=x$，整理后可得

$$\left(\frac{\gamma - 1}{2} - \gamma b\right)x^2 + (1 + \gamma b^2)x - b\left(1 + \frac{\gamma - 1}{2}b\right) = 0 \tag{4-99}$$

式（4-99）的解为 $x=\frac{-1-\gamma b^2\pm(\gamma b^2-\gamma b+b-1)}{\gamma-1-2\gamma b}$。具体地，一个是

$$Ma_1 = Ma_2 \tag{4-100a}$$

另一个是

$$Ma_2^2 = \frac{1 + \frac{\gamma - 1}{2}Ma_1^2}{\gamma Ma_1^2 - \frac{\gamma - 1}{2}} \tag{4-100b}$$

显然，第一个解对于正激波来说没有意义，因为它表示气流通过激波后参数没有发生变化。将第二个解，即式（4-100b）作图，如图 4-14 所示。对于正激波来说，图中曲线的有用部分是 $Ma_1>1$，$Ma_2<1$ 的区域。显然，Ma_1 越大，Ma_2 越小；当 $Ma_1\rightarrow\infty$ 时，$Ma_2\rightarrow\sqrt{\frac{\gamma-1}{2\gamma}}$。

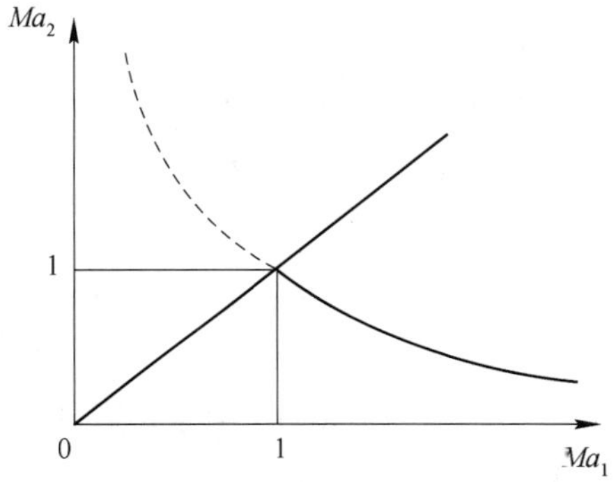

图 4-14　激波前后气流参数变化

式（4-100b）中 Ma_1 与 Ma_2 的关系也可以用无因次速度 $\lambda=v/v_*=v/a_*$ 表示。将式（4-64）代入式（4-100b），可得简单关系为

$$\lambda_1 \cdot \lambda_2 = 1 \tag{4-101}$$

由于 $a_{*1}=a_{*2}=a_*$，故式（4-101）可改写为

$$v_1 \cdot v_2 = a_*^2 \tag{4-102}$$

由此可见，若 $v_1>a_*$，则必然有 $v_2<a_*$，式（4-101）和式（4-102）称为普朗特方程。下面讨论激波前后气流参数的变化。

将式（4-100b）代入式（4-95b）和式（4-97b），就可求出 p_2、T_2 的值，进而可求得气体的其他状态参量 ρ_2、S_2、H_2，即

$$\frac{p_2}{p_1} = \frac{2\gamma}{\gamma+1}Ma_1^2 - \frac{\gamma-1}{\gamma+1} = \frac{\lambda_1^2 - \frac{\gamma-1}{\gamma+1}}{1 - \frac{\gamma-1}{\gamma+1}\lambda_1^2} \tag{4-103}$$

$$\frac{T_2}{T_1} = \frac{\left(1+\frac{\gamma-1}{2}Ma_1^2\right)\left(\frac{2\gamma}{\gamma+1}Ma_1^2 - \frac{\gamma-1}{\gamma+1}\right)}{\frac{\gamma+1}{2}Ma_1^2} = \frac{\lambda_1^2 - \frac{\gamma-1}{\gamma+1}}{\lambda_1^2\left(1-\frac{\gamma-1}{\gamma+1}\lambda_1^2\right)} \tag{4-104}$$

根据理想气体状态方程，可求出密度的变化，即

$$\frac{\rho_2}{\rho_1}=\frac{p_2}{p_1}\cdot\frac{T_1}{T_2}=\frac{\dfrac{\gamma+1}{2}Ma_1^2}{1+\dfrac{\gamma-1}{2}Ma_1^2}=\lambda_1^2 \tag{4-105}$$

根据连续性方程，可求出速度的变化，即

$$\frac{v_2}{v_1}=\frac{\rho_1}{\rho_2}=\frac{1+\dfrac{\gamma-1}{2}Ma_1^2}{\dfrac{\gamma+1}{2}Ma_1^2}=\frac{1}{\lambda_1^2} \tag{4-106}$$

由 $H=c_pT$，以及理想气体 c_p 为常数，可得

$$\frac{H_2}{H_1}=\frac{T_2}{T_1}=\frac{\lambda_1^2-\dfrac{\gamma-1}{\gamma+1}}{\lambda_1^2\left(1-\dfrac{\gamma-1}{\gamma+1}\lambda_1^2\right)} \tag{4-107}$$

理想气体的熵变公式为

$$S_2-S_1=c_p\ln\frac{T_2}{T_1}-R\ln\frac{p_2}{p_1}=c_p\left(\ln\frac{T_2}{T_1}-\frac{\gamma-1}{\gamma}\ln\frac{p_2}{p_1}\right)=\frac{\gamma R}{\gamma-1}\ln\left[\frac{T_2/T_1}{(p_2/p_1)^{\frac{\gamma-1}{\gamma}}}\right] \tag{4-108}$$

将式（4-103）和式（4-104）代入式（4-108），可求出通过正激波后气流熵的变化，即

$$\begin{aligned}\frac{S_2-S_1}{R}&=\frac{\gamma}{\gamma-1}\ln\left[\frac{2}{(\gamma+1)Ma_1^2}+\frac{\gamma-1}{\gamma+1}\right]+\frac{1}{\gamma-1}\ln\left(\frac{2\gamma}{\gamma+1}Ma_1^2-\frac{\gamma-1}{\gamma+1}\right)\\&=\frac{\gamma}{\gamma-1}\ln\left(\frac{1-\dfrac{\gamma-1}{\gamma+1}\lambda_1^2}{\lambda_1^2}+\frac{\gamma-1}{\gamma+1}\right)+\frac{1}{\gamma-1}\ln\left[\frac{\dfrac{4\gamma}{(\gamma+1)^2}\lambda_1^2}{1-\dfrac{\gamma-1}{\gamma+1}\lambda_1^2}-\frac{\gamma-1}{\gamma+1}\right]\end{aligned} \tag{4-109}$$

将式（4-109）作图，如图 4-15 所示。从图中可以看出，若 $Ma_1<1$，则 $S_2-S_1<0$，这与热力学第二定律相矛盾，从而可证明只有超音速气流受到压缩时才可能产生激波，而超音速气流膨胀及亚音速气流中都不可能产生激波。

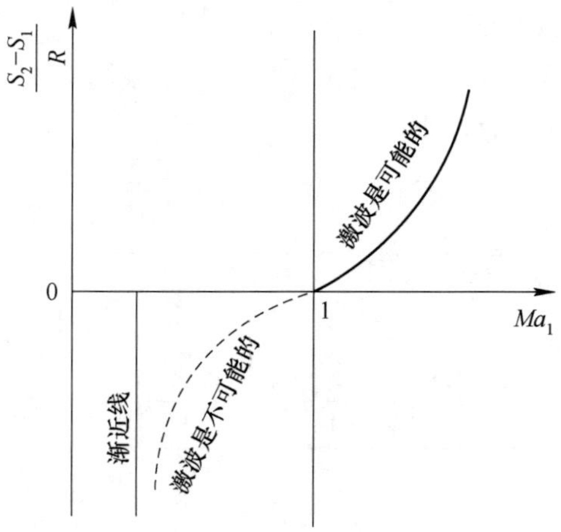

图 4-15　激波后熵的变化

气流通过正激波后，滞止焓不变，因而滞止温度也不变，即 $T_{02}=T_{01}$。但滞止压强是降低的，其变化为

$$\frac{p_{02}}{p_{01}}=\frac{p_{02}/p_2}{p_{01}/p_1}\cdot\frac{p_2}{p_1} \tag{4-110}$$

由式（4-53）和式（4-54），以及 $T_{02}=T_{01}$ 可知

$$\frac{p_{02}}{p_{01}}=\left(\frac{T_1}{T_2}\right)^{\frac{\gamma}{\gamma-1}}\cdot\frac{p_2}{p_1}=\frac{\left(\dfrac{\dfrac{\gamma+1}{2}Ma_1^2}{1+\dfrac{\gamma-1}{2}Ma_1^2}\right)^{\frac{\gamma}{\gamma-1}}}{\left(\dfrac{2\gamma}{\gamma+1}Ma_1^2-\dfrac{\gamma-1}{\gamma+1}\right)^{\frac{1}{\gamma-1}}} \tag{4-111}$$

亦即

$$\frac{p_{02}}{p_{01}}=\lambda_1^{\frac{2\gamma}{\gamma-1}}\left(\frac{1-\dfrac{\gamma-1}{\gamma+1}\lambda_1^2}{\lambda_1^2-\dfrac{\gamma-1}{\gamma+1}}\right)^{\frac{1}{\gamma-1}} \tag{4-112}$$

由式（4-109）和式（4-112）可得熵的变化与滞止压强变化的关系为

$$\frac{S_2-S_1}{R}=\ln\frac{p_{01}}{p_{02}} \tag{4-113}$$

在炼钢过程中，若在氧枪喷孔内形成正激波，不仅会导致氧气射流的冲击力下降，而且会降低氧枪喷头寿命。下面以设计马赫数 $Ma=2$ 的氧枪为例说明。

若恰好在氧枪喷孔出口处形成正激波（激波面处于喷孔出口位置），喷管内的流动状态如图 4-16 所示。此时在喷管扩张段为超音速流动，且在喷管出口截面 $Ma_1=2$，而离开喷孔后气流转变为亚音速（$Ma<1$）流动。由式（4-100b）可计算，激波后气流马赫数 $Ma_2=0.33$。可见，离开喷孔后气流速度下降显著，气流对熔池的冲击力明显减弱。此外，正激波发生在喷孔出口位置，表明出口处气流静压力 p_e 低于外界环境压力 p_b，这种负压（$p_e-p_b<0$）的存在容易导致喷头粘钢、粘渣，降低喷头使用寿命。

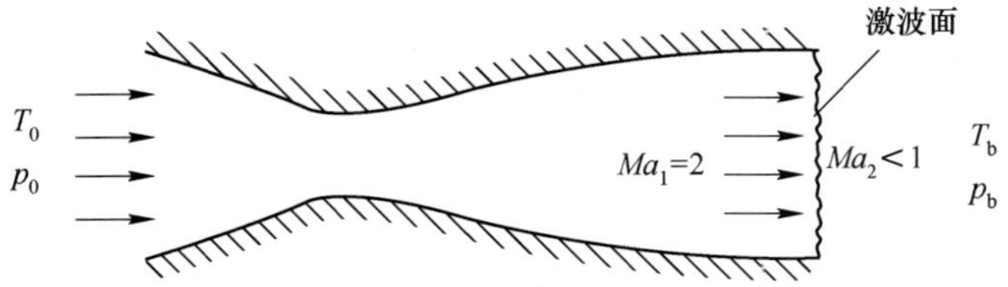

图 4-16　正激波发生在拉瓦尔喷管出口时的流动状态

复习思考题

4-1 何为音速，不同气体的音速为什么不同？

4-2 介质可压缩性与流动可压缩性的主要区别是什么，如何理解可压缩气体的不可压缩流动？

4-3 渐缩管内的气体流速能否超过音速？

4-4 对非等熵流动，例如等温流动，渐缩喷管和渐扩喷管中的速度如何变化？

4-5 转炉氧枪喷孔处形成正激波的危害有哪些，如何防止正激波的形成？

5　气固两相流动现象

在许多冶金和材料加工工艺中，都会遇到固体颗粒与气体介质并存的流动过程，称为气固两相流动。典型的气固两相流动体系有：炼铁高炉（缓慢移动的固定床和运动的气流），煤粉气化和焙烧硫化矿的流化床（颗粒与气体同时运动），炼钢过程中夹杂物的上浮（熔体与颗粒都在运动）、除尘（颗粒和气体同时运动）、过滤（颗粒的固定床和运动的流体）及沉淀（颗粒沉降而流体静止）等气固分离系统等。按流动特点，气固两相流动可分为以下几种类型：

（1）固定床流动。颗粒尺寸较大的固体物料，在支撑箅或链条上形成稳定的料层，颗粒之间及颗粒与栅箅之间没有相对运动，气体以较小的相对速度从料层中流过，这种气固两相流动称为固定床流动。

（2）沸腾床流动。在这种流动中，固体颗粒尺寸小一些，粒径可以为几百微米，最大的为十几毫米，气固之间的相对速度相当高，但还不足以将颗粒全部吹走以致破坏颗粒床层，固体颗粒在床层中做时上时下的沸腾状运动，这种流动属于气固两相流动中的流化床运动。

（3）悬浮状流动。相较于沸腾床流动，悬浮状流动采用的物料颗粒进一步缩小，尺寸一般小于 100 μm，气流速度往往比固定床和沸腾床的更高，气固之间的相对速度能保证固体颗粒悬浮在气流中，此时前两种流动过程具有的较明显界限的床层不复存在，固体颗粒随气流运动，这种流动属于气力输送过程，也称悬浮状流动。

本章对单个颗粒在流体中的流动，以及上述的固定床、流化床、气力输送等问题进行介绍。鉴于气固两相流动现象的复杂性，相关研究中的计算常采用经验和半经验的关系式。

5.1　单个颗粒在流体中的运动

单个颗粒在流体中的运动是分析一些气固两相流动问题的基础。假定颗粒处于静止状态，忽略作用在颗粒上的其他各种力，仅考虑流体对颗粒的作用力，这种绕流单个颗粒的问题是一种最简单的情况。

5.1.1　绕流圆球的曳力

流体以势流绕流圆球时，其对球施加的曳力 F 包括压强分布在球表面上引起的形状曳力 F_1 和黏性切应力引起的摩擦力 F_2。在爬流/蠕动流（creeping flow，$Re=\rho Dv_\infty/\mu<0.1$）条件下，斯托克斯（G. G. Stokes）通过求解 N-S 方程得到

$$F = F_1 + F_2 = \pi\mu Dv_\infty + 2\pi\mu Dv_\infty = 3\pi\mu Dv_\infty \tag{5-1}$$

式中，μ 为流体动力黏度；v_∞ 为来流速度；D 为球直径。

式（5-1）称为斯托克斯曳力公式。一般将曳力 F 写成如下形式

$$F=\xi\frac{\rho v_{\infty}^{2}}{2}A \tag{5-2}$$

式中，A 为迎流截面积，$A=\pi D^2/4$；ξ 为曳力系数，以区别使用表面积的摩擦系数 f。

式（5-2）也是曳力系数的定义式。

将式（5-2）代入式（5-1）可得

$$\xi=\frac{3\pi\mu D v_{\infty}}{\frac{\rho v_{\infty}^{2}}{2}\cdot\frac{\pi D^{2}}{4}}=\frac{24}{\frac{\rho v_{\infty}D}{\mu}}=\frac{24}{Re} \tag{5-3}$$

式（5-3）的适用条件为 $Re<0.1$，但工程计算中常扩展至 $Re<1.0$。随着 Re 的增大，曳力系数 ξ 与雷诺数 Re 的关系往往通过大量的实验得出。图 5-1 给出了实验得到的球形颗粒曳力系数与雷诺数的关系曲线。

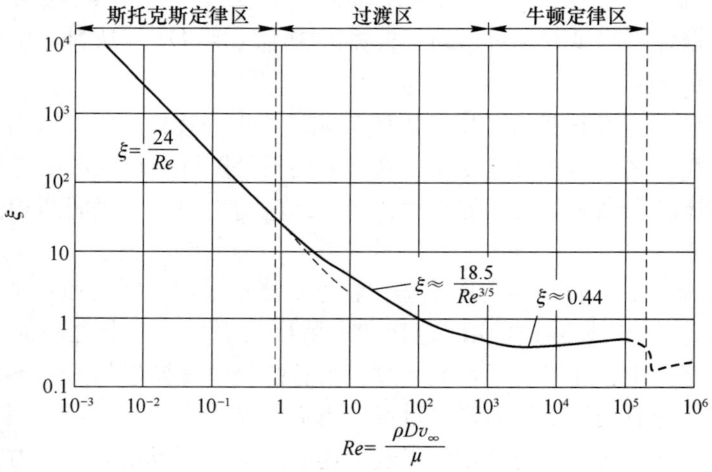

图 5-1　球形颗粒曳力系数随雷诺数的变化

由图 5-1 可知，这一关系可分为以下四段区域。

第一段：$Re<1.0$，称为斯托克斯定律区。在这一区域中，曳力系数与雷诺数成反比，即

$$\xi=\frac{24}{Re} \tag{5-4}$$

第二段：$1.0<Re<500$，称为过渡区。在这一区域中，曳力系数与雷诺数有如下近似关系

$$\xi\approx\frac{18.5}{Re^{3/5}}\quad 或\quad \xi\approx\frac{10}{Re^{1/2}} \tag{5-5}$$

第三段：$500<Re<2\times10^5$，称为牛顿定律区。在这一区域中，曳力系数与雷诺数基本无关，可近似为常数

$$\xi\approx0.43\sim0.44$$

第四段：$Re>2\times10^5$，曳力系数开始突然下降到原数值的 1/4~1/5，然后随雷诺数增大

而略有增加。

对于图 5-1 中前三段区域，怀特（F. M. White）通过数据拟合，提出了常用于工程计算的经验公式

$$\xi \approx \frac{24}{Re} + \frac{6}{1 + \sqrt{Re}} + 0.4 \tag{5-6}$$

式（5-6）的适用范围为 $Re<2\times10^5$。

5.1.2　沉降（上浮）终速

上述颗粒曳力表达式的一个重要应用是计算颗粒在流体中的沉降或上浮速度。

一个颗粒在流体中开始沉降（如灰尘在空气中）或上升（如夹杂物在钢液中）时，它会逐渐加速，随着颗粒与流体之间的相对速度越来越大，流体对颗粒的曳力也将越来越大。若流体处于静止状态，则相对速度是颗粒的下降或上升速度。当颗粒的下降或上升速度增至某一数值时，作用在颗粒上的曳力和重力、浮力之间将达到平衡，颗粒遂以匀速下降或上浮运动，这时颗粒具有的速度称为沉降（上升）极限速度，简称沉降（上升）终速（terminal velocity）。

式（5-7）中，令作用于颗粒上的体积力（通常为重力、浮力）与曳力相等，就可求出沉降或上浮终速 v_t 的大小。

$$\frac{\pi}{6}d_p^3(\rho_p - \rho_f)g = \xi \cdot \frac{\rho_f v_t^2}{2} \cdot \frac{\pi d_p^2}{4} \tag{5-7}$$

式中，d_p 为颗粒直径；ρ_f 为流体密度；ξ 为曳力系数。

式（5-7）称为斯托克斯定律（Stokes' law），由其可得

$$v_t = \sqrt{\frac{4}{3} \cdot \frac{\rho_p - \rho_f}{\rho_f} \cdot \frac{g d_p}{\xi}} \tag{5-8}$$

若流动处于斯托克斯定律区，将 $\xi=24/Re$ 代入式（5-8），整理后可得

$$v_t = \frac{1}{18}(\rho_p - \rho_f)\frac{g d_p^2}{\mu} \tag{5-9}$$

对于过渡区，将 $\xi=10/Re^{1/2}$ 代入式（5-8），整理后有

$$v_t = \left[\frac{4}{225} \cdot \frac{(\rho_p - \rho_f)^2 g^2}{\rho_f \mu}\right]^{\frac{1}{3}} d_p \tag{5-10}$$

对于牛顿定律区，将 $\xi=0.43$ 代入式（5-8），整理后有

$$v_t = \left[\frac{3.1 g(\rho_p - \rho_f) d_p}{\rho_f}\right]^{\frac{1}{2}} \tag{5-11}$$

必须指出，应用上述公式需要满足的条件是：（1）球形固体颗粒；（2）稳态运动；（3）颗粒在静止流体或速度场均匀且无湍流的流体中运动；（4）单个颗粒在远离其他固壁处运动。

可以发现，以上限制条件相当苛刻。实际上，有些情况下应用上述公式进行计算就可以得到必要的精确度，但在另一些情况下，采用上述公式计算将带来很大误差。例如，对非球形颗粒，引入球形度修正系数就可将曳力系数 ξ 的公式加以应用；对细小气泡和液

滴，由于表面张力的作用，其表面可类似于刚体的表面，因而这些细小气泡和液滴的行为也类似于固体颗粒。然而，对较大的气泡和液滴，由于存在内部环流和发生变形，上述公式不再适用。此外，在工程实际中还会遇到颗粒在流体中做加速或减速运动、颗粒在湍流场中运动（如夹杂物在搅拌的钢液中运动）及颗粒在固体表面附近运动等情况。对于这些问题，近些年来许多专著已进行了详细讨论，此处不再赘述。

尽管存在许多复杂因素，在理想条件下得到的上述曳力系数和终端速度的关系式，对于估算复杂条件下固体颗粒的行为仍是十分有用的。

5.2　气体通过固定床的流动

由块状或粒状物料填充的有一定高度的料柱称为填充床，如图 5-2 所示。填充床又分为固定床和移动床。物料在反应器内静止的填充床称为固定床，如石灰窑、烧结床等；反之，物料在反应器内运动的填充床称为移动床，如冲天炉、连续排料的竖炉、高炉炉身等。由于固体物料的运动比气体的运动慢得多，而且气流运动通常不受固体物料运动的影响，因此缓慢移动的移动床也可近似按固定床处理。

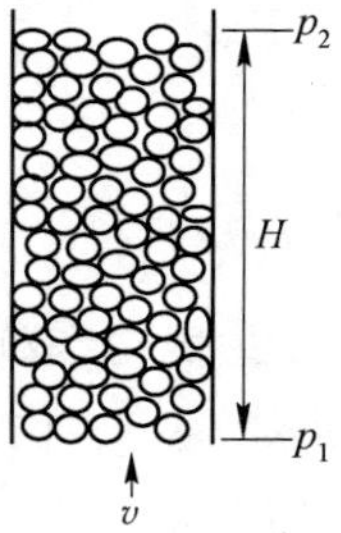

图 5-2　填充床示意图

5.2.1　固定床结构参数

除颗粒粒径 d_p 和料层高度 H 外，描述固定床结构性质的参数还包括堆积密度 ρ_d、空隙率 ε 及水力直径 d_s。

5.2.1.1　堆积密度 ρ_d

固体物料本身具有一定的密度，称为真实密度 ρ_z。堆积物料占有的床层空间内除物料本身外，还包括许多空隙。单位床层体积内物料的质量称为床层的堆积密度 ρ_d，简称堆密度。

$$\rho_d = \frac{M}{V} \tag{5-12}$$

式中，M 为床层内固体物料的质量；V 为床层体积。

5.2.1.2　空隙率 ε

空隙体积在整个床层体积内所占的分数称为床层的空隙率。

$$\varepsilon = \frac{V_\varepsilon}{V} \tag{5-13}$$

式中，V_ε 为床层内物料之间空隙的体积。

床层的空隙率大小与多种因素有关，诸如：(1) 颗粒形状。颗粒形状越不规则，表面越粗糙，则空隙率越大，球形颗粒床层的空隙率最小。(2) 颗粒粒度分布。颗粒粒度分布范围越大，则床层空隙率越小。(3) 振实或疏松措施。采用特殊措施使床层物料振实，物料排列紧密，则床层空隙率小；反之，床层空隙率大。对大多数粒状物料的固定床，其空隙率为 0.3~0.5。空隙率对流动过程影响很大，但难以精确计算，通常用实验的方法来测量床层空隙率。在测得物料的真实密度 ρ_z 和床层的堆积密度 ρ_d 之后，可按式 (5-14) 计算空隙率。

$$\varepsilon = \frac{V_\varepsilon}{V} = \frac{V - V_p}{V} = \frac{M/\rho_d - M/\rho_z}{M/\rho_d} = 1 - \frac{\rho_d}{\rho_z} = \frac{\rho_z - \rho_d}{\rho_z} \tag{5-14}$$

式中，V_p 为床层内固体物料体积。

在任意堆积的床层内，平均空隙截面积 A_ε 与整个床层截面积 A 之比也称为空隙率 ε，即

$$\varepsilon = \frac{A_\varepsilon}{A} \tag{5-15}$$

5.2.1.3 水力直径 d_s

在床层中，流体是在颗粒间空隙所形成的通道内流动的，这些通道可以看作是许多并联的小管道（管束）。考虑到管道的形状复杂，常采用水力直径 d_s 作为形状参数，其定义为

$$d_s = \frac{4A_\varepsilon}{U} \tag{5-16}$$

式中，U 为流体与颗粒接触的润湿边界总长，称为湿周（wetted perimeter）。

在均匀颗粒床层中，记床层高度为 H，则

$$d_s = \frac{4A_\varepsilon H}{UH} = \frac{4V_\varepsilon}{S} \tag{5-17}$$

式中，S 为床层物料的全部表面积。

将 $V_\varepsilon = \frac{\varepsilon}{1-\varepsilon}(V-V_\varepsilon)$ 代入式 (5-17)，整理后有

$$d_s = \frac{4\varepsilon}{1-\varepsilon} \cdot \frac{V - V_\varepsilon}{S} \tag{5-18}$$

式中，$\frac{S}{V-V_\varepsilon}$ 为单位物料体积具有的表面积，称为比表面积 a。

球体的比表面积为

$$a = \frac{S}{V - V_\varepsilon} = \frac{\pi d_p^2}{\frac{\pi}{6} d_p^3} = \frac{6}{d_p} \tag{5-19}$$

因此，均匀圆球颗粒床层的水力直径为

$$d_s = \frac{4\varepsilon}{1-\varepsilon} \cdot \frac{1}{a} = \frac{2}{3} \cdot \frac{\varepsilon}{1-\varepsilon} d_p \tag{5-20}$$

5.2.2 床层阻力

流体通过固定床时，流体在料层两端的压力降称为床层阻力，一般表示为

$$\Delta p = p_1 - p_2 = 4f\frac{H}{d_s}\cdot\frac{\rho_f v_f^2}{2} \tag{5-21}$$

式中，f 为阻力系数；ρ_f 为流体的密度；v_f 为流体在床层空隙中的实际流速。

定义“空塔（床）速度 v_A”为：按空床层横截面积 A 计算的流体流速，根据质量守恒定律 $v_f A_\varepsilon = v_A A$ 有 $v_f = v_A A/A_\varepsilon = v_A/\varepsilon$。因此，式（5-21）可写为

$$\Delta p = 4f\frac{H}{d_s}\cdot\frac{\rho_f v_A^2}{2}\cdot\frac{1}{\varepsilon^2} \tag{5-22}$$

对于均匀球形颗粒床层，将式（5-20）代入式（5-22）可得

$$\Delta p = 3f\frac{H}{d_p}\cdot\frac{1-\varepsilon}{\varepsilon^3}\rho_f v_A^2 \tag{5-23}$$

式中，阻力系数 f 与雷诺数有关，关系曲线如图 5-3 所示。

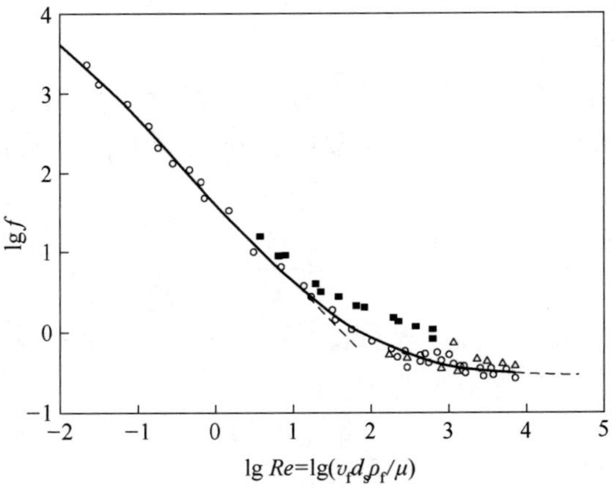

图 5-3 均匀颗粒固定床阻力系数与雷诺数的关系

由图 5-3 可知，均匀颗粒固定床阻力系数曲线分以下三个区域：

（1）$Re<10$ 时为层流区，有

$$f = \frac{33}{Re} \tag{5-24}$$

（2）$10<Re<250$ 时为过渡区，有

$$f = \frac{29}{Re} + \frac{1.25}{Re^{0.15}} \tag{5-25}$$

（3）$250<Re<5000$ 时为湍流区，有

$$f = \frac{1.56}{Re^{0.15}} \tag{5-26}$$

需要注意，上述阻力系数各公式中的 $Re=\rho_f v_f d_s/\mu$。

式（5-24）~式（5-26）仅适用于 $Re<5000$ 的条件。为方便计算，力求得到能适用于

更大范围 Re 的关系式，且其中应尽量用空塔速度 v_A 代替实际流速 v_f，用粒径 d_p 代替 d_s。式（5-27）为厄根（Ergun）方程，便是这样的经验关系式。

$$\frac{\Delta p}{H}=150\frac{(1-\varepsilon)^2}{\varepsilon^3}\cdot\frac{\mu v_A}{d_p^2}+1.75\frac{1-\varepsilon}{\varepsilon^3}\cdot\frac{\rho_f v_A^2}{d_p} \tag{5-27}$$

式中，等式右侧两项分别代表黏性项和惯性项。

低雷诺数时（$Re<20$），黏性项占主导地位，可以忽略惯性项，于是厄根方程可简化为

$$\frac{\Delta p}{H}=150\frac{(1-\varepsilon)^2}{\varepsilon^3}\cdot\frac{\mu v_A}{d_p^2} \tag{5-28}$$

高雷诺数时（$Re>1000$），可仅考虑惯性项，忽略黏性项，则厄根方程可简化为

$$\frac{\Delta p}{H}=1.75\frac{1-\varepsilon}{\varepsilon^3}\cdot\frac{\rho_f v_A^2}{d_p} \tag{5-29}$$

5.2.3　非球形颗粒和分布粒度的修正

实际工程应用中颗粒往往既非球形，粒度又非均匀一致。为使均一粒度的球形颗粒的实验结果应用到非球形和非均一粒度分布的颗粒上，需对相关参数进行修正。

5.2.3.1　非球形颗粒尺寸

球形颗粒使用直径 d_p 表征其特性尺寸。对于非球形颗粒，其特性尺寸可有不同的表征方法，见表 5-1。

表 5-1　非球形颗粒特性尺寸的表征方法

表征方法	定义	当量直径
体积当量直径	具有相同体积球体的直径 体积公式：$V=\frac{\pi}{6}d_V^3$	$d_V=\left(\frac{6V}{\pi}\right)^{1/3}$
质量当量直径	具有相同质量球体的直径 质量公式：$m=\frac{\pi}{6}d_m^3\rho_p$	$d_m=\left(\frac{6m}{\pi\rho_p}\right)^{1/3}$
表面积当量直径	具有相同表面积球体的直径 表面积公式：$S=\pi d_s^2$	$d_s=\left(\frac{S}{\pi}\right)^{1/2}$
表面体积比当量直径	具有相同表面体积比球体的直径	$d_{sv}=\frac{d_v^3}{d_s^2}$
Stokes（阻力）当量直径	具有相同密度且在同样介质中相同沉降速度（层流区）球体的直径 Stokes 球体公式：$F_d=3\pi d_{stk}\mu v_t$	$d_{stk}=\frac{F_d}{3\pi\mu v_t}$

续表 5-1

表征方法	定义	当量直径
投影面积当量直径	具有相同投影面积球体的直径 稳定方位：$A=\frac{\pi d_a^2}{4}$ 随机方位：$\bar{d}_a=d_s$	$d_a=\left(\frac{4A}{\pi}\right)^{1/2}$ $\bar{d}_a=d_s$
周长当量直径	与投影周长相同圆形的直径	—
筛分直径	颗粒能通过的最小筛孔尺寸	—
马丁（Martin）直径	颗粒轮廓弦长的平均值	—

由表 5-1 可知，对同一个球形颗粒，用不同方法确定的直径是相同的，但对一个非球形颗粒，用不同方法确定的直径是不同的。在实际应用中，需根据问题的具体情况选择某种方法确定非球形颗粒的尺寸。对于固定床，非球形颗粒的尺寸一般用体积当量直径表征其结构。在实际应用中，对于 5 mm 以上的大颗粒，可以用量具测量其特性尺寸；对于小于 0.04 mm 的细微颗粒，往往依靠测定其沉降速度，然后间接推算其颗粒直径，即阻力当量直径；而处于这两者之间的颗粒用筛选法测量较为简便。经过筛分后，某颗粒处于筛孔孔径分别为 d_i 和 d_{i+1} 的两筛之间，可用 d_i 和 d_{i+1} 的平均值作为颗粒直径。当 d_i 和 d_{i+1} 相差不大时，算术平均值 $(d_i+d_{i+1})/2$ 和几何平均值 $(d_i \cdot d_{i+1})^{1/2}$ 之间的差值为 $(d_{i+1}-d_i)$ 的高阶微量，因此在实际应用时使用哪种平均值均可，一般算术平均值略大于几何平均值。

5.2.3.2　水力直径与球形度

从固定床流动特性的分析中可以看出，颗粒尺寸和形状是通过它与空隙水力直径的关联而对流动起作用的。与球形颗粒床层一样，非球形颗粒床层的水力直径 d_{fs} 定义为

$$d_{fs}=\frac{4\varepsilon}{1-\varepsilon}\cdot\frac{V-V_\varepsilon}{S_f} \tag{5-30}$$

定义同体积圆球的表面积 S_p 与非球形颗粒表面积 S_f 之比为颗粒的球形度，即

$$\phi_s=\frac{S_p}{S_f}=\frac{\pi d_V^2}{S_f} \tag{5-31}$$

将式（5-31）代入式（5-30）可得

$$d_{fs}=\frac{4\varepsilon}{1-\varepsilon}\cdot\frac{\frac{\pi}{6}d_V^3}{\frac{\pi d_V^2}{\phi_s}}=\frac{2}{3}\cdot\frac{\varepsilon}{1-\varepsilon}\phi_s d_V \tag{5-32}$$

参照均一球形颗粒固定床压降方程式（5-27），可写出均一非球形颗粒床层压降方程式，即

$$\frac{\Delta p}{H}=150\frac{(1-\varepsilon)^2}{\varepsilon^3}\cdot\frac{\mu v_A}{(\phi_s d_V)^2}+1.75\frac{1-\varepsilon}{\varepsilon^3}\cdot\frac{\rho_f v_A^2}{\phi_s d_V} \tag{5-33}$$

对于式（5-33），仍可在较大雷诺数时忽略等号右端代表黏性项的第一项和在较小雷

诺数时忽略代表惯性项的第二项。从具体表达式看，式（5-27）与式（5-33）唯一的区别在于其中球形颗粒的粒径 d_p 变为非球形颗粒的粒径 $\phi_s d_V$。基于此，可将 $\phi_s d_V$ 称为非球形颗粒的当量直径。

根据球形度的定义可知，对于球体 $\phi_s=1$，其他形状颗粒的球形度为 $0<\phi_s<1$。表 5-2 给出了几种典型物料的球形度。

表 5-2　几种典型物料的球形度

物料	ϕ_s	物料	ϕ_s
砂粒	0.534~0.861	石英砂	0.554~0.628
铁催化剂	0.578	煤粉	0.696
烟煤和无烟煤块（粒）	0.625~0.630	立方体	0.806
碎块	0.630	薄片（长：宽：高=8：6：1）	0.515

5.2.3.3　分布粒度的平均直径

上述厄根方程，即式（5-27）和式（5-33）只适用于具有均一粒径颗粒的床层，对于非均一粒径颗粒的床层，一般采用某一种平均粒径。为确定颗粒的粒度分布，往往采用一组不同筛孔的筛子来筛分颗粒，分别称量各筛间的物料质量 $M_{d_i,d_{i+1}}$，并计算其在总质量 M 中所占的百分数 x_i，即

$$x_i=\frac{M_{d_i,\ d_{i+1}}}{M}\times 100\% \tag{5-34}$$

相邻筛子的孔径差值 $\Delta d=d_{i+1}-d_i$ 不尽相同，所以用 $x_i/\Delta d$ 来代表孔径为 d_i 和 d_{i+1} 的两相邻筛之间颗粒的质量密度分布。也常用 $R_{d_i}\%$ 表示颗粒大于 d_i 的物料质量在总质量中占的百分数，即质量累积分布。

图 5-4 为物料的筛分特性曲线。图 5-4（a）中曲线能清楚地显示出大于（或小于）某一粒径的颗粒所占质量份额比例，图 5-4（b）中曲线则突出某一粒径或粒径区间的颗粒所占质量比例。

$$R_{d_i}\%=\sum_{d_i}^{d_{max}}x_i \tag{5-35}$$

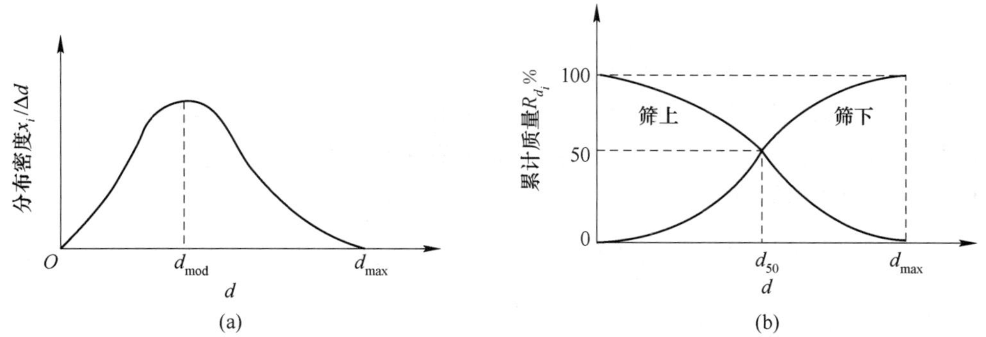

图 5-4　物料的筛分特性
（a）粒径分布密度；（b）粒径累计质量分数

在计算中通常希望能用一平均粒径来代表实际应用中经常遇到的分布粒度颗粒，下面介绍几种平均粒径的计算方法：

（1）质量平均直径。质量平均粒径为各粒径 d_{pi}（所处的两相邻筛的孔径 d_i 和 d_{i+1} 的平均值）与其质量分数 x_i 乘积的总和，即

$$\bar{d}_{pm}=\sum_{d_{p,\ min}}^{d_{p,\ max}} x_i d_{pi} \tag{5-36}$$

这种计算方法简单，突出了大颗粒的作用，因此所得的平均直径往往较大。

（2）质量中值直径。$R_{d_i}\%=50\%$平均直径 d_{50}，即筛分特性曲线中 $R_{d_i}\%$为 50%的粒径。这种方法能够保证比该粒径大的颗粒和小于该粒径颗粒的质量分数相同。

（3）众数中值直径。取筛分曲线中 $d_{mod}=x_i/\Delta d$ 最大值对应的粒径作为平均粒径。在粒度自然分布的条件下，这种方法与质量中值直径类似，都突出了质量分数占绝大多数的中等粒径颗粒的作用，但在经筛选除去部分较大或较小颗粒时，按这两种方法所得平均直径可能偏大或偏小。

（4）比表面积平均直径。非球形颗粒的比表面积为

$$a'_f=\frac{S_f}{V}=\frac{\pi d_V^2/\phi_s}{\pi d_V^3/6}=\frac{6}{\phi_s d_V} \tag{5-37}$$

分布粒度非球形颗粒的平均比表面积为

$$\overline{a'_f}=\sum_{d_{V,\ min}}^{d_{V,\ max}} a'_{fi}x_i \tag{5-38}$$

若颗粒球形度相同，则

$$\overline{a'_f}=\frac{6}{\phi_s}\sum_{d_{V,\ min}}^{d_{V,\ max}}\frac{x_i}{d_{Vi}} \tag{5-39}$$

使平均粒径 $\bar{d}_{Vs}$ 的比表面积为 $\overline{a'_f}$，即

$$\overline{a'_f}=\frac{6}{\phi_s\bar{d}_{Vs}} \tag{5-40}$$

于是有

$$\bar{d}_{Vs}=\frac{1}{\sum\limits_{d_{V,\ min}}^{d_{V,\ max}}\frac{x_i}{d_{Vi}}} \tag{5-41}$$

上述几种方法所得平均粒径的关系为：$\bar{d}_{Vs}<d_{mod}<d_{50}<\bar{d}_{pm}$，且 $\bar{d}_{pm}=(2\sim4)\bar{d}_{Vs}$。

对于冶金过程涉及的固定床，人们感兴趣的是床层中的流动阻力和界面反应，故床层颗粒的比表面积起重要作用。因此，采用比表面积平均的体积当量直径 $\bar{d}_{Vs}$，则分布粒度非球形颗粒床层的压降方程为

$$\frac{\Delta p}{H}=150\frac{(1-\varepsilon)^2}{\varepsilon^3}\cdot\frac{\mu v_A}{(\phi_s\bar{d}_{Vs})^2}+1.75\frac{1-\varepsilon}{\varepsilon^3}\cdot\frac{\rho_f v_A^2}{\phi_s\bar{d}_{Vs}} \tag{5-42}$$

同理，低雷诺数时有

$$\frac{\Delta p}{H}=150\frac{(1-\varepsilon)^2}{\varepsilon^3}\cdot\frac{\mu v_A}{(\phi_s\bar{d}_{Vs})^2} \tag{5-43}$$

高雷诺数时有

$$\frac{\Delta p}{H} = 1.75\frac{1-\varepsilon}{\varepsilon^3}\cdot\frac{\rho_f v_A^2}{\phi_s \bar{d}_{Vs}} \tag{5-44}$$

5.2.4 床层横截面上的非均匀分布

对于许多实际工业过程涉及的填充床而言，床层中的流场是非均匀的，因此假定其内部流动为符合厄根方程的一维流动有悖于实际情况。这是因为：

(1) 不均匀填充，例如加料引起的不同大小颗粒的偏析会引起气流分布不均匀。即使床层是由大小均匀的颗粒组成，在其边壁附近仍然有一些沟流流股存在。

(2) 由厄根方程可知，系统温度（影响气体的密度和黏度）影响流动阻力，故床层温度在横截面上的不均匀会导致气流分布不均。

(3) 气体供入方式造成在空间上供入量的不均匀也会引起气流分布的不均。

为描述固定床的非均匀流动，需要使用固定床的三维流动方程。对于不可压缩流体，厄根方程的三维矢量形式为

$$-\nabla p = \boldsymbol{v}(f_1 + f_2|\boldsymbol{v}|) \tag{5-45}$$

式中，$\boldsymbol{v}$ 和 $|\boldsymbol{v}|$ 分别为流体的（空塔）速度矢量及其模，等号右端的黏性项和惯性项系数分别为

$$f_1 = 150\frac{(1-\varepsilon)^2}{\varepsilon^3}\cdot\frac{\mu}{(\phi_s \bar{d}_{Vs})^2} \tag{5-46}$$

$$f_2 = 1.75\frac{1-\varepsilon}{\varepsilon^3}\cdot\frac{\rho_f}{\phi_s \bar{d}_{Vs}} \tag{5-47}$$

考虑不可压缩流体，对式（5-45）两边取$\nabla\times$，则压强可消去，得

$$\nabla\times\boldsymbol{v} - \boldsymbol{v}\times\nabla[\ln(f_1 + f_2|\boldsymbol{v}|)] = 0 \tag{5-48}$$

式（5-45）中速度矢量是唯一的变量。流体的速度矢量又应满足连续性方程

$$\nabla\cdot\boldsymbol{v} = 0 \tag{5-49}$$

因此，联立式（5-48）和式（5-49），即可求出床层内流体的速度场。

对式（5-45）两边取$\nabla\cdot$，得

$$\nabla^2 p = -\boldsymbol{v}\cdot\nabla(f_1 + f_2|\boldsymbol{v}|) \tag{5-50}$$

由此可解得压强分布。

除直角坐标系外，上述表达式同样适用于轴对称的圆柱坐标系，并且颗粒雷诺数足够大时，其中的黏性项系数可以忽略，即 $f_1=0$。在这些条件下，式（5-48）可用流函数 ψ 写成

$$\frac{\partial^2\psi}{\partial r^2}\left[2\left(\frac{\partial\psi}{\partial r}\right)^2 + \left(\frac{\partial\psi}{\partial z}\right)^2\right] + \frac{\partial^2\psi}{\partial z^2}\left[2\left(\frac{\partial\psi}{\partial z}\right)^2 + \left(\frac{\partial\psi}{\partial r}\right)^2\right] + \left[\left(\frac{\partial\psi}{\partial z}\right)^2 + \left(\frac{\partial\psi}{\partial r}\right)^2\right]\times$$

$$\left[\frac{\partial\psi}{\partial z}\cdot\frac{\partial\ln f_2}{\partial z} + \frac{\partial\psi}{\partial r}\left(\frac{\partial\ln f_2}{\partial r} - \frac{2}{r}\right)\right] + 2\frac{\partial^2\psi}{\partial r\partial z}\cdot\frac{\partial\psi}{\partial r}\cdot\frac{\partial\psi}{\partial z} = 0 \tag{5-51}$$

其中

$$v_z = -\frac{1}{r}\cdot\frac{\partial\psi}{\partial r};\quad v_r = \frac{1}{r}\cdot\frac{\partial\psi}{\partial z}$$

对于圆柱形填充床，边界条件为 $r=R$ 处，$v_r=v_z=0$，$\psi=$常数；$z=0$（入口）和 $z=H$（出口）处，$\frac{\partial\psi}{\partial z}=0$。

研究表明，应用上述方程求解得到的计算结果与实测值比较吻合，如图 5-5 和图 5-6 所示。

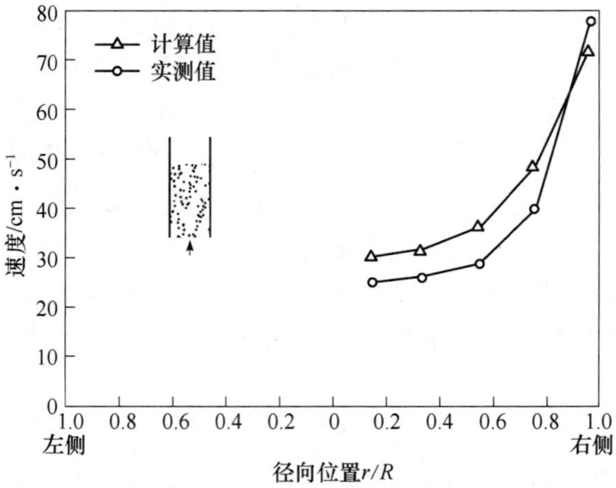

图 5-5　通过均匀玻璃球固定床的平行流动速度计算值和实测值比较

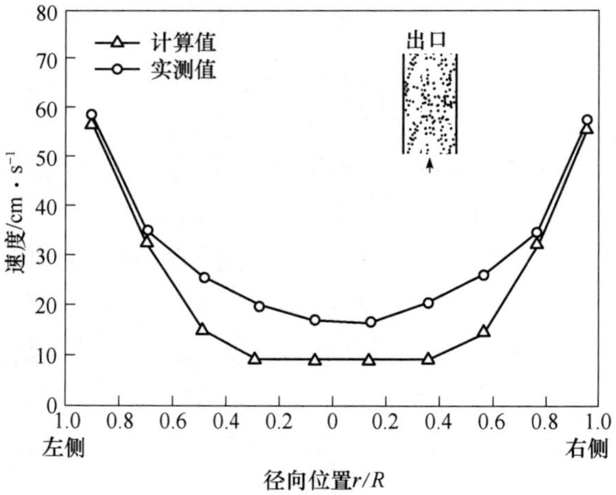

图 5-6　固定床出口速度分布理论计算值和实测值比较

图 5-5 和图 5-6 给出的测量结果直接证实矢量形式的厄根方程可用于描述固定床的非均匀流动。但应指出，厄根方程是一个宏观关系式。当所研究系统的定型尺寸（例如床层直径）接近于颗粒尺寸时，厄根方程及由它推导出的其他关系式都不再适用。

5.3　气体通过流化床的流动

流化床是流体与固体颗粒接触的流动过程中较复杂的一种形态，固体颗粒受流体的作用，其运动也转变为类似流体的状态，故称流化。流化床因具有一系列特殊性能而得到广泛采用。

5.3.1 流化现象及流化床的性质

流化现象的实质可以用图 5-7 所示的流体向上流过填充床时，床层中物料的状态随流体流量逐渐增加的变化来说明。

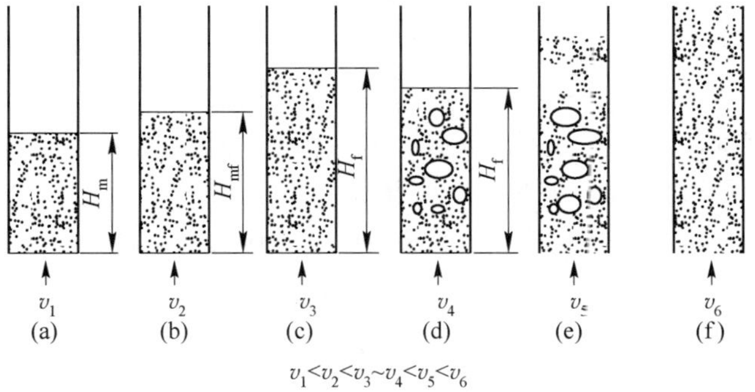

图 5-7 气固两相流动的不同类型

（a）固定床；（b）初始（临界）流态化；（c）散式稳态流态床；（d）聚式鼓泡流态床；（e）腾涌；（f）气力输送

由图 5-7（a）可见，流体以较低速度穿过床层，床层颗粒是静止的，此时系统为固定床，床层压降和流体流量之间的关系可由厄根方程给出。

当流体流速增加时，床层的压降也相应增大，直至床层两端压力降达到床层物料的重量，颗粒不再能保持静止状态。部分颗粒向上移动，造成床层膨胀、空隙率增大，床层开始进入流化状态，如图 5-7（b）所示。固定床和流化床的分界点称为临界流化状态，处于临界流化状态的床层均匀而且平稳。

随着流体速度进一步提高，床层的均匀和平稳状态受到破坏。在床层内，除了部分均匀疏松的处于临界流化状态的气固两相物料外，还有许多大大小小的气泡，气泡中以气相为主，只有少量散落的固体物料，如图 5-7（c）和（d）所示，这种流化床称为散式流化床或鼓泡流化床。

当气流速度很高时，大部分气流以气泡形式流过床层，床层的膨胀程度并不是很高。处于气泡上部的颗粒被气泡排挤到气泡的侧边，在气泡下部有一个和气泡上升速度接近的尾涡，它是由强烈翻转的固体物料组成的，气泡及其尾涡上升后的空缺将由离气泡较远的固体物料来填充。这种强烈的气固相互作用，使固体颗粒团时上时下、忽左忽右地强烈脉动，此时气固流化床很像沸腾的液体，称为沸腾床，如图 5-7（e）所示。

随着床层内流体速度的再增大，颗粒夹带量也增大。当流体速度超过固体颗粒的沉降终速时，床层的上界面由模糊到消失，密相流化床受到破坏，流动转为气力输送状态，如图 5-7（f）所示。

根据上述分析，气固流化床在宏观上可视作一种充分搅拌的沸腾液体，其性质近似于液体的性质，例如：（1）容器倾斜时能够保持物料水平面；（2）轻物体浮在流化床上；（3）两个床层连通时，自动调节至同一个物料水平面；（4）床层高度上任意两点间的压差近似等于静压头；（5）床层具有流体的物性，如密度、导热系数、热容、黏度等。

流化床的上述性质有助于促进气固两相间的传热和传质。由于固体颗粒的充分混合，使系统顺利地完成放热或吸热的化学反应，因此在冶金工程中得到越来越广泛的应用。流化床的主要缺点是无法处理黏性物料，因为黏性物料易于结团，甚至堵塞床层。

5.3.2　理想流化床

5.3.2.1　流化曲线

图 5-7 所示流化过程可以用图 5-8 中的流化曲线来描述。图 5-8 中，用对数坐标表示床层压降和气体流速的关系，直线段 *AB* 表示流化前固定床的压降，曲线 *BC* 表示床层内物料的重新排列，达到流化的最小空隙率，此时床层压降等于床层重量。在 *C* 点床层转化为流化床，此时的空隙率 ε_{mf} 为流化床的最小空隙率。直线段 *DE* 为下行线，表示初始空隙率为 ε_{mf} 填充床的压降随气流速度减小变化关系。曲线 *ABC* 为上行线，表示固定床随气体流速增加的流化过程。上行线与下行线不一致的原因在于：上行时床层仍处于随意填充状态，空隙率较小，颗粒间的摩擦作用使上行时流动压降略高于床层重量。在达到临界流化速度时，床层突然松动，空隙率为 ε_{mf}，压降恢复到床层重量。直线段 *CF* 表示正常流化床，即床层压力降恒为床层重量，空隙率随流体速度的增加而增大。曲线 *FG* 表示气力输送，此时床层压力降迅速减小，空隙率接近 1。

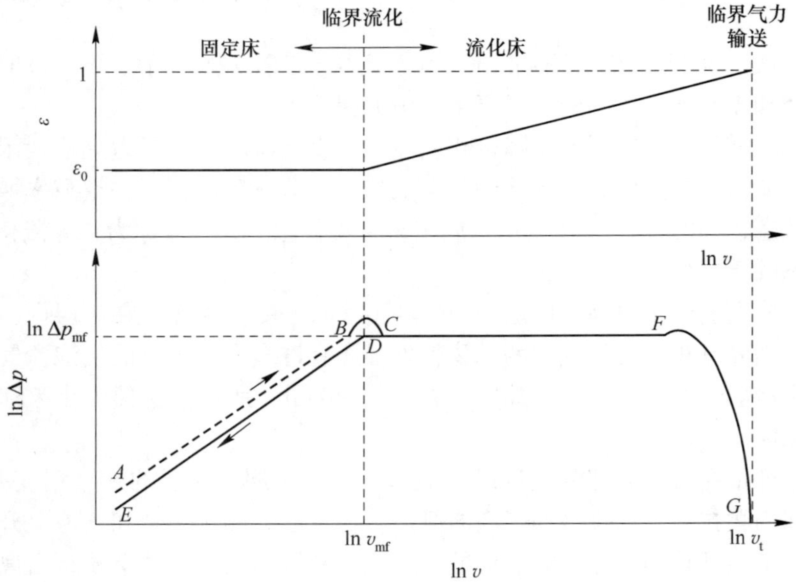

图 5-8　填充床床层压降与气流速度的关系曲线

5.3.2.2　临界流化速度

如前所述，当床层压降等于床层重量时，床层就达到流化状态。此时将床层重量与厄根方程联立，便可求出临界流化速度 v_{mf}，即开始流化的气流最小速度。

根据受力平衡，对单位截面积床层有

$$\Delta p = H_{mf}(1 - \varepsilon_{mf})g(\rho_p - \rho_f) \tag{5-52}$$

式中，H_{mf} 为临界流化速度下的床层高度。

将式（5-42）代入式（5-52），整理后可得

$$\frac{1.75}{\phi_s\varepsilon_{mf}^3}\left(\frac{\bar{d}_V v_{mf}\rho_f}{\mu}\right)^2+\frac{150(1-\varepsilon_{mf})}{\phi_s^2\varepsilon_{mf}^3}\cdot\frac{\bar{d}_V v_{mf}\rho_f}{\mu}=\frac{\bar{d}_V^3\rho_f(\rho_p-\rho_f)g}{\mu^2} \tag{5-53}$$

在已知床层结构参数、颗粒和气流的物性参数时，根据式（5-53）即可求得临界流化速度 v_{mf}。

当 $Re<20$ 时，忽略惯性项，则式（5-53）可简化为

$$\frac{150(1-\varepsilon_{mf})}{\phi_s^2\varepsilon_{mf}^3}\cdot\frac{\bar{d}_V v_{mf}\rho_f}{\mu}=\frac{\bar{d}_V^3\rho_f(\rho_p-\rho_f)g}{\mu^2}$$

进而有

$$v_{mf}=\frac{(\phi_s\bar{d}_V)^2}{150}\cdot\frac{\rho_p-\rho_f}{\mu}\cdot g\cdot\frac{\varepsilon_{mf}^3}{1-\varepsilon_{mf}} \tag{5-54}$$

当 $Re>1000$ 时，忽略黏性项，则式（5-53）可简化为

$$\frac{1.75}{\phi_s\varepsilon_{mf}^3}\left(\frac{\bar{d}_V v_{mf}\rho_f}{\mu}\right)^2=\frac{\bar{d}_V^3\rho_f(\rho_p-\rho_f)g}{\mu^2}$$

进而有

$$v_{mf}^2=\frac{\phi_s\bar{d}_V}{1.75}\cdot\frac{\rho_p-\rho_f}{\rho_f}g\varepsilon_{mf}^3 \tag{5-55}$$

在缺乏颗粒球形度 ϕ_s 和床层空隙率 ε_{mf} 的具体数据时，可采用以下近似公式

$$\begin{cases}\dfrac{1}{\phi_s\varepsilon_{mf}^3}\approx 14 & (5\text{-}56a)\\[2ex] \dfrac{1-\varepsilon_{mf}}{\phi_s^2\varepsilon_{mf}^3}\approx 11 & (5\text{-}56b)\end{cases}$$

将式（5-56a）和式（5-56b）代入式（5-53），可得到全部雷诺数范围的关系式为

$$(\rho_p-\rho_f)g=150\times 11\frac{\mu v_{mf}}{\bar{d}_V^2}+1.75\times 14\frac{\rho_f\varepsilon_{mf}^2}{\bar{d}_V} \tag{5-57}$$

当 $Re<20$ 时，忽略惯性项，式（5-57）可简化为

$$v_{mf}=\frac{\bar{d}_V^2(\rho_p-\rho_f)g}{1650\mu} \tag{5-58}$$

当 $Re>1000$ 时，忽略黏性项，式（5-57）可简化为

$$v_{mf}^2=\frac{\bar{d}_V(\rho_p-\rho_f)g}{24.5\rho_f} \tag{5-59}$$

5.3.2.3 带出速度

从理想流化床的流化曲线看，通过流化床的流体速度一方面受临界流化速度 v_{mf} 的限制，小于此值时床层不能形成正常的流态化；另一方面也受流体带出速度的制约，当流体速度大于带出速度时，固体颗粒将被流体带走，形成气力输送。为使床层正常流态化，操作速度必须介于临界流化速度和带出速度之间。

在流化床中，当垂直向上的气流速度等于颗粒的沉降终速 v_t 时，颗粒就会悬浮在一定

的位置，但只要气流速度稍大于 v_t，颗粒将被带走，因此流化床中颗粒带出速度就直接用颗粒的沉降终速表示。为使床层保持正常流态化，必须满足 $v_{mf}<v_f<v_t$。在计算 v_{mf} 时，须使用床层中粒度分布的平均直径 $\bar{d}_V$；而在计算 v_t 时，则须使用具有相当数量的最小颗粒粒度。

对细颗粒，当 $Re<0.1$ 时，由式（5-9）可得其沉降终速为

$$v_t = \frac{1}{18}(\rho_p - \rho_f)\frac{g\bar{d}_V^2}{\mu} \tag{5-60}$$

由式（5-58）可得其临界流化速度为

$$v_{mf} = \frac{\bar{d}_V^2(\rho_p - \rho_f)g}{1650\mu} \tag{5-61}$$

因此

$$\frac{v_t}{v_{mf}} = \frac{1650}{18} \approx 91.7 \tag{5-62}$$

对大颗粒，当 $Re>1000$ 时，由式（5-11）可得其沉降终速为

$$v_t = \left[\frac{3.1g(\rho_p - \rho_f)\bar{d}_V}{\rho_f}\right]^{\frac{1}{2}} \tag{5-63}$$

由式（5-59）可得其临界流化速度为

$$v_{mf} = \left[\frac{\bar{d}_V(\rho_p - \rho_f)g}{24.5\rho_f}\right]^{\frac{1}{2}} \tag{5-64}$$

因此

$$\frac{v_t}{v_{mf}} = \sqrt{3.1 \times 24.5} \approx 8.715$$

可见，v_t/v_{mf} 的值常在 10~90 之间，它是判定流化床操作范围的一项指标。对于大颗粒，v_t/v_{mf} 较小，说明大颗粒流化床的操作灵活性较小颗粒流化床差。

由于物料颗粒存在粒度分布，即使在 v_{mf} 和 v_t 间选择一个流化速度 v_f，也总有部分小颗粒因沉降速度小于此流化速度 v_f 而被带出床层。操作实践表明，在流化床中，沉降速度小于气流速度的颗粒不会被立即带走，而是按一定的速率被带走，这主要是因为其与大颗粒间的碰撞所致。

小颗粒物料被带走的速率可由式（5-65）表示。

$$-\frac{dE_i}{dt} = k_E E_i \tag{5-65}$$

式中，E_i 为床层中粒径为 d_{Vi} 颗粒的质量；k_E 为扬析常数，s^{-1}。

图 5-9 给出了由实验数据拟合的 k_E 估算曲线。纵坐标上 E_i/A_B 表示床层单位截面上粒径为 d_{Vi} 颗粒的质量。由图可见，沉降速度与气流速度之差越大，则扬析常数越大。此外，较高的床层会减小扬析速率。

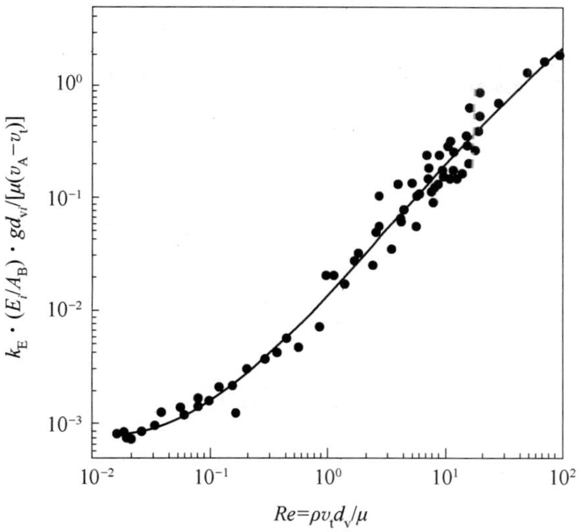

图 5-9　扬析常数曲线

5.3.2.4　床层阻力

流体作用于床层上的力与床层重力相等时即开始流态化，此时有

$$\Delta p \cdot A = AH_{mf}(1 - \varepsilon_{mf})(\rho_p - \rho_f)g$$

亦即

$$\frac{\Delta p}{H_{mf}} = (1 - \varepsilon_{mf})(\rho_p - \rho_f)g \tag{5-66}$$

式中，A 为床层横截面积；H_{mf} 为开始流化的床层临界高度；ε_{mf} 为开始流化的空隙率，其值略大于固定床的空隙率。

对于不同粒度的混合床层，式（5-66）中 ε_{mf} 的值比较容易测定；也可用式$\frac{1}{\phi_s \varepsilon_{mf}^3} \approx 14$求得，当 $\phi_s = 1$ 时，$\varepsilon_{mf} = 0.415$。

当流体速度增大时，床层高度和空隙率均增大。但对理想流化床，床层压力降 Δp 不变，即有

$$AH_{mf}(1 - \varepsilon_{mf})(\rho_p - \rho_f)g = AH(1 - \varepsilon)(\rho_p - \rho_f)g$$

因此有

$$\frac{H}{H_{mf}} = \frac{1 - \varepsilon_{mf}}{1 - \varepsilon} \tag{5-67}$$

式中，H/H_{mf} 为膨胀比。

对液固流化床系统，常用于关联空隙率与流速的 Richardson-Zaki 经验公式为

$$\frac{v_A}{v_t} = \varepsilon^n \tag{5-68}$$

式中，n 为 Re 的函数，即

$$
\begin{cases}
n=\left(4.35+17.5\dfrac{d_{\mathrm{V}}}{D}\right)Re^{-0.03} & 0.2<Re<1 \\
n=\left(4.45+18\dfrac{d_{\mathrm{V}}}{D}\right)Re^{-0.1} & 1<Re<200 \\
n=4.45Re^{-0.1} & 200<Re<500 \\
n=2.39 & Re>500
\end{cases}
\tag{5-69}
$$

式中，D 为床层直径。

对于气固流化床体系，目前没有成熟计算公式，一般可采用式（5-68）近似估算。

5.4　气粉两相的可压缩流动

当流化床的操作气体流速超过颗粒的沉降终速后，颗粒将被带走。当气流速度超过最大颗粒的沉降终速时，不再有颗粒在床内循环，全部物料将被带走，形成气力输送。

对水平管道，由于气流的湍流作用，当气流速度足够大时，也形成气力输送。由于水平管道气力输送要依靠湍流的横向脉动来带动颗粒运动，故水平管道的气力输送所需的气流速度要大于垂直管道的气流速度。

形成气力输送后，无论是水平管道还是垂直管道，气粉两相均匀混合，形成气粉两相流。下面介绍气粉两相流的基本概念和模型。

5.4.1　气粉两相流的概念及模型

5.4.1.1　连续介质假设

第 1 章中已对连续介质假设进行了相关阐述，当时针对的是由大量基本粒子构成的单相流体。对于悬浮于流体中的颗粒，人们自然会想到类似的假设。虽然颗粒的数量密度比单位体积中流体的分子数少得多（标态下，气体分子数量为 2.7×10^{19} 个/cm^3），但当悬浮颗粒较多时，仍可设想离散分布于流体中的颗粒是充满整个空间没有间隙的流体。引入连续介质假设后，两相流动可视为两种流体混合物的流动，进而可用热力学和流体力学的知识来解决两相流动的问题，使两相流动的研究大大简化。

对气粉两相流的颗粒相，根据连续介质假设，其密度定义为

$$\rho_{\mathrm{p}}=\lim_{V\to V^*}M_{\mathrm{p}}/V \tag{5-70}$$

一般来说，极限容积 V^* 包含 10^4 个颗粒。对于悬浮于空气中的颗粒，若固气比（颗粒质量与气体质量之比）为 1 时，则包含 10^4 个颗粒的立方体的边长与颗粒粒径之比为 10^2。若颗粒直径为 100 μm，则立方体边长为 1 cm，这个容积比标准状态下的气体极限容积（0.1 $\mu\mathrm{m}^3$）大得多。当系统特征尺寸（如管径）远大于这个尺寸时，便可把该容积看作一个微团，从而把颗粒相视为连续介质。

在气体动力学中，通常认为气体分子平均自由程 $\bar{\lambda}$ 与系统的特征尺寸 S 之比，即 $\bar{\lambda}/S<0.01$ 时，连续介质假设才成立。在两相流动中，由于颗粒的布朗运动较弱，故可认为 $L/S<0.01$ 时连续介质假设成立，其中 L 为颗粒质心间的距离。

但必须指出，颗粒连续介质又称为拟流体，它与真实流体之间有许多差异。这些差异包括：（1）气体分子间有很强的作用力，而颗粒间的相互作用较弱；（2）气体分子热运

动能贡献压强，但颗粒布朗运动贡献的压强非常小；（3）气体能膨胀、压缩，因此其比热容有定压比热容和定容比热容之分，但颗粒只有一个比热容；（4）颗粒在流体中运动时，其表面有附面层，其后还有尾流，而气体分子运动无此现象；（5）气体的速度变化时，其温度也会随之变化，而悬浮于气体中的颗粒，只能在气体黏性力的带动下才能运动，并且颗粒温度不随颗粒速度变化。

5.4.1.2　两相流动数学模型

两相流动以两相耦合为特征。例如，液滴喷入热燃气中，通过燃气向液滴传热、液滴承受气动阻力和液滴蒸发而出现两相间的热量传递、动量传递和质量传递。对于稠密液滴群，还要考虑液滴间的相互作用，液滴可能因气动力和碰撞作用而发生破碎或聚合等。因此，两相流动比单相流动复杂得多。对两相间相互作用不同，或者说耦合程度不同的两相流，可以用不同的数学模型来表征。

（1）两相平衡流模型。该模型假设两相速度和温度彼此相等，所以也称为均相流模型，是最简单的两相流动模型。两相平衡流是两相流动的一种极限情况。当两相间动量和热量传递的松弛时间（详见 5.4.4 节内容）比颗粒在管道中的停留时间短得多时，颗粒有足够的时间来响应气相特性参数的变化，两相流动可近似地按两相平衡流来处理，在长等直径管中的两相流动便是如此。

（2）单颗粒动力学模型。该模型假设流体流动不受颗粒相存在的影响，颗粒在流体的带动下运动，控制方程为流体的运动方程，所以也称单方程耦合模型。该模型只适用于固相浓度很低的情况。

（3）两相不平衡流模型。该模型中两相速度和温度彼此不相等且相互影响，所以也称双方程耦合模型，或简称两相流模型。两相流模型分为双（多）流体法和离散（颗粒）-连续（流体）法，前者把两相流动看成是流体相和拟流体相组成的流动，对两相流基本方程联立求解；后者对流体相方程和颗粒相方程分别求解，其中对颗粒方程采用特征线法，沿颗粒轨迹线进行数值积分。

5.4.2　两相混合物热力学

在研究两相流动时，首先要研究两相混合物的热力学特性，因为在所有两相流动计算中都要涉及这些特性。

5.4.2.1　相浓度

在研究的两相混合物空间取一个尺寸足够小，但包含足够多颗粒的极限控制体，研究其中各相的平均特性。

记 V_{mix}、V_{f} 和 V_{p} 分别为两相混合物、流体相和颗粒相所占的体积，M_{mix}、M_{f} 和 M_{p} 分别为控制体内两相混合物、流体相和颗粒相的质量，则有

$$\begin{cases} V_{\mathrm{mix}} = V_{\mathrm{f}} + V_{\mathrm{p}} \\ M_{\mathrm{mix}} = M_{\mathrm{f}} + M_{\mathrm{p}} \end{cases} \tag{5-71}$$

记 ρ_{mf} 和 ρ_{mp} 分别为流体相和颗粒相的物质密度，ρ_{f} 和 ρ_{p} 分别为流体相和颗粒相的分密度（浓度），简称流体相和颗粒相的密度，则有

$$\begin{cases} \rho_{mp} = \dfrac{M_p}{V_p},\ \rho_p = \dfrac{M_p}{V_{mix}} \\ \rho_{mf} = \dfrac{M_f}{V_f},\ \rho_f = \dfrac{M_f}{V_{mix}} \end{cases} \tag{5-72}$$

记 ϕ 为颗粒的体积分数，ε_m 为颗粒的质量分数，则有

$$\phi = \frac{V_p}{V_{mix}},\ \varepsilon_m = \frac{M_p}{M_{mix}} \tag{5-73}$$

流体相的体积分数为：$1-\phi = V_f/V_{mix}$；流体相的质量分数为：$1-\varepsilon_m = M_f/M_{mix}$。因此有 $\rho_p = \phi\rho_{mp}$，$\rho_f = (1-\phi)\rho_{mf}$ 及 $\rho_p/\rho_f = \varepsilon_m/(1-\varepsilon_m)$，由此得

$$\frac{\phi}{1-\phi} = \frac{\rho_p}{\rho_f} \cdot \frac{\rho_{mf}}{\rho_{mp}} = \frac{\varepsilon_m}{1-\varepsilon_m} \cdot \frac{\rho_{mf}}{\rho_{mp}} \tag{5-74}$$

图 5-10 为等直径球形颗粒以 ρ_{mf}/ρ_{mp} 为参变量时 ϕ 与 ε_m 的关系。由图可知，ϕ 与 ε_m 的关系受 ρ_{mf}/ρ_{mp} 的影响很大。对于金属氧化物固体颗粒与气体组成的混合物，$\rho_{mf}/\rho_{mp} \approx 10^{-3}$，当 $\varepsilon_m = 0.99$ 时，$\phi = 0.09$；当 $\varepsilon_m = 0.1$ 时，$\phi = 10^{-4}$。因此，一般情况下可忽略颗粒所占体积。但对于 ρ_{mf}/ρ_{mp} 较大的情况，例如，气相有几百个大气压，或颗粒相是平均密度很低的中空颗粒，或颗粒相是气泡等，必须考虑颗粒体积的影响。

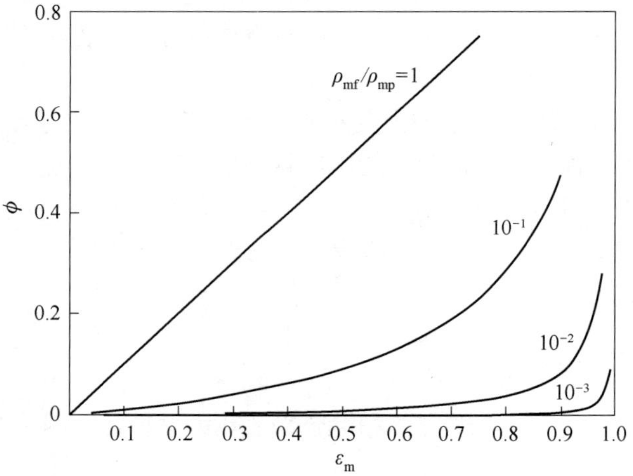

图 5-10　ϕ 与 ε_m 的关系

记 ε 为两相流动中通过单位面积颗粒相的质量流量分数，则

$$\varepsilon = \dot{m}_p/\dot{m}_{mix} = \rho_p v_p/(\rho_p v_p + \rho_f v_f) \tag{5-75}$$

流体相的质量分数为

$$\dot{m}_f/\dot{m}_{mix} = 1 - \varepsilon \tag{5-76}$$

式中，$\dot{m}_{mix}$、$\dot{m}_f$、$\dot{m}_p$ 分别为两相混合物、流体相和颗粒相的质量流量；v_f、v_p 为流体相和颗粒相的速度。

因此，混合物中颗粒的体积分数、质量分数和质量流量分数有下列关系：

$$n = \frac{\varepsilon}{1-\varepsilon} = \frac{\rho_p v_p}{\rho_f v_f} = \frac{\varepsilon_m}{1-\varepsilon_m} \cdot \frac{v_p}{v_f} = \frac{\phi}{1-\phi} \cdot \frac{\rho_{mp}}{\rho_{mf}} \cdot \frac{v_p}{v_f} \tag{5-77}$$

其中 $$n=\dot{m}_p/\dot{m}_f$$

由式（5-77）可得 $\varepsilon_m=\varepsilon/[\varepsilon(1-v_p/v_f)+v_p/v_f]$，进而有 $\phi=\varepsilon/[\varepsilon(1-\rho_{mp}v_p/\rho_{mf}v_f)+\rho_{mp}v_p/\rho_{mf}v_f]$。

对于稳态流动，各截面上的 ε 和 n 均为常数。由于各截面上的 ρ_{mp}/ρ_{mf} 和 v_p/v_f 并不一定为常数，因此 ε_m 和 ϕ 也不一定为常数。

对于 v_p/v_f 为常数的稳态流动（通常称为常滞后流），n、ε 和 ε_m 均为常数。对于两相平衡流（$v_p=v_f$），$\varepsilon=\varepsilon_m$。

若颗粒尺寸均匀，且按立方模型排列，则颗粒间距 $L=1/n_p^{1/3}$，其中 n_p 代表单位混合物体积中的颗粒数，简称颗粒数密度，$n_p=\rho_p/m_p$；单个颗粒的质量 $m_p=4/3\ (\pi r_p^3\rho_{mp})$。于是有

$$L=1.612\left(\frac{\rho_{mp}}{\rho_p}\right)^{1/3}r_p=1.612\left(\frac{1}{\phi}\right)^{1/3}r_p \tag{5-78}$$

由式（5-78）可知，颗粒的体积分数越大，颗粒间的距离越小。

5.4.2.2 两相混合物的热力参数

A 两相混合物的密度 ρ_{mix}

$$\rho_{mix}=\frac{M_f+M_p}{V_{mix}}=\rho_f+\rho_p=\frac{\rho_p}{\varepsilon_m}=\frac{1}{1-\varepsilon_m}\rho_f \tag{5-79}$$

B 两相混合物的压强 p

颗粒相与气相组成混合物的压强为

$$p=\rho_{mf}R_fT_f=\frac{\rho_{mix}(1-\varepsilon_m)}{1-\phi}R_fT_f \tag{5-80}$$

由于其中有混合物密度 ρ_{mix}、颗粒体积分数 ϕ 和颗粒质量分数 ε_m，因此式（5-80）并非理想气体状态方程。令混合物的气体常数为

$$R_{mix}=\frac{1-\varepsilon_m}{1-\phi}R_f$$

则有 $$p=\rho_{mix}R_{mix}T_f \tag{5-81}$$

式（5-81）与理想气体状态方程形式上一致，称为混合物的状态方程。由于 $\rho_f\ll\rho_p$，因此一般有 $\phi\ll\varepsilon$，进而 $R_{mix}\ll R_f$。当混合物很稀，即 $\phi\to0$，而 $\varepsilon_m\neq0$ 时，可取 $R_{mix}=(1-\varepsilon_m)R_f$。但需注意的是，除稳态的两相平衡流外，$\varepsilon_m$ 均不是常数。因此，R_{mix} 不仅取决于混合物的性质，而且还与流动状态有关。

C 两相混合物的内能 E_{mix}

$$E_{mix}=(1-\varepsilon_m)E_f+\varepsilon_mE_p \tag{5-82}$$

若气相和颗粒相的热容为常数，则

$$E_{mix}=(1-\varepsilon_m)c_{V,f}T_f+\varepsilon_mcT_p \tag{5-83}$$

式中，E_f、E_p 为单位质量气相和颗粒相的内能；$c_{V,f}$、c 为气相定容比热容和颗粒比热容。

D 两相混合物的热焓 H_{mix}

$$H_{mix}=E_{mix}+p/\rho_{mix} \tag{5-84}$$

由于
$$\frac{1}{\rho_{\mathrm{mix}}}=\frac{1-\varepsilon_{\mathrm{m}}}{\rho_{\mathrm{mf}}}+\frac{\varepsilon_{\mathrm{m}}}{\rho_{\mathrm{mp}}} \tag{5-85}$$

因此，当气相和颗粒相比热容为常数时，有

$$H_{\mathrm{mix}}=(1-\varepsilon_{\mathrm{m}})(c_{V,\mathrm{f}}T_{\mathrm{f}}+p/\rho_{\mathrm{mf}})+\varepsilon_{\mathrm{m}}(cT_{\mathrm{p}}+p/\rho_{\mathrm{mf}})=(1-\varepsilon_{\mathrm{m}})H_{\mathrm{f}}+\varepsilon_{\mathrm{m}}H_{\mathrm{p}} \tag{5-86}$$

式（5-86）中，气相的热焓 $H_{\mathrm{f}}=c_{V_1,\mathrm{f}}T_{\mathrm{f}}+\dfrac{p}{\rho_{\mathrm{mf}}}=c_{p,\mathrm{f}}T_{\mathrm{f}}$，颗粒相的热焓 $H_{\mathrm{p}}=cT_{\mathrm{p}}+\phi p/\rho_{\mathrm{p}}$。可见，气相的热焓仅仅是温度的函数，而颗粒相的热焓还与压强有关。

当 $\phi\to0$，但 $\varepsilon_{\mathrm{m}}\neq0$ 时，有

$$H_{\mathrm{mix}}=(1-\varepsilon_{\mathrm{m}})c_{p,\mathrm{f}}T_{\mathrm{f}}+\varepsilon_{\mathrm{m}}cT_{\mathrm{p}} \tag{5-87}$$

E　两相混合物的熵 S_{mix}

$$S_{\mathrm{mix}}=(1-\varepsilon_{\mathrm{m}})S_{\mathrm{f}}+\varepsilon_{\mathrm{m}}S_{\mathrm{p}} \tag{5-88}$$

式中，S_{f}、S_{p} 分别为单位质量气相和颗粒相的熵。

F　两相混合物的热容比 γ_{mix}

定压比热容为

$$c_{p,\mathrm{mix}}=(1-\varepsilon_{\mathrm{m}})c_{p,\mathrm{f}}+\varepsilon_{\mathrm{m}}c \tag{5-89a}$$

定容比热容为

$$c_{V,\mathrm{mix}}=(1-\varepsilon_{\mathrm{m}})c_{V,\mathrm{f}}+\varepsilon_{\mathrm{m}}c \tag{5-89b}$$

对于理想气体有

$$c_{p,\mathrm{f}}-c_{V,\mathrm{f}}=R_{\mathrm{f}} \tag{5-90a}$$

对于两相混合物有

$$c_{p,\mathrm{mix}}-c_{V,\mathrm{mix}}=(1-\varepsilon_{\mathrm{m}})R_{\mathrm{f}} \tag{5-90b}$$

因此，两相混合物的热容比为

$$\gamma_{\mathrm{mix}}=\frac{c_{p,\mathrm{mix}}}{c_{V,\mathrm{mix}}}=\frac{(1-\varepsilon_{\mathrm{m}})c_{p,\mathrm{f}}+\varepsilon_{\mathrm{m}}c}{(1-\varepsilon_{\mathrm{m}})c_{V,\mathrm{f}}+\varepsilon_{\mathrm{m}}c}=\gamma_{\mathrm{f}}\frac{1+\dfrac{\varepsilon_{\mathrm{m}}}{1-\varepsilon_{\mathrm{m}}}\delta}{1+\dfrac{\varepsilon_{\mathrm{m}}}{1-\varepsilon_{\mathrm{m}}}\delta\gamma_{\mathrm{f}}} \tag{5-91}$$

式中，$\delta=c/c_{p,\mathrm{f}}$；气相热容比 $\gamma_{\mathrm{f}}=c_{p,\mathrm{f}}/c_{V,\mathrm{f}}$。

由式（5-91）可知，两相混合物的热容比不仅取决于混合物的特性，而且与流动状态有关。只有当定常流的速度比 $v_{\mathrm{p}}/v_{\mathrm{f}}$ 为常数时，γ_{mix} 才为常数。表 5-3 给出了当 $\gamma_{\mathrm{f}}=1.4$，$\delta=c/c_{p,\mathrm{f}}=1$ 时，γ_{mix} 与 ε_{m} 的关系。由表可见，当 ε_{m} 超过 0.8 时，γ_{mix} 接近于 1。由于 γ_{mix} 接近于 1 意味着流动是等温的，因此颗粒质量分数很大的两相平衡（即气固间充分换热）流动可近似地按等温流动来处理。

表 5-3　γ_{mix} 随 ε_{m} 的变化

ε_{m}	0	0.2	0.4	0.6	0.8	0.9	0.95
γ_{mix}	1.4	1.3	1.21	1.13	1.06	1.03	1.014

5.4.2.3　两相混合物状态的等熵变化

两相混合物状态变化通常是非等熵的，但对于和外界没有热量交换的两相平衡混合

物，其热力学状态变化是等熵的。

将热力学第一定律应用于静止的两相混合物，可得

$$dH = dE_{mix} + \frac{p}{\rho_{mix}^2}d\rho_{mix} \tag{5-92}$$

式中，对于等熵变化，有 $dH=0$。

将式（5-81）和式（5-83）代入式（5-92），且考虑两相平衡，整理后有

$$\frac{(1-\varepsilon_m)c_{V,f}+\varepsilon_m c}{(1-\varepsilon_m)R_f}\cdot\frac{dT}{T}=\frac{1}{1-\varepsilon_m\rho_{mix}/\rho_{mp}}\cdot\frac{d\rho_{mix}}{\rho_{mix}} \tag{5-93}$$

对于没有流动的混合物，压缩和碰撞过程中 ε_m 为常数，将式（5-93）积分可得

$$T[\rho_{mix}/(1-\varepsilon_m\rho_{mix}/\rho_{mp})]^{-(\gamma_{mix}-1)}=T[\rho_{mix}/(1-\phi)]^{-(\gamma_{mix}-1)}=常数 \tag{5-94}$$

当颗粒体积可忽略不计时，$\phi=0$，则式（5-94）可改写成 $T/\rho_{mix}^{\gamma_{mix}-1}=常数$，与理想气体的绝热过程方程形式完全一致。

当颗粒体积不可忽略时，$\phi\neq0$，将 $1-\varepsilon_m\rho_{mix}/\rho_{mp}=(1-\varepsilon_m)\rho_{mix}/\rho_{mf}$ 代入式（5-94），整理后有

$$T[\rho_{mf}/(1-\varepsilon_m)]^{-(\gamma_{mix}-1)}=常数 \tag{5-95}$$

若 ε_m 是常数，则式（5-95）可改写为

$$\frac{T}{\rho_{mf}^{\gamma_{mix}-1}}=常数 \tag{5-96}$$

将 $p=\rho_{mf}R_fT_f$ 代入式（5-96）消去 T 或 ρ_{mf}，得

$$p\rho_{mf}^{-\gamma_{mix}}=常数 \tag{5-97}$$

或

$$pT^{-\gamma_{mix}/(\gamma_{mix}-1)}=常数 \tag{5-98}$$

式（5-96）~式（5-98）类似于理想气体等熵过程状态变化的关系式，且不要求忽略颗粒体积。因此，用混合物热容比 γ_{mix} 和式（5-96）~式（5-98）便可计算两相混合物在等熵流动中状态参数的变化。

5.4.2.4 两相混合物的音速

对于纯气体，音速定义为

$$a_f^2=\left(\frac{\partial p}{\partial\rho_f}\right)_S=\gamma_fR_fT_f \tag{5-99}$$

式中，下标 S 表示等熵过程。

对于两相平衡流，混合物的音速定义为

$$a_e^2=\left(\frac{\partial p}{\partial\rho_{mix}}\right)_e=\left(\frac{\partial p}{\partial\rho_{mf}}\right)_e\left(\frac{\partial\rho_{mf}}{\partial\rho_{mix}}\right)_e \tag{5-100}$$

式中，下标 e 表示平衡过程。

由式（5-97）可知

$$\left(\frac{\partial p}{\partial\rho_{mf}}\right)_e=\gamma_eR_fT \tag{5-101}$$

式中，γ_e 为两相平衡流时，混合物的热容比。

对定常平衡流动，由式（5-77）可知

$$\frac{\phi}{1-\phi}\cdot\frac{\rho_{\mathrm{mp}}}{\rho_{\mathrm{mf}}}=常数$$

因而有

$$\frac{\mathrm{d}\rho_{\mathrm{mf}}}{\rho_{\mathrm{mf}}}=\frac{\mathrm{d}\phi}{\phi(1-\phi)} \tag{5-102}$$

由式（5-79）可知

$$\rho_{\mathrm{mix}}=\frac{1}{1-\varepsilon_{\mathrm{m}}}\rho_{\mathrm{f}}=\frac{1-\phi}{1-\varepsilon_{\mathrm{m}}}\rho_{\mathrm{mf}}$$

因此有

$$\frac{\mathrm{d}\rho_{\mathrm{mix}}}{\rho_{\mathrm{mix}}}=\frac{\mathrm{d}\rho_{\mathrm{mf}}}{\rho_{\mathrm{mf}}}-\frac{\mathrm{d}\phi}{1-\phi} \tag{5-103}$$

为消去 dϕ，联立式（5-102）和式（5-103），整理后可得

$$\left(\frac{\mathrm{d}\rho_{\mathrm{mf}}}{\mathrm{d}\rho_{\mathrm{mix}}}\right)_{\mathrm{e}}=\frac{1-\varepsilon_{\mathrm{m}}}{(1-\phi)^2} \tag{5-104}$$

将式（5-101）和式（5-104）代入式（5-100），整理后可得

$$a_{\mathrm{e}}^2=\frac{\gamma_{\mathrm{e}}(1-\varepsilon_{\mathrm{m}})R_{\mathrm{f}}T}{(1-\phi)^2}=\frac{\gamma_{\mathrm{e}}R_{\mathrm{mix}}T}{1-\phi} \tag{5-105}$$

当颗粒体积可忽略时，有

$$(a_{\mathrm{e}}^2)_{\phi=0}=\gamma_{\mathrm{e}}R_{\mathrm{mix}}T \tag{5-106}$$

或

$$\left(\frac{a_{\mathrm{e}}^2}{a_{\mathrm{f}}^2}\right)_{\phi=0}=(1-\varepsilon_{\mathrm{m}})\left(1+\frac{\varepsilon_{\mathrm{m}}}{1-\varepsilon_{\mathrm{m}}}\delta\right)\Bigg/\left(1+\frac{\varepsilon_{\mathrm{m}}}{1-\varepsilon_{\mathrm{m}}}\delta\gamma_{\mathrm{f}}\right) \tag{5-107}$$

当考虑颗粒体积时，有

$$\left(\frac{a_{\mathrm{e}}^2}{a_{\mathrm{f}}^2}\right)_{\phi\neq0}=\frac{1-\varepsilon_{\mathrm{m}}}{(1-\phi)^2}\cdot\frac{1-\varepsilon_{\mathrm{m}}+\varepsilon_{\mathrm{m}}\delta}{1-\varepsilon_{\mathrm{m}}+\varepsilon_{\mathrm{m}}\delta\gamma_{\mathrm{f}}} \tag{5-108}$$

由式（5-108）可知，在相同颗粒质量分数的情况下，混合物的平衡音速随颗粒体积分数的增大（颗粒密度减小）而增大。图 5-11 为音速比 $a_{\mathrm{e}}/a_{\mathrm{f}}$ 随颗粒质量分数的变化。一般实际问题中，气相密度远小于颗粒相密度，故由图 5-11 可见，两相混合物的平衡音速小于纯气体的音速。但当 ϕ 较大时，例如出现 $\rho_{\mathrm{mf}}/\rho_{\mathrm{mp}}=1$ 的情况，由于颗粒体积的影响，两相平衡混合物的音速可大于纯气相的音速。

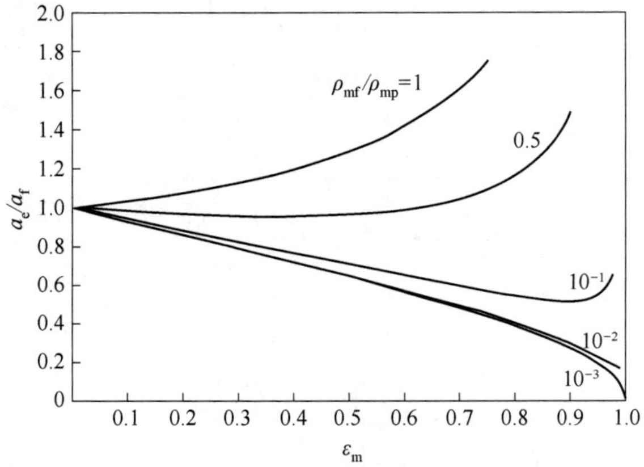

图 5-11　$a_{\mathrm{e}}/a_{\mathrm{f}}$ 随 ε_{m} 的变化（$\delta=1$）

5.4.3　一维两相平衡喷管流动

对于两相平衡喷管流动，由于其过程是等熵的，因此相关参数可采用纯气体的等熵关系式（5-109）计算。

$$\begin{cases} \dfrac{T_e}{T_0} = \left(1 + \dfrac{\gamma_e - 1}{2} Ma_e^2\right)^{-1} \\ \dfrac{p_e}{p_0} = \left(1 + \dfrac{\gamma_e - 1}{2} Ma_e^2\right)^{-\frac{\gamma_e}{\gamma_e - 1}} \\ \dfrac{\rho_e}{\rho_0} = \left(1 + \dfrac{\gamma_e - 1}{2} Ma_e^2\right)^{-\frac{1}{\lambda_e - 1}} \\ \dfrac{A}{A_*} = \dfrac{1}{Ma_e}\left[\left(1 + \dfrac{\gamma_e - 1}{2} Ma_e^2\right) \Big/ \dfrac{\gamma_e + 1}{2}\right]^{\frac{\gamma_e + 1}{2(\gamma_e - 1)}} \end{cases} \tag{5-109}$$

由式（5-109）可知，喷管几何喉部处两相平衡流的马赫数 $Ma_{e*} = 1$，而此处气相的马赫数为

$$Ma_* = \frac{v_*}{a_*} = \sqrt{\gamma_e(1 - \varepsilon_m)/\gamma_f} < 1 \tag{5-110}$$

因此，气相马赫数 $Ma = 1$ 的点必然位于喷管几何喉部的下游。

通过喷管的流量为

$$G_e = \Gamma_e p_0 A_* \sqrt{\gamma_e} / \sqrt{R_e T_0} \tag{5-111}$$

其中

$$\Gamma_e = \left(\frac{2}{\gamma_e + 1}\right)^{\frac{\gamma_e + 1}{2(\gamma_e - 1)}}$$

由式（5-111）可知，两相平衡流可以看成是具有两相平衡混合物热容比和气体常数的理想气体流动。另外，与可压缩气体流动类似，气粉两相流也存在壅塞现象，故可以利用壅塞现象控制粉料气力输送和分配的流量，例如高炉喷煤和燃煤锅炉的煤粉由分配器向各风口和烧嘴的分配。但是，流经喷管的气粉流一般都不是两相平衡流，需要考虑两相间的速度差和温度差，亦即两相间的动量和热量传递。此即 5.4.4 小节将介绍的两相非平衡喷管流动。

5.4.4　一维两相非平衡喷管流动

上述讨论中认为气粉两相混合物为平衡流动，即两相具有相同的速度和温度。但在实际喷管内的气粉两相流动中，气相速度的变化会引起其温度、密度和压强的变化，而由于气体与颗粒的差异，使得两相间必然出现速度和温度的不同，气粉两相会偏离平衡。但随着流动时间的增加，颗粒和气体之间的速度和温度会逐渐接近，这个逐渐接近的过程称为松弛过程，松弛过程所经历的时间称为松弛时间。

5.4.4.1　动量传递松弛

假设单个颗粒在斯托克斯（爬流）状态下运动，且仅考虑阻力的作用，则颗粒的运动方程为

$$\frac{4\pi}{3}r_p^3\rho_{mp}\frac{dv_p}{dt}=6\pi\mu r_p(v_f-v_p)$$

进而有

$$\frac{dv_p}{dt}=A_p(v_f-v_p)=\frac{1}{\tau_V}(v_f-v_p) \tag{5-112}$$

其中

$$A_p=\frac{9}{2}\times\frac{\mu}{\rho_{mp}r_p^2};\ \ \tau_V=\frac{1}{A_p}$$

设 v_f 为常数，在 $t=0$ 时颗粒以初速 v_{p0} 加入流体（$v_{p0}<v_f$），则积分式（5-112）可得

$$\frac{v_f-v_p}{v_f-v_{p0}}=e^{-\frac{t}{\tau_V}} \tag{5-113a}$$

且

$$\left[\frac{d}{dt}\left(\frac{v_f-v_p}{v_f-v_{p0}}\right)\right]_{t=0}=-\frac{1}{\tau_V} \tag{5-113b}$$

由此可知，当 t 增加时，v_p 逐渐增大而接近 v_f，其相对速度差变化的初始速率为 $1/\tau_V$。颗粒速度向着流体速度接近的过程称为动量松弛过程。在松弛过程中，当 $t=\tau_V$ 时，$\frac{v_f-v_p}{v_f-v_{p0}}=\frac{1}{e}=0.368$；当 $t=2\tau_V$ 时，$\frac{v_f-v_p}{v_f-v_{p0}}=\frac{1}{e^2}=0.135$；当 $t=3\tau_V$ 时，$\frac{v_f-v_p}{v_f-v_{p0}}=\frac{1}{e^3}=0.0498$；当 $t=4\tau_V$ 时，$\frac{v_f-v_p}{v_f-v_{p0}}=\frac{1}{e^4}=0.0183$；当 $t=5\tau_V$ 时，$\frac{v_f-v_p}{v_f-v_{p0}}=\frac{1}{e^5}=0.0067$。

因此，通过 $4\tau_V$ 的时间，颗粒与流体之间的速度差不到初始值的 2%。τ_V 的大小决定了颗粒速度赶上流体速度的时间，所以 τ_V 称为动量松弛时间，也称为气动力响应时间；$1/\tau_V$ 则称为动量松弛速率。

从物理学角度看，v_p 赶上 v_f 的快慢取决于颗粒与流体间相互作用的强弱，因此 $1/\tau_V$ 又称为两相间相互作用的频率。

τ_V 是两相流动中的一个重要特征时间。为了说明 τ_V 的重要作用，引入斯托克斯准数，其定义为气动力响应时间 τ_V 与流动系统的某特征时间 τ_f 之比，即

$$St=\frac{\tau_V}{\tau_f} \tag{5-114}$$

当 St 很小时，颗粒有足够的时间去响应流体相特性的变化，在这种情况下，可认为颗粒相速度等于流体相速度。例如，尺寸很小的颗粒在低速两相流中的运动，颗粒在管道中的停留时间比 τ_V 大得多，可以认为管道中的两相流动处于速度平衡状态，此即两相平衡流。

当 St 很大时，颗粒来不及响应流体相特性的变化，颗粒的特性在运动中保持不变，而流体相流动按照具有分布阻力和分布热源的纯流体流动来计算，这种流动称为两相冻结流。例如，两相平衡混合物通过激波，颗粒通过激波的时间近似为 $2r_p/v_1$，它与 τ_V 之比为 $9\mu/(\rho_{mp}r_pv_1)$。对于 $r_p=10\ \mu m$、$\rho_{mp}=2000\ kg/m^3$ 的颗粒，当 $\mu=2\times10^{-5}$ Pa・s 时，v_1 是音速的数量级，取 350 m/s，则 $\tau_V/\tau_f=3.89\times10^4$，颗粒通过激波的时间远小于 τ_V，可按两相冻结流来计算。

对于非斯托克斯流，颗粒运动方程尚无解析解，但τ_V仍决定颗粒速度赶上流体速度的时间，并反映两相间相互作用程度的强弱。

5.4.4.2 热量传递松弛

对于斯托克斯流状态下的单颗粒绕流，若只考虑对流传热，则单个颗粒的能量方程为

$$\frac{4\pi}{3}r_p^3\rho_{mp}c\frac{dT_p}{dt}=4\pi r_p^2\frac{\mu c_{pf}}{r_p Pr}(T_f-T_p)$$

于是有

$$\frac{dT_p}{dt}=B_p(T_f-T_p)=\frac{1}{\tau_T}(T_f-T_p) \tag{5-115}$$

其中

$$B_p=\frac{3\mu\cdot c_{pf}}{\rho_{mp}r_p^2 Pr\cdot c};\quad \tau_T=\frac{1}{B_p}$$

假定在$t=0$时温度为T_{p0}的颗粒加入流体中（$T_{p0}<T_f$），则积分式（5-115）可得

$$\frac{T_f-T_p}{T_f-T_{p0}}=e^{-\frac{t}{\tau_T}} \tag{5-116a}$$

且

$$\left[\frac{d}{dt}\left(\frac{T_f-T_p}{T_f-T_{p0}}\right)\right]_{t=0}=-\frac{1}{\tau_T} \tag{5-116b}$$

与动量传递情况完全类似，τ_T反映颗粒温度接近流体温度所需时间的长短，所以称为热量传递松弛时间，$1/\tau_T$称为热量传递的松弛速率。

τ_T也是两相流中的重要特征时间。当某个过程所需的特征时间比τ_T小得多时，可忽略该过程对流动的影响，例如颗粒通过激波时可认为颗粒温度保持不变。当某个过程所需时间远大于τ_T时，可认为该过程中颗粒温度与流体温度相等，即处于温度平衡状态。显然，颗粒的半径越小，τ_T越小，两相越容易趋于温度平衡。

5.4.4.3 非平衡喷管两相流动

由前述内容可知，若能确定两相混合物的热容比γ_{mix}，便可计算出喷管内的两相流动参数。由于实际喷管内的气粉两相流动属于两相非平衡流动，如果完全按照两相平衡混合物在喷管内的流动特性，根据式（5-91）计算其热容比γ_{mix}，再依据式（5-105）、式（5-109）和式（5-111）计算其流动参数，计算结果将背离实际情况。这是因为两相混合物的热容比γ_{mix}不仅与颗粒固相的物理性质以及浓度等因素有关，而且还与气固两相间复杂的动量和热量传递过程有关。根据式（5-91）计算的热容比γ_{mix}不能描述实际气粉两相流的特性及包含动量和热量松弛过程对流动的影响，因此，若仍然采用两相平衡流模型来研究两相非平衡流动，则必须解决两相非平衡混合物热容比的求算问题。

目前在没有可利用的理论计算手段之前，往往通过实验间接得到两相非平衡流动的热容比。实验表明，气粉两相流也存在所谓的壅塞流动现象，即在喷管中流动的气粉两相流，当其流速达到音速时，其质量流量也将达到最大临界流量。因此，通过实验测得气粉两相流的质量流量随压强比的变化，一方面可得到达到壅塞时的表观临界压强比，另一方面还可以通过质量流量得到两相流的表观音速。对可压缩气体，临界压强比与热容比的关系式（4-46）如下

$$\frac{p_*}{p_0}=\left(\frac{2}{\gamma+1}\right)^{\frac{\gamma}{\gamma-1}}$$

对实际的气粉两相流，表观临界压强比可表示为

$$\frac{p_*}{p_0}=\left(\frac{2}{\gamma'_{\mathrm{mix}}+1}\right)^{\frac{\gamma'_{\mathrm{mix}}}{\gamma'_{\mathrm{mix}}-1}} \tag{5-117}$$

式中，γ'_{mix}为两相流的有效热容比，其中包含了动量和热量松弛对流动的影响，故可以较为准确地反映气粉两相流在喷管内流动的实际情况。

图 5-12 为空气-铝粉两相流的有效热容比与理论热容比的对比。由图可见，两相混合物的实际有效热容比远大于平衡流的理论值，且接近于空气的 1.4。这是由于两相混合物流经喷管的时间很短，气固间来不及换热，导致固相热容的贡献很小。

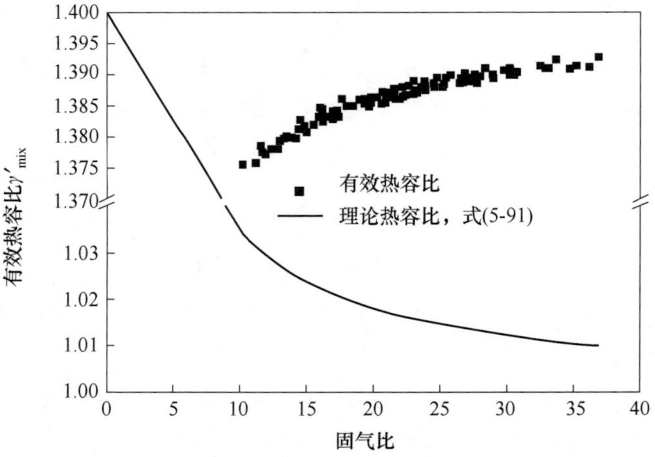

图 5-12 空气-铝粉两相流的有效热容比与理论热容比的对比

将 γ'_{mix}代入式（5-91）可得到实际气粉两相流动中固相的有效比热容 c'，即

$$c'=c_{p,\mathrm{f}}\frac{\gamma_{\mathrm{f}}-\gamma'_{\mathrm{mix}}}{\gamma_{\mathrm{f}}(\gamma'_{\mathrm{mix}}-1)}\times\frac{1-\varepsilon_{\mathrm{m}}}{\varepsilon_{\mathrm{m}}} \tag{5-118}$$

进一步可定义固相相对有效比热容为

$$c''_p=\frac{c'}{c} \tag{5-119}$$

依据上述定义，c''体现了气粉两相流动过程中，气粉两相间动量与热量传输的充分程度。图 5-13 为铝粉固相的相对有效比热容与固气比的关系，可以看出，相对有效比热容均小于 0.005，说明在气粉两相流中固体的比热容只有很少的一部分发挥了实际作用。这是因为气粉两相流的速度很高，而在给定的喷管条件下，对于热量变化，气相还未来得及传递给固相颗粒就已经流出喷管，即所谓的热量松弛现象。图 5-12 表明，混合物的有效热容比 γ'_{mix}与气体的热容比相差较小，因此对实际气粉两相喷管流动，可用气体的热容比近似计算气粉两相流达到壅塞所需的临界压强比。

尽管用有效热容比可以确定满足壅塞流动所需的临界压强，但只有有效热容比还是无法用式（5-105）计算两相混合物的音速。这一方面是因为式（5-105）中的温度是两相平衡温度，而实际流经喷管的加速过程中两相间温差很大；另一方面加速过程中两相的速度差也很大，所以无法用平衡流的公式计算非平衡流。图 5-14 给出了通过实际测得空气-铝

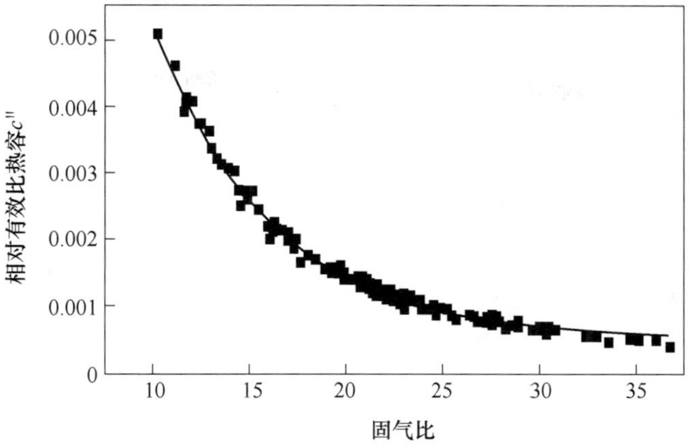

图 5-13　相对有效热容随固气比的变化

粉两相流的质量流量换算得到表观音速与两相平衡流理论计算值的比较。由图可知，实验条件下两相流的实际表观音速只有平衡流理论音速的 0.5~0.7 倍，且随固气比的增大而减小。

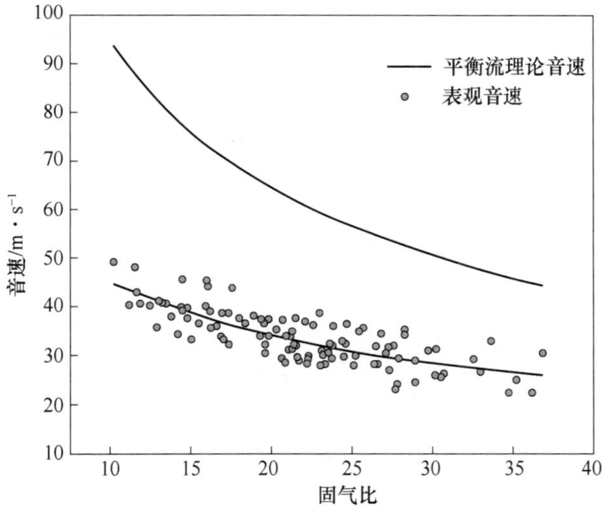

图 5-14　实验测得空气-铝粉两相流表观音速与平衡流理论音速的对比

与可压缩气体的壅塞流动可以用于流量控制一样，气粉两相流的壅塞流动也可以用于粉料输送和喷吹的流量控制。在粉状物料气力输送的场合，常有将粉料经过多条不等长路径按相同的质量流量连续输送到多个目的地的工艺要求，钢铁冶金中的高炉喷吹煤粉便是一个典型的例子。

图 5-15（a）为高炉喷煤系统的结构及流程。煤粉-载气两相流通过煤粉输送总管路进入煤粉分配器，煤粉经过分配器分流后，输出多路质量流量近似相等的煤粉-载气两相流，再由多条煤粉输送支管将煤粉输送到高炉的各风口。按照高炉操作程序规定，输送到高炉各风口的煤粉应该满足质量流量基本相同的生产工艺要求。如果各条煤粉输送支管等径、等长且几何形状相同，可使煤粉-载气两相流流经每条输送支管所产生的沿程阻力损失基

本相等，此时即使采用结构最简单的煤粉分配器，也能够实现多路喷吹煤粉等质量流量输送的工艺要求。但是，目前设计和使用的高炉喷煤设备由于受到各种条件的限制，不可能满足各条煤粉输送支管等径、等长且几何形状相同的要求，由此在各条输送支管中所产生的沿程阻力损失也具有很大的差别，使得输送到各风口的煤粉质量流量并不均衡，导致炉内各部分冷热不均，引起炉况不顺且调节困难等问题。

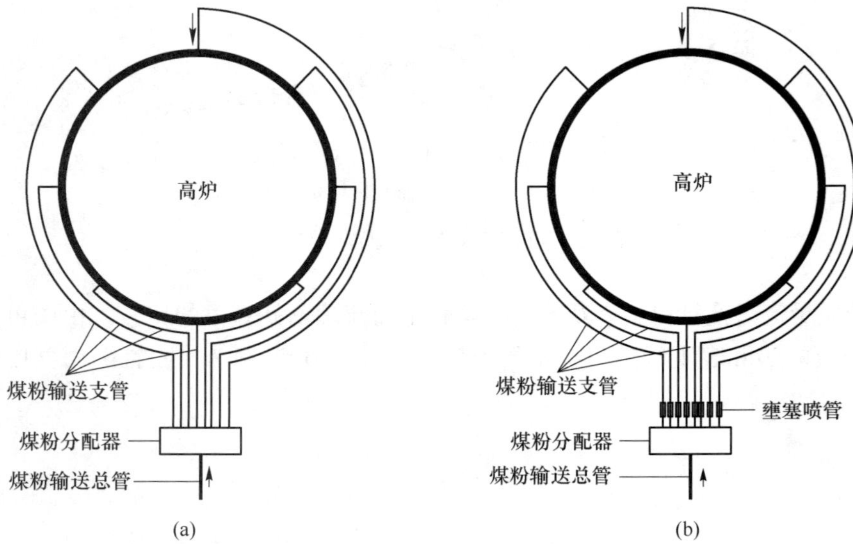

图 5-15　高炉喷煤系统布置示意图

（a）传统高炉喷煤系统；（b）增装壅塞喷管的高炉喷煤系统

如前所述，对于流过水平等直径喷管中的实际气粉两相流，当满足适当的进出口压强条件后，其流速将达到最大值，其质量流量将达到临界流量，即发生壅塞流动现象。为解决高炉喷煤系统中各风口煤粉流量分配不均的问题，在现有的高炉喷煤系统中煤粉分配器出口与各喷煤支管入口之间，通过一组具有相同孔径的喉口形喷管相连接，如图 5-15（b）所示。当满足喉口处相应的压强条件时，根据壅塞流动原理，由载气和煤粉组成的气粉两相流将从喷管喉口以音速流过，此时，其质量流量只是进口滞止压强的函数，其数值将随滞止压强的提高呈直线规律增加。该数值不会因后续管路的阻力损失不同而改变，故可使流过每条喷煤支管内的气粉两相流的质量流量保持相等，且与后续喷煤支管的长度无关，达到均匀各风口煤粉流量的目的。

5.5　粉料气力输送

如前所述，当通过流化床的气体流速大于颗粒的沉降终速时，颗粒将被带出床层。进一步增大气体流速，使其大于床层中全部颗粒的沉降终速，则物料将全部被床层吹出，形成管道气力输送。一般来说，这种气力输送系统中所用的管路可以是水平的，也可以是垂直的。显然，对垂直管道来说，气流速度必须大于最大颗粒的沉降终速。

在垂直上升的管道内，流体阻力方向与颗粒重力方向在同一直线上。但因颗粒形状不对称、气流场不均匀、颗粒间的碰撞和流场的横向脉动等缘故，固体颗粒不是像层流那样运动，而是蛇形运动，在流场中相互交错形成混杂现象，使固相在管道内形成接近均匀分布的稳定流。

在水平管道内，由于颗粒所受重力与阻力方向垂直，致使颗粒运动比垂直管道中更为复杂。颗粒依靠它在流体中所受的各种浮力在管道内进行边浮起边沉降的流动，这些浮力包括气流的横向脉动速度引起的浮力、管壁的凹凸不平和颗粒形状的不对称导致的浮力、管壁附近的边界层内大速度梯度导致的颗粒旋转翻滚等。在水平管道内，当气流速度由大到小变化时可形成的流动状态为：（1）均匀流；（2）管底流（底部浓相滑行，上部悬浮前进）；（3）集团流（类似于活塞流，流动方向上疏密相间）；（4）部分流（管底沉积不动，上部稀相悬浮前进）；（5）完全堆积（完全管底沉积，上部无固相流动，最终堵塞）。

根据上述分析可知，对于水平管道，同样也存在一个最小速度，小于此速度时部分颗粒在管道底部沉积，大于此速度时形成均匀的气粉两相流，这一气流的临界速度称为沉积速度。图 5-16 为水平气力输送管道中物料的特性，表示不同物料流量 G_s 下压降和气流速度之间的关系。对应 $G_s=0$ 的曲线 G_{s0} 表示只有气流摩擦损失时的压降，而 G_{s1}、G_{s2} 等曲线表示物料流量逐渐增加时的压降。由曲线 G_{s1} 可见，从 C 点开始，随气流速度的减小（物料流量不变），压降也减小，直至 D 点。这时物料开始沉积，在沉积层和上部混合区之间则存在着动态平衡。在 D 点流动阻力突然增大，若继续减小气流速度，则压降按 EF 线突然增大。对于物料流量较大的情况，如 G_{s2}、G_{s3}，与曲线 G_{s1} 在定性上是相似的，只是曲线的转折处出现在气流速度较大的点。D 点对应的气流临界速度即为沉积速度 $v_{A,s}$。

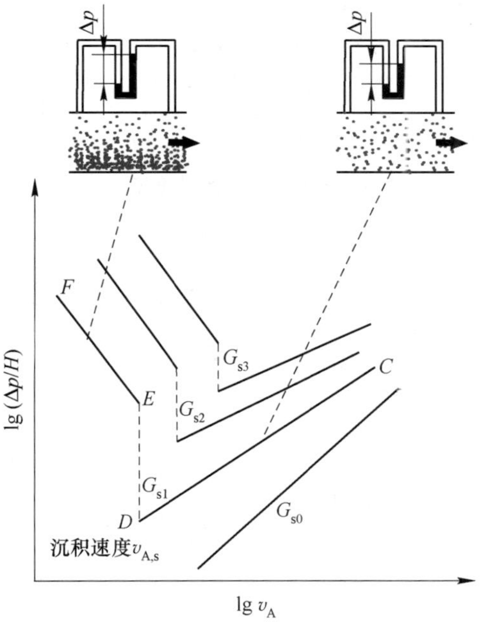

图 5-16　水平气力输送系统中的两相流特性

垂直管道中的气力输送特征与水平管道类似。图 5-17 用气流速度和压降的关系表示稀疏气固两相流在垂直输送时产生的堵塞现象。这里 $G_s=0$ 的曲线 G_{s0} 表示无固体物料的纯气流流动，而 G_{s1}、G_{s2} 则表示物料流量逐渐增加的情形。由 G_{s1} 曲线的 C 点开始，在物料流量不变时，总压降随气流速度的减小而减小，直至 D 点。从 D 点开始，气流速度再减小，就会使空隙率显著减小，从而使压降增加，直至 E 点。这时由于密度过大而形成栓塞流甚至堵塞，E 点处的气流速度称为堵塞速度 $v_{A,ch}$。

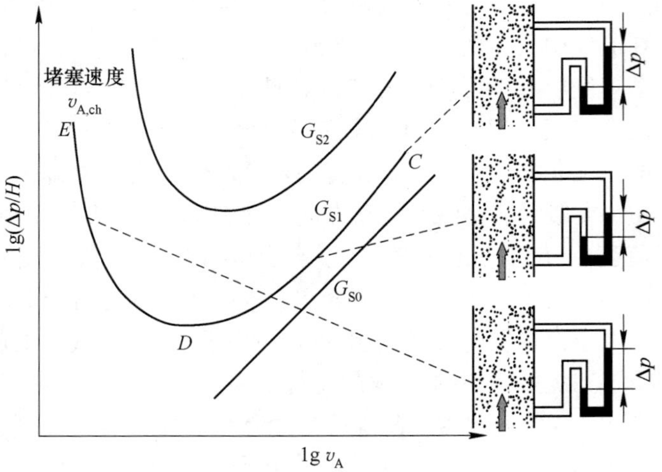

图 5-17　垂直气力输送系统中的两相流特性

由上述分析可知，无论是垂直管道还是水平管道，气力输送的速度都应大于 D 点的临界速度。这是因为，对水平管道来说，出现沉积后压降突然增大，且粉料不能全部被吹走；而对垂直管道来说，速度小于转折点后，一方面压降增大，另一方面出现部分流化床，大颗粒物料不能被带走，这两种情况都将导致堵塞。

由于气力输送管道内情况复杂，无法从理论上推导出临界气流速度，故一般通过实验确定。表 5-4 为不同气固系统的最小安全速度。

表 5-4　气力输送的速度安全值

物料	平均堆积密度 /kg·m^{-3}	近似粒径/μm	最小安全气流速度/m·s^{-1}		流动时最大安全密度/g·m^{-3}	
			水平	垂直	水平	垂直
煤	0.72×10^3	<12700	15.3	12.2	0.012	0.010
		<6350	12.2	9.2	0.016	0.024
麦	0.75×10^3	4760	12.2	9.2	0.024	0.032
水泥	$(1.04\sim1.44)\times10^3$	95%<88	7.6	1.5	0.16	0.96
煤粉	0.56×10^3	100%<380 75%<76	4.6	1.5	0.11	0.32
粉尘	0.72×10^3	90%<150	4.6	1.5	0.16	0.48
膨润土	$(0.77\sim1.04)\times10^3$	95%<76	7.6	1.5	0.16	0.48
石英粉	$(0.80\sim0.96)\times10^3$	95%<105	6.1	1.5	0.08	0.32
磷酸石	1.28×10^3	90%<152	9.2	3.1	0.11	0.32
食盐	1.36×10^3	5%<152	9.2	3.1	0.08	0.24
苏打粉（稀）	0.56×10^3	66%<105	9.2	3.1	0.08	0.24
苏打粉（浓）	1.04×10^3	50%<177	12.2	3.1	0.048	0.16

续表 5-4

物料	平均堆积密度/$kg\cdot m^{-3}$	近似粒径/μm	最小安全气流速度/$m\cdot s^{-1}$		流动时最大安全密度/$g\cdot m^{-3}$	
			水平	垂直	水平	垂直
硫酸钠	$(1.28\sim1.44)\times10^3$	100%<500 55%<105	12.2	3.1	0.08	0.24
铁矾土粉	1.44×10^3	100%<105	7.6	1.5	0.13	0.64
铝粉	0.93×10^3	100%<105	7.6	1.5	0.096	0.48
菱镁土	1.60×10^3	90%<76	9.2	3.1	0.16	0.48
二氧化铀	3.52×10^3	100%<152 50%<76	18.3	6.1	0.16	0.96

下面讨论气力输送管道中的压降计算。与均质流体在管道中的压降公式类似，物料气力输送管道中的压降可写成

$$\Delta p = \rho_m g\Delta h + v_p M_p + \Delta p_{fr} \tag{5-120}$$

式中，Δp 为总压降；ρ_m 为两相流的平均密度，$\rho_m=\rho_p(1-\varepsilon)+\rho_f\varepsilon$；$M_p$ 为颗粒的质量流量。

式（5-120）中固体颗粒的动能项 $v_p M_p$ 也可写为

$$v_p M_p = v_p\rho_f v_A \frac{M_p}{M_f} \tag{5-121}$$

式中，M_p/M_f 为固气比。

摩擦损失 Δp_{fr} 可写为

$$\Delta p_{fr} = 2f_e \frac{L}{D}\rho_f v_A^2 \frac{v_A}{v_p}\cdot\frac{M_p}{M_f} \tag{5-122}$$

式中，D 为管道直径；L 为管道长度；v_p 为物料速度，可根据 $v_p\approx v_A-v_t$ 估算；f_e 为两相流摩擦系数，一般通过实验测定，表 5-5 给出了一些情况下的 f_e 值。

表 5-5 两相流摩擦系数 f_e 随空气速度变化的值

物料	粒径/mm	管径 D/mm	空气速度 $v_0/m\cdot s^{-1}$					
			5	10	15	20	30	40
石灰石	<3.2	水平 51	0.020	0.017	0.004	0.0033	0.0033	0.0033
盐	0.76~2.52	水平 44.4， 垂直 44.4	0.03 0.035	0.0065 0.018	— 0.016	— —	— —	— —
沙	0.8~1.4	水平 44.4	0.018	0.005	0.0045	—	—	—
煤	0~1	水平 25.4	—	—	0.014	0.0011	0.0011	—

也有学者将摩擦损失 Δp_{fr} 表示为气相和固相的两项摩擦损失之和，即

$$\Delta p_{fr} = (\lambda_f + \lambda_p)\frac{L}{D}\cdot\frac{\rho_f v_f^2}{2} \tag{5-123}$$

其中，气相的 λ_f 为本书第 2 章提及的摩擦阻力因数，与摩擦系数 f 的关系为 $\lambda_f=4f$。

式（5-123）中与固相有关的 λ_p 可由式（5-124）计算。

$$\lambda_p = 0.078\frac{knFr^{1+\frac{m}{2.5}}}{Re^m}\cdot\frac{(1-\delta)^{2-m}}{\delta}\cdot\left(\frac{D}{d_p}\right)^{1+m}\cdot\frac{\rho_{mf}}{\rho_{mp}} \tag{5-124}$$

式中，k 为单颗粒阻力因数；n 为固气比；m 为管径雷诺数 $Re=\dfrac{v_f D\rho_{mf}}{\mu}$ 的指数；Fr 为弗鲁德准数，$Fr=\dfrac{v_f}{\sqrt{gD}}$；$\delta$ 为速度比，$\delta=1-\left[\dfrac{v_t}{v_f}(\xi_p\cos\theta+\sin\theta)^{0.5}\right]$；$\xi_p$ 为颗粒与管壁间摩擦系数，一般取 0.4~0.5；θ 为管道对水平面的倾角。

式（5-124）中

$$\begin{cases} k=24,\ m=1 & Re_p<1 \\ k=10,\ m=0.5 & 1<Re_p<1000 \\ k=0.43,\ m=0 & 1000<Re_p<2\times10^5 \end{cases} \tag{5-125}$$

式中，Re_p 为颗粒雷诺数，$Re_p=\dfrac{(v_f-v_p)d_p\rho_{mf}}{\mu}$。

复习思考题

5-1　考虑颗粒在流体中沉降/上浮时从静止状态开始，试推导加速到终端速度所需的时间和距离。

5-2　对气体流过具有粒度分布的非球形颗粒填充床的流动，压力损失是由气体与颗粒表面摩擦导致的。那么，计算压降为何不选用颗粒的比表面积当量直径，而选用其体积当量比表面积平均直径？

5-3　对流化床，为什么最小流化气速都小于颗粒的沉降终速？

5-4　如何获得非平衡态气粉两相流的热容比，其重要性何在？

5-5　气粉两相壅塞流用于高炉各风口煤粉流量控制的科学原理和条件是什么？

第二篇

热量传输现象

6　热量传输的基本概念和方程

热量可以自发地由高温物体传给低温物体，这就意味着，有温差就会有热量的传输（简称传热）。在自然界及人们的日常生活和生产实践中，温差几乎无处不在，所以热量传输是普遍存在的物理现象。实际上，大多数冶金生产过程都存在温度的变化，这就使冶金生产过程不可避免地与热量传输相联系。在一定条件下，热量传输甚至成为某些工序的控制环节。因此，作为冶金工作者，必须学习并掌握热量传输的基本规律、研究手段及计算方法。

6.1　基本概念和定律

热量传输包括导热、对流给热和辐射换热三种基本方式。应当指出，实际热量传输过程有的是三者中一种方式的作用结果，但有些情况是两种甚至三种方式共同作用的结果。

6.1.1　传导传热

传导传热（heat transport by conduction）也简称热传导或导热（heat conduction），是指在物体内部存在温度梯度或相互接触的物体表面之间存在温度差时产生的热量传输现象，其机理是分子、原子、离子及自由电子等微观粒子的热运动导致的热量迁移或交换。导热现象既可以发生在固体内，也可以发生于静止和流动的流体内，但只有在静止的流体中才只发生传导传热。

傅里叶（J. B. Fourier）通过对导热过程的大量实验研究分析总结指出，对于物性参数不随方向变化的各向同性材料，单位时间内通过单位截面积的导热量（即热通量）与温度梯度成正比，这就是傅里叶导热定律。其数学表达式为

$$\boldsymbol{q} = -\lambda \, \mathrm{grad} T = -\lambda \frac{\partial T}{\partial \boldsymbol{n}} \quad 或 \quad \begin{cases} q_x = -\lambda \dfrac{\partial T}{\partial x} \\ q_y = -\lambda \dfrac{\partial T}{\partial y} \\ q_z = -\lambda \dfrac{\partial T}{\partial z} \end{cases} \tag{6-1}$$

式（6-1）中的比例系数 λ 为材料的导热系数，单位为 W/(m · K)；等号右端的负号表示导热的方向与温度梯度方向相反，也就是导热必是沿着温度降低的方向进行。需要指出，傅里叶定律只适用于各向同性材料。然而，有许多天然和人造材料，其导热系数随方向而变化，存在导热系数具有最大值和最小值的方向，这类材料称为各向异性材料，如木材、石英、沉积岩、经过冷冲压处理的金属、层压板、强化纤维板、一些工程塑料等。在各向异性材料中，热通量的方向不仅与温度梯度有关，还与导热系数的方向有关。对于各

向异性材料，各方向的导热系数应缀以相应的方向下标。

将傅里叶定律改写为

$$\boldsymbol{q} = -a\frac{\partial(\rho c_p T)}{\partial \boldsymbol{n}} \tag{6-2}$$

式中，a 为热扩散系数，也称导温系数，$a=\dfrac{\lambda}{\rho c_p}$；$\rho c_p T$ 为单位体积物体所包含的热量，即热量浓度。

因此导热定律也可表述为热通量与热量浓度梯度成正比。对比牛顿黏性定律

$$\tau_{yx} = -\nu\frac{\mathrm{d}(\rho v_x)}{\mathrm{d}y} \tag{6-3}$$

两者均表明通量与浓度梯度成正比，因而两个比例系数，即热扩散系数和动量扩散系数具有相同的量纲，这便是黏性动量传输和传导传热的类似性。

热扩散系数反映了介质导热能力（λ）与蓄热能力（ρc_p）之间的关系。a 大，说明导热能力大，蓄热能力小，物体易被加热，介质内部温度易趋于均匀，反之亦然。

导热系数表示物质导热能力的大小，是物质的重要热物性参数。影响导热系数的因素较多，主要包括物质的种类、结构、物理状态及温度。导热系数一般由实验测定，其在数值上具有以下主要特点：

（1）对于同一物质来说，固态的导热系数最大，气态的导热系数最小；

（2）一般金属的导热系数大于非金属的导热系数（相差 1~2 个数量级）；

（3）导电性能好的金属，其导热性能也好；

（4）纯金属的导热系数大于它的合金；

（5）对同一物质而言，晶体的导热系数要大于非定形态物体的导热系数。

实测数据表明，在工业上和日常生活中常见的温度范围内，绝大多数固体材料的导热系数都可以近似地认为随温度线性变化，即

$$\lambda = \lambda_0[1 + b(T - 273)] \tag{6-4}$$

式中，λ_0 为材料在 273 K（0 ℃）下的导热系数，b 为由实测数据回归得到的常数。

各种物质的导热系数随物态的变化大不相同。一般而言，固体的导热系数大于液体，气体的最小。下面分别对气体、液体及固体导热系数的特点进行说明。

（1）气体的导热系数。常见气体的导热系数在 0.006~0.6 W/(m·K) 之间。在一般的温度和压力条件下，气体的导热可认为是由于分子的热运动及相互碰撞产生的热量传输，所以气体的导热系数随温度的升高而增大。基于气体分子运动理论，并应用伦纳德-琼斯 6-12 势函数对其修正，查普曼-恩斯克得到了单一气体导热系数 λ（单位：W/(m·K)）的计算公式：

$$\lambda = 8.3224 \times 10^{-2}\frac{\sqrt{T/M}}{\sigma^2 \Omega_\lambda} \tag{6-5}$$

式中，M 为气体的摩尔质量，g/mol；σ 为气体分子的碰撞直径，Å，1 Å=0.1 nm；Ω_λ 为表征气体分子非刚性球的碰撞积分，是无因次参量 $\kappa_B T/\varepsilon$ 的函数；κ_B 为玻尔兹曼常数；ε 为气体分子的特征能量。

常见气体的 σ 和 ε/κ_B 与黏度计算所用的 σ 和 ε/κ_B 数据相同，见表 1-1。Ω_λ 与 $\kappa_B T/\varepsilon$

的函数关系数据与黏度计算所用的 Ω_μ 与 $\kappa_B T/\varepsilon$ 的关系数据相同，见表 1-2。

对多组分混合气体，可用如下的威尔基公式计算其导热系数：

$$\lambda_{mix} = \sum_{i=1}^{n} \frac{x_i \lambda_i}{\sum_{j=1}^{n} x_j \Phi_{ij}} \tag{6-6}$$

其中

$$\Phi_{ij} = \frac{1}{\sqrt{8}}\left(1 + \frac{M_i}{M_j}\right)^{-1/2}\left[1 + \left(\frac{\mu_i}{\mu_j}\right)^{1/2}\left(\frac{M_j}{M_i}\right)^{1/4}\right]^2 \tag{6-7}$$

式中，x_i 为组分 i 的摩尔分数；λ_i 为组分 i 的导热系数；M_i、M_j 为组分 i 和 j 的摩尔质量；μ_i、μ_j 为组分 i 和 j 的黏度。

如果混合气体各组分的分子量相近，也可用式（式（6-8））近似计算其导热系数。

$$\lambda_{mix} = \frac{\sum x_i \lambda_i (M_i)^{1/2}}{\sum x_i (M_i)^{1/2}} \tag{6-8}$$

（2）液体的导热系数。常见液体的导热系数在 0.07～0.7 W/(m·K) 之间，大多数液体的导热系数随温度的升高而减小（水、甘油等除外）。由于存在大量的自由电子，液态金属的导热系数比其他液体高得多，一般在 1.75～87 W/(m·K) 之间。

（3）固体的导热系数。在低温下，纯金属具有非常高的导热系数。例如，在 10K 温度下，纯铜的导热系数可达 12000 W/(m·K)；在 15K 温度下，纯铝的导热系数可达 7000 W/(m·K)。纯金属的导热系数随温度的升高而减小，而一般合金的导热系数随温度的升高而增大。一般非金属的导热系数随温度的升高而增大，但大多数金属氧化物的导热系数随温度的升高而减小。

工程上常把室温下导热系数小于 0.2 W/(m·K) 的材料称为绝热材料，这类材料通常都是多孔体或纤维性材料，如膨胀塑料、膨胀珍珠岩、矿渣棉等。由于这些材料通常不是各向同性的均匀介质，因此将傅里叶定律应用于这些材料的导热计算是有条件的。只有当孔隙的大小与材料的总体几何尺寸相比非常小时，才可以近似地把这些材料看作是均匀介质。另外，在多孔材料中，因孔隙内充满导热系数很小的空气，其导热实际上是基体材料与气孔传热的综合，既包括基体材料的导热，也包括气孔中气体的导热，以及气孔中的对流和辐射作用。因此，多孔材料的导热系数是指考虑多种综合作用的表观导热系数，或称为折算导热系数。

6.1.2 对流传热

对流传热（heat transfer with convection），也称为对流给热或对流换热，是指流体流过与其温度不同的固体表面时所发生的流体与固体表面之间的热量传递（交换）现象，其机理包括流固界面上两相间的热交换和界面流体侧内部的传热。对界面上的相间热交换而言，由于流固界面上的黏滞作用，紧靠固体壁面的流体相对于固体表面也是静止的，因此两相间的热量传递只能以导热的方式进行。对流体侧的传热而言，有两种机理导致热量从流体向固体表面的迁移：一种是温度梯度作用下的导热；另一种是流动的流体携带热量的迁移，即移流传热（heat transport by advection），也形象地称为随流传热。与静止流体与固体壁面间的仅导热相比，平行于壁面流体流动的移流传热使得传热方向上的温度梯度变大，传热效率更高，这也是流动流体与固体壁面间的对流传热与静止流体与固体壁面间的仅传导传热之间的区别。

需要说明的是，上述的层流移流传热是通过垂直于传热方向的流动携带热量改变传热方向上的温度梯度，实际问题中还有很多平行于传热方向的移流传热，例如热流股冲击加热冷表面（反之亦然），以及控制容积法分析传热时流动将热量带入或带出控制容积的传热等。在处于发展中的层流边界层内，由于存在垂直于壁面的速度分量，因此也存在平行于传热方向的移流传热。另外，在湍流情况下，还存在由速度脉动和涡流导致的传热方向上的移流传热，只不过是要用湍流导热系数来表征。

对流给热过程中流体的流动按发生的原因可分为强制流动和自然流动。强制流动是因外力作用（如泵、风机的作用）引起的流动，自然流动是由于流体各部分温度不同，致使各部分密度不同而引起的流动，这两种流动对应的对流给热分别称为强制对流给热和自然对流给热。

1701 年，牛顿提出了对流换热的基本计算公式，称为牛顿（冷却）公式。牛顿公式对强制对流给热和自然对流给热均适用，其数学形式为

$$Q = Ah(T_w - T_f) \tag{6-9}$$

式中，Q 为流-固间的热流量，J/s，即 W；A 为流-固接触面积，m^2；T_w、T_f 分别为壁面温度和流体来流温度，℃或 K；h 为对流给热系数，$W/(m^2 \cdot ℃)$ 或 $W/(m^2 \cdot K)$。

式（6-9）中对流给热系数的大小反映对流换热的强弱，它不仅取决于流体的物性（导热系数、黏度、密度、比热容等）、流动的状态（层流或湍流）、流动的成因（自然对流或强制对流）、物体表面的形状、尺寸，还与换热时流体有无相变（沸腾或凝结）等因素有关。

6.1.3　辐射换热

一方面，几乎所有实际物体都具有发射热辐射（thermal radiation）的能力，并且温度越高，发射热辐射的能力越强。物体发射热辐射时，其内能转化为辐射能。另一方面，几乎所有实际物体都具有吸收热辐射的能力，在物体吸收热辐射时，辐射能又转化为物体的内能。当物体之间存在温差时，以热辐射方式进行能量交换的结果是高温物体失去热量，低温物体获得热量，这种热量传输现象称为辐射换热（heat transfer/exchange by radiation）。

物体在单位时间内，由单位表面积向半球空间发射的全部波长的辐射能量称为辐射力（emissive power），或称为半球总辐射力，单位为 W/m^2。对于理想的辐射体（即黑体，blackbody），其辐射力 E_b 可按式（6-10）的斯蒂芬-玻尔兹曼（Stefan-Boltzmann）定律计算。

$$E_b = \sigma T^4 \tag{6-10}$$

式中，T 为黑体表面的绝对温度，K；σ 为斯蒂芬-玻尔兹曼常数，又称为黑体辐射常数，其值为 $5.67 \times 10^{-8}\ W/(m^2 \cdot K^4)$。

实际物体的辐射力 E 都小于相同温度下黑体的辐射力 E_b，并可表示为

$$E = \varepsilon E_b = \varepsilon \sigma T^4 \tag{6-11}$$

式中，ε 为物体的黑度，或称为辐射率（emissivity），其值在 0~1 之间。

热辐射是热量传递的基本方式之一，具有以下特点：

（1）热辐射总是伴随着物体的内能与辐射能这两种能量形式之间的相互转化。

（2）热辐射不依靠中间媒介，可以在真空中传播，太阳辐射穿过浩瀚的太空到达地球就是典型的实例。

（3）物体间以热辐射方式进行的热量传递是双向的。当两个物体温度不同时，高温物体向低温物体发射热辐射，低温物体也向高温物体发射热辐射，即使两个物体温度相等，净辐射换热量等于零，它们之间的热辐射交换也仍在进行，只不过处于动态平衡状态而已。

任何实际物体都在不断地发射热辐射和吸收热辐射。物体之间的辐射换热量既与物体本身的温度、辐射特性有关，也与物体的大小、几何形状及相对位置有关，这些问题将在第9章中进行详细讨论。

对于同时存在对流给热和辐射换热的情况，工程上为计算方便，常把辐射换热量的计算用牛顿公式的形式表示，即

$$Q_R = Ah_R\Delta T \tag{6-12}$$

式中，下标R表示辐射换热；h_R 为辐射换热系数；ΔT 为辐射换热物体表面间的温差。

这样一来，总的换热量 Q_{total} 可表示为

$$Q_{total} = Q + Q_R = A(h + h_R)\Delta T = Ah_{\Sigma}\Delta T \tag{6-13}$$

式中，h_{Σ} 为总给热系数。

6.2 基本方程

6.2.1 热量传输微分方程

无论是分析导热还是分析对流给热，都要求确定介质内的温度场，这就需要建立一个描述介质内各点温度与空间坐标和时间内在联系的微分方程，此即热量传输微分方程。推导热量传输微分方程的依据是能量守恒定律，具体采用的方法与动量传输中推导N-S方程相同，为控制体积法。假定介质为不可压缩流体，可将任一控制体视为一个热力学上的封闭系统，则有

单位时间内系统能量增量 = 单位时间内系统获得的热能 + 单位时间内系统对外界的做功 （6-14）

对以上能量守恒关系的说明如下：

（1）一般来说，任一控制体具有的总能量应包括内能、动能及势能。但在这里只考虑控制体与外界的热能联系，忽略动能和势能的变化，因此控制体中只发生内能（记为 U）的变化。

（2）控制体获得热能的来源有两部分，一是传热（导热和移流），二是内热源（包括化学反应和电热效应等）。

（3）控制体对外界的做功包括其克服重力、压力和黏性力所做的功。其中，重力做功不会变成热能，而压力和黏性力做功可能变成热能。对不可压缩流体来说，压力不可能做功（膨胀或压缩功）。因此，从热能交换的角度看，控制体对外界做功只有黏性力做功所产生的摩擦热。

依据能量守恒定律，采用控制体积法可推导出不可压缩流体的热量传输微分方程：

$$\rho c_p \frac{\partial T}{\partial t} + \rho c_p \left(v_x \frac{\partial T}{\partial x} + v_y \frac{\partial T}{\partial y} + v_z \frac{\partial T}{\partial z} \right) = \left[\frac{\partial}{\partial x}\left(\lambda \frac{\partial T}{\partial x}\right) + \frac{\partial}{\partial y}\left(\lambda \frac{\partial T}{\partial y}\right) + \frac{\partial}{\partial z}\left(\lambda \frac{\partial T}{\partial z}\right) \right] + q_v + \phi \tag{6-15}$$

其紧凑形式为

$$\rho c_p \frac{DT}{Dt} = \nabla \cdot (\lambda \nabla T) + q_v + \phi \tag{6-16}$$

式中，ρ、c_p、q_v 分别为流体的密度、定压比热容及内热源强度（W/m^3）；ϕ 为流体因黏性在做功时所产生的摩擦热，W/m^3，也称耗散热。

耗散热是流体黏度和剪切应变率的函数，一般来说，它只有当流体高速流动时或流体黏度很大时才重要，但对一般工程问题而言可忽略不计。因此，式（6-16）可简化为

$$\rho c_p \frac{DT}{Dt} = \nabla \cdot (\lambda \nabla T) + q_v \tag{6-17}$$

若导热系数 λ 为常数，且流体无内热源，即 $q_v = 0$，则式（6-17）可进一步简化为

$$\frac{DT}{Dt} = \frac{\lambda}{\rho c_p} \nabla^2 T = a \nabla^2 T \tag{6-18}$$

在固体中，由于不存在对流，各速度项为零，且无耗散热，故式（6-15）可写成

$$\rho c_p \frac{\partial T}{\partial t} = \left[\frac{\partial}{\partial x}\left(\lambda \frac{\partial T}{\partial x}\right) + \frac{\partial}{\partial y}\left(\lambda \frac{\partial T}{\partial y}\right) + \frac{\partial}{\partial z}\left(\lambda \frac{\partial T}{\partial z}\right) \right] + q_v \tag{6-19}$$

式（6-19）即为固体导热微分方程，其紧凑形式为

$$\rho c_p \frac{\partial T}{\partial t} = \nabla \cdot (\lambda \nabla T) + q_v \tag{6-20}$$

若固体的导热系数为常数，式（6-20）可简化为

$$\frac{\partial T}{\partial t} = a \nabla^2 T + \frac{q_v}{\rho c_p} \tag{6-21}$$

稳态时，由式（6-21）可得泊松（Poisson）方程，即

$$\nabla^2 T + \frac{q_v}{\lambda} = 0 \tag{6-22}$$

稳态且无内热源时，由式（6-21）可得拉普拉斯（Laplace）方程，即

$$\nabla^2 T = 0 \tag{6-23}$$

表 6-1 给出了常导热系数条件下柱坐标系（r，θ，z）及球坐标系（r，θ，ϕ）下，无内热源且物性参数为常数的热量传输微分方程。

表 6-1 常导热系数条件下柱坐标系及球坐标系的热量传输微分方程

坐标系	热量传输微分方程
柱坐标系	$\frac{\partial T}{\partial t} + v_r \frac{\partial T}{\partial r} + \frac{v_\theta}{r} \cdot \frac{\partial T}{\partial \theta} + v_z \frac{\partial T}{\partial z} = a \left[\frac{1}{r} \cdot \frac{\partial}{\partial r}\left(r \frac{\partial T}{\partial r} \right) + \frac{1}{r^2} \cdot \frac{\partial^2 T}{\partial \theta^2} + \frac{\partial^2 T}{\partial z^2} \right]$

续表 6-1

坐标系	热量传输微分方程
球坐标系	$\frac{\partial T}{\partial t}+v_r\frac{\partial T}{\partial r}+\frac{v_\theta}{r}\cdot\frac{\partial T}{\partial \theta}+\frac{v_\phi}{r\sin\theta}\cdot\frac{\partial T}{\partial \phi}$ $=a\left[\frac{1}{r^2}\cdot\frac{\partial}{\partial r}\left(r^2\frac{\partial T}{\partial r}\right)+\frac{1}{r^2\sin\theta}\cdot\frac{\partial}{\partial \theta}\left(\sin\theta\frac{\partial T}{\partial \theta}\right)+\frac{1}{r^2\sin^2\theta}\cdot\frac{\partial^2 T}{\partial \phi^2}\right]$

6.2.2 初始条件和边界条件

为使热量传输微分方程具有确定的解，必须给定相应的单值性条件，即除需要知道传热体系所涉及的几何条件和物理条件外，还应给出初始条件和边界条件。

6.2.2.1 初始条件

初始条件又称为时间条件，是指传热过程开始时刻（$t=0$）物体内部的温度分布（涉及流动流体的过程还应包括速度分布）。

对于非稳态传热过程，初始条件可表示为

$$T|_{t=0}=f(x,\ y,\ z) \tag{6-24}$$

最简单的温度初始条件是开始时刻物体内部的温度分布均匀，处处相等，记为 T_0，则均匀分布的温度初始条件可表示为

$$T|_{t=0}=T_0 \tag{6-25}$$

对于稳态传热过程来说，温度分布与时间无关，因而不存在初始条件。

6.2.2.2 边界条件

对流给热问题的边界条件包括传热边界条件和流动边界条件。对固体导热问题来说，则仅需传热边界条件。传热边界条件是指物体边界上的温度特征或换热情况，常见的有以下三类：

（1）第一类边界条件。也称温度边界条件，即已知物体边界上的温度分布及其随时间的变化，可表示为

$$T|_{\text{wall}}=f(x,\ y,\ z,\ t) \tag{6-26}$$

若整个导热过程中物体边界上的温度处处为不随时间变化的定值 T_0，则第一类边界条件可简化为 $T|_{\text{wall}}=T_0$。

（2）第二类边界条件。也称热通量边界条件，即已知物体边界上的热通量分布及其随时间的变化，可表示为

$$\boldsymbol{q}|_{\text{wall}}=f(x,\ y,\ z,\ t) \tag{6-27}$$

由傅里叶定律可知 $\boldsymbol{q}|_{\text{wall}}=-\lambda\left.\frac{\partial T}{\partial \boldsymbol{n}}\right|_{\text{wall}}$，则第二类边界条件也可表示为

$$\left.\frac{\partial T}{\partial \boldsymbol{n}}\right|_{\text{wall}}=-\frac{\boldsymbol{q}|_{\text{wall}}}{\lambda} \tag{6-28}$$

若传热过程中边界上热通量恒为零，即 $\boldsymbol{q}|_{\text{wall}}=0$，则有绝热边界条件为

$$\left.\frac{\partial T}{\partial \boldsymbol{n}}\right|_{\text{wall}}=0 \tag{6-29}$$

（3）第三类边界条件。也称对流边界条件，即已知与物体表面进行对流换热的流体来流温度 T_f 及流-固传热系数 h。

根据边界处的热平衡，由物体内部导向边界的热通量应等于从边界传给周围流体的热通量，于是由傅里叶定律和牛顿公式可得

$$h(T|_{wall} - T_f) = -\lambda \frac{\partial T}{\partial \boldsymbol{n}}\bigg|_{wall} \tag{6-30}$$

由式（6-30）可知，在一定的情况下，第三类边界条件可转化为第一类或第二类边界条件。一般情况下热通量为有限值，当 h 趋于无穷大时，边界温度 $T|_{wall}$ 近似等于已知的流体温度 T_f，则第三类边界条件转化为第一类边界条件；当 h 趋于无穷小时，则 $\boldsymbol{q}|_{wall} = -\lambda \frac{\partial T}{\partial \boldsymbol{n}}\bigg|_{wall} \approx 0$，相当于第二类边界条件中的绝热条件。

上述三类边界条件概括了传热问题中的大部分实际情况，并且都是线性的，所以也称为线性边界条件。如果边界处除了对流换热，还存在与周围环境之间的辐射换热，则边界上的热平衡可表示为

$$h_{\Sigma}(T|_{wall} - T_f) = -\lambda \frac{\partial T}{\partial \boldsymbol{n}}\bigg|_{wall} \tag{6-31}$$

式中，h_{Σ} 为式（6-13）中考虑对流和辐射换热的总给热系数。

复习思考题

6-1　为何纯金属的导热系数随温度的升高而减小，纯金属的导热系数大于其合金的导热系数？

6-2　移流传热与对流传热有何区别与联系？

6-3　第三类边界条件可转化为第一类或第二类边界条件的前提是什么？

6-4　试给出辐射换热边界条件的表达式。

7 传导传热现象

传导传热（简称导热）是介质内无宏观运动时的传热现象。从机理上讲，导热是依靠微观粒子的热运动而进行的将热量从高温区传输到低温区的过程。也就是说，从机理上看，导热在固体、液体和气体中都可以发生。但是，在液体和气体中，在发生导热的同时，由于温差的存在，必然会伴随有流动现象，进而引发随流传热。因此，严格地讲，只有在固体内部，导热才是唯一的传热形式。研究固体内的导热，主要是解决固体内的温度分布及其变化规律，并确定相应的导热通量。欲得到温度分布及其变化规律，可通过求解固体导热微分方程式（6-20）。有了温度场，便可用傅里叶导热定律进一步求算导热通量。

7.1 典型一维稳态导热现象

求解导热微分方程在大多数情况下是相当复杂的，需要采用数值解法，但对以下几种典型的一维稳态导热问题，可得到其解析解。

7.1.1 通过平壁的一维稳态导热

7.1.1.1 单层平壁

对于如图 7-1（a）所示的第一类边界条件下（无内热源）单层平壁稳态导热问题，其不同条件下的解析解列于表 7-1。根据导热与导电的类似性，可做出如图 7-1（b）所示的等效热网络。

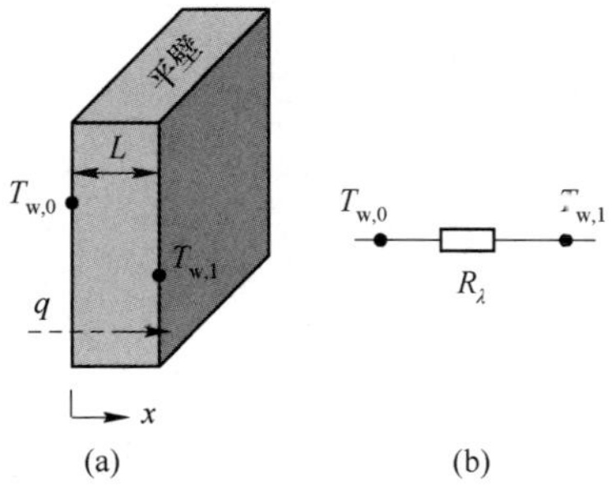

图 7-1　第一类边界条件下的单层平壁稳态导热（a）和等效热网络（b）

表 7-1　不同条件下单层平壁稳态导热问题的解析解

参数	第一类边界条件		第三类边界条件
	导热系数 λ 为常数	$\lambda=\lambda_0(1+bT)$	导热系数 λ 为常数
温度分布	$T=T_{w,0}-(T_{w,0}-T_{w,1})\dfrac{x}{L}$	$T=\sqrt{\left(T_{w,0}+\dfrac{1}{b}\right)^2-\dfrac{2qx}{\lambda_0 b}}-\dfrac{1}{b}$	$T=T_{w,0}-(T_{w,0}-T_{w,1})\dfrac{x}{L}$ 式中，$T_{w,0}=T_{f,0}-qAR_{h_0}$，$T_{w,1}=T_{f,1}+qAR_{h_1}$

续表 7-1

参数	第一类边界条件		第三类边界条件
	导热系数 λ 为常数	$\lambda=\lambda_0(1+bT)$	导热系数 λ 为常数
热通量	$q=\dfrac{T_{w,0}-T_{w,1}}{AR_\lambda}$ 式中，$R_\lambda=\dfrac{L}{\lambda A}$	$q=\lambda_0(1+bT_m)\left(\dfrac{T_{w,0}-T_{w,1}}{L}\right)$ 式中，$T_m=\dfrac{T_{w,0}+T_{w,1}}{2}$	$q=\dfrac{T_{f,0}-T_{f,1}}{A(R_{h_0}+R_\lambda+R_{h_1})}$ 式中，$R_{h_0}=\dfrac{1}{h_0A}$，$R_{h_1}=\dfrac{1}{h_1A}$

注：A 为垂直于热流方向的平壁面积，m^2；R_λ 为平壁的导热热阻，K/W；q 为系统的热通量，W/m^2；R_{h_0}、R_{h_1} 为平壁两侧第三类边界条件对应的对流热阻，K/W。

对于如图 7-2（a）所示的第三类边界条件下单层平壁稳态导热问题，其解析解也列于表 7-1。根据导热与导电的类似性，可做出如图 7-2（b）的等效热网络。

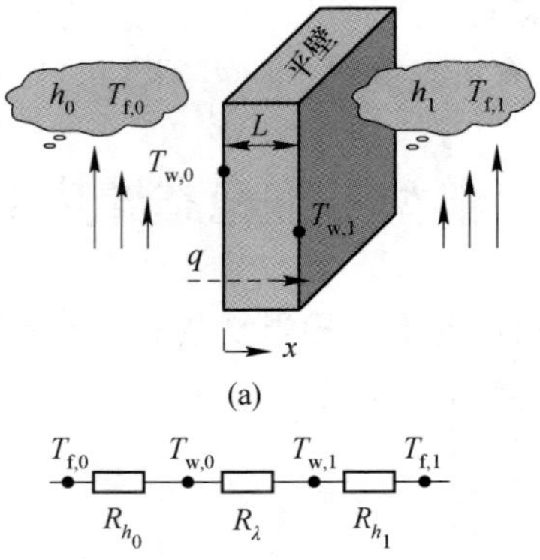

图 7-2　第三类边界条件下的单层平壁稳态导热（a）与等效热网络（b）

若图 7-1 所示的平壁内存在均匀分布强度为 q_v 的内热源（单位为 W/m^3），假定平壁导热系数为常数，经推导可得壁内温度分布为

$$T=-\frac{q_v}{2\lambda}x^2+\left(\frac{T_{w,1}-T_{w,0}}{L}+\frac{q_v}{2\lambda}L\right)x+T_{w,0} \tag{7-1}$$

热通量为

$$q=-\lambda\frac{dT}{dx}=\lambda\frac{T_{w,0}-T_{w,1}}{L}+\left(x-\frac{L}{2}\right)q_v \tag{7-2}$$

由式（7-2）可知，存在内热源时，热通量 q 是沿热流方向（即 x 方向）变化的量。

若平壁内存在均匀分布强度为 q_v 的内热源，且置于如图 7-2 所示的环境中（第三类边界条件），其内部温度分布和热通量也可通过式（7-1）和式（7-2）计算，但需要额外确定公式中未知的 $T_{w,0}$ 和 $T_{w,1}$，将其用已知的 $T_{f,0}$ 和 $T_{f,1}$ 表示。

由边界处热量平衡可知

$$\begin{cases} h_0(T_{f,0}-T_{w,0})=q\big|_{x=0}=\lambda\dfrac{T_{w,0}-T_{w,1}}{L}-\dfrac{L}{2}q_v \\ h_1(T_{w,1}-T_{f,1})=q\big|_{x=L}=\lambda\dfrac{T_{w,0}-T_{w,1}}{L}+\dfrac{L}{2}q_v \end{cases}$$

于是有

$$\begin{cases} T_{w,0} = \dfrac{2\lambda(h_0 T_{f,0} + h_1 T_{f,1}) + 2h_0 h_1 L T_{f,0} + h_1 L^2 q_V + 2\lambda L q_V}{2(\lambda h_0 + \lambda h_1 + L h_0 h_1)} \\ T_{w,1} = \dfrac{2\lambda(h_0 T_{f,0} + h_1 T_{f,1}) + 2h_0 h_1 L T_{f,1} + h_0 L^2 q_V + 2\lambda L q_V}{2(\lambda h_0 + \lambda h_1 + L h_0 h_1)} \end{cases} \tag{7-3}$$

7.1.1.2 多层平壁

图 7-1（b）和图 7-2（b）所示的等效热网络法可用于解析更为复杂的问题，如通过多层平壁（也称复合平壁）的一维稳态导热。这类平壁一般由多个不同材料的层串联组成，如图 7-3 所示，其中图 7-3（b）和（c）分别为第一类和第三类边界条件下的等效热网络。

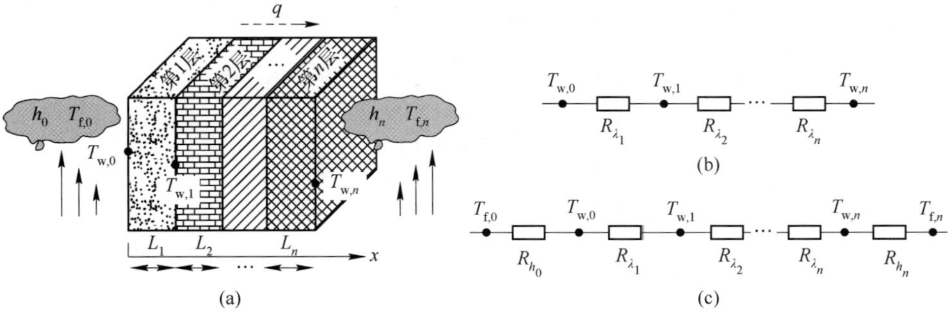

图 7-3 多层平壁的稳态导热（a）和等效热网络（b）（c）

根据等效热网络，可方便地写出多层平壁一维稳态导热问题的解析解。第三类边界条件下，通过 n 层平壁的热通量为

$$q = \frac{T_{f,0} - T_{f,n}}{A(R_{h_0} + R_{\lambda_1} + R_{\lambda_2} + \cdots + R_{\lambda_n} + R_{h_n})} \tag{7-4}$$

因为是第三类边界条件，未知的多层平壁两侧温度 $T_{w,0}$ 和 $T_{w,n}$ 可根据边界处的热量平衡求得，为

$$\begin{cases} T_{w,0} = T_{f,0} - \dfrac{q}{h_0} \\ T_{w,n} = T_{f,n} + \dfrac{q}{h_n} \end{cases} \tag{7-5}$$

进一步地，可写出第 i 层与第 $i+1$ 层的界面温度 $T_{w,i}$，为

$$T_{w,i} = T_{w,0} - qA\,(R_{\lambda_1} + R_{\lambda_2} + \cdots + R_{\lambda_i}) \qquad i = 1, 2, \cdots, n-1 \tag{7-6}$$

将式（7-4）代入式（7-6）可得

$$T_{w,i} = T_{w,0} - (T_{f,0} - T_{f,n})\,\frac{R_{\lambda_1} + R_{\lambda_2} + \cdots + R_{\lambda_i}}{R_{h_0} + R_{\lambda_1} + R_{\lambda_2} + \cdots + R_{\lambda_n} + R_{h_n}} \qquad i = 1, 2, \cdots, n-1 \tag{7-7}$$

利用已求得的相邻两界面温度 $T_{w,i}$ 和 $T_{w,i+1}$，可再写出第 i 层内的温度分布。

若是第一类边界条件，多层平壁两侧温度 $T_{w,0}$ 和 $T_{w,n}$ 已知，则通过多层平壁的热通量为

$$q = \frac{T_{w,0} - T_{w,n}}{A(R_{\lambda_1} + R_{\lambda_2} + \cdots + R_{\lambda_n})} \tag{7-8}$$

第 i 层与第 $i+1$ 层界面温度 $T_{w,i}$ 的计算公式同样为式（7-6）。

7.1.2　通过圆筒壁的一维稳态导热

7.1.2.1　单层圆筒壁

对于如图 7-4（a）和图 7-5（a）所示的长度为 L、内外半径分别为 r_0 和 r_1 的第一类和第三类边界条件下的（无内热源）单层圆筒壁稳态导热问题，根据导热与导电的类似性，可做出如图 7-4（b）和图 7-5（b）的等效热网络。

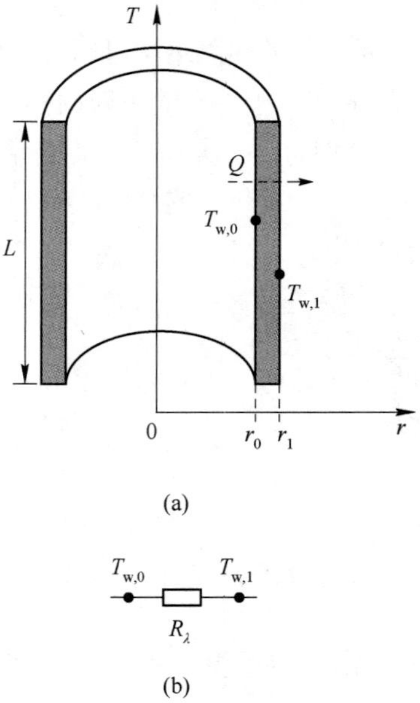

图 7-4　第一类边界条件下的单层圆筒壁稳态导热（a）和等效热网络（b）

R_λ—圆筒壁的导热热阻，K/W；Q—系统的热流量，W

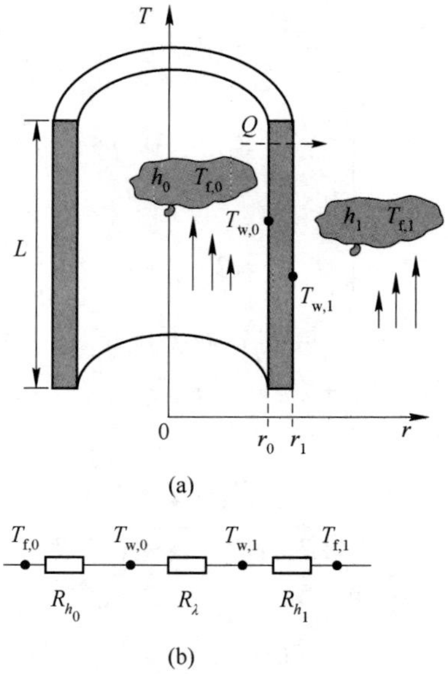

图 7-5　第三类边界条件下的单层圆筒壁稳态导热（a）和等效热网络（b）

R_{h_0}，R_{h_1}—第三类边界条件对应的对流热阻，K/W

图 7-4 所示问题在常导热系数条件下的解析解为

$$T = T_{w,0} - (T_{w,0} - T_{w,1}) \frac{\ln \dfrac{r}{r_0}}{\ln \dfrac{r_1}{r_0}} \tag{7-9}$$

$$Q = \frac{T_{w,0} - T_{w,1}}{R_\lambda} \tag{7-10}$$

其中，

$$R_\lambda = \frac{1}{2\pi\lambda L}\ln \frac{r_1}{r_0}$$

图 7-5 所示问题在常导热系数条件下的解析解也为式（7-9），但其中的壁面温度为

$$\begin{cases} T_{w,0} = T_{f,0} - QR_{h_0} \\ T_{w,1} = T_{f,1} + QR_{h_1} \end{cases} \tag{7-11}$$

系统的热流量为

$$Q = \frac{T_{f,0} - T_{f,1}}{R_{h_0} + R_\lambda + R_{h_1}} \tag{7-12}$$

其中，

$$R_{h_0} = \frac{1}{2\pi r_0 L h_0},\ R_{h_1} = \frac{1}{2\pi r_1 L h_1}$$

7.1.2.2 多层圆筒壁

根据等效热网络，可方便地写出如图 7-6（a）所示的多层圆筒壁一维稳态导热问题的解析解。图 7-6（b）和（c）分别为第一类和第三类边界条件下的等效热网络。

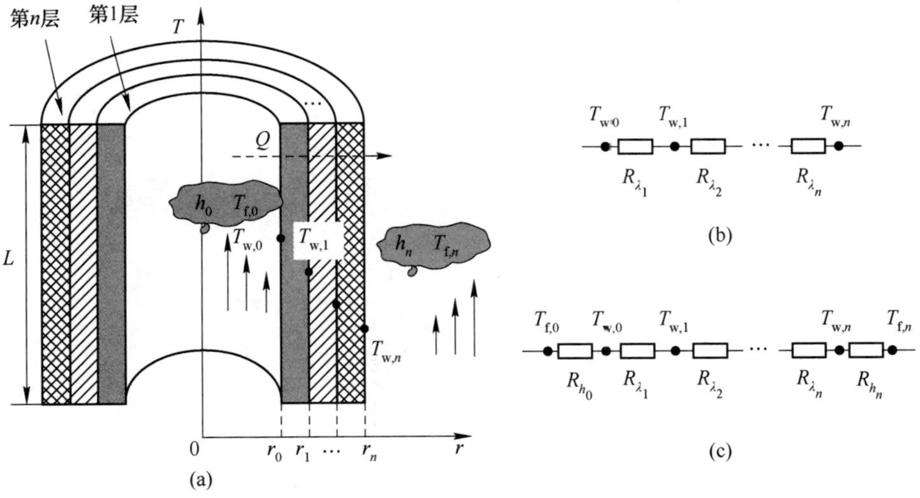

图 7-6 多层圆筒壁的稳态导热（a）和等效热网络（b）（c）

（1）第三类边界条件下，通过 n 层圆筒壁的热流量为

$$Q = \frac{T_{f,0} - T_{f,n}}{R_{h_0} + R_{\lambda_1} + R_{\lambda_2} + \cdots + R_{\lambda_n} + R_{h_n}} \tag{7-13}$$

因为是第三类边界条件，未知的多层壁两侧温度 $T_{w,0}$ 和 $T_{w,n}$ 可根据边界处的热量平衡

求得，为

$$\begin{cases} T_{w,0} = T_{f,0} - QR_{h_0} \\ T_{w,n} = T_{f,n} + QR_{h_n} \end{cases} \tag{7-14}$$

进一步地，可写出第 i 层与第 $i+1$ 层的界面温度 $T_{w,i}$，为

$$T_{w,i} = T_{w,0} - Q(R_{\lambda_1} + R_{\lambda_2} + \cdots + R_{\lambda_i}) \qquad i = 1, 2, \cdots, n-1 \tag{7-15}$$

利用已求得的两相邻界面温度 $T_{w,i}$ 和 $T_{w,i+1}$，可类比式（7-9）再写出第 i 层内的温度分布。

（2）第一类边界条件下，多层壁两侧温度 $T_{w,0}$ 和 $T_{w,n}$ 已知，则通过多层壁的热流量为

$$Q = \frac{T_{w,0} - T_{w,n}}{R_{\lambda_1} + R_{\lambda_2} + \cdots + R_{\lambda_n}} \tag{7-16}$$

第 i 层与第 $i+1$ 层的界面温度 $T_{w,i}$ 的计算公式同样为式（7-15）。

7.1.2.3 临界绝热半径

工程上为减少热风或蒸气管道的散热损失，通常在管道外敷设绝热层。一般认为，绝热层越厚，保温越好，热损失越小。仅从绝热层内热传导来考虑，这是可能的。但若同时考虑到绝热层外壁面与环境的对流给热，就不一定是这样了。因为敷设绝热层可能导致热损失增大，这一点可通过分析总热阻来讨论。

如图 7-7 所示，在一管道外包敷导热系数为 λ_2 的绝热层，相应传热体系的总热阻为

$$\begin{aligned} R_{\Sigma} &= R_{h_0} + R_{\lambda_1} + R_{\lambda_2} + R_{h_2} \\ &= \frac{1}{2\pi r_0 L h_0} + \frac{1}{2\pi\lambda_1 L}\ln\frac{r_1}{r_0} + \frac{1}{2\pi\lambda_2 L}\ln\frac{r_2}{r_1} + \frac{1}{2\pi r_2 L h_2} \end{aligned} \tag{7-17}$$

热流量为

$$Q = \frac{T_{f,0} - T_{f,2}}{R_{\Sigma}} \tag{7-18}$$

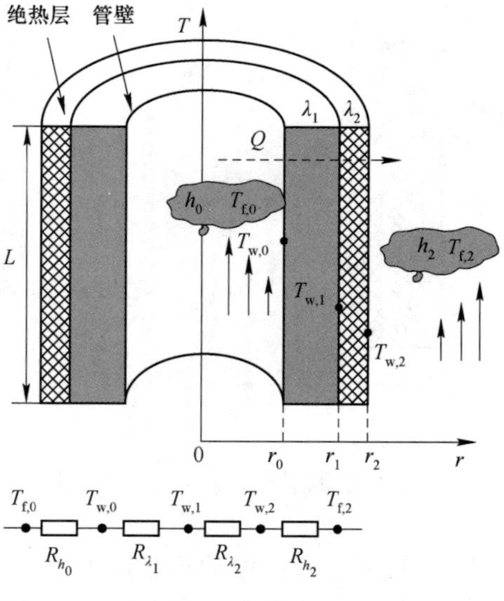

图 7-7 圆管临界绝热半径分析示意图（a）和等效热网络（b）

由式（7-17）可知，体系的总热阻 R_{Σ} 是 r_2 的函数，而 r_2 又与绝热层厚度直接相关。

总热阻 R_Σ 的后两项中，前者随 r_2 的增大而增大，后者却与 r_2 成反比。这就说明，管道内流体的热损失（即热流量 Q）随绝热层厚度的变化并不是单调的。为此，令 $r_2=r$，将 R_Σ 对 r 求导后，再令导数等于零，整理后可得

$$\frac{1}{2\pi rL\lambda_2}-\frac{1}{2\pi r^2Lh_2}=0$$

由此可得一驻点半径为

$$r_{cr}=\frac{\lambda_2}{h_2} \tag{7-19}$$

再将 R_Σ 对 r 求二阶导数，有

$$\frac{d^2R_\Sigma}{dr^2}=-\frac{1}{2\pi r^2L\lambda_2}+\frac{1}{\pi r^3Lh_2} \tag{7-20}$$

将 $r=r_{cr}=\dfrac{\lambda_2}{h_2}$ 代入式（7-20）可得

$$\left.\frac{d^2R_\Sigma}{dr^2}\right|_{r=r_{cr}}=\frac{h_2^2}{2\pi L\lambda_2^3}>0 \tag{7-21}$$

由式（7-21）可知，总热阻 R_Σ 在驻点半径 $r_{cr}=\dfrac{\lambda_2}{h_2}$ 处存在极小值，所对应的热损失为最大，通常称 r_{cr} 为管道的临界绝热半径。显然，只有当管道外径 r_1 大于临界绝热半径 r_{cr} 时，对其外敷绝热层才能起到减少热损失的作用。

7.1.3 通过球壳的一维稳态导热

7.1.3.1 单层球壳

对于如图 7-8（a）和图 7-9（a）所示的第一类和第三类边界条件下（无内热源）单层球壳稳态导热问题，根据导热与导电的类似性，可做出如图 7-8（b）和图 7-9（b）的等效热网络。

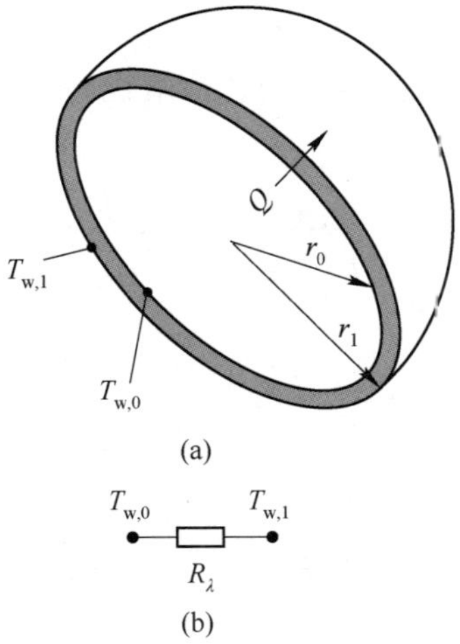

图 7-8 第一类边界条件下的单层球壳稳态导热（a）和等效热网络（b）

R_λ—球壳的导热热阻，K/W；Q—系统的热流量，W

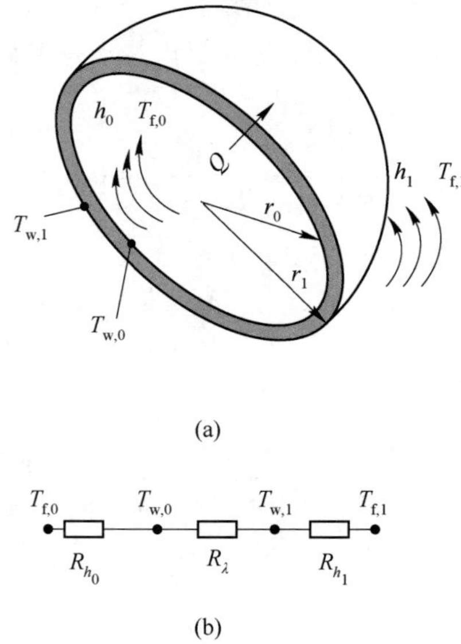

图 7-9　第三类边界条件下的单层球壳稳态导热（a）和等效热网络（b）

R_{h_0}，R_{h_1}—第三类边界条件对应的对流热阻，K/W

图 7-8 所示问题在常导热系数条件下的解析解为

$$T = T_{w0} - (T_{w0} - T_{w1}) \frac{\frac{1}{r_0} - \frac{1}{r}}{\frac{1}{r_0} - \frac{1}{r_1}} \tag{7-22}$$

与圆筒壁导热类似，球壁导热的热流量也可表示为

$$Q = \frac{T_{w0} - T_{w1}}{R_\lambda} \tag{7-23}$$

但其中

$$R_\lambda = \frac{1}{4\pi\lambda}\left(\frac{1}{r_0} - \frac{1}{r_1}\right)$$

图 7-9 所示问题在常导热系数条件下的解析解也为式（7-22），且与圆筒壁导热类似，但其中的两侧壁面温度为

$$\begin{cases} T_{w,0} = T_{f,0} - QR_{h_0} \\ T_{w,1} = T_{f,1} + QR_{h_1} \end{cases} \tag{7-24}$$

系统的热流量为

$$Q = \frac{T_{f,0} - T_{f,1}}{R_{h_0} + R_\lambda + R_{h_1}} \tag{7-25}$$

其中

$$R_{h_0} = \frac{1}{4\pi r_0^2 h_0},\quad R_{h_1} = \frac{1}{4\pi r_1^2 h_1}$$

7.1.3.2　多层球壳

与圆筒壁导热类似，根据等效热网络，也可方便地写出如图 7-10（a）所示的多层球壳一维稳态导热问题的解析解。图 7-10（b）和（c）分别为第一类和第三类边界条件下

的等效热网络。需要说明的是，下述公式的形式尽管与圆筒壁完全相同，但其中的热阻表达式与圆筒壁不同。

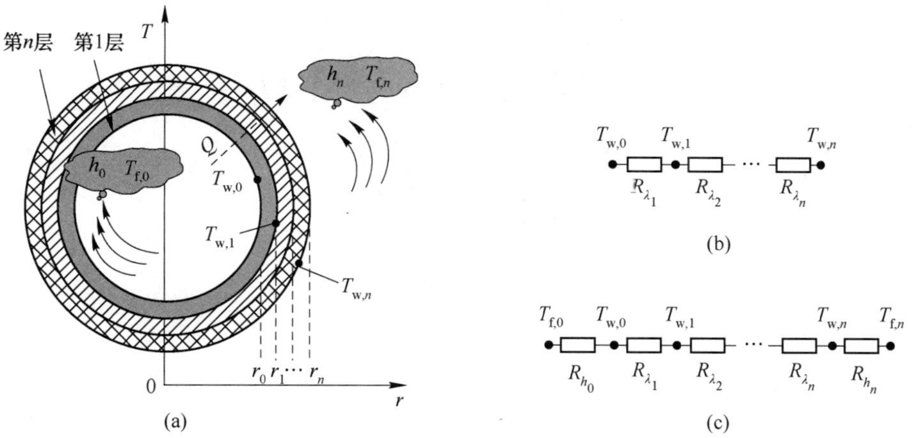

图 7-10 多层球壳的稳态导热（a）和等效热网络（b）（c）

（1）第三类边界条件下，通过 n 层球壳的热流量为

$$Q=\frac{T_{f,0}-T_{f,n}}{R_{h_0}+R_{\lambda_1}+R_{\lambda_2}+\cdots+R_{\lambda_n}+R_{h_n}} \tag{7-26}$$

未知的多层球壳两侧温度 $T_{w,0}$ 和 $T_{w,n}$ 为

$$\begin{cases} T_{w,0}=T_{f,0}-QR_{h_0} \\ T_{w,n}=T_{f,n}+QR_{h_n} \end{cases} \tag{7-27}$$

第 i 层与第 $i+1$ 层的界面温度 $T_{w,i}$，为

$$T_{w,i}=T_{w,0}-Q\left(R_{\lambda_1}+R_{\lambda_2}+\cdots+R_{\lambda_i}\right) \qquad i=1,2,\cdots,n-1 \tag{7-28}$$

利用求得的两相邻界面温度 $T_{w,i}$ 和 $T_{w,i+1}$，可采用式（7-22）再写出第 i 层内的温度分布。

（2）第一类边界条件下，多层壁两侧温度 $T_{w,0}$ 和 $T_{w,n}$ 已知，则通过多层壁的热流量为

$$Q=\frac{T_{w,0}-T_{w,n}}{R_{\lambda_1}+R_{\lambda_2}+\cdots+R_{\lambda_n}} \tag{7-29}$$

第 i 层与第 $i+1$ 层界面温度 $T_{w,i}$ 的计算公式同样为式（7-28）。

7.1.3.3 临界绝热半径

如图 7-11 所示，在一球壳外包敷导热系数为 λ_2 的绝热层，相应传热体系的总热阻为

$$\begin{aligned} R_\Sigma &= R_{h_0}+R_{\lambda_1}+R_{\lambda_2}+R_{h_2} \\ &= \frac{1}{4\pi r_0^2 h_0}+\frac{1}{4\pi\lambda_1}\left(\frac{1}{r_0}-\frac{1}{r_1}\right)+\frac{1}{4\pi\lambda_2}\left(\frac{1}{r_1}-\frac{1}{r_2}\right)+\frac{1}{4\pi r_2^2 h_2} \end{aligned} \tag{7-30}$$

与 7.1.2.3 小节圆管外敷设绝热层类似，由式（7-30）可知，体系的总热阻 R_Σ 是 r_2 的函数，而 r_2 又与绝热层厚度直接相关。总热阻 R_Σ 的后两项中，前者随 r_2 的增大而增大，后者却与 r_2^2 成反比，即通过球壳的热损失并不是随保温层厚度单调变化的。为此，令

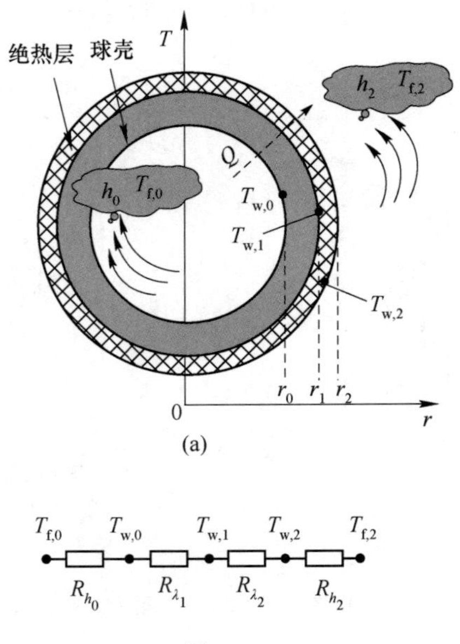

图 7-11 球壳临界绝热半径分析示意图（a）和等效热网络（b）

$r_2=r$，将 R_Σ 对 r 求导后，再令导数等于零，整理后可得

$$\frac{\mathrm{d}R_\Sigma}{\mathrm{d}r}=\frac{1}{4\pi\lambda_2}\cdot\frac{1}{r^2}-\frac{2}{4\pi r^3 h_2}=0$$

由此可得

$$r_{\mathrm{cr}}=\frac{2\lambda_2}{h_2} \tag{7-31}$$

再将 R_Σ 对 r 求二阶导数，有

$$\frac{\mathrm{d}^2R_\Sigma}{\mathrm{d}r^2}=-\frac{1}{2\pi\lambda_2 r^3}+\frac{3}{2\pi h_2 r^4} \tag{7-32}$$

将 $r=r_{\mathrm{cr}}=\dfrac{2\lambda_2}{h_2}$代入式（7-32）可得

$$\left.\frac{\mathrm{d}^2R_\Sigma}{\mathrm{d}r^2}\right|_{r=r_{\mathrm{cr}}}=\frac{h_2^3}{32\pi\lambda^4}>0 \tag{7-33}$$

由此可知，总热阻 R_Σ 在驻点半径 r_{cr} 处存在极小值，所对应的热损失为最大，通常称由式（7-31）计算的 r_{cr} 为球壳的临界绝热半径。显然，只有当球壳外径 r_1 大于临界绝热半径 r_{cr} 时，对其外敷绝热层才能起到减少热损失的作用。

7.2 二维稳态导热现象

如果物体的几何形状或边界条件比较复杂，作为一维稳态导热考虑将带来较大误差时，应按二维甚至三维稳态导热来分析。本节仅介绍二维稳态导热。这时，温度场是两个空间坐标的函数，即 $T=f(x, y)$。

对于某些边界条件比较简单的二维稳态导热问题，可用分析解法求解导热微分方程来确定温度分布。图 7-12 表示一宽（x 方向）为 L、高（y 方向）为 H 的矩形薄片（也可看作是无限长矩形柱体的一个横截面），假定在其 z 方向的导热忽略不计$\left(\text{即}\dfrac{\partial T}{\partial z}=0\right)$，薄板的导热系数为常数，无内热源。薄板的三个边界（$x=0$、$x=L$、$y=0$）均保持温度 T_0，第四个边界（$y=H$）的温度分布为 $f(x)$。这时，所讨论的问题为二维稳态导热，故可将式（6-23）简化为

$$\frac{\partial^2 T}{\partial x^2}+\frac{\partial^2 T}{\partial y^2}=0 \tag{7-34}$$

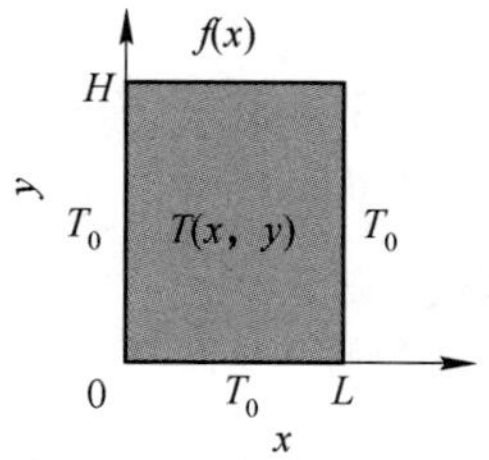

图 7-12　二维稳态导热示意图

为便于求解式（7-34），令 $\theta=T-T_0$，则相应地，该式及其边界条件可改写为

$$\frac{\partial^2 \theta}{\partial x^2}+\frac{\partial^2 \theta}{\partial y^2}=0 \tag{7-35}$$

和

$$\begin{cases} x=0,\ \theta=0 \\ x=L,\ \theta=0 \\ y=0,\ \theta=0 \\ y=H,\ \theta=f(x)-T_0 \end{cases} \tag{7-36}$$

7.2.1　单个非齐次边界条件

式（7-35）是一个线性齐次偏微分方程，这类方程可用分离变量法求解。分离变量法的主要思想是：把该偏微分方程的解表示成两个函数的乘积，每一个函数各与一个变量有关，从而把偏微分方程转化成两个常微分方程。求解这两个常微分方程，并将所得的解按线性叠加原理组合，即得偏微分方程的解。

假定式（7-35）的解 $\theta(x, y)$ 可分离为

$$\theta(x, y)=X(x)\cdot Y(y) \tag{7-37a}$$

式中，$X(x)$ 仅是 x 的函数；$Y(y)$ 仅是 y 的函数。

将式（7-37a）代入式（7-35），并在等式两边同除以 $X(x)\cdot Y(y)$，可得

$$-\frac{1}{X}\cdot\frac{\mathrm{d}^2 X}{\mathrm{d}x^2}=\frac{1}{Y}\cdot\frac{\mathrm{d}^2 Y}{\mathrm{d}y^2} \tag{7-37b}$$

观察式（7-37b）可发现，等号左端只是 x 的函数，右端只是 y 的函数，所以要使等

式成立，只能是等号两端为同一常数，一般称该常数为分离常数，记为β^2，则有

$$-\frac{1}{X}\cdot\frac{d^2X}{dx^2}=\frac{1}{Y}\cdot\frac{d^2Y}{dy^2}=\beta^2 \tag{7-37c}$$

这样，便可得到两个常微分方程，分别为

$$\frac{d^2X}{dx^2}+\beta^2X=0 \tag{7-37d}$$

$$\frac{d^2Y}{dx^2}-\beta^2Y=0 \tag{7-37e}$$

理论上讲，式（7-37d）和式（7-37e）中β^2的值可能有三种情况，即$\beta^2=0$、$\beta^2<0$及$\beta^2>0$。为满足给定的边界条件，即式（7-36），β^2的值只能是其中的一种。

（1）若$\beta^2=0$，则式（7-37d）和式（7-37e）的通解为

$$\begin{cases}X=C_1+C_2x\\Y=C_3+C_4y\end{cases} \tag{7-37f}$$

式中，C_1、C_2、C_3、C_4均为待定常数。

将式（7-37f）代入式（7-37a）可得

$$\theta=(C_1+C_2x)\cdot(C_3+C_4y) \tag{7-38}$$

为满足式（7-36）中的前三个边界条件，由上式最终可得$\theta\equiv0$。这显然与第四个边界条件冲突，应予排除。也就是说，$\beta^2\neq0$。

（2）若$\beta^2<0$，则式（7-37d）和式（7-37e）的通解为

$$\begin{cases}X=C_1e^{\beta x}+C_2e^{-\beta x}\\Y=C_3\cos(\beta y)+C_4\sin(\beta y)\end{cases} \tag{7-39}$$

式中，C_1、C_2、C_3、C_4均为待定常数。

将式（7-39）代入式（7-37a）可得

$$\theta=(C_1e^{\beta x}+C_2e^{-\beta x})[C_3\cos(\beta y)+C_4\sin(\beta y)] \tag{7-40a}$$

将式（7-36）中的第一个边界条件代入式（7-40a）可得$C_2=-C_1$，于是式（7-40a）可转化为

$$\theta=C_1(e^{\beta x}-e^{-\beta x})[C_3\cos(\beta y)+C_4\sin(\beta y)] \tag{7-40b}$$

将式（7-36）中的第三个边界条件代入式（7-40b）可得$C_3=0$，于是式（7-40b）可转化为

$$\theta=C_5(e^{\beta x}-e^{-\beta x})\sin(\beta y) \tag{7-40c}$$

式中，C_5为待定常数，$C_5=C_1C_4$。

将式（7-36）中的第二个边界条件代入式（7-40c）可得

$$0=C_5(e^{\beta L}-e^{-\beta L})\sin(\beta y) \tag{7-40d}$$

由于C_5和$\sin(\beta y)$均不可恒为零，因此要满足式（7-40d），其中的$e^{\beta L}-e^{-\beta L}$必为零，也就是$\beta=0$，这与$\beta^2\neq0$的条件冲突。因此，$\beta^2<0$的情况应予排除。

（3）若$\beta^2>0$，则式（7-37d）和式（7-37e）的通解为

$$\begin{cases}X=C_1\cos(\beta x)+C_2\sin(\beta x)\\Y=C_3e^{\beta y}+C_4e^{-\beta y}\end{cases} \tag{7-41}$$

式中，C_1、C_2、C_3、C_4 均为待定常数。

将式（7-41）代入式（7-37a）可得

$$\theta = [C_1\cos(\beta x) + C_2\sin(\beta x)](C_3e^{\beta y} + C_4e^{-\beta y}) \tag{7-42a}$$

将式（7-36）中的第一个边界条件代入式（7-42a）可得 $C_1=0$，于是式（7-42a）可转化为

$$\theta = (C_5e^{\beta y} + C_6e^{-\beta y})\sin(\beta x) \tag{7-42b}$$

式中，C_5、C_6 为待定常数，$C_5=C_2C_3$，$C_6=C_2C_4$。

将式（7-36）中的第三个边界条件代入式（7-42b）可得 $C_6=-C_5$，于是式（7-42b）可转化为

$$\theta = C_5(e^{\beta y} - e^{-\beta y})\sin(\beta x) = 2C_5\mathrm{sh}(\beta y)\cdot\sin(\beta x) \tag{7-42c}$$

式中，$\mathrm{sh}(\beta x)$ 为 βx 的双曲正弦函数。

将式（7-36）中的第二个边界条件代入式（7-42c）可得

$$0 = C_5\mathrm{sh}(\beta y)\cdot\sin(\beta L) \tag{7-42d}$$

由于 C_5 和 $\sin(\beta y)$ 均不可恒为零，所以要满足式（7-42d），其中的 $\sin(\beta L)$ 必为零，于是有

$$\beta = \frac{n\pi}{L} \qquad n = 1,2,3,\cdots \tag{7-43}$$

其中，n 不能为零，否则 $\beta=0$。

将式（7-43）代入式（7-42c），整理后可得

$$\theta = C_n\mathrm{sh}\frac{n\pi y}{L}\cdot\sin\frac{n\pi x}{L} \tag{7-44a}$$

式中，C_n 为一系列待定常数。

根据式（7-44a）形式，实际上得到了一系列可满足微分方程式（7-35）和边界条件式（7-36）的解。由于所讨论的是线性问题，将式（7-44a）叠加可得到更通用的解，即

$$\theta = \sum_{n=1}^{\infty} C_n\mathrm{sh}\frac{n\pi y}{L}\cdot\sin\frac{n\pi x}{L} \tag{7-44b}$$

式（7-44b）中的待定常数 C_n 可利用式（7-36）中的第四个边界条件确定，将其代入式（7-44a），可得

$$f(x) - T_0 = \sum_{n=1}^{\infty} C_n\mathrm{sh}\frac{n\pi H}{L}\cdot\sin\frac{n\pi x}{L} \tag{7-44c}$$

令 $A_n=C_n\mathrm{sh}\dfrac{n\pi H}{L}$，则有

$$f(x) - T_0 = \sum_{n=1}^{\infty} A_n\sin\frac{n\pi x}{L} \tag{7-44d}$$

式（7-44d）的右端为一傅里叶正弦级数，A_n 为其系数。为确定 A_n，将式（7-44d）两边同乘以 $\sin\dfrac{m\pi}{L}x$（$m=1,2,3,\cdots$），并在 $0\sim L$ 区间积分，即

$$\int_0^L[f(x) - T_0]\sin\frac{m\pi x}{L}\mathrm{d}x = \sum_{n=1}^{\infty}\int_0^L A_n\sin\frac{n\pi x}{L}\cdot\sin\frac{m\pi x}{L}\mathrm{d}x \tag{7-45}$$

将三角函数的正交特性，即 $\int_0^L \sin\frac{n\pi x}{L}\cdot\sin\frac{m\pi x}{L}\mathrm{d}x = \begin{cases} 0 & (m\neq n) \\ \frac{L}{2} & (m=n) \end{cases}$，代入式（7-45）可得 $A_n = \frac{2}{L}\int_0^L [f(x) - T_0]\sin\frac{n\pi x}{L}\mathrm{d}x$，于是有

$$C_n = \frac{A_n}{\mathrm{sh}\frac{n\pi H}{L}} = \frac{2}{L\mathrm{sh}\frac{n\pi H}{L}}\cdot\int_0^L [f(x) - T_0]\cdot\sin\frac{n\pi x}{L}\mathrm{d}x \tag{7-46}$$

将式（7-46）代入式（7-44），整理后得到式（7-45）的解析解为

$$\theta(x,\ y) = \frac{2}{L}\sum_{n=1}^{\infty}\frac{\mathrm{sh}\frac{n\pi y}{L}}{\mathrm{sh}\frac{n\pi H}{L}}\cdot\sin\frac{n\pi x}{L}\cdot\int_0^L [f(x) - T_0]\cdot\sin\frac{n\pi x}{L}\mathrm{d}x \tag{7-47}$$

将 $\theta = T - T_0$ 代入式（7-47），最终可得（7-34）的解析解为

$$T(x,\ y) = T_0 + \frac{2}{L}\sum_{n=1}^{\infty}\frac{\mathrm{sh}\frac{n\pi y}{L}}{\mathrm{sh}\frac{n\pi H}{L}}\cdot\sin\frac{n\pi x}{L}\cdot\int_0^L [f(x) - T_0]\cdot\sin\frac{n\pi x}{L}\mathrm{d}x \tag{7-48}$$

由此可知，只要给定 $f(x)$，式（7-47）和式（7-48）中右边的积分便可求出，从而二维区域内任一点的温度分布也就相应地可以确定。

7.2.2　多个非齐次边界条件

式（7-47）和式（7-48）是只有一个非齐次边界条件的二维稳态导热问题的解析解。若有多个非齐次边界条件，可将问题分解为相应数量的单个非齐次边界条件问题，然后再将所有解析解叠加，最终可得多个非齐次边界条件问题的解，步骤如图 7-13 所示。

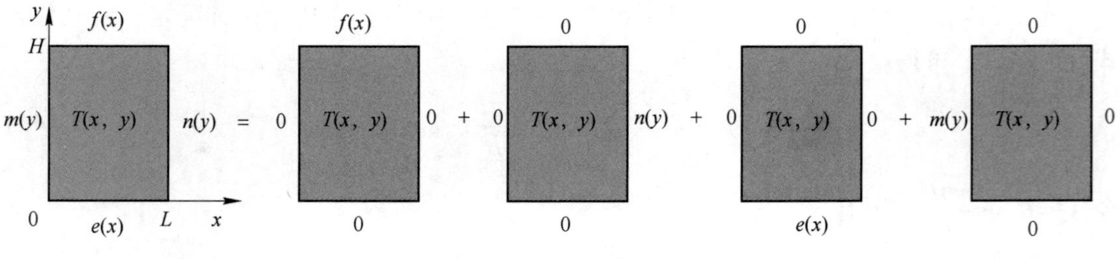

图 7-13　所有单个非齐次边界条件二维稳态导热问题解析解的叠加处理

需要指出，上述的分离变量法还可推广到三维稳态导热的情况，具体步骤是：令 $T = X(x)\cdot Y(y)\cdot Z(z)$，将其代入三维的式（6-23）中，实施变量分离后，可得到三个二阶常微分方程，在给定的边界条件下进行积分，最终可得到相应的解析解。

7.3　非稳态导热现象

在冶金生产中，非稳态导热是一种常见的传热现象，如炉料的加热与冷却、金属的凝固与冷却、高炉蓄热式热风炉的工作、冶炼炉开炉时炉体的积热和停炉时炉体的散热等，都属于非稳态导热过程。

讨论非稳态导热的目的在于找出温度分布和热流量随时间的变化规律。其方法一般地仍可通过求解导热微分方程和相应的单值性条件（初始条件和边界条件）以确定物体的温度分布，然后用傅里叶定律来确定热流量。

7.3.1　零维非稳态导热现象

非稳态导热时，温度场与时间有关。因此，即使是简单的一维问题，导热微分方程仍为偏微分方程，这就为求解非稳态导热问题增加了诸多复杂性。但是，当物体内的温度梯度很小时，其非稳态导热过程可用简单的方法求解，其中就包括薄材分析法（或称为集总参数分析法）。

在加热或冷却过程中，若物体内温度分布均匀，在任一时刻都可用一个温度来代表整个物体的温度，则可视该物体为薄材（或为集总系统）。显然，薄材的温度场与空间坐标无关，只是时间的函数，那么就有 $T=f(t)$，这种导热现象称为零维非稳态导热。这样，薄材的温度分布就可用一个与时间相关的简单常微分方程来描述，使复杂的数学问题得以极大简化。

对导热系数为 λ、厚度为 $2S$、单侧面积为 A 的无限大平板在对流给热系数为 h 的第三类边界条件下被冷却或加热的传热问题，判断薄材的毕渥（Biot，也译为毕奥、毕欧、毕奥特）准数为

$$Bi = \frac{hS}{\lambda} = \frac{\dfrac{S}{A\lambda}}{\dfrac{1}{Ah}} = \frac{R_\lambda}{R_h} \tag{7-49}$$

式中，R_λ、R_h 分别为平板的导热热阻和对流给热热阻（见 7.1 节）。

可见，Bi 数表示物体的导热热阻与其表面的对流给热热阻之比。当平板的导热热阻远小于其表面的对流热阻，即 $Bi \to 0$ 时，板内温度趋于均匀分布，可按薄材处理。

一般将 Bi 数表示为

$$Bi = \frac{hL}{\lambda} \tag{7-50}$$

式中，L 为物体的定型尺寸，对于厚度为 $2S$ 的平板，定型尺寸 $L=S$；对于半径为 R 的圆柱和圆球，$L=R$。

实际问题中，当 $Bi<0.1$ 时，物体表面和中心的温差小于 5%，可按薄材处理。

对于体积为 V、表面积为 F 的任意形状物体，可用 $L_V=\dfrac{V}{F}$ 作为定型尺寸。对于厚度为 $2S$ 的大平板，$L_V=S$；对于半径为 R 的长圆柱，$L_V=R/2$；对于半径为 R 的圆球，$L_V=R/3$。

依此，采用定型尺寸 L_V 时对应的薄材判据为

$$Bi_V = \frac{hL_V}{\lambda} \leqslant 0.1M \tag{7-51}$$

式中，M 为采用定型尺寸 L_V 所引出的形状因子，对于厚度为 $2S$ 的平板，$M=1$；对于半径为 R 的圆柱，$M=1/2$；对于半径为 R 的圆球，$M=1/3$。

如图 7-14 所示，设有一任意形状（体积为 V，表面积为 F），均匀初始温度为 $T=T_0$ 的物体。在 $t=0$ 时刻，将其置于温度为 T_f 的介质中（设 $T_f>T_0$），物体表面与介质之间的给热系数 h 和物体的热物性参数（λ、ρ、c_p）均为常数。

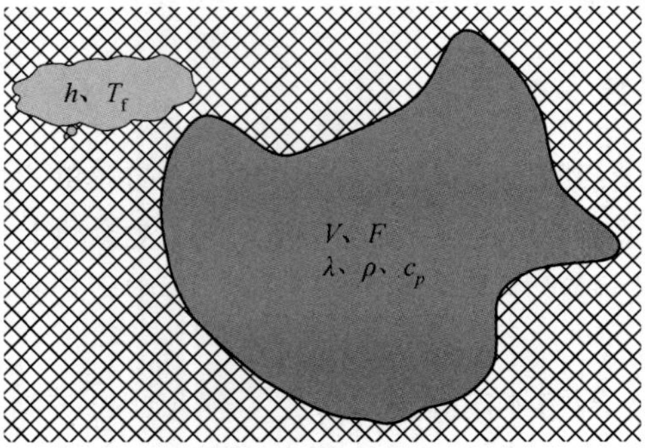

图 7-14 薄材的非稳态导热

假定该传热体系的 $Bi_V<0.1M$，满足薄材判据。根据热力学第一定律，在此条件下，单位时间内物体从其周围介质通过对流给热获得的热量应等于物体的焓的增量。设物体在某 t 时刻的温度为 T，则上述热平衡关系可表示为

$$hF(T_f - T) = \rho c_p V \frac{dT}{dt}$$

进一步整理为

$$\frac{dT}{dt} + \frac{hF}{\rho c_p V}(T - T_f) = 0 \tag{7-52}$$

其初始条件为 $t=0$ 时，$T=T_0$。

为便于分析，令 $\theta=T-T_f$，$m=\dfrac{hF}{\rho c_p V}$，则式（7-52）可改写为

$$\frac{d\theta}{dt} + m\theta = 0 \tag{7-53}$$

其初始条件为 $t=0$，$\theta=T_0-T_f=\theta_0$。

将式（7-53）积分，可得

$$\theta = Ce^{-mt} \tag{7-54}$$

式中，C 为积分常数，可通过初始条件确定。

根据初始条件很容易得到 $C=\theta_0$，于是最终的解为

$$\frac{\theta}{\theta_0} = \frac{T - T_f}{T_0 - T_f} = \exp\left(-\frac{hF}{\rho c_p V}t\right) \tag{7-55}$$

式（7-55）等号右端的指数项可改写为

$$\frac{hF}{\rho c_p V}t = \frac{h\dfrac{V}{F}}{\lambda}\cdot\frac{\lambda\left(\dfrac{F}{V}\right)^2 t}{\rho c_p} = \frac{hL_V}{\lambda}\cdot\frac{at}{L_V^2} = Bi_V\cdot Fo_V \tag{7-56}$$

式中，Bi_V、Fo_V 分别为以定型尺寸 $L_V=\frac{V}{F}$ 表示的毕渥数和傅里叶（Fourier）数。

这样一来，式（7-55）可写为

$$\frac{\theta}{\theta_0} = \frac{T-T_f}{T_0-T_f} = \exp(-Bi_V\cdot Fo_V) \tag{7-57}$$

7.3.2　一维非稳态导热现象

7.3.2.1　半无限大（物）体的一维非稳态导热

严格来讲，半无限大（物）体是指受热面位于 $x=0$ 处，而厚度为 $x=+\infty$ 的物体。虽然工程问题中涉及的物体并不是无限厚，但对一个有限厚度的物体，当受热面上发生温度变化，而在所考虑的时间范围内，其影响深度远小于物体本身厚度时，该物体可以作为半无限大体处理。例如，液态金属在砂模中的凝固、工件的表面淬火等都属此类情况。另外，高炉、加热炉炉基的加热过程也是半无限大体非稳态导热的实例，各种间歇式反应器（例如铁水包、钢水包和渣包等）的内衬传热也可以近似按照半无限大体处理。

设有一初始温度 T_0 均匀，热物性参数（λ、ρ、c_p）为常数，无内热源的半无限大体，初始时刻对其加热面（$x=0$ 处）施加不同的边界条件，并保持不变，如图 7-15 所示。

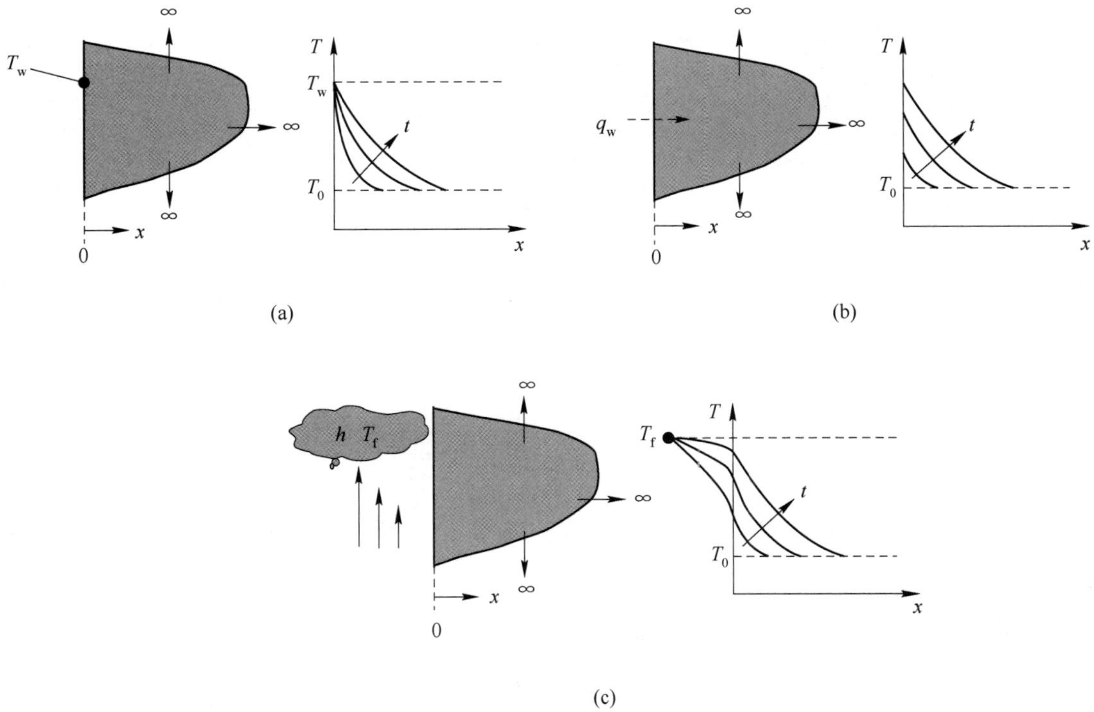

图 7-15　不同边界条件下不同时刻半无限大体内的温度分布
（a）第一类边界条件；（b）第二类边界条件；（c）第三类边界条件

对于这样的问题，温度场只是时间 t 和空间坐标 x 的函数，相应的导热微分方程为

$$\frac{\partial T}{\partial t}=a\frac{\partial^2 T}{\partial x^2} \tag{7-58}$$

式中，a 为热扩散系数，$a=\dfrac{\lambda}{\rho c_p}$。

假定式（7-58）的初始条件为 $t=0$，$0\leqslant x\leqslant\infty$，$T=T_0$，以下分别讨论不同边界条件下半无限大体一维非稳态导热的解析解。

（1）第一类边界条件。如图 7-15（a）所示，初始时刻将 $x=0$ 处温度突然升至 T_w，也就是施加第一类边界条件。在此情况下，式（7-58）的边界条件为$\begin{cases}t>0,\ x=0,\ T=T_w\\ t>0,\ x=\infty,\ T=T_0\end{cases}$。

为简化求解问题，令 $\theta=T-T_0$，再将其代入式（7-58）和相应的初始条件及边界条件，则该问题的数学描述可改写为

$$\frac{\partial \theta}{\partial t}=a\frac{\partial^2 \theta}{\partial x^2} \tag{7-59}$$

初始条件：　$t=0,\ 0\leqslant x\leqslant\infty,\ \theta=T_0-T_0=0$

边界条件：　$\begin{cases}t>0,\ x=0,\ \theta=T_w-T_0=\theta_w\\ t>0,\ x=\infty,\ \theta=T_0-T_0=0\end{cases}$

采用变量置换法（或称换元积分法）对式（7-59）求解，可得到半无限大体内的温度分布为

$$\frac{T-T_0}{T_w-T_0}=\mathrm{erfc}\left(\frac{x}{2\sqrt{at}}\right) \tag{7-60a}$$

或

$$\frac{T-T_w}{T_0-T_w}=\mathrm{erf}\left(\frac{x}{2\sqrt{at}}\right) \tag{7-60b}$$

式（7-60）中，$\mathrm{erf}(\eta)=\dfrac{2}{\sqrt{\pi}}\displaystyle\int_0^{\eta}e^{-\eta^2}\mathrm{d}\eta$ 称为高斯误差函数，$\mathrm{erfc}(\eta)=1-\mathrm{erf}(\eta)$ 称为余误差函数。$\mathrm{erf}(\eta)$ 和 $\mathrm{erfc}(\eta)$ 的值可由图 7-16 查得，也可用下式近似计算。

$$\mathrm{erf}(\eta)\approx\frac{2}{\sqrt{\pi}}\cdot\frac{3\eta}{\eta^2+3} \tag{7-61a}$$

$$\mathrm{erfc}(\eta)\approx 1-\frac{2}{\sqrt{\pi}}\cdot\frac{3\eta}{\eta^2+3} \tag{7-61b}$$

由图 7-16 可查得，当 $\eta_c=\dfrac{x_c}{2\sqrt{at}}=2$ 时，$\dfrac{T_w-T}{T_w-T_0}\approx1$，亦即 $T\approx T_0$，这表明在 $x=x_c$ 处的初始温度 T_0 尚未但即将变化。因此，利用该关系，可确定经过 t 时间后半无限大体内温度开始变化的距离（也称传热距离），为

$$x_c=4\sqrt{at} \tag{7-62}$$

若分析一个如图 7-15（a）所示的具有第一类边界条件的平壁，其厚度为 S，那么当 $S>x_c=4\sqrt{at}$时，半无限大体的解析解，即式（7-60）便可以用于描述该平壁内的温度分布。由式（7-62）还可计算出任一 x 处温度开始变化所经历的时间 t_c 为

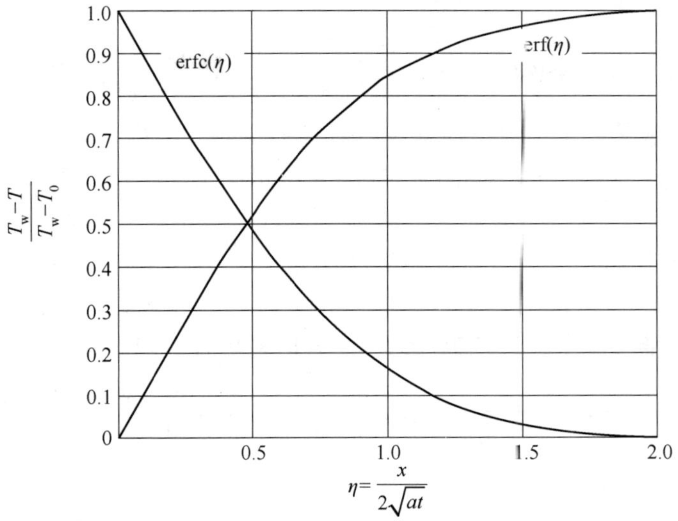

图 7-16 高斯误差函数及余误差函数曲线

$$t_c = \frac{x^2}{16a} \tag{7-63}$$

以下讨论导热通量 q。考虑傅里叶定律 $q=-\lambda\frac{\partial T}{\partial x}$，将（7-60b）对 x 求导（并利用 $\frac{\mathrm{derf}(\eta)}{\mathrm{d}\eta}=\frac{2}{\sqrt{\pi}}e^{-\eta^2}$），经整理后有

$$\frac{\partial T}{\partial x} = -(T_w - T_0)\frac{1}{\sqrt{\pi at}}\cdot e^{-\left(\frac{x}{2\sqrt{at}}\right)^2} \tag{7-64}$$

因此，在 t 时刻，通过表面（$x=0$ 处）的导热通量（W/m²）为

$$q_w = -\lambda\left.\frac{\partial T}{\partial x}\right|_{x=0} = \lambda(T_w - T_0)\cdot\frac{1}{\sqrt{\pi at}} \tag{7-65}$$

在 0~t 时间内，在 $x=0$ 处通过单位表面积的总热量，亦即物体单位表面积吸收的热量（J/m²）为

$$\begin{aligned} Q'_t &= \int_0^t q_w \mathrm{d}t = \lambda(T_w - T_0)\frac{1}{\sqrt{\pi a}}\int_0^t \frac{1}{\sqrt{t}}\mathrm{d}t \\ &= 2\lambda(T_w - T_0)\sqrt{\frac{t}{\pi a}} \end{aligned} \tag{7-66}$$

（2）第二类边界条件。对于如图 7-15（b）所示的第二类边界条件下无限大体的一维非稳态导热问题，式（7-58）的边界条件变为 $\begin{cases} t>0,\ x=0,\ -\lambda\frac{\partial T}{\partial x}=q_w \\ t>0,\ x=\infty,\ T=T_0 \end{cases}$。这种情况下问题的求解非常复杂，这里仅给出最终的解析解，即

$$T - T_0 = 2q_w\sqrt{\frac{at}{\pi\lambda^2}}\cdot\exp\left(-\frac{x^2}{4at}\right) - q_w\frac{x}{\lambda}\cdot\mathrm{erfc}\left(\frac{x}{2\sqrt{at}}\right) \tag{7-67}$$

令式（7-67）中 $T=T_0$，则有

$$2q_w\sqrt{\frac{at}{\pi\lambda^2}}\cdot\exp\left(-\frac{x^2}{4at}\right)-q_w\frac{x}{\lambda}\cdot\mathrm{erfc}\left(\frac{x}{2\sqrt{at}}\right)=0 \tag{7-68}$$

式（7-68）即为计算第二类边界条件下传热距离 x_c 的隐式方程。

（3）第三类边界条件。对于如图 7-15（c）所示的第三类边界条件下半无限大体的一维非稳态导热问题，式（7-58）的边界条件变为 $\begin{cases} t>0,\ x=0,\ -\lambda\dfrac{\partial T}{\partial x}=h(T_f-T_w) \\ t>0,\ x=\infty,\ T=T_0 \end{cases}$。这种情况下问题的求解亦非常复杂，这里也仅给出最终的解析解，即

$$\frac{T-T_0}{T_f-T_0}=\mathrm{erfc}\left(\frac{x}{2\sqrt{at}}\right)-\exp\left(\frac{hx}{\lambda}+\frac{h^2at}{\lambda^2}\right)\cdot\mathrm{erfc}\left(\frac{x}{2\sqrt{at}}+\frac{h\sqrt{at}}{\lambda}\right) \tag{7-69}$$

令式（7-69）中 $T=T_0$，则有

$$\mathrm{erfc}\left(\frac{x}{2\sqrt{at}}\right)-\exp\left(\frac{hx}{\lambda}+\frac{h^2at}{\lambda^2}\right)\cdot\mathrm{erfc}\left(\frac{x}{2\sqrt{at}}+\frac{h\sqrt{at}}{\lambda}\right)=0 \tag{7-70}$$

式（7-70）即为计算第三类边界条件下传热距离 x_c 的隐式方程。

令式（7-69）中 $x=0$，则可求得第三类边界条件下壁面处的温度，即

$$T_w=T|_{x=0}=T_f+(T_0-T_f)\exp\left(\frac{h^2at}{\lambda^2}\right)\cdot\mathrm{erfc}\left(\frac{h\sqrt{at}}{\lambda}\right) \tag{7-71}$$

因此，在 t 时刻，通过表面（$x=0$ 处）的导热通量（W/m^2）为

$$q_w=h(T_f-T_w)=h(T_f-T_0)\exp\left(\frac{h^2at}{\lambda^2}\right)\cdot\mathrm{erfc}\left(\frac{h\sqrt{at}}{\lambda}\right) \tag{7-72}$$

在 $0\sim t$ 时间内，在 $x=0$ 处通过单位表面积的总热量（J/m^2）为

$$Q_t'=\int_0^t q_w\mathrm{d}t=h(T_f-T_0)\int_0^t\exp\left(\frac{h^2at}{\lambda^2}\right)\cdot\mathrm{erfc}\left(\frac{h\sqrt{at}}{\lambda}\right)\mathrm{d}t \tag{7-73}$$

还需说明的是，若 $h\to\infty$，$T_w=T_f$，且式（7-69）中等号右端第二项中的 $\mathrm{erfc}\left(\dfrac{x}{2\sqrt{at}}+\dfrac{h\sqrt{at}}{\lambda}\right)=0$。因此，式（7-69）简化为式（7-60b），即为第一类边界条件下的解析解，它们是完全相同的形式。

7.3.2.2　无限大平板的一维非稳态导热

若传热的影响深度并非远小于平板本身的厚度，则平板不再是半无限大体，7.3.2.1 小节所列公式也不再适用。本小节讨论只在一个坐标方向上有明显温度梯度的有限厚（但在其他坐标方向上无限大）平板的一维非稳态导热问题。

A　第三类边界条件

设有一初始温度 T_0 均匀，热物性参数（λ、ρ、c_p）为常数，无内热源，厚度为 $2S$ 的无限大平板，$t=0$ 时刻将其置于温度为 T_f 的流体中，平板与流体间的给热系数为 h，如图 7-17 所示。由于平板两侧传热情况相同，故任一时刻平板内的温度分布将以其中心截面为对称。若把 x 轴的原点置于平板的中心截面上，则只需研究厚度为 S 的半块平板（$x>0$）

即可。对于这样的问题，温度场只是时间 t 和空间坐标 x 的函数，相应的导热微分方程也为式（7-58）：

$$\frac{\partial T}{\partial t}=a\frac{\partial^2 T}{\partial x^2}$$

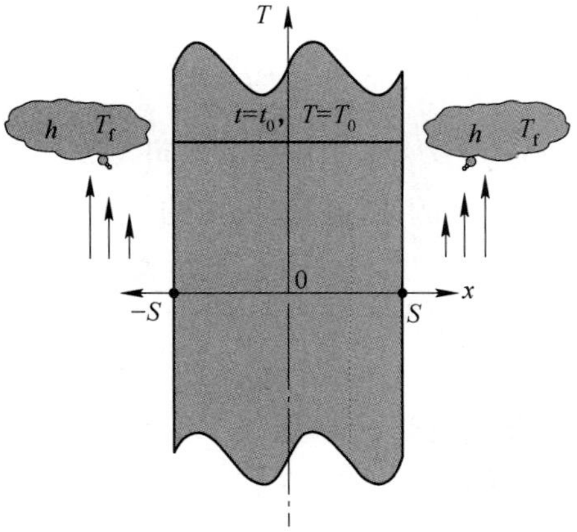

图 7-17　第三类边界条件下无限大平板的一维非稳态导热

对于第三类边界条件下无限大平板的一维非稳态导热，式（7-58）的初始条件为 $t=0$，$0\leqslant x\leqslant S$，$T=T_0$，边界条件为 $\begin{cases} t>0,\ x=0,\ \dfrac{\partial T}{\partial x}=0 \\ t>0,\ x=S,\ -\lambda\dfrac{\partial T}{\partial x}=h\ (T_w-T_f) \end{cases}$。

令 $\theta=T-T_f$，则式（7-58）可改写为

$$\frac{\partial \theta}{\partial t}=a\frac{\partial^2 \theta}{\partial x^2} \tag{7-74}$$

其初始条件为

$$t=0,\ 0\leqslant x\leqslant S,\ \theta=T_0-T_f=\theta_0 \tag{7-75}$$

边界条件为

$$t>0,\ x=0,\ \frac{\partial \theta}{\partial x}=0 \tag{7-76}$$

$$t>0,\ x=S,\ -\lambda\frac{\partial \theta}{\partial x}=h(T_w-T_f)=h\theta_w \tag{7-77}$$

基于分离变量法，令

$$\theta(x,\ t)=X(x)\cdot\tau(t) \tag{7-78}$$

将其代入式（7-74），进行运算并整理，可得

$$\frac{1}{a\tau}\cdot\frac{d\tau}{dt}=\frac{1}{X}\cdot\frac{d^2X}{dx^2} \tag{7-79}$$

观察式（7-79）可知，等号左端只是τ的函数，右端只是 x 的函数，所以要使等式成立，只能是等号两端为同一分离常数，记为$-\beta^2$，则有

$$\frac{1}{a\tau}\cdot\frac{\mathrm{d}\tau}{\mathrm{d}t}=\frac{1}{X}\cdot\frac{\mathrm{d}^2X}{\mathrm{d}x^2}=-\beta^2 \tag{7-80}$$

这样，便可得到两个常微分方程，分别为

$$\frac{\mathrm{d}\tau}{\mathrm{d}t}+a\tau\beta^2=0 \tag{7-81}$$

$$\frac{1}{X}\cdot\frac{\mathrm{d}^2X}{\mathrm{d}x^2}+\beta^2=0 \tag{7-82}$$

理论上讲，式（7-81）和式（7-82）中 β^2 的值可能有三种情况，即 $\beta^2=0$、$\beta^2<0$ 及 $\beta^2>0$。为满足给定的边界条件，β^2 的值只能取其中的一种。

若 $\beta^2=0$，将其代入式（7-81）可得 τ 与时间 t 无关，进而由式（7-78）可得 θ 与 t 无关，显然不合理。

若 $\beta^2<0$，则由式（7-81）可知，τ 随 t 的延长而急剧增大，使得 $t\to\infty$ 时，$\tau\to\infty$，进而由式（7-78）可知 $\theta\to\infty$，这显然也是不合理的。

因此，只能是 $\beta^2>0$。在该条件下，式（7-81）和式（7-82）的通解为

$$\begin{cases}\tau(t)=C_1\exp(-a\beta^2t)\\ X(x)=C_2\sin(\beta x)+C_3\cos(\beta x)\end{cases} \tag{7-83}$$

式中，C_1、C_2、C_3 均为待定常数。

将以上通解代入式（7-78）可得

$$\begin{aligned}\theta(x,\ t)&=[C_2\sin(\beta x)+C_3\cos(\beta x)]\cdot C_1\exp(-a\beta^2t)\\&=[A\sin(\beta x)+B\cos(\beta x)]\cdot\exp(-a\beta^2t)\end{aligned} \tag{7-84}$$

式（7-84）中的三个待定常数（A、B 及 β^2）可借助边界条件，即式（7-76）和式（7-77）确定。

将式（7-84）对 x 求导，并令 $x=0$，可得

$$\left.\frac{\partial\theta}{\partial x}\right|_{x=0}=\exp(-a\beta^2t)\cdot\beta A \tag{7-85}$$

由式（7-76）可知 $\left.\frac{\partial\theta}{\partial x}\right|_{x=0}=0$，于是有 $A=0$。这样一来，式（7-84）变为

$$\theta(x,\ t)=B\cos(\beta x)\cdot\exp(-a\beta^2t) \tag{7-86}$$

将式（7-77）改写为 $\left.\frac{\partial\theta}{\partial x}\right|_{x=S}=-\frac{h}{\lambda}\theta_{\mathrm{w}}=-\frac{h}{\lambda}B\cos(\beta S)\cdot\exp(-a\beta^2t)$；将式（7-86）对 x 求导，并令 $x=S$，可得 $\left.\frac{\partial\theta}{\partial x}\right|_{x=S}=-B\beta\sin(\beta S)\cdot\exp(-a\beta^2t)$。于是有

$$\frac{h}{\lambda}B\cos(\beta S)\cdot\exp(-a\beta^2t)-B\beta\sin(\beta S)\cdot\exp(-a\beta^2t)=0$$

整理可得

$$\frac{h}{\lambda}\cos(\beta S)-\beta\sin(\beta S)=0 \tag{7-87}$$

两边同时乘以 S，并考虑 $\frac{hS}{\lambda}=Bi$，于是式（7-87）可改写为

$$\cot(\beta S)=\frac{\cos(\beta S)}{\sin(\beta S)}=\frac{\beta S}{Bi} \tag{7-88}$$

式（7-88）为一超越方程，可采用图解法求其根，如图 7-18 所示。

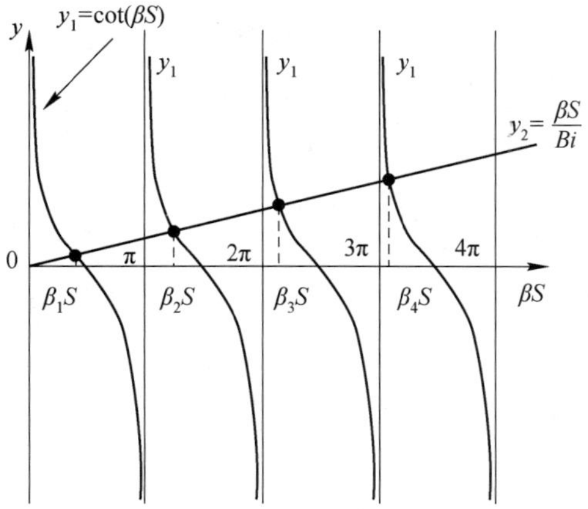

图 7-18　超越方程式（7-88）的图解法

由图 7-18 可知，式（7-88）的根实际上就是 $y_1=\cot(\beta S)$ 和 $y_2=\frac{\beta S}{Bi}$交点的横坐标。由于 $y_1=\cot(\beta S)$ 是以 π 为周期的函数，使得上述交点有无穷多个，所以式（7-88）存在无穷多个特解，可满足

$$\theta_1(x,\ t)=B_1\cos(\beta_1 x)\cdot\exp(-a\beta_1^2 t)$$

$$\theta_2(x,\ t)=B_2\cos(\beta_2 x)\cdot\exp(-a\beta_2^2 t)$$

$$\vdots$$

$$\theta_n(x,\ t)=B_n\cos(\beta_n x)\cdot\exp(-a\beta_n^2 t)\qquad n=1,2,\cdots,\infty$$

由于微分方程和边界条件均是线性齐次的，因此根据线性叠加原理可得到更通用的解，即

$$\theta(x,\ t)=\sum_{n=1}^{\infty}B_n\cos(\beta_n x)\cdot\exp(-a\beta_n^2 t) \tag{7-89}$$

最后，再利用初始条件，即式（7-75）确定式（7-89）中的待定系数 B_n。

令 $t=0$，则式（7-89）变为 $\theta_0=\sum_{n=1}^{\infty}B_n\cos(\beta_n x)$。对该式两边同时乘以 $\cos(\beta_m x)$（$m=1,\ 2,\ \cdots,\ \infty$），并在 $x=0\sim S$ 的区间内积分，整理后可得

$$\theta_0\int_0^S\cos(\beta_m x)\,\mathrm{d}x=\sum_{n=1}^{\infty}B_n\int_0^S\cos(\beta_n x)\cdot\cos(\beta_m x)\,\mathrm{d}x \tag{7-90}$$

将三角函数的正交特性，即

$$\int_0^S\cos(\beta_n x)\cdot\cos(\beta_m x)\,\mathrm{d}x=\begin{cases}0 & m\neq n\\ \frac{1}{2}\left[S+\frac{1}{\beta_n}\sin(\beta_n S)\cdot\cos(\beta_n S)\right] & m=n\end{cases} \tag{7-91}$$

代入式（7-90）可得（这里需要注意，此时 $m=n$，且和号 $\sum_{n=1}^{\infty}$ 中仅剩一项）

$$B_n = \frac{\theta_0\int_0^S \cos(\beta_n x)\,dx}{\frac{1}{2}\left[S + \frac{1}{\beta_n}\sin(\beta_n S)\cdot\cos(\beta_n S)\right]} = \theta_0 \frac{2\sin(\beta_n S)}{\beta_n S + \sin(\beta_n S)\cdot\cos(\beta_n S)} \tag{7-92}$$

将式（7-92）代入式（7-89），整理后可得到问题的最终解为

$$\frac{\theta(x,\ t)}{\theta_0} = \frac{T - T_f}{T_0 - T_f} = 2\sum_{n=1}^{\infty} \frac{\sin(\beta_n S)}{\beta_n S + \sin(\beta_n S)\cdot\cos(\beta_n S)}\cdot\cos(\beta_n x)\cdot\exp(-a\beta_n^2 t) \tag{7-93}$$

若记 $\mu_n=\beta_n S$，$\xi=\frac{x}{S}$，并考虑 $\frac{at}{S^2}=Fo$，则式（7-93）可改写为准数形式，即

$$\frac{\theta(x,\ t)}{\theta_0} = \frac{T - T_f}{T_0 - T_f} = 2\sum_{n=1}^{\infty} \frac{\sin\mu_n}{\mu_n + \sin\mu_n\cdot\cos\mu_n}\cdot\cos(\mu_n\xi)\cdot\exp(-\mu_n^2 Fo) \tag{7-94}$$

将式（7-94）对 x 求偏导数，并令 $x=S$，再根据傅里叶定律便可求得壁面处的导热通量（W/m^2）为

$$q_w = -\lambda\left.\frac{\partial T}{\partial x}\right|_{x=S} = 2\lambda(T_0 - T_f)\sum_{n=1}^{\infty} \frac{\sin^2\mu_n}{\mu_n + \sin\mu_n\cdot\cos\mu_n}\cdot\frac{\mu_n}{S}\cdot\exp(-\mu_n^2 Fo) \tag{7-95}$$

在 $0\sim t$ 时间内，通过平板表面的总热量（J）为

$$Q_t = 2F\int_0^t q_w\,dt = 4FS\rho c_p(T_0 - T_f)\sum_{n=1}^{\infty} \frac{\sin^2\mu_n}{\mu_n^2 + \mu_n\sin\mu_n\cdot\cos\mu_n}\cdot[1 - \exp(-\mu_n^2 Fo)] \tag{7-96}$$

式（7-96）中等号右端的 $2F$ 表示传热通过左右两个面积为 F 的平板表面。

记平板的体积为 V，则平板温度由 T_0 变到 T_f 所需传递的总热量为 $Q_0=V\rho c_p(T_0-T_f)=2FS\rho c_p(T_0-T_f)$，于是式（7-96）可改写为

$$\frac{Q_t}{Q_0} = 2\sum_{n=1}^{\infty} \frac{\sin^2\mu_n}{\mu_n^2 + \mu_n\sin\mu_n\cdot\cos\mu_n}\cdot[1 - \exp(-\mu_n^2 Fo)] \tag{7-97}$$

从形式上看，无论是式（7-94）还是式（7-97）均为无穷级数解，使用时不方便。已经证明，在 $Fo>0.2$ 的条件下，采用级数的第一项近似代表解析解的误差小于1%。

为方便使用，工程上已根据式（7-94）和式（7-97）制成相应的诺谟图（nomogram），分别如图 7-19～图 7-21 所示。图 7-19 为无限大平板无因次中心温度 $\frac{\theta_m}{\theta_0}=\frac{T_m-T_f}{T_0-T_f}$（其中，$T_m$ 为平板中心 $x=0$ 处的温度）随 Fo 和 Bi 的变化，图 7-20 为 $\frac{\theta}{\theta_m}=\frac{T-T_f}{T_m-T_f}$ 随 Bi 和 $\xi=\frac{x}{S}$ 的变化，联合应用图 7-19 和图 7-20 便可求出平板内任意位置处的温度。图 7-21 是无因次热量 $\frac{Q_t}{Q_0}$ 随 Fo 和 Bi 的变化，应用图 7-21 可求出任意时刻通过平板壁面的导热量。

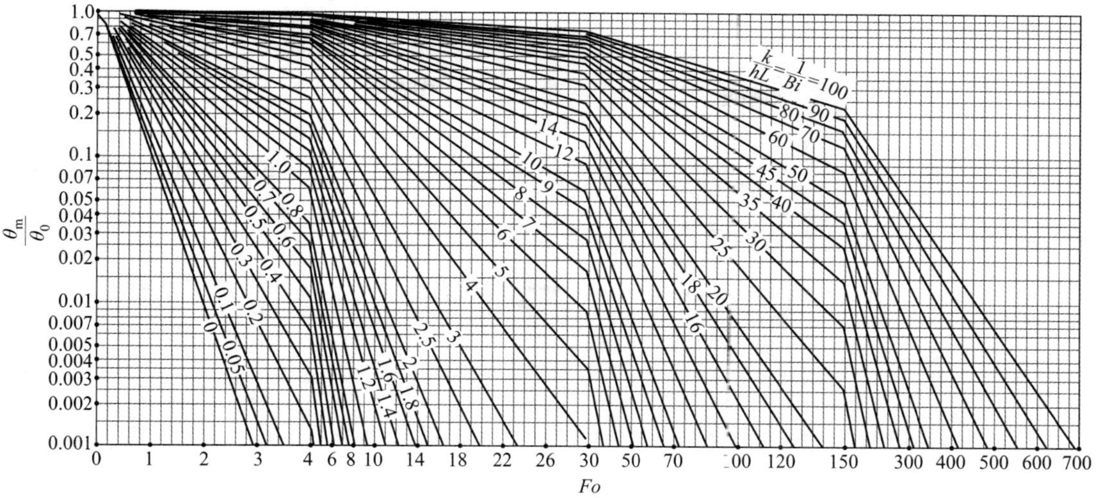

图 7-19 无限大平板无因次中心温度 θ_m/θ_0 随 *Fo* 和 *Bi* 的变化

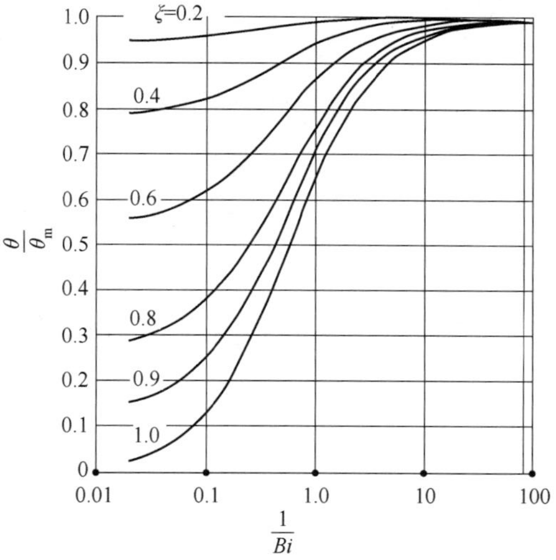

图 7-20 无限大平板无因次温度 θ/θ_m 随 *Bi* 和 ξ 的变化

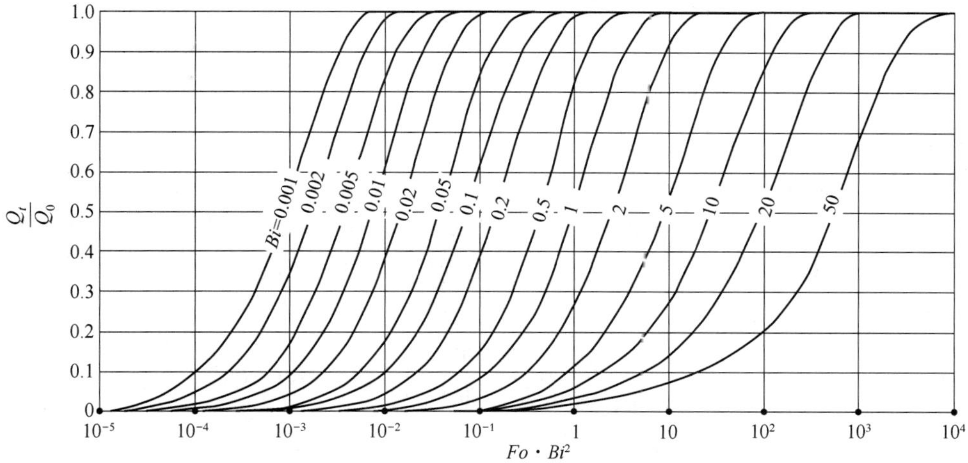

图 7-21 无限大平板无因次热量 Q_t/Q_0 随 *Fo* 和 *Bi* 的变化

B　第一类边界条件

由图 7-19 可知，在相同 Fo 条件下，Bi 越大$\left(即图中\frac{1}{Bi}越小\right)$，$\frac{\theta_m}{\theta_0}$的值越小。极限情况下，$Bi\to\infty$ $\left(即\frac{1}{Bi}=0\right)$，这时相当于第一类边界条件。因此，图 7-19 中$\frac{1}{Bi}=0$（即 $Bi\to\infty$）的曲线实质上就代表平板表面被施加第一类边界条件的解析解。

若 $Bi\to\infty$，图 7-18 中的 y_2 直线与横轴重合，这时有 $\cot(\beta S)=\frac{\beta S}{Bi}=0$，该方程的根为

$$\beta_n S=\mu_n=(2n-1)\frac{\pi}{2}\qquad n=1,2,\cdots,\infty \tag{7-98}$$

将式（7-98）代入式（7-96），并考虑第三类边界条件等效于第一类边界条件时有 $T_w=T_f$，整理后得第一类边界条件下无限大平板一维非稳态导热的解析解为

$$\frac{\theta(x,\ t)}{\theta_0}=\frac{T-T_w}{T_0-T_w}=\frac{4}{\pi}\sum_{n=1}^{\infty}\frac{(-1)^{n+1}}{2n-1}\cdot\cos\left[\frac{(2n-1)\pi}{2}\frac{x}{S}\right]\cdot\exp\left[-\frac{(2n-1)^2\pi^2}{4}Fo\right] \tag{7-99}$$

同样地，可根据傅里叶定律，进行相应运算，求得 $x=S$ 处的导热通量（W/m²）为

$$q_w=-\lambda\frac{\partial T}{\partial x}\Big|_{x=S}=2\frac{\lambda}{S}(T_0-T_w)\sum_{n=1}^{\infty}\exp\left[-\frac{(2n-1)^2\pi^2}{4}Fo\right] \tag{7-100}$$

在 $0\sim t$ 时间内，通过平板表面的总热量（J）为

$$Q_t=2F\int_0^t q_w\mathrm{d}t=4FS\rho c_p(T_0-T_w)\frac{4}{\pi^2}\sum_{n=1}^{\infty}\frac{1}{(2n-1)^2}\left\{1-\exp\left[-\frac{(2n-1)^2\pi^2}{4}Fo\right]\right\} \tag{7-101}$$

C　第二类边界条件

若无限大平板两侧为热通量均为 q 的第二类边界条件，相应一维非稳态导热的解析解为

$$T(x,\ t)=T_0+\frac{qS}{\lambda}\left\{Fo+\frac{\xi^2}{2}-\frac{1}{6}+\sum_{n=1}^{\infty}(-1)^{n+1}\cdot\frac{2}{(n\pi)^2}\cdot\cos(n\pi\xi)\cdot\exp[-(n\pi)^2Fo]\right\} \tag{7-102}$$

7.3.2.3　无限长圆柱的一维非稳态导热

A　第三类边界条件

设有一初始温度 T_0 均匀，热物性参数（λ、ρ、c_p）为常数、无内热源、半径为 R 的无限长圆柱，$t=0$ 时刻将其置于温度为 T_f 的流体中，圆柱表面与流体间的给热系数为 h，如图 7-22 所示。对于这样的问题，温度场只是时间 t 和空间坐标 r 的函数，相应的导热微分方程为

$$\frac{\partial^2 T}{\partial r^2}+\frac{1}{r}\cdot\frac{\partial T}{\partial r}=\frac{1}{a}\cdot\frac{\partial T}{\partial t}\qquad t>0,\ 0<r<R \tag{7-103}$$

式中，a 为圆柱体的热扩散系数，$a=\frac{\lambda}{\rho c_p}$。

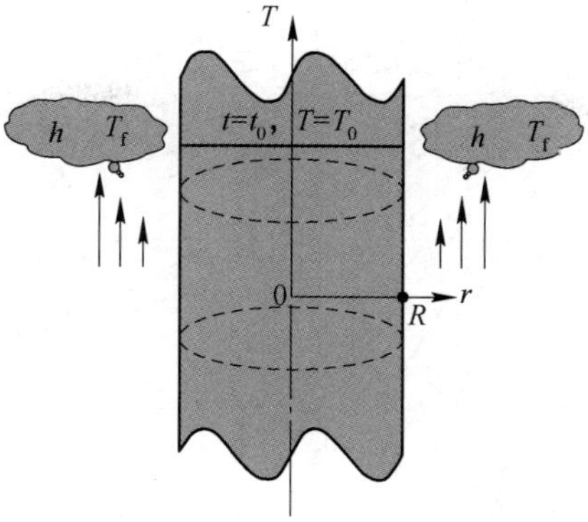

图 7-22　第三类边界条件下无限长圆柱的一维非稳态导热

对于第三类边界条件下无限长圆柱的一维非稳态导热，式（7-103）的初始条件为 $t=0$，$0\leqslant r\leqslant R$，$T=T_0$，边界条件为$\begin{cases} t>0,\ r=0,\ \dfrac{\partial T}{\partial r}=0 \\ t>0,\ r=R,\ -\lambda\dfrac{\partial T}{\partial r}=h\ (T_w-T_f) \end{cases}$。

同样地，应用分离变量法求解式（7-103），可得到第三类边界条件下无限长圆柱一维非稳态导热问题的解析解为

$$\frac{\theta(r,\ t)}{\theta_0}=\frac{T-T_f}{T_0-T_f}=2\sum_{n=1}^{\infty}\frac{1}{\mu_n}\cdot\frac{J_1(\mu_n)}{J_0^2(\mu_n)+J_1^2(\mu_n)}\cdot J_0(\mu_n\xi)\cdot\exp(-\mu_n^2 Fo)\quad(7\text{-}104)$$

式中，ξ 为无量纲空间坐标，$\xi=\dfrac{r}{R}$；J_0、J_1 为第一类零阶和一阶贝塞尔（Bessel）函数；μ_n 为离散值，为超越方程$\dfrac{J_0(\mu)}{J_1(\mu)}=\dfrac{\mu}{Bi}$的根；$Bi$ 为毕渥数，$Bi=\dfrac{hR}{\lambda}$；Fo 为傅里叶数，$Fo=\dfrac{at}{R^2}$。

为方便使用，工程上已根据级数形式的解析解绘制出相应的诺谟图，分别如图 7-23～图 7-25 所示。

图 7-23 为无限长圆柱内无因次中心温度$\dfrac{\theta_m}{\theta_0}=\dfrac{T_m-T_f}{T_0-T_f}$（$T_m$ 为圆柱中心 $r=0$ 处的温度）随 Fo 和 Bi 的变化，图 7-24 为$\dfrac{\theta}{\theta_m}=\dfrac{T-T_f}{T_m-T_f}$随 Bi 和 $\xi=\dfrac{r}{R}$的变化，联合应用图 7-23 和图 7-24 便可求出圆柱内任意位置处的温度。

图 7-25 是无因次热量$\dfrac{Q_t}{Q_0}$随 Fo 和 Bi 的变化，其中，Q_t 为 $0\sim t$ 时间内，通过圆柱表面的总热量；圆柱内温度由 T_0 变到 T_f 所需传递的热量 $Q_0=V\rho c_p(T_0-T_f)$（其中，V 为圆柱的体积），应用图 7-25 可求出任意时刻通过圆柱表面的导热量。

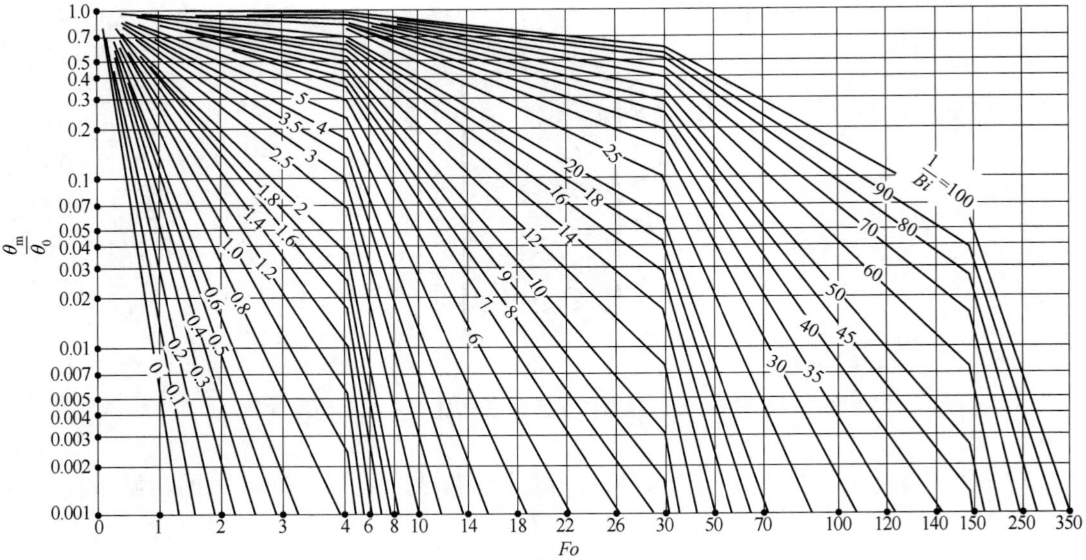

图 7-23　无限长圆柱内无因次中心温度 θ_m/θ_0 随 Fo 和 Bi 的变化

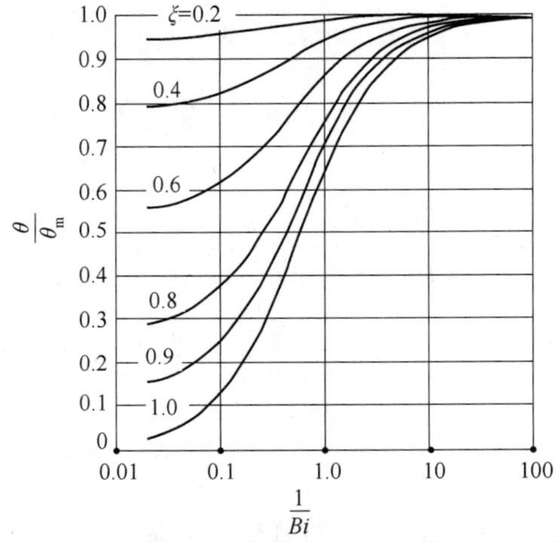

图 7-24　无限长圆柱内无因次温度 θ/θ_m 随 Bi 和 ξ 的变化

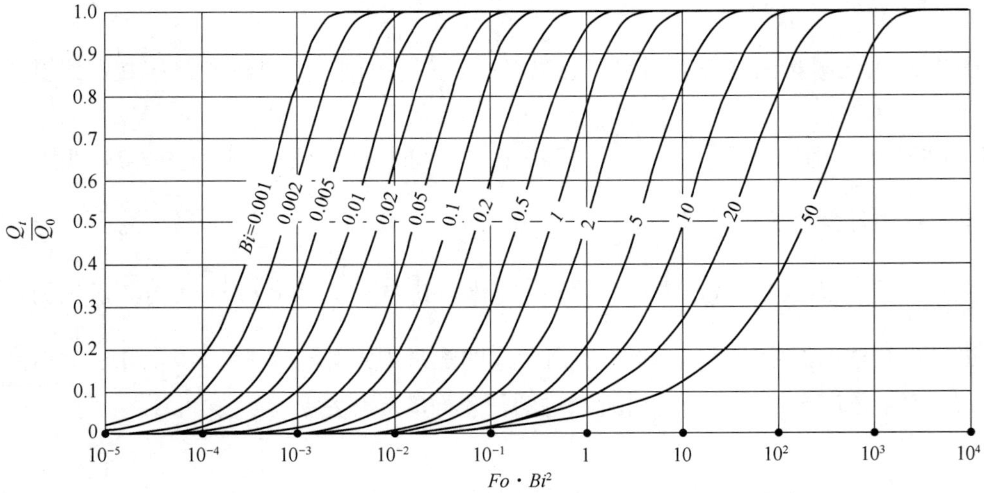

图 7-25　无限长圆柱内无因次热量 Q_t/Q_0 随 Fo 和 Bi 的变化

特别地，若 $Bi \to 0$，无限长圆柱可按薄材处理。此时式（7-104）可简化为：

$$\frac{\theta(r,\ t)}{\theta_0} = \frac{T - T_f}{T_0 - T_f} = \exp(-2Bi \cdot Fo) \qquad (7\text{-}105)$$

B　第一类边界条件

若 $Bi \to \infty$，第三类边界条件等价于第一类边界条件，且有 $T_w = T_f$。此种情况下，离散值 μ_n 的超越方程 $\frac{J_0(\mu)}{J_1(\mu)} = \frac{\mu}{Bi}$ 简化为 $J_0(\mu) = 0$，将其代入式（7-104）可得

$$\frac{\theta(r,\ t)}{\theta_0} = \frac{T - T_w}{T_0 - T_w} = 2\sum_{n=1}^{\infty} \frac{J_0(\mu_n \xi)}{\mu_n J_1(\mu_n)} \cdot \exp(-\mu_n^2 Fo) \qquad (7\text{-}106)$$

7.3.2.4　球体的一维非稳态导热

A　第三类边界条件

设有一初始温度 T_0 均匀、热物性参数（λ、ρ、c_p）为常数、无内热源、半径为 R 的圆球，$t=0$ 时刻将其置于温度为 T_f 的流体中，球体表面与流体间的给热系数为 h，如图 7-26 所示。对于这样的问题，温度场只是时间 t 和空间坐标 r 的函数，相应的导热微分方程为

$$\frac{\partial^2 T}{\partial r^2} + \frac{2}{r} \cdot \frac{\partial T}{\partial r} = \frac{1}{a} \cdot \frac{\partial T}{\partial t} \qquad t>0,\ 0<r<R \qquad (7\text{-}107)$$

式中，a 为球体的热扩散系数，$a = \frac{\lambda}{\rho c_p}$。

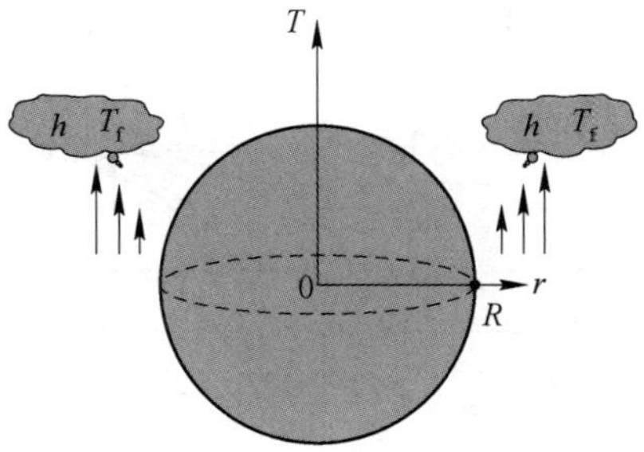

图 7-26　第三类边界条件下圆球的一维非稳态导热

对于第三类边界条件下圆球的一维非稳态导热，式（7-107）的初始条件为 $t=0$，$0 \leqslant r \leqslant R$，$T=T_0$，边界条件为 $\begin{cases} t>0,\ r=0,\ \dfrac{\partial T}{\partial r}=0 \\ t>0,\ r=R,\ -\lambda \dfrac{\partial T}{\partial r} = h(T_w - T_f) \end{cases}$。

基于分离变量法求解式（7-107），可得到第三类边界条件下球体一维非稳态导热问题的解析解为

$$\frac{\theta(r,\ t)}{\theta_0} = \frac{T - T_f}{T_0 - T_f} = 2\sum_{n=1}^{\infty} \frac{1}{\mu_n \xi} \cdot \frac{\sin\mu_n - \mu_n \cos\mu_n}{\mu_n - \sin\mu_n \cos\mu_n} \cdot \sin(\mu_n \xi) \cdot \exp(-\mu_n^2 Fo) \quad (7\text{-}108)$$

式中，ξ 为无量纲空间坐标，$\xi = \frac{r}{R}$；μ_n 为离散值，为超越方程 $\tan\mu = \frac{\mu}{1-Bi}$ 的根；Bi 为毕渥

数，$Bi=\dfrac{hR}{\lambda}$；Fo 为傅里叶数，$Fo=\dfrac{at}{R^2}$。

为方便使用，工程上已根据级数形式的解析解绘制出相应的诺谟图，分别如图 7-27～图 7-29 所示。

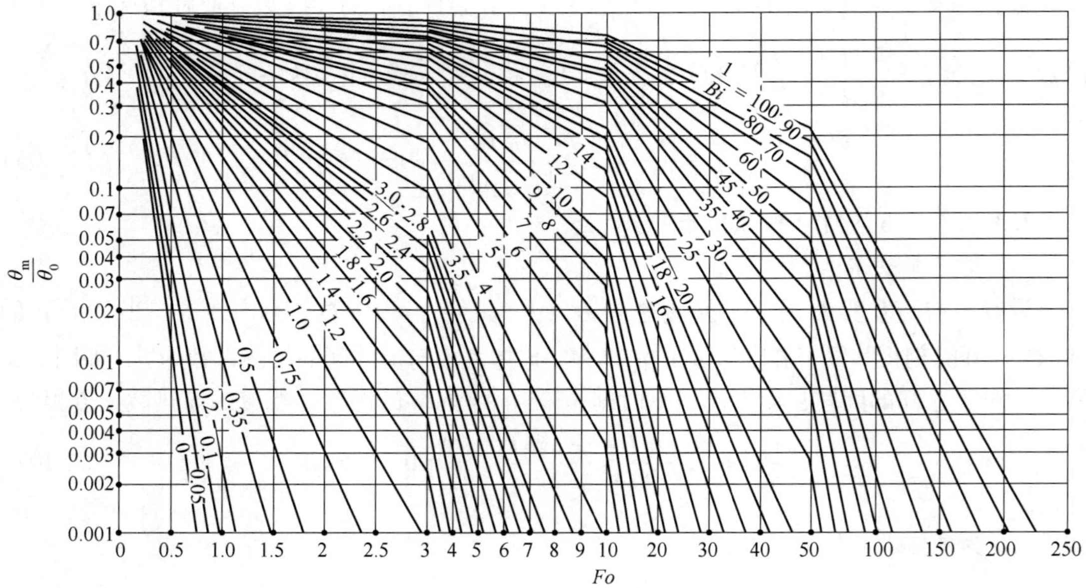

图 7-27 球体内无因次中心温度 θ_m/θ_0 随 Fo 和 Bi 的变化

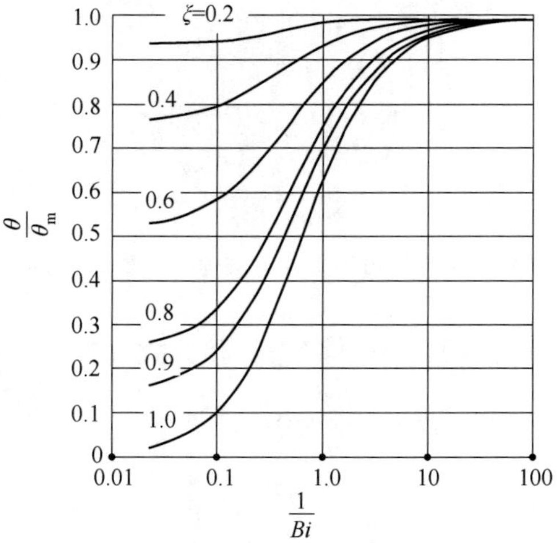

图 7-28 球体内无因次温度 θ/θ_m 随 Bi 和 ξ 的变化

图 7-27 为球体内无因次中心温度$\dfrac{\theta_m}{\theta_0}=\dfrac{T_m-T_f}{T_0-T_f}$（其中，$T_m$ 为圆球中心 $r=0$ 处的温度）随 Fo 和 Bi 的变化，图 7-28 为$\dfrac{\theta}{\theta_m}=\dfrac{T-T_f}{T_m-T_f}$随 Bi 和 $\xi=\dfrac{r}{R}$的变化，联合应用图 7-27 和图 7-28 便可求出球体内任意位置处的温度。

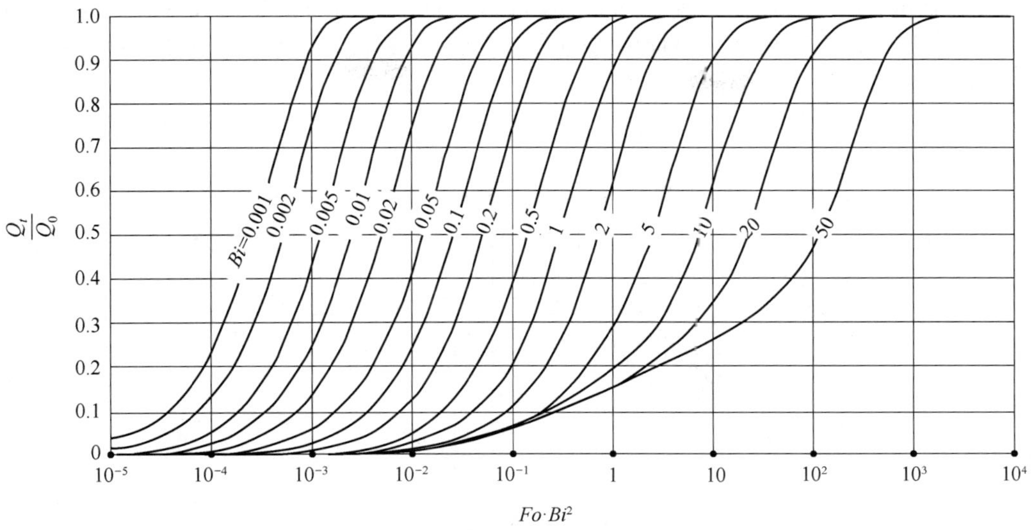

图 7-29 球体内无因次热量 Q_t/Q_0 随 Fo 和 Bi 的变化

图 7-29 是球体内无因次热量$\frac{Q_t}{Q_0}$随 Fo 和 Bi 的变化，其中，Q_t 为 $0\sim t$ 时间内，通过球体表面的总热量，球体内温度由 T_0 变到 T_f 所需传递的热量 $Q_0=V\rho c_p(T_f-T_0)$（其中，V 为圆球的体积），应用图 7-29 可求出任意时刻通过球体壁面的导热量。

特别地，若 $Bi\to 0$，球体可按薄材处理。此时式（7-108）可简化为

$$\frac{\theta(r,\ t)}{\theta_0}=\frac{T-T_f}{T_0-T_f}=\exp(-3Bi\cdot Fo) \tag{7-109}$$

B 第一类边界条件

若 $Bi\to\infty$，第三类边界条件等价于第一类边界条件，且有 $T_w=T_f$。此种情况下，离散值 μ_n 的超越方程 $\tan\mu=\frac{\mu}{1-Bi}$简化为 $\tan\mu=0$，该式的根为

$$\mu_n=n\pi \qquad n=1,2,\cdots,\infty \tag{7-110}$$

将式（7-110）代入式（7-108）可得球体一维非稳态导热问题的解析解为

$$\frac{\theta(r,\ t)}{\theta_0}=\frac{T-T_w}{T_0-T_w}=2\sum_{n=1}^{\infty}(-1)^{n+1}\cdot\frac{\sin(\mu_n\xi)}{\mu_n\xi}\cdot\exp(-\mu_n^2 Fo) \tag{7-111}$$

7.3.3 多维非稳态导热现象

以上讨论的非稳态导热仅限于一维问题，实际工程中常遇到二维或三维非稳态导热问题。多维非稳态导热的分析解相当复杂，但可应用一维解的乘积法，即乘积解法，利用相关一维问题的解析解来确定某些二维，甚至是三维问题的解析解。

设有如图 7-30（a）~图 7-32（a）所示的三种形状物体。其中，图 7-30（a）代表矩形截面的二维导热区域，温度在 x 和 y 方向存在分布；图 7-31（a）为短圆柱体，内部的温度只在径向 r 和轴向 z 上发生变化；图 7-32（a）为有限体积长方体，内部的温度在 x、

y、z 三个坐标上均有变化。三种形状物体的初始温度 T_0 均匀，热物性参数（λ、ρ、c_p）为常数，且无内热源。另外，对物体施加第三类边界条件，使其周围流体温度保持为 T_f，对流给热系数为 h。

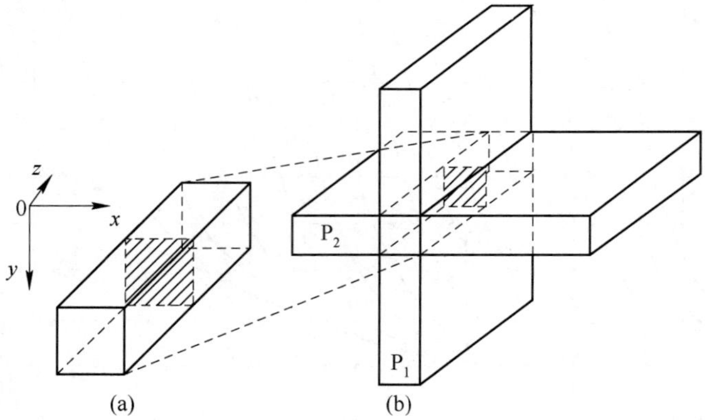

图 7-30　矩形截面二维导热问题的乘积解法图示

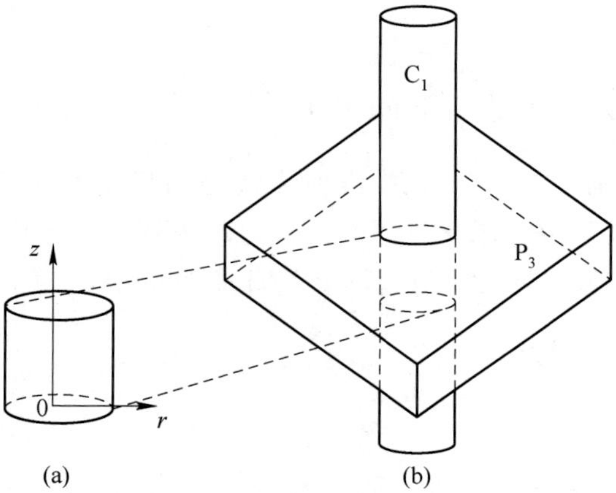

图 7-31　短圆柱体二维导热问题的乘积解法图示

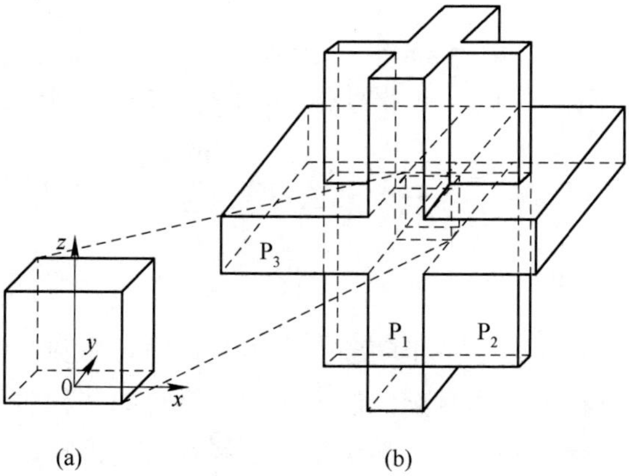

图 7-32　有限体积长方体三维导热问题的乘积解法图示

从几何形状上看，图 7-30（a）~ 图 7-32（a）的三种物体形状可分别看成是由两块

（有限厚度的）无限大平板、一块无限大平板和一根无限长圆柱及三块无限大平板相贯而成，依次如图 7-30（b）~图 7-32（b）所示。根据乘积解法，各物体中多维非稳态导热问题的解析解可由其几何上相贯体的一维解析解相乘而得。

对于无限大平板和无限长圆柱的一维非稳态导热问题，其第三类边界条件下的解析解分别为式（7-94）和式（7-104），则图 7-30 所示的矩形区域二维导热问题的解析解为

$$\frac{\theta(x,\ y,\ t)}{\theta_0}=\frac{T(x,\ y,\ t)-T_f}{T_0-T_f}=\frac{\theta_{P_1}(x,\ t)}{\theta_0}\cdot\frac{\theta_{P_2}(y,\ t)}{\theta_0} \tag{7-112}$$

式中，θ_{P_1}、θ_{P_2} 分别为仅在 x 方向和 y 方向导热的无限大平板 P_1 和 P_2 的解析解。

图 7-31 所示的短圆柱体二维导热问题的解析解为

$$\frac{\theta(r,\ z,\ t)}{\theta_0}=\frac{T(r,\ z,\ t)-T_f}{T_0-T_f}=\frac{\theta_{C_1}(r,\ t)}{\theta_0}\cdot\frac{\theta_{P_3}(z,\ t)}{\theta_0} \tag{7-113}$$

式中，θ_{C_1}、θ_{P_3} 分别为仅在 r 方向和 z 方向导热的无限长圆柱 C_1 和无限大平板 P_3 的解析解。

图 7-32 所示的有限体积长方体三维导热问题的解析解为

$$\frac{\theta(x,\ y,\ z,\ t)}{\theta_0}=\frac{T(x,\ y,\ z,\ t)-T_f}{T_0-T_f}=\frac{\theta_{P_1}(x,\ t)}{\theta_0}\cdot\frac{\theta_{P_2}(y,\ t)}{\theta_0}\cdot\frac{\theta_{P_3}(z,\ t)}{\theta_0} \tag{7-114}$$

式中，θ_{P_1}、θ_{P_2}、θ_{P_3} 分别为仅在 x 方向、y 方向以及 z 方向导热的无限大平板 P_1、P_2 及 P_3 的解析解。

需要指出的是：（1）应用乘积解法时，应保持所求多维问题的初始条件和边界条件与所用一维问题的初始条件和边界条件相一致；（2）从严格证明的角度看，乘积解法只适用于第三类边界条件。然而，在 $Bi\to\infty$ 的条件下，第三类边界条件等价于第一类边界条件，因此乘积解法也是适用的。

7.4 导热问题的数值解法简介

前述内容中对导热问题的求解是通过对微分方程在特定的几何形状和边界条件下进行积分而求得的，这样的解称为精确解（或解析解），其结果以函数的形式给出，能清楚地表示不同因素对温度分布的影响。但是，对于工程技术中遇到的诸多几何形状和边界条件都较复杂的导热问题，由于数学（积分）上的困难，目前还无法得到其精确解。近年来，随着电子计算机的迅速发展、推广和普及，以及计算方法的进步，传热问题的数值解法取得了重大进展，并得到日益广泛的应用。

7.4.1 基本思想和步骤

数值解法的基本思想是：用导热问题所涉及的空间和时间区域内有限个离散点（或称节点）的温度近似值来代替物体内实际的连续温度分布，将连续温度分布函数的求解转化为各节点温度的求解，也就是将微分方程的求解转化为节点温度代数方程的求解。因此，求解域的离散化及节点温度代数方程的建立和求解是数值解法的主要内容。以下为数值法求解导热问题的基本步骤：

（1）对实际导热问题的几何、物理性质进行分析，进行必要和合理的简化，建立符合实际的物理模型；

（2）根据物理模型建立完整的数学模型，给出导热微分方程和定解条件；

（3）求解域离散化，将导热问题所涉及的空间和时间区域按一定的要求划分成有限个子区域，并确定各子区域的空间节点，每个节点对应一个子区域，节点温度代表子区域的温度；

（4）建立节点温度代数方程组；

（5）求解节点温度代数方程组，得到所有节点的温度值；

（6）对计算结果进行分析，若计算结果不符合实际情况，则检查上述计算步骤，修正不合理之处，重复进行计算，直到结果满意为止。

目前常见的数值方法主要包括有限差分法、有限体积法及有限元法等。本小节着重介绍相对简便的有限差分法，为读者今后进行导热的数值计算提供一个入门的向导。有限差分法的基本原理是：用有限差分近似代替微分，用有限差商近似代替微商（即导数），如 $\Delta T \approx \mathrm{d}T$，$\Delta x \approx \mathrm{d}x$，$\dfrac{\Delta T}{\Delta x} \approx \dfrac{\mathrm{d}T}{\mathrm{d}x}$，进而将导热偏微分方程转化为节点温度差分代数方程。下面以二维稳态导热为例，对有限差分法的基本原理进行说明。

7.4.2　二维稳态导热问题的数值解法

7.4.2.1　求解域的离散

根据导热物体的几何形状选择坐标系，利用一组与坐标轴平行的网格线将物体划分成若干个子区域。例如，在直角坐标系中，这些子区域就是一些矩形的网格，如图 7-33 所示，其中网格的宽度 Δx 和 Δy 称为步长。步长大小（即网格疏密）的选择根据问题的需要而定。虽然步长越小，网格越密，节点越多，节点温度分布越接近于连续的温度分布，但也并非网格越密越好，过多的节点会带来对工程问题不必要的计算资源浪费。网格的划分可以采用均匀网格，也可以根据问题特点采用非均匀网格。例如，在温度变化较大的区域采用密集网格，在温度变化较小的区域采用疏松网格。

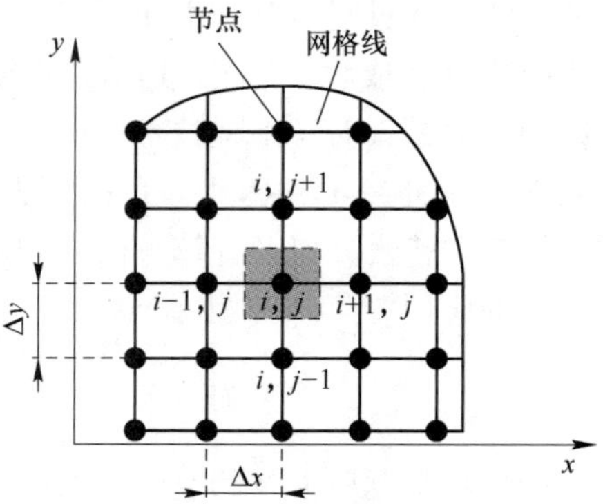

图 7-33　空间域的离散

对于非稳态导热问题，还需要对时间域进行离散。时间和空间步长的选择要满足解的稳定性条件，具体将在后续非稳态导热的数值解法部分进行说明。

节点方面，一般选择网格线交点和网格线与求解域边界的交点作为节点。每个节点代表以它为中心的子区域（或称控制体），如图 7-33 中的节点（i, j）代表涂阴影的子区域，节点的温度就是子区域的温度。网格线的交点称为内部节点，网格线与求解域边界的交点称为边界节点。如果物体内部有物性突变，例如不同材料组成的多层平壁的交界面处，节点位置的选择应该使控制体内只含有同一种材料，即没有物性的突变。节点的位置确定之后，应对所有节点做出编号。

7.4.2.2 节点温度差分方程的建立

建立节点温度差分方程的方法有两种，泰勒级数展开法和控制体积（热平衡）法（详见本书第 16 章内容）。下面以二维稳态导热为例，采用控制体积法，对节点温度差分方程的建立进行说明。

A 内部节点温度差分方程

如图 7-34 所示，内部节点（i, j）代表的控制体在导热过程中的热平衡可表述为：从周围四个相邻控制体导入的热流量之和等于零，即

$$Q_w + Q_e + Q_s + Q_n = 0 \tag{7-115}$$

式中，Q_w 为从节点（$i-1$, j）通过 w 面导入控制体的热流量；Q_e 为从节点（$i+1$, j）通过 e 面导入控制体的热流量；Q_s 为从节点（i, $j-1$）通过 s 面导入控制体的热流量；Q_n 为从节点（i, $j+1$）通过 n 面导入控制体的热流量。

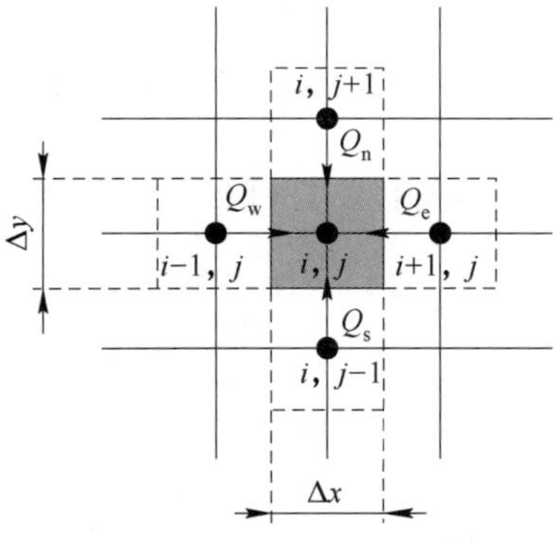

图 7-34 建立内部节点温度差分方程的控制体积法

因为每个节点的温度就是它代表的控制体温度，所以根据傅里叶定律，对于垂直于纸面方向单位厚度的控制体而言，式（7-115）可表示为

$$\lambda \frac{T_{i-1,\,j} - T_{i,\,j}}{\Delta x}\Delta y + \lambda \frac{T_{i+1,\,j} - T_{i,\,j}}{\Delta x}\Delta y + \lambda \frac{T_{i,\,j-1} - T_{i,\,j}}{\Delta y}\Delta x + \lambda \frac{T_{i,\,j+1} - T_{i,\,j}}{\Delta y}\Delta x = 0 \tag{7-116}$$

式中，λ 为物体的导热系数。

若选择步长 $\Delta x = \Delta y$，则式（7-116）可简化为

$$T_{i-1,\,j} + T_{i+1,\,j} + T_{i,\,j-1} + T_{i,\,j+1} - 4T_{i,\,j} = 0 \tag{7-117}$$

式（7-117）为二维稳态导热均匀步长情况下控制体内部节点温度差分方程。在此情况下，空间域中每一个节点的温度都等于其周围相邻 4 个节点温度的算术平均值。

B　边界节点温度差分方程

对于第一类边界条件，边界节点温度已知，故无需建立边界节点的差分方程；若是第二、三类边界条件，可根据边界节点代表的控制体的热平衡建立边界节点温度的差分方程。

对于如图 7-35 所示的具有第三类边界条件的边界节点（i，j），被其代表的是图中阴影所示的控制体。对此控制体进行热量衡算同样可得

$$Q_w + Q_e + Q_s + Q_n = 0 \tag{7-118}$$

式（7-118）中 Q_e 可根据牛顿冷却公式写出，即

$$Q_e = h(T_\infty - T_{i,j})\Delta y \tag{7-119}$$

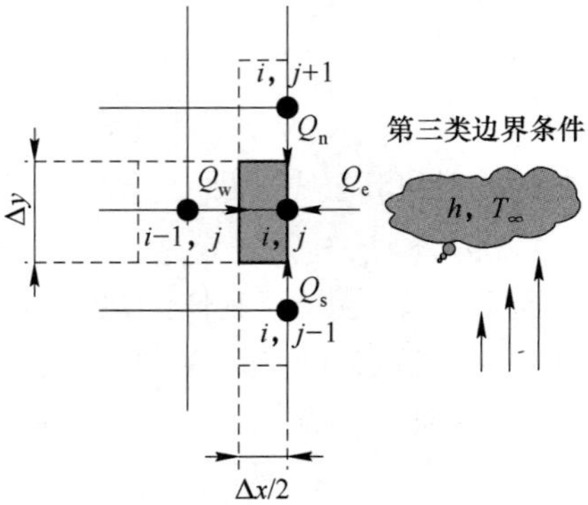

图 7-35　建立边界节点温度差分方程的控制体积法

通过其他三个面导入控制体的热流量可由傅里叶定律写出，即

$$\begin{cases} Q_w = \lambda \dfrac{T_{i-1,j} - T_{i,j}}{\Delta x} \cdot \Delta y \\ Q_n = \lambda \dfrac{T_{i,j+1} - T_{i,j}}{\Delta y} \cdot \dfrac{\Delta x}{2} \\ Q_s = \lambda \dfrac{T_{i,j-1} - T_{i,j}}{\Delta y} \cdot \dfrac{\Delta x}{2} \end{cases} \tag{7-120}$$

若选择步长 $\Delta x = \Delta y$，则根据式（7-119）和式（7-120）写出控制体热量守恒的具体表达式为

$$T_{i-1,j} + \frac{1}{2}(T_{i,j-1} + T_{i,j+1}) + \frac{h\Delta x}{\lambda}T_\infty - \left(2 + \frac{h\Delta x}{\lambda}\right)T_{i,j} = 0 \tag{7-121}$$

考虑（网格）毕渥数 $Bi = \dfrac{h\Delta x}{\lambda}$，式（7-121）可改写为

$$T_{i,j} = \frac{1}{2 + Bi}\left[T_{i-1,j} + \frac{1}{2}(T_{i,j-1} + T_{i,j+1}) + Bi \cdot T_\infty\right] \tag{7-122}$$

式（7-122）即为具有第三类边界条件的平壁节点温度差分方程式。

若图 7-35 中的边界条件为第二类边界条件，即壁面热通量 q_{wall} 已知，则通过同样方法得到的节点方程为

$$T_{i,j}=\frac{1}{2}\left\{\left[T_{i-1,j}+\frac{1}{2}(T_{i,j-1}+T_{i,j+1})\right]+\frac{q_{\text{wall}}}{\lambda}\Delta y\right\} \tag{7-123}$$

特殊地，若壁面热通量为零，即该壁面为绝热边界，则式（7-123）可简化为

$$T_{i,j}=\frac{1}{2}T_{i-1,j}+\frac{1}{4}(T_{i,j-1}+T_{i,j+1}) \tag{7-124}$$

第三类边界条件下，对如图 7-36 的外部拐角和内部拐角节点，通过对节点代表的控制体作热平衡分析，得到的节点方程分别为

$$T_{i,j}=\frac{1}{1+Bi}\left[\frac{1}{2}(T_{i,j-1}+T_{i-1,j})+Bi\cdot T_{\infty}\right] \tag{7-125}$$

$$T_{i,j}=\frac{1}{3+Bi}\left[T_{i-1,j}+T_{i,j+1}+\frac{1}{2}(T_{i,j-1}+T_{i+1,j})+Bi\cdot T_{\infty}\right] \tag{7-126}$$

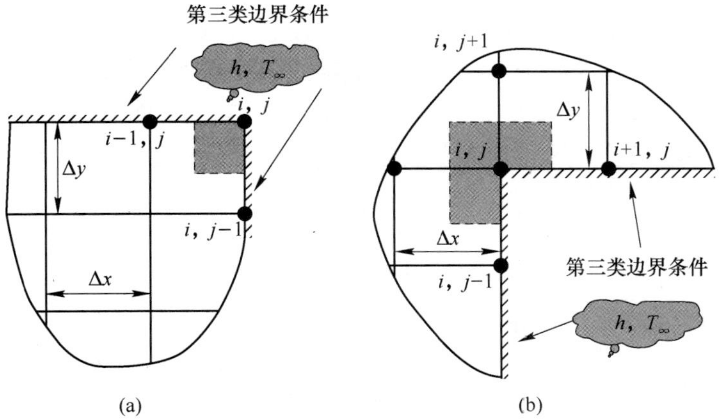

图 7-36 建立外部拐角（a）和内部拐角（b）节点温度差分方程的控制体积法

7.4.2.3 节点温度差分方程的求解

由上述内容可知，采用有限差分方法可以建立导热物体所有内部节点和边界节点温度的差分方程，这些差分方程都是线性代数方程。对应 n 个未知的节点温度，可以建立 n 个差分方程，构成一个封闭的线性代数方程组，求解该方程组，便可得到节点温度的数值。因此，数值求解导热问题最终归结为求解由各节点差分方程组成的线性方程组。求解线性方程组的方法主要有直接法和迭代法两种。直接法是通过有限次运算获得代数方程组的精确解，常见的矩阵求逆和高斯消元法就属于直接法，这种方法的主要缺点是计算量大，当代数方程数目较多时使用不便。实际上，对于工程问题中代数方程数目较多的大型方程组的求解而言，采用计算量较小的迭代法更为合适。

A 简单迭代法

简单迭代法首先在各未知温度的节点（i, j）上假设一初值作为解的零次近似解，记作 $\{T_{i,j}^{(0)}\}$，然后把这组初值代入迭代公式，在第一类边界条件情况下，迭代公式就是内部节点方程，即

$$T_{i,j}^{(1)}=\frac{1}{4}\left[T_{i-1,j}^{(0)}+T_{i+1,j}^{(0)}+T_{i,j-1}^{(0)}+T_{i,j+1}^{(0)}\right] \tag{7-127}$$

通过迭代公式求得新的一组节点温度，也就是解的第一次近似解 $\{T_{i,j}^{(1)}\}$。再由 $\{T_{i,j}^{(1)}\}$ 通过迭代公式求得解的第二次近似解 $\{T_{i,j}^{(2)}\}$，以此类推。当相邻的两次近似解 $\{T_{i,j}^{(k+1)}\}$ 和 $\{T_{i,j}^{(k)}\}$ 中的最大差值小于预先给定的误差 ε 时，即

$$\max_{i,j}\left|T_{i,j}^{(k+1)} - T_{i,j}^{(k)}\right| < \varepsilon$$

或

$$\max_{i,j}\left|\frac{T_{i,j}^{(k+1)} - T_{i,j}^{(k)}}{T_{i,j}^{(k)}}\right| < \varepsilon \tag{7-128}$$

迭代过程结束。此时所得到各节点温度，就是该导热问题的数值解。

应当指出，简单迭代法的特点是第 k+1 次迭代时所使用的全部为第 k 步的近似解，故又称同步迭代法；其缺点是计算的收敛速度较慢。

B 高斯-赛德尔（Gauss-Seidel）迭代法

为加快收敛，工程计算中常采用高斯-赛德尔迭代法，该法是在简单迭代法的基础上加以改进的运算方法。它与简单迭代法的主要区别是在迭代过程中总是使用最新求得的节点温度值，所以又称异步迭代法。同样以第一类边界条件为例，对于图 7-37 中的各内部节点（即 7、8、9、12、13、14、…），假设一初始值作为其 0 次近似解（即 $T_7^{(0)}$、$T_8^{(0)}$、$T_9^{(0)}$、$T_{12}^{(0)}$、$T_{13}^{(0)}$、$T_{14}^{(0)}$、…），由内部节点方程可求得节点 7 的第一次近似解为

$$T_7^{(1)} = \frac{1}{4}[T_6 + T_8^{(0)} + T_2 + T_{12}^{(0)}] \tag{7-129}$$

式中，T_2、T_6 为边界节点 2 和 6 的已知温度值。

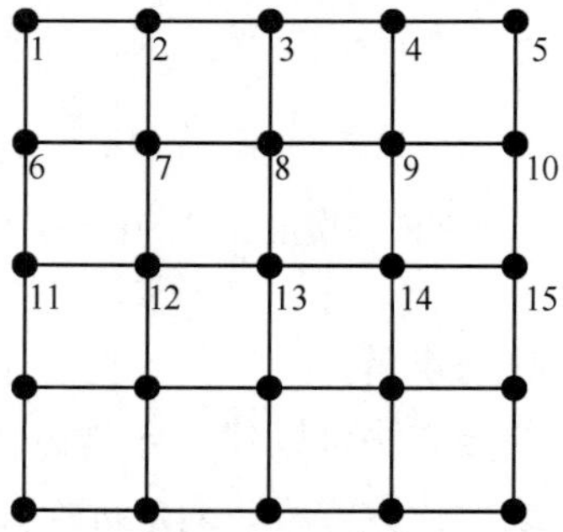

图 7-37 高斯-赛德尔迭代法示例用网格节点

之后，在由节点 8 的方程求其第一次近似解时，直接将新值 $T_7^{(1)}$ 代入内部节点方程（而不是旧值 $T_7^{(0)}$），即

$$T_8^{(1)} = \frac{1}{4}[T_7^{(1)} + T_9^{(0)} + T_3 + T_{13}^{(0)}] \tag{7-130}$$

式中，T_3 为边界节点 3 的已知温度值。

在由节点 9 的方程求其第一次近似解 $T_9^{(1)}$ 时，直接利用新值 $T_8^{(1)}$，以此类推。

7.4.3 非稳态导热问题的数值解法

非稳态导热的数值解法与稳态导热在原理和步骤上是相同的。但是，相比于稳态导热，非稳态导热问题的数值解法还有三点需要考虑：（1）非稳态导热问题的控制方程比稳

态导热多出非稳态项（即时间项），所以其单值性条件中需增加初始条件；（2）除了与稳态导热问题一样需要对空间域进行离散外，还需要对时间域进行离散；（3）由于时间和空间同时离散，会带来节点温度方程求解的稳定性问题，很多情况下空间步长和时间步长不能任意选择。

下面以一维非稳态导热问题为例，对非稳态导热问题的数值解法进行说明。一维非稳态导热的控制方程为

$$\frac{\partial T}{\partial t} = a\frac{\partial^2 T}{\partial x^2} \tag{7-131a}$$

式中，a 为物体的热扩散系数。

7.4.3.1　求解域的离散

如图 7-38 所示，横坐标表示空间（x），纵坐标表示时间（t）。将空间域离散为 $m-1$ 份，得到 m 个空间节点，相邻两节点间的距离 Δx 为空间步长。同样，将时间域离散，得到一系列时间节点，相邻两时间节点的间隔 Δt 称为时间步长。空间和时间的步长大小要视问题的具体情况而定，不能任意选择，需要考虑节点温度方程求解的稳定性问题。

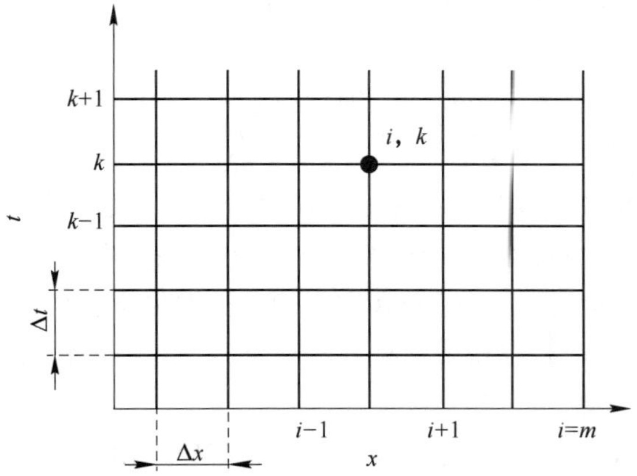

图 7-38　一维非稳态导热的时间-空间区域离散

7.4.3.2　内部节点差分方程——显式格式和隐式格式

任一空间网格线与时间网格线的交点，如（i，k），代表时间-空间区域中的一个节点，其温度记为 T_i^k。将区域内任一点（$x=x_i$）处的温度对时间的一阶导数用向前差商表示，即

$$\left(\frac{\partial T}{\partial t}\right)_i^k = \frac{T_i^{k+1} - T_i^k}{\Delta t} + O(\Delta t) \tag{7-131b}$$

用中心差商表示该点温度对时间的二阶导数，即

$$\left(\frac{\partial^2 T}{\partial x^2}\right)_i^k = \frac{T_{i+1}^k - 2T_i^k + T_{i-1}^k}{(\Delta x)^2} + O((\Delta x)^2) \tag{7-131c}$$

将式（7-131b）和式（7-131c）代入式（7-131a），忽略截断误差 $O(\Delta t)$ 和 $O((\Delta x)^2)$ 后可得

$$\frac{T_i^{k+1}-T_i^k}{\Delta t}=a\left[\frac{T_{i+1}^k-2T_i^k+T_{i-1}^k}{(\Delta x)^2}\right] \tag{7-131d}$$

整理可得

$$T_i^{k+1}=\frac{a\Delta t}{(\Delta x)^2}(T_{i+1}^k+T_{i-1}^k)+\left[1-2\frac{a\Delta t}{(\Delta x)^2}\right]T_i^k \tag{7-131e}$$

考虑网格傅里叶数 $Fo=\frac{a\Delta t}{(\Delta x)^2}$，式（7-131e）可改写为

$$T_i^{k+1}=Fo(T_{i+1}^k+T_{i-1}^k)+(1-2Fo)T_i^k \qquad i=1,2,3,\cdots,m-1;\ k=0,1,2,\cdots \tag{7-132}$$

式（7-132）为一维非稳态导热问题的内部节点差分方程，它表明 $(k+1)\Delta t$ 时刻节点 i 的温度 T_i^{k+1} 可由前一 $k\Delta t$ 时刻节点 i 和相邻两节点 $i-1$ 和 $i+1$ 的温度 T_i^k、T_{i-1}^k、T_{i+1}^k 以显函数形式给出，故称为显式格式的差分方程。显式格式的优点在于计算量小，缺点是时间步长和空间步长有一定的相互制约，否则会出现不合理的数值振荡，即稳定性问题（后面详述）。

如果把式（7-131d）中等号右端所有温度值用 $(k+1)\Delta t$ 时刻的相应节点温度表示，则有

$$\frac{T_i^{k+1}-T_i^k}{\Delta t}=a\left[\frac{T_{i+1}^{k+1}-2T_i^{k+1}+T_{i-1}^{k+1}}{(\Delta x)^2}\right] \tag{7-133}$$

式（7-133）中已知的是 T_i^k，而未知量除 T_i^{k+1} 外，还有 T_{i-1}^{k+1} 和 T_{i+1}^{k+1}，所以需要联立 $(k+1)\Delta t$ 时刻的其他节点方程组才能求解，故称为隐式格式的差分方程。需要强调的是，虽然隐式格式不会出现解的振荡，时间和空间的步长间也没有相互制约，但其缺点是计算量大。因此，工程问题中一般采用显式格式的式（7-132）进行数值计算。

7.4.3.3 边界节点差分方程

对于第一类边界条件，边界节点温度已知，无需建立边界节点的差分方程。考虑如图 7-39 所示的厚度为 L 的无限大平板，其左侧（$x=0$ 处）为第二类边界条件，右侧（$x=L$ 处）为第三类边界条件，可根据边界节点代表的控制体的热平衡建立边界节点温度的差分方程。

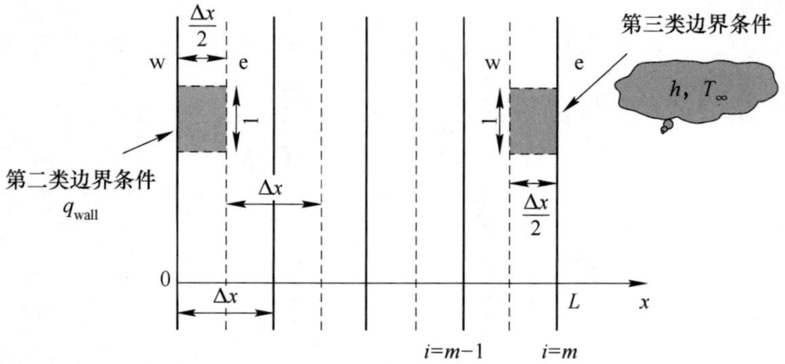

图 7-39 一维非稳态导热问题边界节点温度差分方程的控制体积法

A 第三类边界条件

在平板右侧取体积为$\frac{\Delta x}{2}\cdot 1\cdot 1$的控制体，并进行热量衡算。

在$k\Delta t\sim(k+1)\Delta t$的时间段内，控制体内热量的累积速率为

$$Q_{acc}=\rho c_p\frac{T_i^{k+1}-T_i^k}{\Delta t}\frac{\Delta x}{2}\cdot 1\cdot 1 \tag{7-134}$$

式中，ρ、c_p为平板的密度和热容。

由 w 面传导传入的热流量为

$$Q_w=\lambda\frac{T_{i-1}^k-T_i^k}{\Delta x} \tag{7-135}$$

由 e 面对流传入的热流量为

$$Q_e=h(T_\infty-T_i^k) \tag{7-136}$$

根据控制体的热量平衡$Q_w+Q_e=Q_{acc}$，应用式（7-134）~式（7-136）可得到

$$T_i^{k+1}=2\frac{\lambda}{\rho c_p}\cdot\frac{\Delta t}{(\Delta x)^2}(T_{i-1}^k-T_i^k)+2\frac{h}{\rho c_p}\cdot\frac{\Delta t}{\Delta x}(T_\infty-T_i^k)+T_i^k \tag{7-137}$$

由于网格毕渥数和网格傅里叶数分别为$Bi=\frac{h\Delta x}{\lambda}$和$Fo=\frac{a\Delta t}{(\Delta x)^2}$，同时考虑到$a=\frac{\lambda}{\rho c_p}$，整理式（7-137）可得

$$T_i^{k+1}=2Fo(T_{i-1}^k+Bi\cdot T_\infty)+(1-2Fo-2Fo\cdot Bi)T_i^k\qquad k=0,1,2,\cdots \tag{7-138}$$

式（7-138）即为第三类边界条件下显示格式的边界节点方程。

B 第二类边界条件

在平板左侧取体积为$\frac{\Delta x}{2}\cdot 1\cdot 1$的控制体，并进行热量衡算。

在$k\Delta t\sim(k+1)\Delta t$的时间段内，控制体内热量的累积速率为

$$Q_{acc}=\rho c_p\frac{T_0^{k+1}-T_0^k}{\Delta t}\frac{\Delta x}{2}\cdot 1\cdot 1 \tag{7-139}$$

由 w 面传导传入的热流量为

$$Q_w=q_{wall}\cdot 1\cdot 1 \tag{7-140}$$

由 e 面对流传入的热流量为

$$Q_e=\lambda\frac{T_1^k-T_0^k}{\Delta x} \tag{7-141}$$

根据控制体的热量平衡$Q_w+Q_e=Q_{acc}$，应用式（7-139）~式（7-141）可得到

$$T_0^{k+1}=2\frac{\lambda}{\rho c_p}\cdot\frac{\Delta t}{(\Delta x)^2}(T_1^k-T_0^k)+2\frac{q_{wall}}{\rho c_p}\cdot\frac{\Delta t}{\Delta x}+T_0^k \tag{7-142}$$

整理得

$$T_0^{k+1}=2Fo\cdot T_1^k+(1-2Fo)T_0^k+2\frac{q_{wall}}{\rho c_p}\cdot\frac{\Delta t}{\Delta x}\qquad k=0,1,2,\cdots \tag{7-143}$$

式（7-143）即为第二类边界条件下显示格式的边界节点方程。

特殊地，若壁面热通量为零，即该壁面为绝热边界，则式（7-143）简化为

$$T_0^{k+1}=2Fo\cdot T_1^k+(1-2Fo)T_0^k \qquad k=0,1,2,\cdots \tag{7-144}$$

用类似的方法可以导出一维问题其他边界条件的显式差分方程，也可导出二维或三维问题的内部节点及边界节点的显式差分方程。

7.4.3.4　显式差分方程的稳定性问题

在用显式差分方程进行数值计算时，一个至关重要的问题就是它的稳定性。具体讲就是在计算时要注意差分方程中 Fo 值的选取，如果选取不当，所得的解将不稳定，而不稳定的解是没有意义的。下面举例说明这一问题。

设有一无限大平板，厚度为 0.5 m，热扩散系数 $a=3.472\times10^{-6}\ m^2/s$、初始温度 $T_0=0$ ℃，$t=0$ 时刻平板两侧温度突然升至 100 ℃并保持不变。将平板分成 10 等份，$\Delta x=0.05$ m，选取 $Fo=1$，此时内部节点方程式（7-132）为

$$T_i^{k+1}=T_{i+1}^k+T_{i-1}^k-T_i^k \qquad i=1,2,3,\cdots,9 \tag{7-145}$$

由 $Fo=\dfrac{a\Delta t}{(\Delta x)^2}=1$ 求得 $\Delta t=12$ min。因为两侧对称，故只计算一半即可，计算结果示于表 7-2 中。

表 7-2　显式差分方程计算结果示例

时间 t/min	节点温度 T/℃					
	$i=0$	$i=1$	$i=2$	$i=3$	$i=4$	$i=5$
0（$k=0$）	100	0	0	0	0	0
12（$k=1$）	100	100	0	0	0	0
24（$k=2$）	100	0	100	0	0	0
36（$k=3$）	100	200	−100	100	0	0
48（$k=4$）	100	−200	400	−200	100	0

由表 7-2 中数据可知，从 $t=24$ min，即 $k=2$ 起，内部节点温度开始波动，且随着时间的延长波动幅度越来越大。当 $k=3$ 时，$T_1^3=200$ ℃，$T_2^3=-100$ ℃，这显然是不合理的。因为在本例条件下，任一节点温度只能处在 0～100 ℃之间，在用显式差分方程求解不稳态导热时，数值解出现的这种波动现象称为解的不稳定性，其原因是 Fo 的值选取不当。为得到稳定的解，Fo 值的选取必须满足一定的条件，这个条件称为稳定性判据。研究表明，显式差分方程的稳定性判据是：Fo 值的大小应满足方程中 T_i^k 的系数不为负值。根据这一原则，可写出一维显式差分方程的稳定性判据。

对于内部节点来说，由式（7-132）可知，其稳定性判据为

$$Fo\leqslant\frac{1}{2} \quad 或 \quad \Delta t\leqslant\frac{1}{2}\cdot\frac{(\Delta x)^2}{a} \tag{7-146}$$

观察式（7-143）可知，式（7-146）同样是第二类边界条件下边界节点显式差分方程的稳定性判据。

对于具有第三类边界条件的边界节点，由式（7-138）可知，其稳定性判据为

$$Fo\leqslant\frac{1}{2(1+Bi)} \quad 或 \quad \Delta t\leqslant\frac{1}{2a}\cdot\frac{(\Delta x)^2}{1+Bi} \tag{7-147}$$

由式（7-146）和式（7-147）可知，用显式差分方程计算时，空间步长 Δx 和时间步

长 Δt 的选取是相互制约的。当 Δx 选定后，Δt 就应按照稳定性判据来选择，Δx 取得越小，Δt 也就越小。如果求解的时间范围较大，就需花费较多的计算时间。

复习思考题

7-1 为何平壁导热的解析解常以热通量的形式给出，而圆筒壁和球壳导热的解析解以热流量的形式给出？

7-2 当导热系数为温度的线性函数时，对于第一类边界条件下的平壁导热，可用取两侧温度算术平均值下的导热系数，按照常导热系数计算热通量，见表 7-1。对圆筒壁和球壁是否也可以同样处理？

7-3 对于两侧均为第三类边界条件下多层平（圆筒、球）壁导热问题，假定各层导热系数均为常数，改变各层的顺序是否影响传热量？

7-4 分离变量法可用于求解非线性齐次偏微分方程，其基本思想和主要步骤是什么？

7-5 界定某物体能否视为导热半无限大体的标准是什么？

7-6 显式差分稳定性判据式（7-146）的物理含义是什么？

8　对流传热现象

第 6 章中已提及，对流给热是指流体流经固体时与固体表面之间的热量传递现象，对流给热量可以用牛顿冷却公式计算。牛顿冷却公式描述了对流给热量与表面传热系数及温差之间的关系，是对流给热系数的定义式，形式虽然简单，但难点都集中在对流给热系数的确定上。因此，如何确定对流给热系数的大小是对流给热的核心问题，也是本章讨论的主要内容（本章仅限于讨论没有相变的对流给热过程）。

对流给热是流体的传导传热和移流传热两种基本传热机理共同作用的结果。因此，凡是影响流体导热和流动的因素都会对对流给热产生影响，归纳起来，主要有以下四个方面：

（1）流动产生的原因。由于流动起因不同，使得流体内的速度分布、温度分布不同，对流给热的规律也不相同。根据流动的起因，对流给热主要分为强制对流给热与自然对流给热两大类，两者具有不同的传热规律。

（2）流体流速（v）。黏性流体的流动有层流和湍流两种流态。层流时流动缓慢，流体将分层地平行于壁面方向流动，宏观上层与层之间互不混合，因此垂直于流动方向上的热量传递机理只有传导传热，而平行于壁面的移流传热只是使垂直于壁面的传导传热的温度梯度增大。湍流时，一方面流速大，另一方面流体内存在强烈的速度脉动和涡流，宏观上层与层之间存在混合。流速大意味着平行于壁面的移流传热强，垂直于壁面的温度梯度增大，进而使传导传热得以强化。层与层之间的湍流混合则导致垂直于壁面方向上的移流传热。两者综合作用，使得湍流对流给热要比层流更强烈，传热系数也就更大。

（3）流体的物理性质。由于对流给热是传导和移流两种基本传热机理共同作用的结果，因此对导热和流动产生影响的物理性质（简称物性）都将影响对流给热，如流体的密度 ρ、黏度 μ、比热容 c_p、导热系数 λ 等。

（4）传热面的几何因素和位置。换热表面的几何形状、尺寸、表面粗糙度，以及传热面与流体运动方向的相对位置等几何因素都会影响流体的流动状态，进而影响流体的速度分布和温度分布，对对流给热产生显著影响。

综上所述，影响对流给热的因素有很多，对流给热系数 h 是很多变量的函数，一般函数关系式可表示为

$$h = f(T_w, T_f, \rho, \mu, v, c_p, \lambda, L, \Phi) \tag{8-1}$$

式中，T_w 为固体表面温度；T_f 为流体温度（对于外部绕流，T_f 取流体的主流温度，即远离壁面的流体温度；对于内部流动，T_f 取流体的平均温度）；L 为换热表面的特征长度，习惯上称为定型尺寸，通常是指对换热影响最大的尺寸，如管内流动时的管内径，横向外掠圆管时的圆管外径等；Φ 为换热表面的几何因素，如形状、相对位置等。

8.1　边界层传热的基本概念和方程

普朗特在对黏性流体流动进行大量实验观察的基础上提出了著名的边界层概念，使微分方程得以简化，使其分析求解成为可能。对流给热与流体流动密切相关，因此，在分析对流给热时必将涉及很多动量传输的知识。本书第 2 章中已分析了速度边界层，本章将速度边界层的概念推广应用于对流给热过程，从而得到温度边界层的概念。

8.1.1　温度边界层

这里以掠过平板流动为例对温度边界层的概念进行阐述。当温度均匀的流体与它所流过的固体壁面温度不同时，在壁面附近将形成一层温度变化较大的流体层，称为温度边界层或热边界层，记为 δ_T。如图 8-1 所示，在热边界层内，紧贴壁面的流体温度等于壁面温度 T_w，随着远离壁面，流体温度逐渐接近来流温度 T_∞。

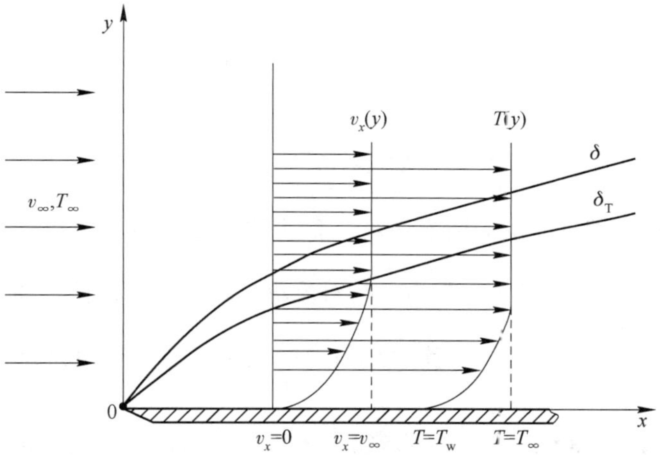

图 8-1　温度边界层示意图（$Pr>1$）

一般将温度 T 达到 $0.99T_\infty$ 之处与板壁的垂直距离定义为温度边界层厚度 δ_T。由此可知，温度边界层就是存在温度梯度的流体层，所以也是发生热量传递的主要区域，其温度场由能量微分方程来描述。热边界层之外，温度梯度可忽略不计，流体温度为来流温度。

前面曾指出，流体的温度场与速度场密切相关。在层流边界层内，速度梯度由大到小变化比较平缓，热边界层内温度梯度的变化与流动边界层内速度梯度的变化类似，也比较平缓。对于湍流边界层而言，其层流底层中具有很大的速度梯度和温度梯度，热量传递主要依靠导热；而湍流核心内由于强烈的扰动混合使速度和温度都趋于均匀，速度梯度和温度梯度都较小，所以热量传递主要依靠流体微团的掺混，即移流传热。因此，对于工业上和日常生活中常见流体（液态金属除外）的湍流对流给热，热阻主要集中于层流底层。

热边界层和流动边界层既有联系又有区别。一般来说，流动边界层总是从入口处开始发展，而热边界层则不一定，它仅存在于壁面与流体之间有温差的地方。此外，热边界层的厚度 δ_T 与流动边界层厚度 δ 也不一定相等，它们之间的关系由流体性质的普朗特数

(Pr) 决定。常见气体、液体的 Pr 分别为 0.6~1.0、1~10，液态金属的 Pr 为 0.003~0.059。

下面分析图 8-1 所示的平板壁面处（$y=0$）流体与固体壁面之间的传热过程。一方面，该处的流-固传热通量 q 可由牛顿公式写出，即

$$q = h(T_w - T_\infty) \tag{8-2}$$

另一方面，平板壁面处（$y=0$）热量是以传导的机理进行传输的。因此，可由傅里叶定律计算传热通量，即

$$q = -\lambda \left.\frac{dT}{dy}\right|_{y=0} \tag{8-3}$$

由于壁面处流体温度 T_w 与 y 无关，故式（8-3）可写为

$$q = \lambda \left.\frac{d(T_w - T)}{dy}\right|_{y=0} \tag{8-4}$$

联立式（8-2）和式（8-4），经整理后可得

$$\frac{h}{\lambda} = \frac{\left.\frac{d(T_w - T)}{dy}\right|_{y=0}}{T_w - T_\infty} = \left.\frac{d\theta}{dy}\right|_{y=0} \tag{8-5}$$

式（8-5）两端同时乘以一特征尺寸 L，于是有

$$\frac{hL}{\lambda} = L\left.\frac{d\theta}{dy}\right|_{y=0} \tag{8-6}$$

式（8-6）等号左端是一个无因次数群，称为努塞尔特（Nusselt）数，通常记作 Nu。努塞尔特数表征的是流体传导传热阻力 $\frac{L}{\lambda}$ 与对流给热阻力 $\frac{1}{h}$ 的比值。需要注意的是，前面提到的毕渥数 Bi 也为导热阻力和对流给热阻力的比值，但导热阻力是采用固体的导热系数计算的。

由式（8-5）和式（8-6）可知，若求得边界层（层流底层）的温度分布，便可应用该两式得到对流传热系数，这也是下面分析确定对流传热系数的基本思路和方法。

8.1.2　平板层流温度边界层的精确解

对于图 8-1 所示的掠过平板的层流流动，若流体为常物性、无内热源及不可压缩牛顿流体，根据第 2 章内容可写出描述边界层内速度分布的微分方程，即

$$\frac{\partial v_x}{\partial x} + \frac{\partial v_y}{\partial y} = 0 \tag{8-7}$$

$$v_x \frac{\partial v_x}{\partial x} + v_y \frac{\partial v_x}{\partial y} = \nu \frac{\partial^2 v_x}{\partial y^2} \tag{8-8a}$$

式中，ν 为流体的动量扩散系数（运动黏度）。

根据第 6 章热量传输微分方程的一般式（6-18），二维稳态条件下的热量传输微分方程为

$$v_x \frac{\partial T}{\partial x} + v_y \frac{\partial T}{\partial y} = a\left(\frac{\partial^2 T}{\partial x^2} + \frac{\partial^2 T}{\partial y^2}\right)$$

应用第 2.2 节中的量级分析，同样可得$\frac{\partial^2 T}{\partial x^2} \ll \frac{\partial^2 T}{\partial y^2}$，进而可将上式简化为

$$v_x \frac{\partial T}{\partial x} + v_y \frac{\partial T}{\partial y} = a \frac{\partial^2 T}{\partial y^2} \tag{8-9a}$$

式中，a 为流体的热扩散系数，$a=\frac{\lambda}{\rho c_p}$。

式（8-7）、式（8-8a）及式（8-9a）便构成了平板层流对流给热的微分方程。比较式（8-8a）和式（8-9a）可知，两者在形式上完全相同。若边界条件也相同，且 $a=\nu$，则两者的解也应完全相同。下面以等温平板边界层为例进行讨论。

8.1.2.1　等温平板的情况

所谓等温平板，是指平板的温度是恒定且均匀的，即在 $x=0\sim\infty$ 范围内，$T=T_w$。这与动量方程在 $x=0\sim\infty$ 范围内 $v_x|_{y=0}=0$ 相对应，但在数值上并不为零（即所谓非齐次边界）。为使热量方程和动量方程的边界条件同为齐次，需采用无量纲化的函数和边界条件。

记 $\theta=\frac{v_x}{v_\infty}=\frac{T-T_w}{T_\infty-T_w}$，则式（8-8a）和式（8-9a）可分别改写为

$$v_x \frac{\partial \theta}{\partial x} + v_y \frac{\partial \theta}{\partial y} = \nu \frac{\partial^2 \theta}{\partial y^2} \tag{8-8b}$$

$$v_x \frac{\partial \theta}{\partial x} + v_y \frac{\partial \theta}{\partial y} = a \frac{\partial^2 \theta}{\partial y^2} \tag{8-9b}$$

相应地，式（8-8b）和式（8-9b）的边界条件为：在 $y=0$ 处 $\theta=0$，在 $y=\infty$ 处 $\theta=1$，即两式的边界条件变成完全相同。这样一来，当 $a=\nu$ 时，两式的解也应完全相同，即温度边界层与速度边界层完全重合，无因次温度分布与无因次速度分布也完全重合。图 8-2 直观地给出了温度分布和速度分布之间的类似曲线。

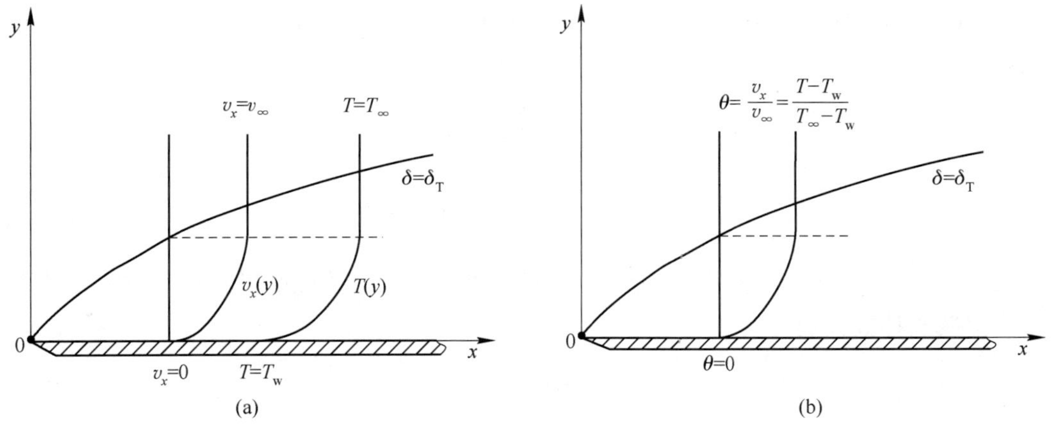

图 8-2　边界层内温度分布与速度分布的类似曲线

（a）边界层内速度和温度分布；（b）无因次速度和温度分布

由第 2 章平板层流边界层精确解一节中的式（2-27）可得边界层内的速度分布为

$$\frac{v_x}{v_\infty}=f'(\eta)=C_2\eta-\frac{1}{2}\cdot\frac{C_2^2}{4!}\eta^4+\frac{11}{4}\cdot\frac{C_2^3}{7!}\eta^7-\frac{375}{8}\cdot\frac{C_2^4}{10!}\eta^{10}+\cdots$$

式中，$\eta=y\sqrt{\frac{v_\infty}{\nu x}}$，$C_2=0.332$。

因此，对边界层内的温度分布，可参照写出

$$\frac{T-T_w}{T_\infty-T_w}=f'(\eta)=C_2\eta-\frac{1}{2}\cdot\frac{C_2^2}{4!}\eta^4+\frac{11}{4}\cdot\frac{C_2^3}{7!}\eta^7-\frac{375}{8}\cdot\frac{C_2^4}{10!}\eta^{10}+\cdots \tag{8-10}$$

进而写出流体与壁面间的传热通量为（为使热通量为正值忽略了负号）

$$q_x=\lambda\frac{\partial T}{\partial y}\bigg|_{y=0}=\lambda(T_\infty-T_w)f''(0)\sqrt{\frac{v_\infty}{\nu x}}=0.332\lambda(T_\infty-T_w)\sqrt{\frac{v_\infty}{\nu x}}$$

或

$$q_x=0.332\frac{\lambda}{x}(T_\infty-T_w)\sqrt{\frac{v_\infty x}{\nu}}=0.332\frac{\lambda}{x}Re_x^{\frac{1}{2}}(T_\infty-T_w)=h_x(T_\infty-T_w)$$

最终得到对流传热系数为

$$h_x=0.332\frac{\lambda}{x}Re_x^{\frac{1}{2}} \tag{8-11a}$$

式中，Re_x 为局部雷诺数，$Re_x=\sqrt{\frac{v_\infty x}{\nu}}$。

考虑局部努塞尔特数 $Nu_x=\frac{h_x x}{\lambda}$，式（8-11a）的准数方程形式为

$$Nu_x=\frac{h_x x}{\lambda}=0.332Re_x^{\frac{1}{2}} \tag{8-12a}$$

式（8-11a）和式（8-12a）的适用条件是 $a=\nu$，即普朗特数 $Pr=\frac{\nu}{a}=1$，$\delta_T=\delta$。对较大 Pr 的情况，波尔豪森的研究表明，$\delta_T/\delta=Pr^{-1/3}$，式（8-10）中的 $C_2=0.332Pr^{1/3}$。因此，更一般地有

$$h_x=0.332\frac{\lambda}{x}Re_x^{\frac{1}{2}}\cdot Pr^{\frac{1}{3}} \tag{8-11b}$$

$$Nu_x=\frac{h_x x}{\lambda}=0.332Re_x^{\frac{1}{2}}\cdot Pr^{\frac{1}{3}} \tag{8-12b}$$

对式（8-11b）和式（8-12b）沿整个平板长度 L 积分，整理后得到平均对流传热系数和平均努塞尔特数分别为

$$\bar{h}_L=0.664\frac{\lambda}{L}Re_L^{\frac{1}{2}}\cdot Pr^{\frac{1}{3}} \tag{8-13a}$$

$$\overline{Nu_L}=\frac{\bar{h}_L L}{\lambda}=0.664Re_L^{\frac{1}{2}}\cdot Pr^{\frac{1}{3}} \tag{8-13b}$$

式（8-13）可用于计算等温平板层流对流给热，称为精确解，其适用条件为 $0.6\leqslant Pr\leqslant 60$ 且 $Re_L=\frac{v_\infty L}{\nu}\leqslant 5\times10^5$。在应用精确解时，计算流体物性参数使用的温度，即定性温

度，需取边界层平均温度（又称膜温度）$T_m=\dfrac{T_w+T_\infty}{2}$。

8.1.2.2　液态金属的情况

对于 Pr 很小的液态金属，由 $\delta_T/\delta=Pr^{-1/3}$ 可知，其温度边界层比速度边界层厚得多，所以温度边界层内整个截面上的实际流速可用主流速度来表示。据此，可求得温度边界层对流传热的解析解为

$$Nu_x=0.564Re_x^{\frac{1}{2}}\cdot Pr^{\frac{1}{2}} \tag{8-14}$$

据此可得平均努塞尔特数为

$$\overline{Nu_L}=1.128Re_L^{\frac{1}{2}}\cdot Pr^{\frac{1}{2}} \tag{8-15}$$

8.1.2.3　常热通量平板的情况

除上述等温平板外，工程问题中还常遇到对平板施加均匀热通量，即常热通量平板。层流条件下，对于 $Pr\geqslant0.6$ 的流体有

$$Nu_x=0.453Re_x^{\frac{1}{2}}\cdot Pr^{\frac{1}{3}} \tag{8-16}$$

由于在热通量 q 为常数的情况下，平板壁面温度 T_w 是变化的，因此沿板长 L 的平均努塞尔特数为 $\overline{Nu_L}=L^2\Big/\int_0^L\dfrac{x}{Nu_x}\mathrm{d}x$，积分后可得

$$\overline{Nu_L}=0.680Re_L^{\frac{1}{2}}\cdot Pr^{\frac{1}{3}} \tag{8-17}$$

可以发现，式（8-17）与式（8-13b）等号右边的系数差别并不大。

8.1.3　平板层流温度边界层的近似解

利用边界层微分方程和边界条件求解对流给热问题虽然比较严格，但目前还只限于层流问题和壁面几何条件比较简单的情况。对于较为复杂的问题，一般采用冯・卡门解析速度边界层所用的近似积分方法。

8.1.3.1　边界层能量积分方程的导出

这里仍以无内热源、常物性、不可压缩牛顿流体稳定流过等温平板时的对流给热过程为例。假定速度边界层和温度边界层都从平板前缘 $x=0$ 处开始，且有 $\delta_T<\delta$，同时令流体的来流速度和温度为 v_∞ 和 T_∞，其密度、黏度、比热容、导热系数及热扩散系数分别为 ρ、μ、c_p、λ 及 a。

如图 8-3 所示，流体掠过平板流动传热时，由平板前缘处开始在平板壁面上形成厚度分别为 δ 和 δ_T 的速度边界层和温度边界层。为推导边界层能量积分方程，在图 8-3 中 A 点至 D 点取长为 Δx（取垂直于纸面 z 方向为单位长度厚）的温度边界层作为控制体，进行质量和能量（热量）衡算。

首先分析质量流量。由 AB 面单位时间内流入控制体的流体质量（即质量流量）为 $m_{AB}=\rho\int_0^{\delta_T}v_x\mathrm{d}y$，则由 CD 面内流出控制体的质量流量为 $m_{CD}=m_{AB}+\dfrac{\mathrm{d}m_{AB}}{\mathrm{d}x}\Delta x=\rho\int_0^{\delta_T}v_x\mathrm{d}y+\rho\dfrac{\mathrm{d}}{\mathrm{d}x}\left(\int_0^{\delta_T}v_x\mathrm{d}y\right)\Delta x$。因为 AD 面为固壁，没有流体的流入和流出，根据质量守恒定律，由

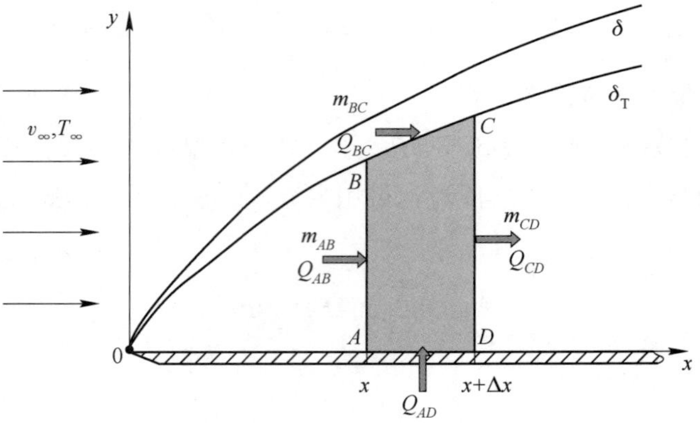

图 8-3 用于推导边界层能量积分方程的控制体

BC 面流入控制体的质量流量必然为 $m_{BC}=m_{CD}-m_{AB}=\rho\dfrac{\mathrm{d}}{\mathrm{d}x}\left(\int_0^{\delta_T}v_x\mathrm{d}y\right)\Delta x$。

再分析热量流量。由 AB 面随流进入控制体的热流量为 $Q_{AB}=\rho c_p\int_0^{\delta_T}v_xT\mathrm{d}y$，则由 CD 面随流流出控制体的热流量为 $Q_{CD}=Q_{AB}+\dfrac{\mathrm{d}Q_{AB}}{\mathrm{d}x}\Delta x=\rho c_p\int_0^{\delta_T}v_xT\mathrm{d}y+\rho c_p\dfrac{\mathrm{d}}{\mathrm{d}x}\left(\int_0^{\delta_T}v_xT\mathrm{d}y\right)\Delta x$。根据质量流量与热流量的关系，可写出由 BC 面流入控制体的热流量 $Q_{BC}=m_{BC}c_pT_\infty=\rho c_p\dfrac{\mathrm{d}}{\mathrm{d}x}\left(\int_0^{\delta_T}v_xT_\infty\mathrm{d}y\right)\Delta x$。

最后，虽然 AD 面无质量流，但由于平板壁面与流体温度存在差异，仍有热量传输，且以导热方式进行。依傅里叶导热定律，通过 AD 面的热流量为 $Q_{AD}=-\lambda\dfrac{\partial T}{\partial y}\Big|_{y=0}\Delta x\cdot 1$。

在稳态条件下，控制体的热量衡算为 $Q_{AB}+Q_{BC}+Q_{AD}=Q_{CD}$。将上述各分量的表达式代入该式，经整理和化简，可得

$$\frac{\mathrm{d}}{\mathrm{d}x}\int_0^{\delta_T}(T_\infty-T)v_x\mathrm{d}y=a\left(\frac{\partial T}{\partial y}\right)_{y=0}\tag{8-18}$$

式（8-18）称为边界层能量积分方程，其边界条件为：$y=0$，$T=T_w$；$y=\delta_T$，$T=T_\infty$。

需要注意，推导式（8-18）时，忽略了由传导机理从左右两面导入和导出控制体的热流量。因此，边界层积分方程不是一个精确方程，而是一个近似方程。另外，由于推导中未考虑黏性引起的耗散热，故方程仅适用于流体黏性和流速均不是很高的场合。但是，方程的推导并未假定流体流动的状态是层流还是湍流，因此，积分方程既适用于层流边界层，也适用于湍流边界层的传热计算。

8.1.3.2 边界层能量积分方程的近似解

由于式（8-18）包含有两个未知量，即 v_x 和 T，因此要求解能量积分方程，需先知道边界层内的速度分布和温度分布。对层流边界层，速度分布在第 2 章内容中已确定，具体为

$$\frac{v_x}{v_\infty}=\frac{3}{2}\frac{y}{\delta}-\frac{1}{2}\left(\frac{y}{\delta}\right)^3\tag{8-19a}$$

与速度分布的分析类似，假定温度边界层的温度分布为

$$\frac{T-T_w}{T_\infty-T_w}=A_0+B_0\frac{y}{\delta_T}+C_0\left(\frac{y}{\delta_T}\right)^2+D_0\left(\frac{y}{\delta_T}\right)^3$$

式中，A_0、B_0、C_0、D_0 为常数，也可类似地由以下 4 个边界条件确定。

$$\begin{cases} y=0,\ T=T_w \\ y=0,\ \dfrac{\partial^2 T}{\partial y^2}=0 \\ y=\delta_T,\ T=T_\infty \\ y=\delta_T,\ \dfrac{\partial T}{\partial y}=0 \end{cases}$$

最终可得

$$\frac{T-T_w}{T_\infty-T_w}=\frac{3}{2}\frac{y}{\delta_T}-\frac{1}{2}\left(\frac{y}{\delta_T}\right)^3 \tag{8-19b}$$

与速度分布类似，式（8-19b）只是严格满足边界条件，但并不严格满足边界层内的温度分布，故只是温度分布的一个近似表达式。由式（8-19b）可知

$$a\frac{\partial T}{\partial y}\bigg|_{y=0}=a\frac{3(T_\infty-T_w)}{2\delta_T} \tag{8-19c}$$

将式（8-19a）和式（8-19b）代入式（8-18）等号的左端，可得

$$\frac{d}{dx}\int_0^{\delta_T}(T_\infty-T)v_x dy=\frac{d}{dx}\left\{(T_\infty-T_w)v_\infty\delta\left[\frac{3}{20}\left(\frac{\delta_T}{\delta}\right)^2-\frac{3}{280}\left(\frac{\delta_T}{\delta}\right)^4\right]\right\} \tag{8-19d}$$

将式（8-19c）和式（8-19d）代入式（8-18），并记 $\phi=\dfrac{\delta_T}{\delta}$，整理后有

$$\delta_T\frac{d}{dx}\left(\frac{3}{20}\phi\delta_T\right)=\frac{3}{20}\left(\phi\delta_T\frac{d\delta_T}{dx}+\delta_T^2\frac{d\phi}{dx}\right)$$

假定 ϕ 不随 x 变化，同时考虑$\delta_T|_{x=0}=0$ 的条件，对上式在 $x=0\sim\delta_T$ 范围内积分可得

$$\delta_T=\frac{\sqrt{\dfrac{3ax}{v_\infty}}}{\sqrt{\dfrac{3}{20}\phi-\dfrac{3}{280}\phi^3}} \tag{8-19e}$$

假定 $\delta_T<\delta$，则有 $\phi<1$，于是式（8-19e）中的$\dfrac{3}{280}\phi^3\ll\dfrac{3}{20}\phi$，遂将其中的高次项忽略，经整理得到

$$\delta_T=\sqrt{\frac{20\delta}{\delta_T}}\cdot\sqrt{\frac{ax}{v_\infty}} \tag{8-19f}$$

将第 2 章中得到的速度边界层厚度改写，即

$$\delta=4.64\sqrt{\frac{\nu x}{v_\infty}}=4.64\sqrt{\frac{\nu}{a}\cdot\frac{ax}{v_\infty}}=4.64Pr^{\frac{1}{2}}\cdot\sqrt{\frac{ax}{v_\infty}}$$

于是有

$$\sqrt{\frac{ax}{v_\infty}}=\frac{\delta}{4.64}Pr^{-\frac{1}{2}} \tag{8-19g}$$

联立式（8-19f）和式（8-19g），整理后有

$$\delta_T=0.976Pr^{-\frac{1}{3}}\cdot\delta \tag{8-20}$$

与前述 $\delta_T/\delta=Pr^{-1/3}$ 的精确解非常接近。

再将速度边界层厚度的准数表达式 $\frac{\delta}{x}=\frac{4.64}{\sqrt{Re_x}}$ 代入式（8-20），最终得到

$$\frac{\delta_T}{x}=4.53Re_x^{-\frac{1}{2}}\cdot Pr^{-\frac{1}{3}} \tag{8-21}$$

由式（8-19c）可知

$$\left.\frac{\partial T}{\partial y}\right|_{y=0}=\frac{3(T_\infty-T_w)}{2\delta_T} \tag{8-22}$$

在壁面 $y=0$ 处还有

$$-\lambda\left.\frac{dT}{dy}\right|_{y=0}=h_x(T_w-T_\infty) \tag{8-23}$$

于是，联立式（8-21）~式（8-23），整理后可写出局部对流给热系数，即

$$h_x=0.331\frac{\lambda}{x}Re_x^{\frac{1}{2}}\cdot Pr^{\frac{1}{3}}$$

写成准数的形式为

$$Nu_x=\frac{h_x x}{\lambda}=0.331Re_x^{\frac{1}{2}}\cdot Pr^{\frac{1}{3}} \tag{8-24}$$

对式（8-24）沿整个平板长度 L 积分，整理后得平均努塞尔特数为

$$\overline{Nu_L}=\frac{\bar{h}_L L}{\lambda}=0.662Re_L^{\frac{1}{2}}\cdot Pr^{\frac{1}{3}} \tag{8-25}$$

需要指出，由于假定 $\delta_T<\delta$（$Pr>1$），进而忽略式（8-19e）中的三次项，并且所用的速度分布也是一个近似表达式，故得到的解为积分方程的近似解。严格来讲，近似解式（8-24）和式（8-25）的适用条件为 $Pr>1$，但实际上，一般认为近似解对 $Pr>0.6$ 的常见气体和液体仍近似适用，具体条件为 $0.6\leqslant Pr\leqslant 60$ 且 $Re_L=\frac{v_\infty L}{\nu}\leqslant 5\times10^5$。同样地，在应用近似解时，计算流体物性参数所需的定性温度取边界层的平均温度。

8.1.4 平板湍流边界层的近似解

湍流边界层内的传热无法基于微分方程求解，只能应用边界层能量积分方程来确定其近似解。借鉴圆管中湍流流动速度的七分之一次方分布，假定边界层内速度分布为 $\frac{v_x}{v_\infty}=\left(\frac{y}{\delta}\right)^{\frac{1}{7}}$，温度分布为 $\frac{T-T_w}{T_\infty-T_w}=\left(\frac{y}{\delta_T}\right)^{\frac{1}{7}}$，将此两式代入式（8-18）中，经运算整理可得局部努塞尔特数为

$$Nu_x = \frac{h_x x}{\lambda} = 0.0296Re_x^{\frac{4}{5}} \cdot Pr^{\frac{1}{3}} \tag{8-26}$$

积分可得沿板长 L 的平均努塞尔特数为

$$\overline{Nu_L} = \frac{\overline{h}_L L}{\lambda} = 0.037Re_L^{\frac{4}{5}} \cdot Pr^{\frac{1}{3}} \tag{8-27}$$

式（8-26）和式（8-27）的适用条件为 $0.6 \leqslant Pr \leqslant 60$ 且 $5\times10^5 < Re_L < 10^7$。

考虑平板边界层 $0 \sim x_{tr}$ 段为层流、$x_{tr} \sim L$ 段为湍流，即混合边界层的情况，则整个板长上的平均努塞尔特数需被修正为

$$\overline{Nu_L} = \frac{\overline{h}_L L}{\lambda} = \left[0.664Re_c^{\frac{1}{2}} + 0.037\left(Re_L^{\frac{4}{5}} - Re_c^{\frac{4}{5}}\right)\right]Pr^{\frac{1}{3}} \tag{8-28}$$

式中，Re_c 为临界雷诺数，对于掠过平板流动来说，一般取 5×10^5。

8.2 对流传热准数方程

8.2.1 强制对流

大多数实际条件下的对流传热无法利用数学分析方法求得，故常借助相似原理指导下的实验获得准数方程解。对（强制）对流传热来说，一般形式的准数方程为

$$Nu = C \cdot Re^m \cdot Pr^n$$

其中

$$Nu = \frac{hL}{\lambda}$$

式中，h、L、λ 分别为对流给热系数、特征尺寸及流体的导热系数。

$$Re = \frac{UL}{\nu}$$

式中，U、ν 分别为流体的特征速度和运动黏度。

$$Pr = \frac{\nu}{a}$$

式中，a 为流体的热扩散系数。

8.2.1.1 湍流时管内强制对流给热

对于管内湍流给热，由于不同研究者的实验条件和处理数据上的差异，得到的准数方程有某些不同。目前应用较为广泛的准数方程为

$$Nu_D = \frac{\overline{h}D}{\lambda} = 0.023Re^{0.8} \cdot Pr^n \tag{8-29}$$

式中，特征尺寸为圆管的内径 D 或非圆形截面管的当量直径 D_e；Re 中的特征速度为管道内流体的平均速度；计算流体物性参数采用的定性温度为流体的总体平均温度 T_a，即流体在加热或冷却前后（从入口到出口整个管长上）的平均温度；流体被加热时其中 Pr 的指数 $n=0.4$，被冷却时 $n=0.3$。

式（8-29）的适用范围为 $0.6<Pr<120$，$10^4 \leqslant Re \leqslant 1.2\times10^5$，管道长径比 $L/D \geqslant 50$，流体与壁面的温差，气体的 $\Delta T \leqslant 50$ ℃、水的 $\Delta T \leqslant 20 \sim 30$ ℃；油类的 $\Delta T \leqslant 10$ ℃。

若对式（8-29）进行一些修正，则可以扩大其适用范围。

A　管道长度修正

对于 $L/D<50$ 的短管，考虑入口段的影响，可对式（8-29）乘以一个短管修正系数 ε_L，其值可由表 8-1 查得。

表 8-1　短管修正系数 ε_L

Re	L/D								
	1	2	5	10	15	20	30	40	50
1×10^4	1.65	1.50	1.34	1.23	1.17	1.13	1.07	1.03	1
2×10^4	1.51	1.40	1.27	1.18	1.13	1.10	1.05	1.02	1
5×10^4	1.34	1.27	1.18	1.13	1.10	1.08	1.04	1.02	1
1×10^5	1.28	1.22	1.15	1.10	1.08	1.06	1.03	1.02	1
1×10^6	1.14	1.11	1.08	1.05	1.04	1.03	1.02	1.01	1

B　螺旋管修正

流体在螺旋管中流动时，因离心力作用使流体在流道内外侧之间形成二次环流，二次环流增加了对边界层的扰动，因此使对流给热系数增大。所以对螺旋管，式（8-29）需乘以一个管道弯曲系数 ε_R。

对于气体：

$$\varepsilon_R = 1 + 1.77\frac{D}{R} \tag{8-30}$$

式中，D 为管道内径；R 为按管道中心线计算的螺旋弯曲率半径。

对于液体：

$$\varepsilon_R = 1 + 10.3\left(\frac{D}{R}\right)^3 \tag{8-31}$$

C　大温差修正

当流体与管壁的温差超过规定范围时，应考虑在管道截面上由于温度不均匀引起的物性不均匀对给热的影响，即乘以一个温差修正系数 ε_T。

对于气体，温度不均匀会导致多种物性不均匀，一般直接采用绝对温度比来修正，即

$$\varepsilon_T = \left(\frac{T_a}{T_w}\right)^n \tag{8-32}$$

式中，T_a 为流体的总体平均温度；T_w 为壁面温度；n 为常数，气体被加热时 $n=0.5$，被冷却时 $n=0$。

对于液体，温度不均匀主要通过黏度不均匀影响给热，故有

$$\varepsilon_T = \left(\frac{\mu}{\mu_w}\right)^n \tag{8-33}$$

式中，μ、μ_w 分别为决定于 T_a 和 T_w 的液体黏度；n 为常数，液体被加热时 $n=0.11$，液体被冷却时 $n=0.25$。

需要指出，式（8-29）及其修正式不适用于小 Pr，即液态金属的情况。在此情况下，

若管道壁面为等温条件，有

$$Nu_D = 4.8 + 0.0156Re^{0.85} \cdot Pr_w^{0.93} \tag{8-34}$$

若管道壁面为常热流条件，有

$$Nu_D = 6.3 + 0.0167Re^{0.85} \cdot Pr_w^{0.93} \tag{8-35}$$

式（8-34）和式（8-35）的适用条件为 $10^4 \leqslant Re \leqslant 10^6$，其中的 Pr_w 决定于壁面温度 T_w。

8.2.1.2 层流及低雷诺数湍流时的管内强制对流给热

A 层流时的情况

对于管内层流时的对流给热，通常采用以下准数方程计算平均对流给热系数

$$Nu_D = 1.86Re^{\frac{1}{3}} \cdot Pr^{\frac{1}{3}} \cdot \left(\frac{D}{L}\right)^{\frac{1}{3}} \left(\frac{\mu}{\mu_w}\right)^{0.14}$$

考虑佩克莱（Peclet）数 $Pe = Re \cdot Pr$，上式可写为

$$Nu_D = 1.86\left(Pe \cdot \frac{D}{L}\right)^{\frac{1}{3}} \left(\frac{\mu}{\mu_w}\right)^{0.14} \tag{8-36}$$

式（8-36）的适用条件为 $Pe \cdot \dfrac{D}{L} > 10$，其中除 μ_w 为管壁温度 T_w 下的动力黏度外，其余物性参数均以流体的总平均温度为定性温度。

圆管内常物性流体做稳态层流流动的情况下，速度分布和温度分布为充分发展的定型段，对流传热计算可采用理论推导所得的结果。对管道壁面为等温条件，有

$$Nu_D = 3.66 \tag{8-37}$$

对管道壁面为常热通量条件，有

$$Nu_D = 4.36 \tag{8-38}$$

B 低雷诺数湍流时的情况

当 $2300 \leqslant Re \leqslant 10^4$ 时，管道内流动状态为低雷诺数湍流。此时，可采用以下准数方程计算平均对流给热系数

$$Nu_D = 0.116(Re^{\frac{2}{3}} - 125)Pr^{\frac{1}{3}}\left[1 + \left(\frac{D}{L}\right)^{\frac{2}{3}}\right]\left(\frac{\mu}{\mu_w}\right)^{0.14} \tag{8-39a}$$

或对于气体，$0.6 < Pr < 1.5$，$0.5 < T/T_w < 1.5$ 时，

$$Nu_D = 0.0214(Re_D^{0.8} - 100)Pr^{0.4}\left[1 + \left(\frac{D}{L}\right)^{\frac{2}{3}}\right]\left(\frac{T}{T_w}\right)^{0.45} \tag{8-39b}$$

对于液体，$1.5 < Pr < 500$，$0.05 < Pr/Pr_w < 20$ 时，

$$Nu_D = 0.012(Re_D^{0.87} - 280)Pr^{0.4}\left[1 + \left(\frac{D}{L}\right)^{\frac{2}{3}}\right]\left(\frac{Pr}{Pr_w}\right)^{0.11} \tag{8-39c}$$

以上三式中，除 μ_w 决定于壁面温度 T_w 外，其余物性参数均以流体的总体平均温度为定性温度。

8.2.1.3 流体外掠球体

流体外掠球体的平均对流给热系数可用以下准数方程计算：

$$Nu_D = \frac{\overline{h}D}{\lambda} = 2.0 + (0.4Re^{\frac{1}{2}} + 0.06Re^{\frac{2}{3}})Pr^{0.4}\left(\frac{\mu}{\mu_w}\right)^{\frac{1}{4}} \tag{8-40}$$

式中，特征尺寸为球体直径 D；Re 中的特征速度为流体来流速度；除 μ_w 采用壁面温度计算外，其他流体物性参数采用的定性温度均为来流温度。

式（8-40）的适用条件为 $0.71 \leqslant Pr \leqslant 380$，$3.5 \leqslant Re \leqslant 7.6 \times 10^4$ 及 $1.0 \leqslant \mu/\mu_w \leqslant 3.2$。

对于自由下落液滴的传热问题，常采用如下兰兹（W. E. Ranz）和马歇尔（W. R. Marshall）的关系式处理：

$$Nu_D = 2.0 + 0.6Re^{\frac{1}{2}} \cdot Pr^{\frac{1}{3}} \tag{8-41}$$

式中，特征尺寸为球体直径 D；Re 中的特征速度为液滴与流体的相对速度；计算流体物性参数所采用的定性温度为来流温度。

式（8-41）的适用条件为 $0.6 < Pr < 400$ 和 $1 \leqslant Re \leqslant 7 \times 10^4$。

8.2.1.4　流体横掠圆柱体

流体横掠圆柱体的平均对流给热系数可用以下准数方程计算：

$$Nu_D = \frac{\overline{h}D}{\lambda} = C \cdot Re^m \cdot Pr^{\frac{1}{3}} \tag{8-42}$$

式中，常数 C 和系数 m 列于表 8-2；特征尺寸为圆柱体外径 D；Re 中的特征速度为流体来流速度；计算流体物性参数所采用的定性温度为边界层平均温度。

表 8-2　式（8-42）中的常数 C 和系数 m

Re	C	m
0.4~4	0.989	0.330
4~40	0.911	0.385
40~4000	0.683	0.466
4000~40000	0.193	0.618
40000~400000	0.027	0.805

8.2.2　自然对流

自然对流传热准数方程的一般形式为

$$Nu = C \cdot Gr^n \cdot Pr^n = C \cdot Ra^n \tag{8-43}$$

式中，Gr 为格拉晓夫（F. Grashof）数；Ra 为瑞利（J. Rayleigh）数，分别为

$$Gr = \frac{g\beta(T_w - T_\infty)L^3}{\nu^2} \tag{8-44}$$

$$Ra = Gr \cdot Pr = \frac{g\beta(T_w - T_\infty)L^3}{\nu a} \tag{8-45}$$

式中，g 为重力加速度；β 为流体的热膨胀系数；T_w 为固壁温度；T_∞ 为远端（未发生自然对流）流体的温度；L 为特征尺寸；ν、a 分别为流体的运动黏度和热扩散系数。

8.2.2.1　垂直平板/长圆柱

对于大空间垂直平板/长圆柱自然对流，已经建立了形如式（8-43）的平均对流给热

系数准数方程。层流（$10^4 \leqslant Ra \leqslant 10^9$）条件下，有

$$\overline{Nu_L} = \frac{\bar{h}L}{\lambda} = 0.59Ra^{\frac{1}{4}} \tag{8-46}$$

湍流（$10^9 \leqslant Ra \leqslant 10^{13}$）条件下，有

$$\overline{Nu_L} = \frac{\bar{h}L}{\lambda} = 0.10Ra^{\frac{1}{3}} \tag{8-47}$$

式中，特征尺寸为板长/圆柱高度 L；计算流体物性参数采用的定性温度为边界层平均温度。

考虑全 Ra 范围的情况，还可采用下式计算。

$$\overline{Nu_L} = \frac{\bar{h}L}{\lambda} = \left\{0.825 + \frac{0.387Ra^{1/6}}{[1 + (0.492/Pr)^{9/16}]^{8/27}}\right\}^2 \tag{8-48}$$

式（8-46）~式（8-48）应用于长圆柱时需满足圆柱表面上的速度边界层远小于圆柱的直径。当 $Pr=1$ 时，这一条件为 $\frac{D}{L} \geqslant \frac{35}{Gr_L^{\frac{1}{4}}}$。

8.2.2.2　单个球体

对于单个球体浸没于流体中的自然对流，其平均对流给热系数准数方程为

$$Nu_D = \frac{\bar{h}D}{\lambda} = 2.0 + \frac{0.589Ra^{1/4}}{[1 + (0.469/Pr)^{9/16}]^{4/9}} \tag{8-49}$$

式（8-49）的适用条件为 $Ra \leqslant 10^{11}$，其中的特征尺寸为球体直径 D，计算流体物性参数采用的定性温度为边界层平均温度。

8.2.2.3　水平长圆柱

对于单个水平长圆柱浸没于流体的自然对流，其平均对流给热系数准数方程为

$$\overline{Nu_D} = \frac{\bar{h}D}{\lambda} = \left\{0.6 + \frac{0.387Ra^{1/6}}{[1 + (0.559/Pr)^{9/16}]^{8/27}}\right\}^2 \tag{8-50}$$

式（8-50）的适用条件为 $Ra \leqslant 10^{12}$，计算流体物性参数所采用的定性温度为边界层平均温度。

由实验数据回归得到的圆柱表面自然对流传热的 Nu_D 与 Ra 的关系为

$$Nu_D = C \cdot Ra^n \tag{8-51}$$

式中，C 和 n 的取值见表 8-3。

表 8-3　式（8-51）中的常数 C 和系数 n

Ra	C	n
$10^{-10} \sim 10^{-2}$	0.675	0.058
$10^{-2} \sim 10^{2}$	1.020	0.148
$10^{2} \sim 10^{4}$	0.850	0.188
$10^{4} \sim 10^{7}$	0.480	0.250
$10^{7} \sim 10^{12}$	0.125	0.333

8.2.2.4　水平平板

如果大空间内平板水平放置，热浮力垂直于壁面。这样一来，自然对流的流动和传热

在很大程度上取决于壁面是冷的还是热的，以及壁面是朝上的还是朝下的。

对于热平板的顶表面或冷平板的底表面，层流（$10^4 \leqslant Ra \leqslant 10^7$）条件下，有

$$\overline{Nu_L} = \frac{\bar{h}L}{\lambda} = 0.54Ra^{1/4} \tag{8-52}$$

湍流（$10^7 \leqslant Ra \leqslant 10^{11}$）条件下，有

$$\overline{Nu_L} = \frac{\bar{h}L}{\lambda} = 0.15Ra^{1/3} \tag{8-53}$$

对于热平板的底表面或冷平板的顶表面，$10^5 \leqslant Ra \leqslant 10^{10}$ 条件下，有

$$\overline{Nu_L} = \frac{\bar{h}L}{\lambda} = 0.27Ra^{1/4} \tag{8-54}$$

式（8-52）~式（8-54）中，特征尺寸为板长 L；计算流体物性参数采用的定性温度为边界层平均温度。

8.2.3　两相流传热现象

8.2.3.1　固定床

在研究气体流过颗粒填充固定床的传热现象时，惠特克（S. Whitaker）定义了如下床层雷诺数和努塞尔特数。

$$Re_b = \frac{U_0 d}{\nu(1-\varepsilon)} \tag{8-55}$$

$$Nu_b = \frac{\bar{h}d\varepsilon}{\lambda(1-\varepsilon)} \tag{8-56}$$

式中，下标 b 代表床层（bed）；U_0 为固定床中气体的表观流速；ε 为床层空隙度；d 为颗粒的（等效）直径。

惠特克同时给出了计算床层气-固间传热的平均努塞尔特数的准数方程，即

$$Nu_b = (0.5Re_b^{\frac{1}{2}} + 0.2Re_b^{\frac{2}{3}})Pr^{\frac{1}{3}} \tag{8-57}$$

式（8-57）的适用条件为 $3.7 \leqslant Re_b \leqslant 8000$ 和 $0.34 \leqslant \varepsilon \leqslant 0.74$，其中计算流体物性参数采用的定性温度为气体的总体平均温度，即气体在床层入口处温度和出口处温度的算术平均值。

8.2.3.2　流化床

流化床的一个显著特征是温度均匀，有效导热系数极大，并且在轴向和径向均是如此，这主要是因为气泡导致了颗粒的循环。实验表明，流化床导热系数约为银的 100 倍；流化床与壁面间的对流给热系数约为固定床的 10 倍，为空床层的 75~100 倍。因此，流化床的传热主要受气体与颗粒间的对流给热控制。

流化床内气体与颗粒间的平均对流给热系数（$\bar{h}$）可由以下鲍氏（A. Borodulya）等人提出的经验公式计算。

$$Nu_{fb} = \frac{\bar{h}\,\bar{d}}{\lambda_g} = 0.85Ar^{0.1}\left(\frac{\rho_p}{\rho_g}\right)^{0.14}\left(\frac{c_p}{c_g}\right)^{0.24}(1-\varepsilon)^{2/3} + 0.046Pe\frac{(1-\varepsilon)^{2/3}}{\varepsilon} \tag{8-58}$$

式中，下标 fb、p、g 分别代表流化床（fluidized bed）、颗粒（particle）及气体（gas）；$\bar{d}$

为颗粒的比表面平均直径；ε 为床层平均空隙率；λ、ρ、c 分别为导热系数、密度及比热容。

式（8-58）中的阿基米德（Archimedes）数和佩克莱数分别为

$$Ar = \frac{g\bar{d}^3\rho_g(\rho_p - \rho_g)}{\mu_g^2} \tag{8-59}$$

$$Pe = \frac{\bar{d}U_0}{a_g} \tag{8-60}$$

式中，g 为重力加速度；U_0 为气体的入口速度；μ、a 分别为黏度和热扩散系数。

式（8-58）的适用条件为 $3.7 \leqslant Re_{fb} \leqslant 8000$ 和 $0.34 \leqslant \varepsilon \leqslant 0.74$，其中计算流体物性参数采用的定性温度为气固（即颗粒）平均温度$\frac{T_g + T_p}{2}$。

8.2.3.3 气粉两相流

对于气粉两相流（气力输送）系统的传热而言，由于存在动量和热量传输的强耦合，导致其十分复杂，目前还没有较为成熟的经验关系式。因此，一般基于第 5 章中气粉两相流相关内容，采用数值计算法处理气力输送的传热问题。

复习思考题

8-1 为何会出现温度边界层和速度边界层厚度不同，两者之间的关系是什么？

8-2 努塞尔特数与毕渥数有何区别？

8-3 利用边界层能量方程得到温度边界层近似解的前提是什么？

8-4 对球体绕流的对流传热，当球体和流体相对静止时，式（8-40）和式（8-41）都给出 $Nu_D = 2.0$，即静止流体导热的解析解，这是否意味着两式雷诺数适用范围的下限可以扩展到 $Re = 0$？

8-5 强制对流过程中一般也应存在自然对流，为什么强制对流的传热系数不是两者的加和？

8-6 如何强化流化床内气体与颗粒间的传热？

9 辐射传热现象

9.1 基本概念和定律

辐射换热（heat transfer by thermal radiation）是热量传递的基本方式之一。热辐射以电磁波方式传递能量，不需要依赖介质的直接接触，其换热量与绝对温度的 4 次方成正比。所有温度大于 0 K 的物体都能以辐射方式发射和吸收辐射能，温度越高，物体发射辐射能越多。在火法冶金的温度水平下，辐射换热起着重要的作用。

9.1.1 黑体辐射

研究热辐射通常是从黑体（blackbody）开始，在研究黑体辐射的基础上把实际物体的辐射和黑体的辐射相比较，并引入必要的修正，从而把黑体辐射的规律引申到实际物体的辐射中去。黑体是一种理想物体，在自然界是不存在的，但可以人工制造出接近于黑体的模型。图 9-1 所示的是一个人工黑体模型：一个内表面吸收率比较高的空腔，空腔的壁面上有一个小孔。只要小孔的尺寸与空腔相比足够小，则从小孔进入空腔的辐射能经过空腔壁面的多次吸收和反射后，几乎全部被吸收，相当于小孔的吸收率接近于 1，即接近于黑体。根据这一原理，熔炼炉和加热炉上的窥视孔都可以视作黑体模型的实例。

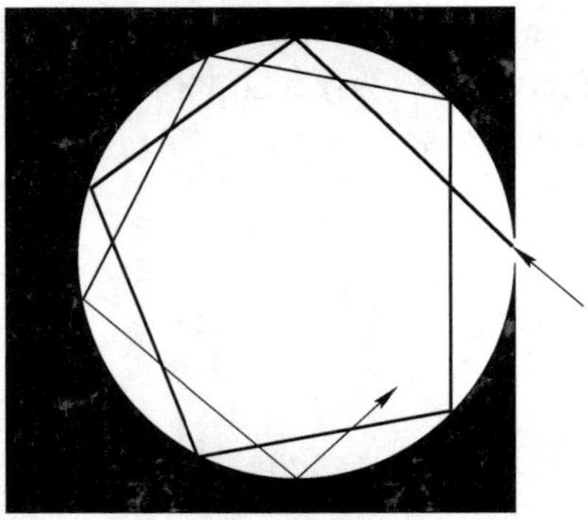

图 9-1　人工黑体模型

黑体在某一温度下的辐射力可通过将普朗克定律沿整个波长积分求得，即

$$E_{\mathrm{b}} = \int_0^{\infty} E_{\mathrm{b}\lambda}\,\mathrm{d}\lambda = \int_0^{\infty} \frac{C_1\lambda^{-5}}{\exp\left(\dfrac{C_2}{\lambda T}\right) - 1}\mathrm{d}\lambda \tag{9-1}$$

式中，λ 为波长；C_1、C_2 为普朗特第一和第二常数。

对式（9-1）进行运算可得

$$E_b = \sigma T^4 \tag{9-2}$$

式（9-2）称为斯蒂芬（J. Stefan）-玻尔兹曼（L. E. Boltzmann）定律。其中，$\sigma = 5.67 \times 10^{-8}$ W/(m^2 · K^4)，称为斯蒂芬-玻尔兹曼常数，也称为黑体辐射常数。斯蒂芬-玻尔兹曼定律表明，黑体的辐射力与热力学温度的四次方成正比，故又称其为四次方定律。

为使用方便，式（9-2）通常写成

$$E_b = C_0\left(\frac{T}{100}\right)^4 \tag{9-3}$$

式中，$C_0 = 5.67$ W/(m^2 · K^4)。

9.1.2 实际物体的辐射

9.1.2.1 黑度（辐射率）

实际物体的辐射力（emissive power）E 与同温度下黑体的辐射力 E_b 之比称为该物体的黑度（或辐射率，emissivity），用符号 ε 表示，即

$$\varepsilon = \frac{E}{E_b} \tag{9-4}$$

黑度表征实际物体的辐射力接近同温度下黑体辐射力的程度，它的值处于 0~1 之间。黑度的大小反映了物体发射辐射能的能力大小。

9.1.2.2 灰体

针对实际物体的辐射性质随波长变化的特点，为简化辐射换热计算，引入灰体（gray body）的概念。灰体是指单色吸收率 α_λ 和单色黑度 ε_λ 与波长无关的物体。与黑体一样，灰体也是一种理想物体。但是，在红外线波长范围内，大部分工程材料是可以近似视为灰体的。

由于灰体的 α_λ 和 ε_λ 与波长无关，则有

$$\varepsilon = \frac{\int_0^\infty \varepsilon_\lambda E_{b\lambda} d\lambda}{\int_0^\infty E_{b\lambda} d\lambda} = \frac{\varepsilon_\lambda \int_0^\infty E_{b\lambda} d\lambda}{\int_0^\infty E_{b\lambda} d\lambda} = \varepsilon_\lambda \qquad \alpha = \frac{\int_0^\infty \alpha_\lambda G_\lambda d\lambda}{\int_0^\infty G_\lambda d\lambda} = \frac{\alpha_\lambda \int_0^\infty G_\lambda d\lambda}{\int_0^\infty G_\lambda d\lambda} = \alpha_\lambda$$

于是，根据基尔霍夫（Kirchhoff）定律，可得到

$$\varepsilon = \varepsilon_\lambda = \alpha_\lambda = \alpha \tag{9-5}$$

式（9-5）表明，不论投射辐射来自何种物体，也不论系统是否处在热平衡条件，灰体的吸收率总是等于同温度下的黑度。

9.2 表面间的辐射换热

本节讨论被透明介质（或真空）隔开的表面间的辐射换热问题。通常假定：（1）两表面均为漫辐射灰表面；（2）各表面的温度和黑度都是均匀的；（3）两表面形成一封闭空间。下面介绍相关的主要概念和参数。

9.2.1 角系数

在计算任意两表面间的辐射换热时，除了要知道这两个表面的辐射性质和温度外，还

需考虑其几何因素对辐射换热的影响。角系数（view factor）就是反映这些几何因素对辐射换热影响的重要参数。

9.2.1.1　角系数的定义

由表面 1 投射到表面 2 上的辐射能量 $Q_{1\to2}$ 占离开表面 1 的总辐射能量 Q_1 的分数称为表面 1 对表面 2 的角系数 F_{12}，即 $F_{12}=\dfrac{Q_{1\to2}}{Q_1}$。

考虑如图 9-2 所示的任意放置的两个表面 A_1 和 A_2，其温度分别为 T_1 和 T_2。从两表面分别取微元面积 dA_1 和 dA_2，二者间的距离为 r，二者连线与二者法线之间的夹角分别为 θ_1 和 θ_2。于是，根据角系数定义，可导出其积分式，即

$$F_{12}=\frac{Q_{1\to2}}{Q_1}=\frac{1}{A_1}\int_{A_1}\int_{A_2}\frac{\cos\theta_1\cdot\cos\theta_2}{\pi r^2}dA_1dA_2 \tag{9-6a}$$

表面 2 对表面 1 的角系数为

$$F_{21}=\frac{Q_{2\to1}}{Q_2}=\frac{1}{A_2}\int_{A_1}\int_{A_2}\frac{\cos\theta_1\cdot\cos\theta_2}{\pi r^2}dA_1dA_2 \tag{9-6b}$$

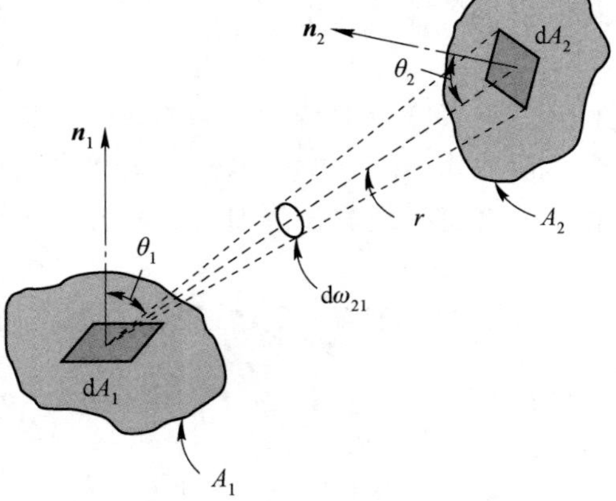

图 9-2　任意位置两个表面间的辐射换热

从式（9-6）可以看出，角系数是几何量，只取决于两个物体表面的几何形状、大小和相对位置，而与表面的黑度和温度无关。

9.2.1.2　角系数的性质

角系数具有相对性、完整性与和分性。

（1）相对性。对比式（9-6a）和式（9-6b）可得

$$F_{12}A_1=F_{21}A_2 \tag{9-7}$$

式（9-7）称为角系数的相对性（或互换性）。可见，只要知道两个表面中一个的角系数，就可以根据相对性求出另一个角系数。

（2）完整性。设有 n 个等温表面组成的封闭空间，如图 9-3 所示。根据能量守恒原理，在该封闭空间中，任意表面发出的辐射能全部落在封闭空间的各表面之上，也就是说，其中任意一个表面对其余各表面的角系数之和等于 1，即下式成立。

$$F_{i1}+F_{i2}+\cdots+F_{ii}+\cdots+F_{in}=\sum_{j=1}^{n}F_{ij}=1 \tag{9-8}$$

式（9-8）称为角系数的完整性。根据辐射的特点，非凹表面的角系数 $F_{ii}=0$。

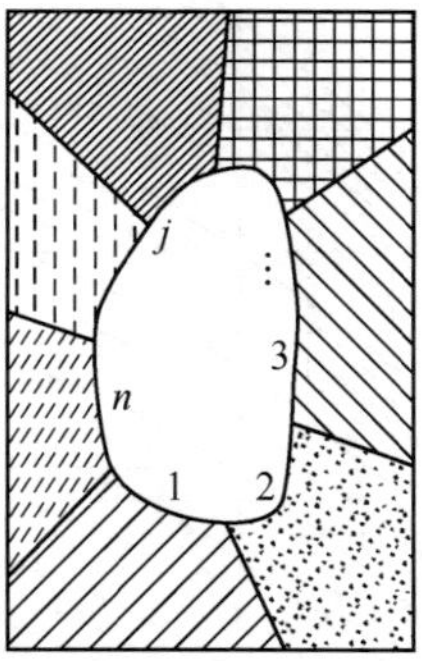

图 9-3　n 个等温表面组成的封闭空间

（3）和分性。角系数的和分性实质上是辐射能的和分性，为能量守恒的体现。对于图 9-4 所示的系统，有

$$F_{(1+2)3}A_{(1+2)}=F_{13}A_1+F_{23}A_2 \tag{9-9a}$$

根据相对性，则有

$$\begin{cases}F_{(1+2)3}A_{(1+2)}=F_{3(1+2)}A_3\\F_{13}A_1=F_{31}A_3\\F_{23}A_2=F_{32}A_3\end{cases} \tag{9-9b}$$

联立式（9-9a）和式（9-9b）可得

$$F_{3(1+2)}=F_{31}+F_{32} \tag{9-10}$$

式（9-10）称为角系数的和分性。

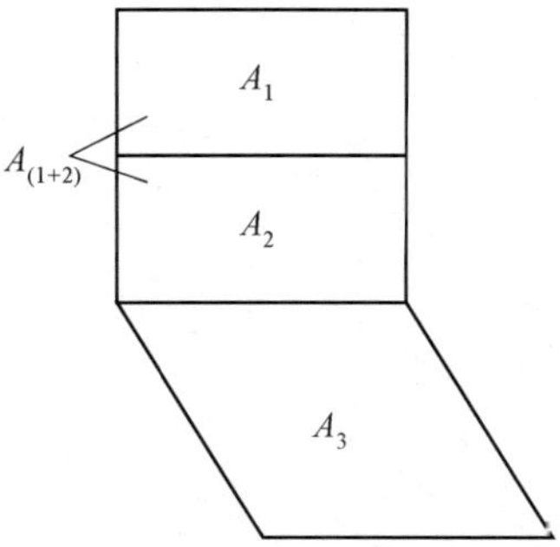

图 9-4　角系数的和分性

9.2.1.3　角系数的确定方法

角系数的确定方法有多种，工程上常用的有积分法和代数分析法。

（1）积分法。所谓积分法就是根据定义式（9-6），然后通过积分运算求得角系数的方法。对于几何形状和相对位置复杂一些的系统，积分法非常烦琐和困难，不易现用现算。为了工程计算方便，已将典型体系的积分结果做成如图 9-5～图 9-7 所示的曲线图，可随时查用。

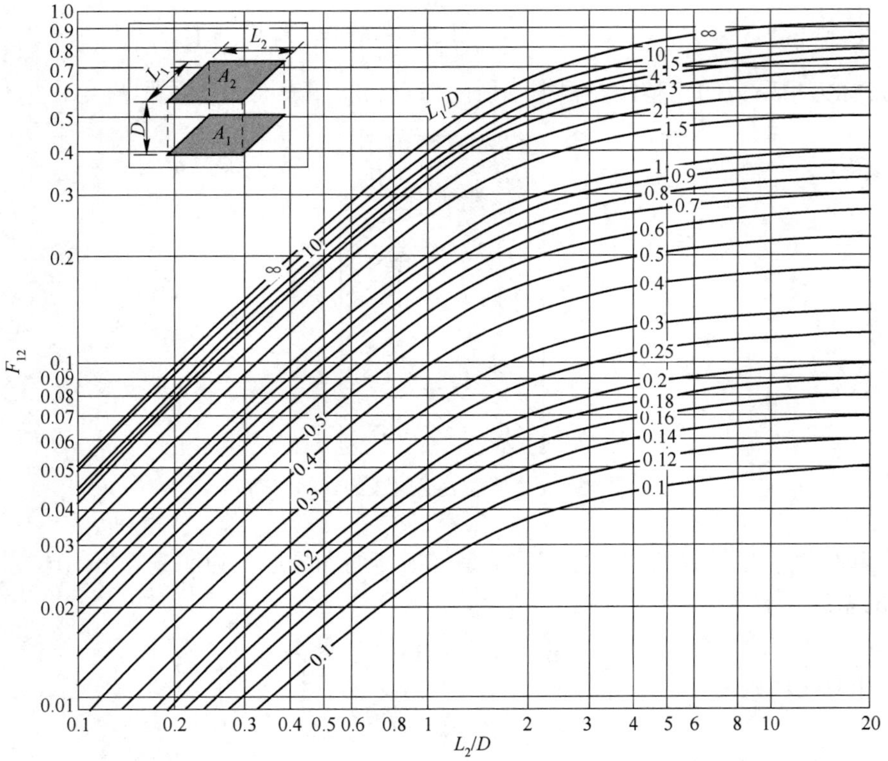

图 9-5 两平行长方形表面间的角系数

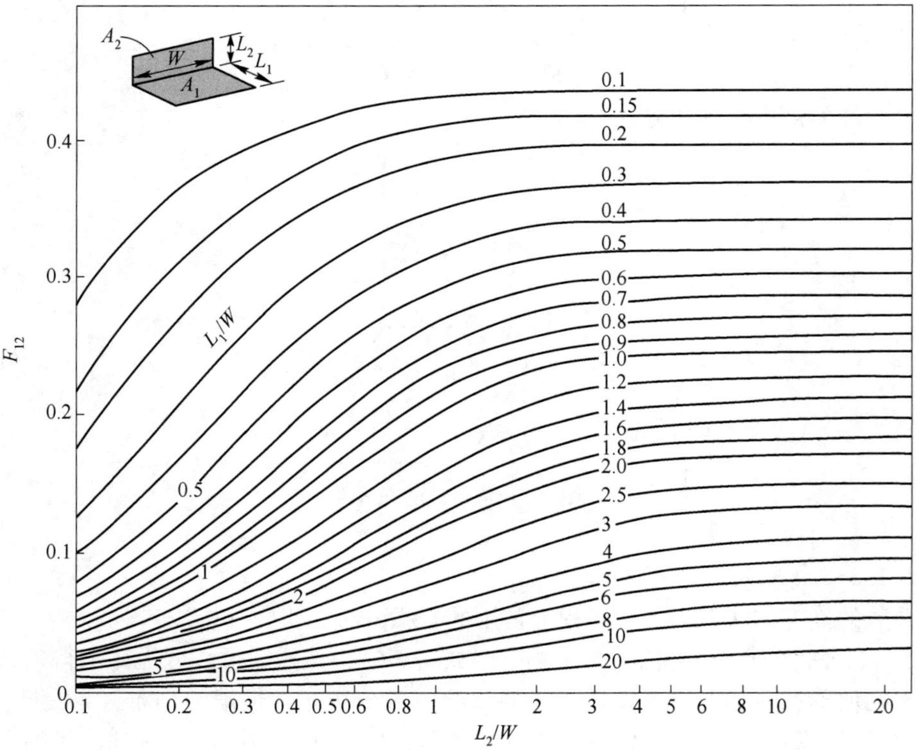

图 9-6 两互为垂直长方形表面间的角系数

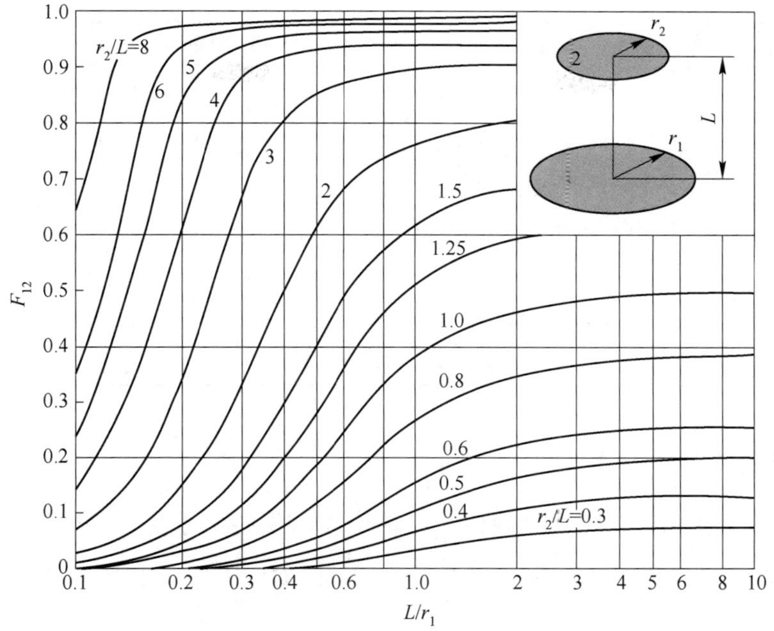

图 9-7　两平行圆形表面间的角系数

（2）代数分析法。积分法曲线图仅涉及几种典型的体系，对更复杂的体系，可利用角系数的性质，应用代数分析法来确定角系数。某些简单体系可直接用代数分析法得到角系数，结果见表 9-1。

表 9-1　用代数分析法求得几种简单体系的角系数

体系	示意图及角系数矩阵
相距很近的两平行平板	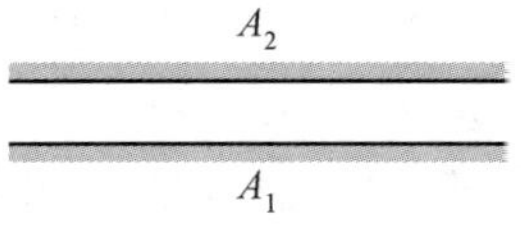 $F_{ij}=\begin{bmatrix}0 & 1\\ 1 & 0\end{bmatrix}$
一个凹面与一个凸面（或平面）构成的封闭空间	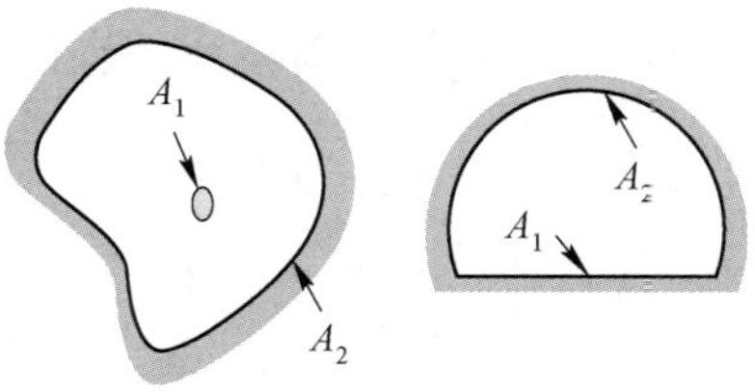 $F_{ij}=\begin{bmatrix}0 & 1\\ \dfrac{A_1}{A_2} & 1-\dfrac{A_1}{A_2}\end{bmatrix}$
两个凹面构成的封闭空间	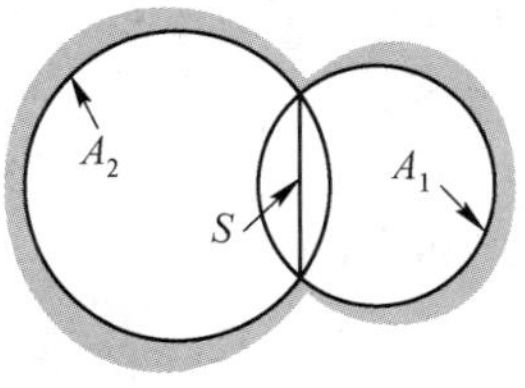 $F_{ij}=\begin{bmatrix}1-\dfrac{S}{A_1} & \dfrac{S}{A_1}\\ \dfrac{S}{A_2} & 1-\dfrac{S}{A_2}\end{bmatrix}$

续表 9-1

体系	示意图及角系数矩阵
三个凸面构成的封闭空间	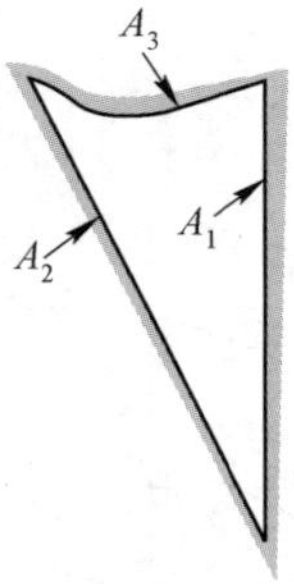 $F_{ij} = \begin{bmatrix} 0 & \dfrac{A_1+A_2-A_3}{2A_1} & \dfrac{A_1-A_2+A_3}{2A_1} \\ \dfrac{A_2-A_3+A_1}{2A_2} & 0 & \dfrac{A_2+A_3-A_1}{2A_2} \\ \dfrac{A_3+A_1-A_2}{2A_3} & \dfrac{A_3-A_1+A_2}{2A_3} & 0 \end{bmatrix}$

9.2.2　有效辐射

如图 9-8 所示，物体在单位时间内，由单位表面积向半球空间发射的全部波长（0～∞）的自身辐射（intrinsic emission，$E=\varepsilon E_b$）能量与反射辐射（reflected irradiation，ρG，ρ 为反射率）能量之和称为有效辐射（radiosity），用符号 J 表示，单位为 W/m^2。显然，$J=\rho G+E$。

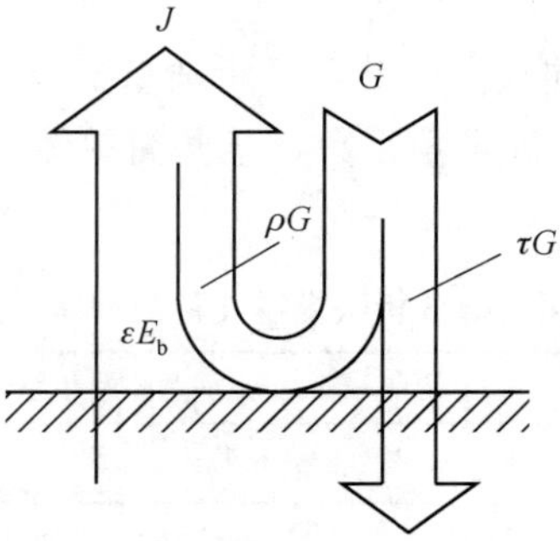

图 9-8　有效辐射的概念

利用有效辐射的概念，可以使表面间的辐射换热计算得以简化。根据表面的辐射能量平衡，单位面积的辐射换热量 q 应等于有效辐射 J 与投射辐射（irradiation，G）之差，即

$$q = J - G \tag{9-11a}$$

同时也等于自身辐射与所吸收的投射辐射之差，即

$$q = E - \alpha G = \varepsilon E_b - \alpha G \tag{9-11b}$$

将式（9-11a）和式（9-11b）合并，并消去 G，可得

$$J = \frac{\varepsilon}{\alpha}E_b - \left(\frac{1}{\alpha} - 1\right)q \tag{9-11c}$$

对于灰体，$\varepsilon=\alpha$，则式（9-11c）可改写为

$$J = E_b - \left(\frac{1}{\varepsilon} - 1\right)q$$

或

$$q = \frac{E_b - J}{\frac{1 - \varepsilon}{\varepsilon}} \tag{9-12}$$

由式（9-12）可知，若单位面积物体的辐射换热量 $q=0$，则 $J=E_b$。这就意味着，换热系统处于平衡状态时，物体的有效辐射等于同温度下的黑体辐射，与物体表面的黑度无关。

9.2.3 辐射热阻

若两个漫辐射灰表面 1、2 构成一个封闭空腔，如图 9-9 所示。假定两表面的面积分别为 A_1 和 A_2，且温度关系为 $T_1>T_2$，则根据式（9-12），可计算单位时间内表面 1 损失的热流量为

$$Q_1 = \frac{E_{b1} - J_1}{\frac{1 - \varepsilon_1}{A_1\varepsilon_1}} \tag{9-13}$$

表面 2 获得的热流量为

$$Q_2 = \frac{E_{b2} - J_2}{\frac{1 - \varepsilon_2}{A_2\varepsilon_2}} \tag{9-14}$$

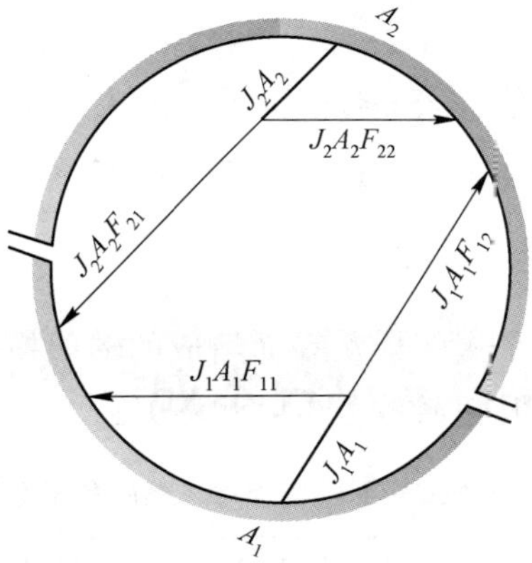

图 9-9　两个漫辐射灰表面间的辐射换热

观察可知，式（9-13）和式（9-14）均为欧姆定律的形式，因此可将其分母项定义为等效热网络分析所需的热阻，一般称$\frac{1-\varepsilon_i}{A_i\varepsilon_i}$为表面 i 的表面辐射热阻（surface radiation resistance），或简称表面热阻。显然，黑体的表面热阻为零。

根据有效辐射的定义及角系数的相对性，表面 1 和表面 2 之间的辐射换热量为

$$Q_{12} = F_{12}A_1J_1 - F_{21}A_2J_2 = F_{12}A_1(J_1 - J_2) \tag{9-15}$$

式（9-15）可进一步写成

$$Q_{12} = \frac{J_1 - J_2}{\dfrac{1}{A_1 F_{12}}} \tag{9-16}$$

式（9-16）同样具有欧姆定律的形式，一般称其分母项$\dfrac{1}{F_{ij}A_i}$为表面 i 和表面 j 之间的空间辐射热阻，或称空间热阻（view resistance）。

由于表面 1 和表面 2 构成一个封闭空腔，因此由能量守恒定律有 $Q_1 = -Q_2 = Q_{12}$。于是，联立式（9-13）、式（9-14）和式（9-16），整理后可得

$$Q_{12} = \frac{E_{b1} - E_{b2}}{\dfrac{1-\varepsilon_1}{A_1\varepsilon_1} + \dfrac{1}{A_1 F_{12}} + \dfrac{1-\varepsilon_2}{A_2\varepsilon_2}} \tag{9-17}$$

式（9-17）中的黑体辐射力 E_{b1} 和 E_{b2} 可由斯蒂芬-玻尔兹曼定律计算，而与其相对应的辐射换热等效热网络如图 9-10 所示。

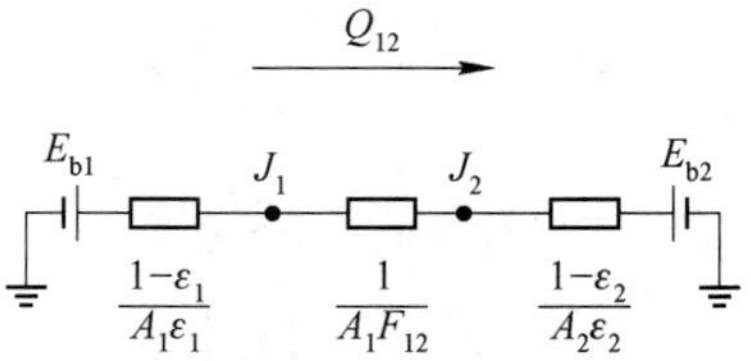

图 9-10　两个漫辐射灰表面间的辐射换热等效热网络

特殊地，若两表面均为黑体，表面热阻为零，则式（9-17）可简化为

$$Q_{12} = F_{12}A_1\sigma(T_1^4 - T_2^4) = F_{21}A_2\sigma(T_1^4 - T_2^4) \tag{9-18}$$

9.2.4　两个表面间的辐射换热

式（9-17）可用于任一两个漫辐射灰表面组成的辐射换热体系。对于一些简单体系，可进一步确定两表面面积关系及角系数，结果见表 9-2。

表 9-2　两个漫辐射灰表面组成简单体系的角系数和辐射换热量

两表面相对位置示意图	两表面的面积关系及角系数	辐射换热量
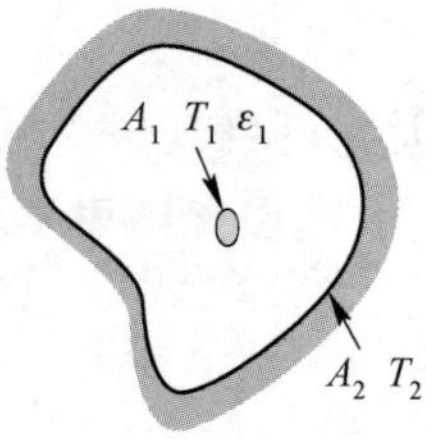	$\begin{cases} \dfrac{A_1}{A_2} \approx 0 \\ F_{12} = 1 \end{cases}$	$Q_{12} = A_1\sigma\varepsilon_1(T_1^4 - T_2^4)$
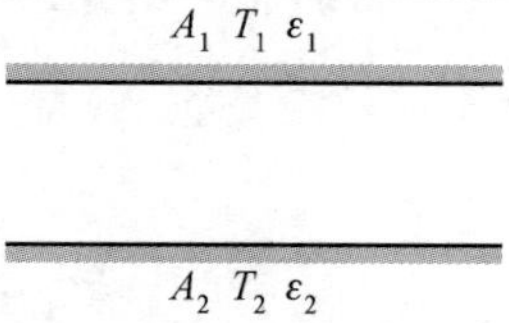	$\begin{cases} A_1 = A_2 = A \\ F_{12} = 1 \end{cases}$	$Q_{12} = \dfrac{A\sigma(T_1^4 - T_2^4)}{\dfrac{1}{\varepsilon_1} + \dfrac{1}{\varepsilon_2} - 1}$

续表 9-2

两表面相对位置示意图	两表面的面积关系及角系数	辐射换热量
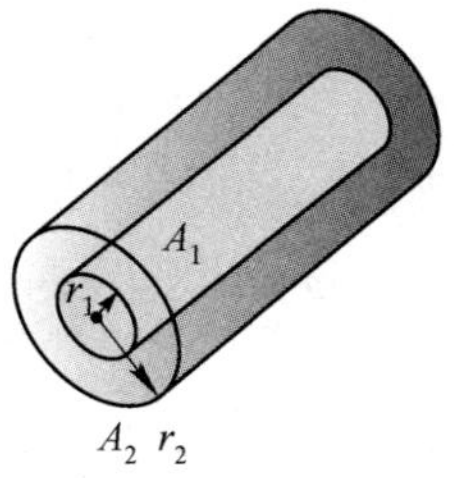	$\begin{cases}\dfrac{A_1}{A_2}=\dfrac{r_1}{r_2}\\ F_{12}=1\end{cases}$	$Q_{12}=\dfrac{A_1\sigma(T_1^4-T_2^4)}{\dfrac{1}{\varepsilon_1}+\dfrac{1-\varepsilon_2}{\varepsilon_2}\dfrac{r_1}{r_2}}$
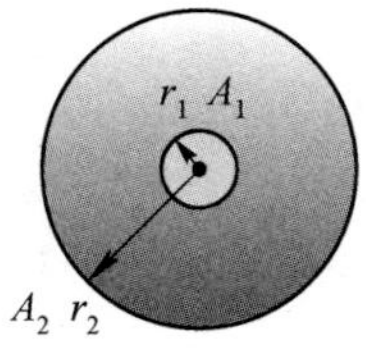	$\begin{cases}\dfrac{A_1}{A_2}=\left(\dfrac{r_1}{r_2}\right)^2\\ F_{12}=1\end{cases}$	$Q_{12}=\dfrac{A_1\sigma(T_1^4-T_2^4)}{\dfrac{1}{\varepsilon_1}+\dfrac{1-\varepsilon_2}{\varepsilon_2}\left(\dfrac{r_1}{r_2}\right)^2}$

9.2.5 三个表面间的辐射换热

9.2.5.1 隔热屏

在实际工程问题中，为减少表面间的辐射换热量，除了降低换热表面的黑度外，也可在表面间增设隔热屏（radiation shield），以提高系统热阻，如炼钢工人的遮热面罩、航天器的多层隔热屏等。

假定大平壁 1、2 的温度分别为 T_1、T_2，表面黑度为 ε_1、ε_2，面积为 $A_1=A_2=A$。在两块平壁之间加一块面积相同的隔热屏，其温度为 T_3，表面黑度为 ε_3，如图 9-11（a）所示。因为通常遮热板为金属薄片，导热热阻很小，可以忽略，遮热板两面的温度基本相同，所以加一块遮热板相当于给两块平壁之间的辐射换热增加了两个表面热阻、一个空间热阻，对应的等效热网络如图 9-11（b）所示。

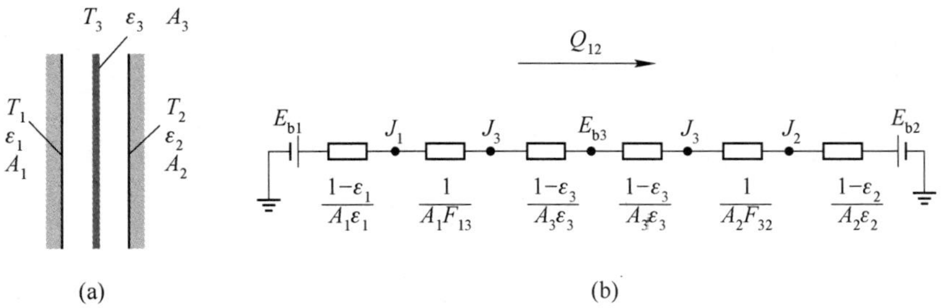

图 9-11 隔热屏原理示意图（a）和等效热网络（b）

因此，平壁 1、2 之间的辐射换热通量为

$$q_{12}=\frac{Q_{12}}{A}=\frac{E_{b1}-E_{b2}}{\dfrac{1-\varepsilon_1}{\varepsilon_1}+\dfrac{1}{F_{13}}+\dfrac{1-\varepsilon_3}{\varepsilon_3}+\dfrac{1-\varepsilon_3}{\varepsilon_3}+\dfrac{1}{F_{32}}+\dfrac{1-\varepsilon_2}{\varepsilon_2}} \tag{9-19}$$

假定 $\varepsilon_1=\varepsilon_2=\varepsilon_3=\varepsilon$，且考虑角系数关系 $F_{13}=F_{32}=1$，则式（9-19）可简化为

$$q_{12}=\frac{E_{b1}-E_{b2}}{2\left(\frac{2}{\varepsilon}-1\right)} \tag{9-20}$$

9.2.5.2 三表面封闭空腔

对于如图 9-12（a）所示的由三个漫辐射灰表面组成的封闭腔体，同样可绘出相应的等效热网络，如图 9-12（b）所示。

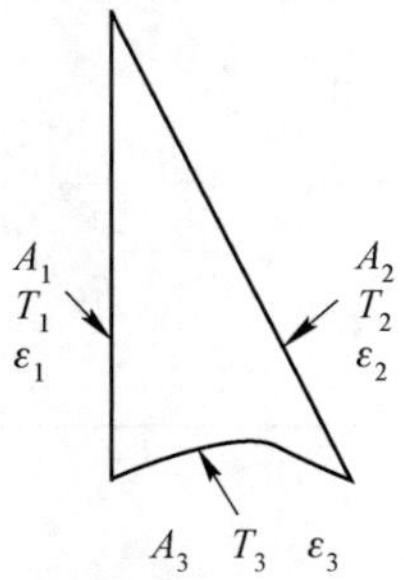

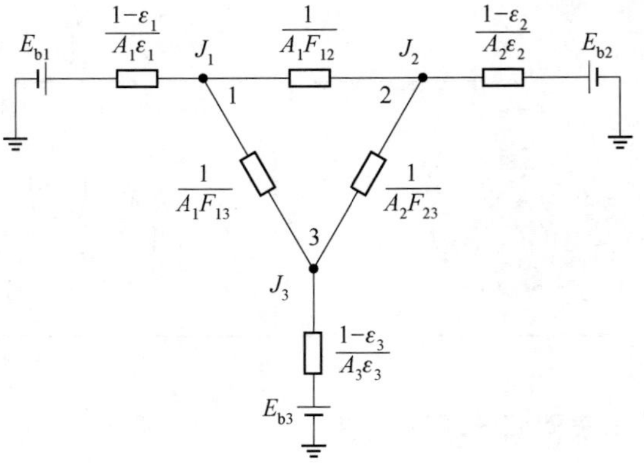

图 9-12 三表面封闭空腔（a）及其等效热网络（b）

对于该封闭空腔，每个表面与其他两个表面间都有辐射换热，表面 1、2 之间的换热量为

$$Q_{12}=\frac{J_1-J_2}{\frac{1}{A_1F_{12}}} \tag{9-21a}$$

表面 1、3 之间的换热量为

$$Q_{13}=\frac{J_1-J_3}{\frac{1}{A_1F_{13}}} \tag{9-21b}$$

表面 2、3 之间的换热量为

$$Q_{23}=\frac{J_2-J_3}{\frac{1}{A_2F_{23}}} \tag{9-21c}$$

为得到式（9-21）中的有效辐射 J_1、J_2 及 J_3，对图 9-12（b）所示的热网络，应用电学中的基尔霍夫电流定律，即流入每个节点的电流（相当于热流）总和为零。

对节点 1，有

$$\frac{E_{b1}-J_1}{\frac{1-\varepsilon_1}{A_1\varepsilon_1}}+\frac{J_2-J_1}{\frac{1}{A_2F_{21}}}+\frac{J_3-J_1}{\frac{1}{A_3F_{31}}}=0 \tag{9-22}$$

对节点 2，有

$$\frac{E_{b2}-J_2}{\frac{1-\varepsilon_2}{A_2\varepsilon_2}}+\frac{J_1-J_2}{\frac{1}{A_1F_{12}}}+\frac{J_3-J_2}{\frac{1}{A_3F_{32}}}=0 \tag{9-23}$$

对节点 3，有

$$\frac{E_{b3}-J_3}{\frac{1-\varepsilon_3}{A_3\varepsilon_3}}+\frac{J_1-J_3}{\frac{1}{A_1F_{13}}}+\frac{J_2-J_3}{\frac{1}{A_2F_{23}}}=0 \tag{9-24}$$

联立式（9-22）~式（9-24）可解得有效辐射 J_1、J_2 及 J_3，进一步可求出每个表面的净辐射换热量。

9. 2. 5. 3　重辐射表面

在实际辐射换热计算中，有时会遇到辐射换热表面与一个绝热面相连接，或者完全被绝热面包围的情况。例如，工业炉的内壁面、炉门孔的围壁等，可近似看作绝热面，它们的净辐射等于零。由于这种壁面与辐射换热表面间无净辐射能量交换，只起中间介质作用，因此通常称其为重辐射表面（reradiating surface）。

假定图 9-12（a）中的 A_3 面为重辐射表面，则有 $Q_3=\frac{J_3-E_{b3}}{\frac{1-\varepsilon_3}{A_3\varepsilon_3}}=0$。于是，$E_{b3}=J_3$，此时的等效热网络如图 9-13 所示。

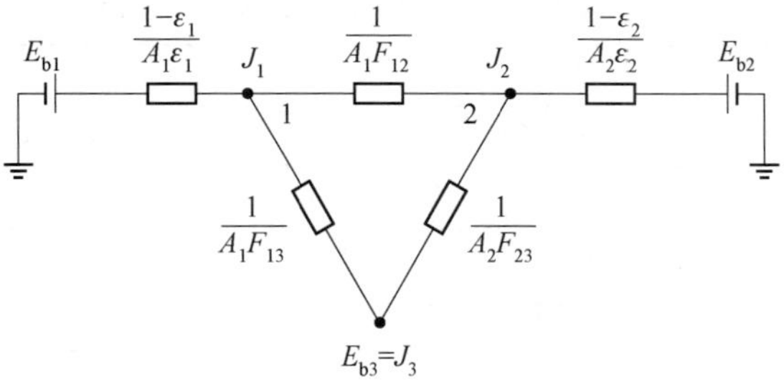

图 9-13　具有重辐射表面的等效热网络

参考如图 9-13 所示的等效热网络，可写出表面 1、2 之间的换热量为

$$Q_{12}=\frac{E_{b1}-E_{b2}}{\frac{1-\varepsilon_1}{A_1\varepsilon_1}+R_{eq}+\frac{1-\varepsilon_2}{A_2\varepsilon_2}} \tag{9-25}$$

式中，R_{eq} 为节点 1 和节点 2 之间的等效热阻，由

$$\frac{1}{R_{eq}}=\left(\frac{1}{A_1F_{12}}\right)^{-1}+\left(\frac{1}{A_1F_{13}}+\frac{1}{A_2F_{23}}\right)^{-1}$$

可得

$$R_{eq}=\frac{1}{A_1F_{12}+\left(\frac{1}{A_1F_{13}}+\frac{1}{A_2F_{23}}\right)^{-1}} \tag{9-26}$$

9.3 气体辐射传热现象

气体辐射传热是指气体向外界发射能量的过程。冶金过程中，各种加热炉内多为高温气体，并且还有气体加热设备。因此，气体辐射传热对研究冶金过程具有重要意义。

9.3.1 气体辐射的特点

相较于固体和液体的辐射，气体辐射具有以下特点：

（1）气体的辐射和吸收能力与气体的分子结构有关。在工业常用的范围内，单原子气体和分子结构对称的双原子气体的辐射和吸收能力很小，可以忽略不计，视为完全透热体。而不对称的双原子和多原子气体，则具有一定的辐射和吸收能力，当这类气体出现在高温传热场合时，就涉及气体和固体间的辐射传热问题。

（2）气体的辐射和吸收对波长有明显的选择性。固体和液体能发射和吸收全部波长范围的辐射能，它们的辐射和吸收光谱是连续的。而气体的辐射和吸收光谱则是不连续的，它只能辐射和吸收一定波长范围（称为光带）内的辐射能，在光带以外的波长既不能辐射也不能吸收。不同的气体，光带范围不同。对于二氧化碳（CO_2）和水蒸气（H_2O），其主要光带的波长范围列于表 9-3。可以看出，这两种气体的光带都在红外线区域，并有部分互相重叠。

表 9-3 CO_2 和 H_2O 的辐射和吸收光带 （μm）

光带序号	CO_2		H_2O	
	$\lambda_1 \sim \lambda_2$	$\Delta\lambda$	$\lambda_1 \sim \lambda_2$	$\Delta\lambda$
1	2.64~2.84	0.2	2.55~2.84	0.29
2	4.13~4.49	0.36	5.6~7.6	2.0
3	13.0~17.0	4.0	12.0~25.0	13.0

（3）固体及液体的辐射属于表面辐射，而气体的辐射和吸收是在整个气体的体积中进行的，属于体积辐射。当热射线穿过气层时，辐射能沿途被气体分子吸收而逐渐减弱。此减弱程度取决于沿途碰到的气体分子数目，碰到的分子数目越多，被吸收的辐射能也越多，所以气体的吸收能力 α_g 与热射线经历的行程长度 s、气压 p 及气体温度 T_g 等因素有关。

热射线经历的行程长度称为有效平均射线行程，它与气体容积的形状和尺寸有关。对各种不同形状的气体容积，有效平均射线行程可查表 9-4，或可近似按下式计算

$$s = 3.6\frac{V}{A} \tag{9-27}$$

式中，V 为气体所占容积，m^3；A 为包围气体的器壁表面积，m^2。

表 9-4 热射线有效平均射线行程

气体容积的形状	特征尺寸	s/m
球体对其表面的辐射	直径 D	$0.60D$

续表 9-4

气体容积的形状	特征尺寸	s/m
无限长圆柱体对其侧面的辐射	直径 D	$0.90D$
高等于直径的圆柱体对整个表面的辐射	直径 D	$0.60D$
两无限大平行平板间的气体层对其一侧表面的辐射	气体层厚 L	$1.80L$
立方体对其表面的辐射	边长 L	$0.60L$
叉排或顺排管束对管壁表面的辐射	节距 a_1、a_2 及管外径 D	$0.90D\left(\frac{4}{\pi}\cdot\frac{a_1a_2}{D^2}-1\right)$

9.3.2　气体的黑度和吸收率

9.3.2.1　气体的黑度

根据黑度的定义，气体的黑度为气体的辐射力与同温度下黑体的辐射力之比，即 $\varepsilon_g = E_g/E_b$。因此，气体的辐射力为 $E_g=\varepsilon_g C_0\left(\frac{T_g}{100}\right)^4$。

实验证明，一般工业炉内燃烧产物中 CO_2 和 H_2O 的辐射力（E_c 和 E_w）可综合成如下经验公式。

$$E_c = 4.03(p_c \cdot s)^{\frac{1}{3}}\left(\frac{T_g}{100}\right)^{3.5} \tag{9-28}$$

$$E_w = 4.03p_w^{0.8} \cdot s^{0.6}\left(\frac{T_g}{100}\right)^{3.0} \tag{9-29}$$

式中，p_c、p_w 分别为 CO_2 和 H_2O 的分压，bar，1 bar=0.1 MPa；s 为有效平均射线行程，m。

可以发现，式（9-28）和式（9-29）中温度项的幂指数分别为 3.5 和 3.0。为方便起见，在计算气体辐射力时仍采用 4 次方的斯蒂芬-玻尔兹曼定律，把由此引起的误差计入黑度 ε_g 之内。这样，气体的黑度除了与气体的种类、分压、温度和有效平均射线行程等因素有关外，还包括对温度的幂指数不同所做的修正。

（1）总压 $p=1$ atm（1 atm＝101325 Pa）。在实际工程计算中，气体的黑度可按霍脱尔（H. C. Hottel）等人根据实验数据绘制的曲线图确定。例如，由图 9-14 和图 9-15 可查得总压 $p=1$ atm 时不同温度下 CO_2 的黑度 ε_c 和 H_2O 的黑度 ε_w。

（2）总压 $p\neq 1$ atm。对于二氧化碳和水蒸气，压力对黑度的影响显著。因此，在总压 $p\neq 1$ atm 的情况下，需对由图 9-14 和图 9-15 查得的数据进行修正，具体为

$$\varepsilon_g\big|_{p\neq 1\ \text{atm}} = C_g\varepsilon_g\big|_{p=1\ \text{atm}} \tag{9-30}$$

式中，C_g 为压力修正系数。

由图 9-16 和图 9-17 可查得不同分压条件下 CO_2 的修正系数 C_c 和 H_2O 的修正系数 C_w。

（3）混合气体。混合气体的黑度可按各组分叠加原理进行计算。当混合气体中同时含有 CO_2 和 H_2O 时，由于这两种气体的部分光带相互重合，互相吸收辐射能量，使得混合气体辐射的能量要比两种气体单独存在时辐射的能量之和略小。考虑该因素，混合气体的黑度为

$$\varepsilon_g = C_c\varepsilon_c + C_w\varepsilon_w - \Delta\varepsilon \tag{9-31}$$

式中，$\Delta\varepsilon$ 为考虑 CO_2 和 H_2O 部分光带重合的修正值，可由图 9-18 查得。

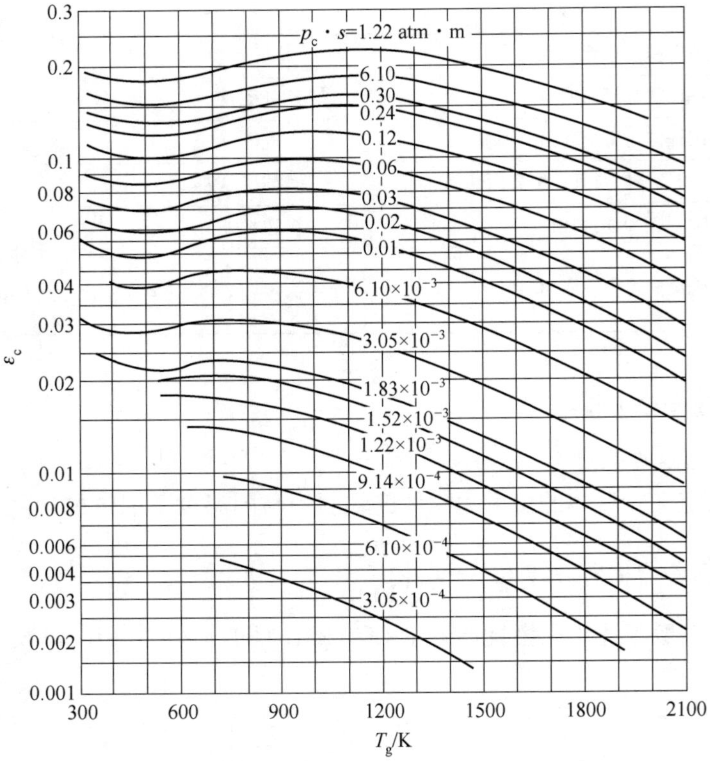

图 9-14　总压为 1 atm 时 CO_2 的黑度

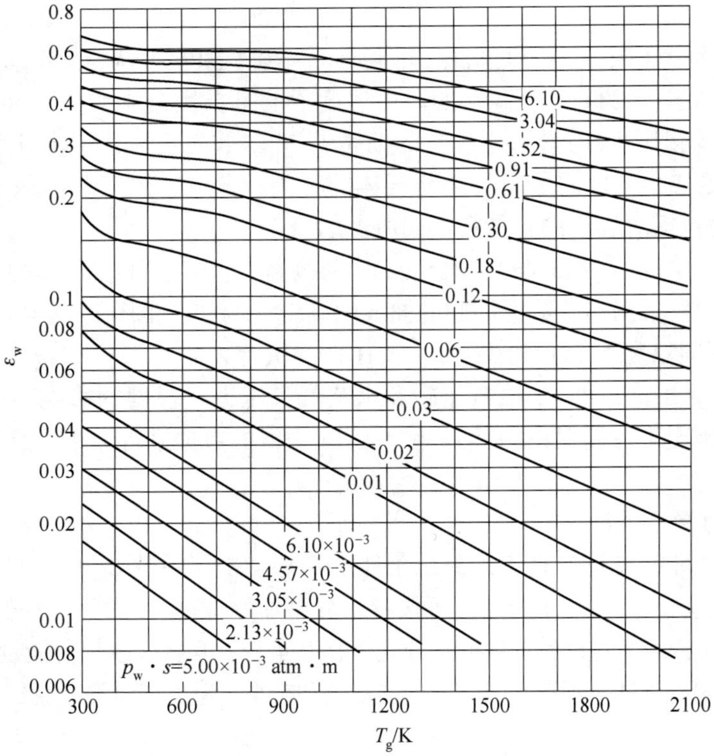

图 9-15　总压为 1 atm 时 H_2O 的黑度

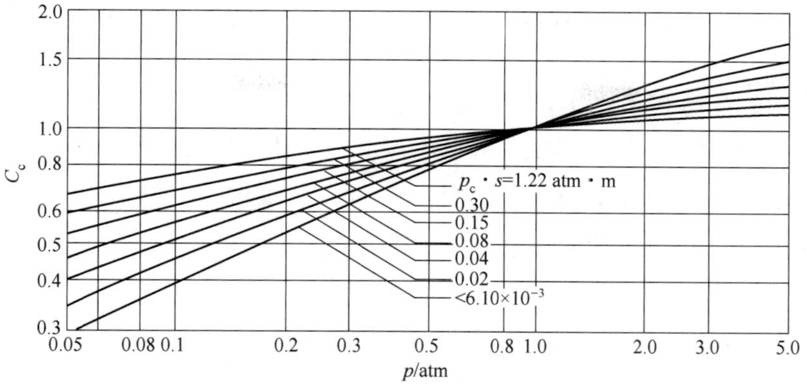

图 9-16　不同压力下 CO_2 的修正系数

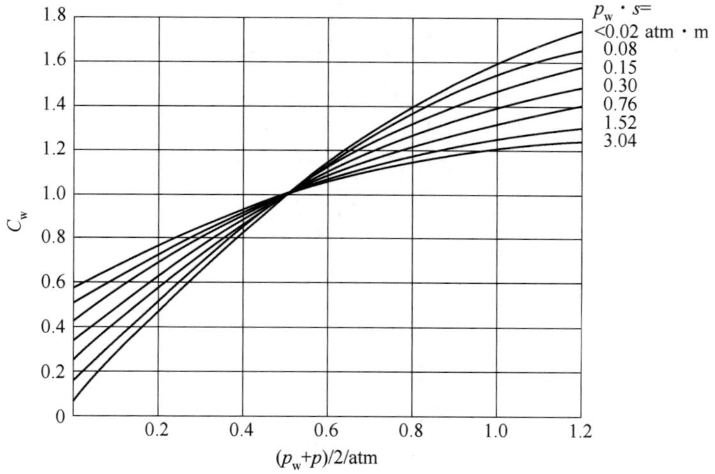

图 9-17　不同压力下 H_2O 的修正系数

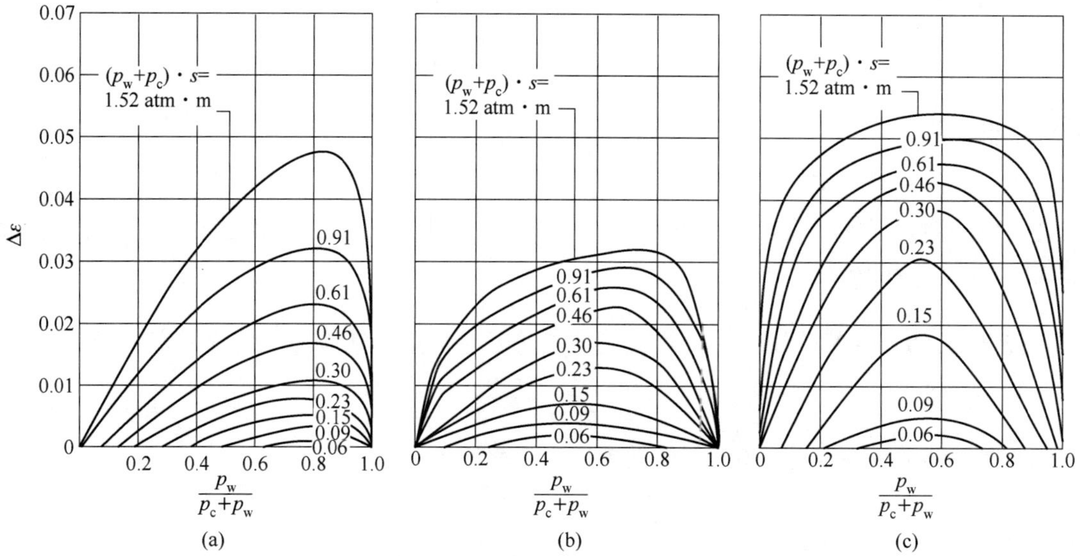

图 9-18　CO_2 和 H_2O 气体吸收光带重合的修正值

（a）$T_g \approx 125$ ℃；（b）$T_g \approx 540$ ℃；（c）$T_g \geqslant 930$ ℃

由图 9-18 可见，CO_2 和 H_2O 混合气体的 $\Delta\varepsilon$ 值一般不大，因此在工程计算中常略去不计。

9.3.2.2 气体的吸收定律

图 9-19 为单色热射线通过厚度为 L 的气层时被气体吸收的情况。单色辐射强度为 I_{λ_0} 的热射线通过厚度为 x 的气层后，辐射强度变为 I_{λ_x}。实验证明，在厚度为 dx 的微元层中，所减弱的单色辐射强度可表示为

$$dI_{\lambda_x} = -K_\lambda I_{\lambda_x} dx \tag{9-32}$$

式中，K_λ 为单色减弱系数，m^{-1}，表示单位距离内辐射强度减弱的程度，与气体的种类、温度、压力和热射线波长有关；等号右端的负号表示辐射强度随行程的增加而减弱。

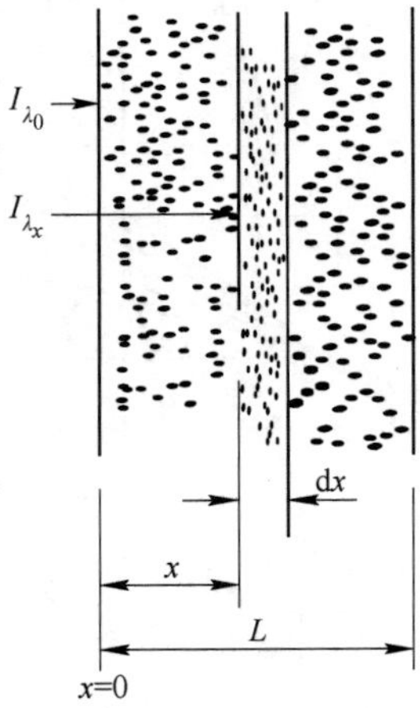

图 9-19 辐射能在气体层中的吸收

将式（9-32）沿气层厚度积分，并假定 K_λ 为常数，则有

$$\int_{I_{\lambda_0}}^{I_{\lambda_L}} \frac{dI_{\lambda_x}}{I_{\lambda_x}} = -K_\lambda \int_0^L dx$$

积分结果为

$$I_{\lambda_L} = I_{\lambda_0} e^{-K_\lambda L} \tag{9-33}$$

式（9-33）即为气体吸收定律，也称贝尔（Beer）定律。它描述了单色热射线辐射强度穿过气体层时衰减的规律。

若将式（9-33）改写成$\dfrac{I_{\lambda_L}}{I_{\lambda_0}} = e^{-K_\lambda L}$，则该式等号左边正是气体的单色透射率，于是有

$$\tau_\lambda = e^{-K_\lambda L} \tag{9-34}$$

考虑气体的反射率 $\rho_\lambda \approx 0$，气体的单色吸收率便为

$$\alpha_\lambda = 1 - \tau_\lambda = 1 - e^{-K_\lambda L} \tag{9-35}$$

根据基尔霍夫定律，物体的单色黑度与单色吸收率相等，因此可得

$$\varepsilon_\lambda = \alpha_\lambda = 1 - e^{-K_\lambda L} \tag{9-36}$$

由式（9-36）可知，气体层越厚，气体的单色黑度 ε_λ 和单色吸收率 α_λ 越大。当 $L\rightarrow$

∞时，$\varepsilon_\lambda=\alpha_\lambda\to 1$。这就表明，当气体层为无限厚时便具有黑体的性质。

9.3.2.3　气体的吸收率

因为气体辐射有选择性，气体的吸收率与气体温度及器壁温度都有关，因而不能视为灰体。在气体温度 T_g 和器壁温度 T_{wall} 相等时，气体的吸收率与其黑度相等。但若 $T_g\neq T_{wall}$，气体的吸收率则不等于其黑度。这时，CO_2 和 H_2O 的吸收率（α_c 和 α_w）可按以下经验公式计算。

$$\alpha_c=\varepsilon_c^*\left(\frac{T_g}{T_{wall}}\right)^{0.65} \tag{9-37}$$

$$\alpha_w=\varepsilon_w^*\left(\frac{T_g}{T_{wall}}\right)^{0.45} \tag{9-38}$$

式中，ε_c^* 和 ε_w^* 的值可用器壁温度 T_{wall} 作横坐标，以 $p_c s\left(\frac{T_{wall}}{T_g}\right)$ 和 $p_w s\left(\frac{T_{wall}}{T_g}\right)$ 作参变量，分别由图 9-14 和图 9-15 确定。

对于含有 CO_2 和 H_2O 的混合气体（其他为不辐射组分），其吸收率为

$$\alpha_g=C_C\alpha_C+C_w\alpha_w-\Delta\alpha \tag{9-39}$$

其中

$$\Delta\alpha=\Delta\varepsilon\big|_{T_{wall}}$$

式中，$\Delta\varepsilon\big|_{T_{wall}}$ 为根据器壁温度 T_{wall} 由图 9-18 查得的修正值。

9.3.3　火焰辐射

根据燃料的种类和燃烧方式的不同，燃料燃烧时生成不同的火焰。清洁的高炉煤气、转炉煤气和焦炭等在燃烧时生成的火焰略带蓝色或近于无色，称为不发光火焰或暗焰。这种火焰的辐射成分主要是 CO_2 和 H_2O 等，这些成分的辐射光带都处于可见光范围之外，故火焰不发光。液体燃料和煤粉等燃烧时形成明显的光亮火焰，称为发光火焰或辉焰。在发光火焰中主要起辐射作用的是炭黑、灰粒和焦炭粒子等，这些固体微粒可以在可见光谱和红外光谱范围内连续发射辐射能量，因此它们的光谱是连续的，这不同于气体辐射，而与固体辐射相类似。

不发光火焰与发光火焰具有不同的黑度。不发光火焰的黑度大致可视为与烟气黑度相同，因烟气中有辐射和吸收能力的成分也是 CO_2 和 H_2O 等，故不发光火焰的黑度可由式（9-31）计算。在发光火焰中，固体微粒的存在使火焰的辐射能力大大加强，如碳氢化合物热分解时产生的炭黑，它发射的辐射能量一般是三原子气体的 2~3 倍。发光火焰的辐射特性主要取决于其中所含固体微粒的性质和数量，而这些因素又与燃料种类、燃烧方式、炉内温度、炉子结构和操作状况等条件有关，情况较复杂，所以发光火焰的黑度一般根据实验数据和经验公式确定。

9.3.4　气体与围壁表面间的辐射换热

为研究气体与围壁间的辐射换热，设有一内表面积为 A_{wall} 的容器内充满辐射性气体。假定容器内表面和气体的温度、黑度及吸收率分别为 T_{wall}、T_g，ε_{wall}、ε_g，α_{wall}、α_g，且 $T_{wall}<T_g$。

首先假定壁面为黑体，则气体发射的辐射能完全被壁面吸收，但是，该黑体表面辐射的能量中只能有一部分被气体吸收。这样，从气体到黑体壁面换热的热通量（W/m^2）为

$$q_{g\to wall}=E_g-\alpha_g E_{b,wall}=\varepsilon_g E_{b,g}-\alpha_g E_{b,wall} \tag{9-40}$$
$$=\sigma(\varepsilon_g T_g^4-\alpha_g T_{wall}^4)$$

再考虑壁面为灰体的情况。此时，气体发射的能量一部分被灰体壁面吸收，另一部分被发射回气体中。这样一来，需在式（9-40）的右端乘以一个修正系数。研究表明，该修正系数的取值范围为 $\varepsilon_{wall}\sim1.0$；当 $\varepsilon_{wall}\geqslant0.7$ 时，其可近似为$\dfrac{1+\varepsilon_{wall}}{2}$。

因此，气体与灰体围壁表面辐射换热的热通量为

$$q_{g\to wall}=\sigma\frac{1+\varepsilon_{wall}}{2}(\varepsilon_g T_g^4-\alpha_g T_{wall}^4) \tag{9-41}$$

或写为

$$q_{g\to wall}=C_0\frac{1+\varepsilon_{wall}}{2}\left[\varepsilon_g\left(\frac{T_g}{100}\right)^4-\alpha_g\left(\frac{T_{wall}}{100}\right)^4\right] \tag{9-42}$$

式中，$C_0=5.67\ W/(m^2\cdot K^4)$。

9.3.5 辐射给热系数

对于壁面与气体，或者壁面与气体及周围物体之间的热量传输过程，辐射换热和对流给热总是同时存在。例如钢锭的冷却，一方面是依靠钢锭表面与周围环境之间的辐射换热，另一方面也是依靠钢锭表面与空气之间的对流给热。在这一类辐射和对流同时存在的热量传输过程中，壁面的总热流量应为辐射换热的热流量 Q_{rad} 和对流给热的热流量 Q_{conv} 之和，即

$$Q=Q_{rad}+Q_{conv} \tag{9-43a}$$

式中，Q_{conv} 可按牛顿公式给出。

$$Q_{conv}=h_{conv}A(T_{wall}-T_\infty) \tag{9-43b}$$

式中，h_{conv}、A、T_{wall}、T_∞ 分别为对流给热系数、传热面积、壁面温度及流体温度。

式（9-43a）中的 Q_{rad} 可根据具体情况计算。假定讨论的是物体在温度为 T_∞ 的流体中的冷却问题，则有

$$Q_{rad}=\sigma\varepsilon_{wall}A(T_{wall}^4-T_\infty^4) \tag{9-43c}$$

为使计算简化，常用的近似方法是把辐射换热表达式线性化，也用牛顿公式的形式表示，即

$$Q_{rad}=h_{rad}A(T_{wall}-T_\infty) \tag{9-43d}$$

式中，h_{rad} 为辐射给热系数。

比较式（9-43c）和式（9-43d），可得

$$h_{rad}=\sigma\varepsilon_{wall}(T_{wall}^2+T_\infty^2)(T_{wall}+T_\infty) \tag{9-43e}$$

将式（9-43b）、式（9-43d）和式（9-43e）代入式（9-43a），整理后有

$$Q=(h_{conv}+h_{rad})A(T_{wall}-T_\infty)=h_\Sigma A(T_{wall}-T_\infty) \tag{9-44}$$

式中，h_Σ 为总给热系数，$h_\Sigma=h_{conv}+h_{rad}$。

需要注意的是，在计算辐射和对流同时存在的热量传输问题时，如果两种方式的热流量 Q_{conv} 和 Q_{rad} 的数量级相差很大，可以只取起主导作用的一方。

9.3.6　表面有辐射的非稳态导热

在第7章中已讨论过第三类和第一类边界条件下无限大平板的非稳态导热。本节讨论表面为辐射条件的无限大平板非稳态导热，如图9-20所示，令平板的厚度为 $2S$，黑度为 ε，密度、导热系数及比热容分别为 ρ、λ 及 c_p，初始温度为 T_0。

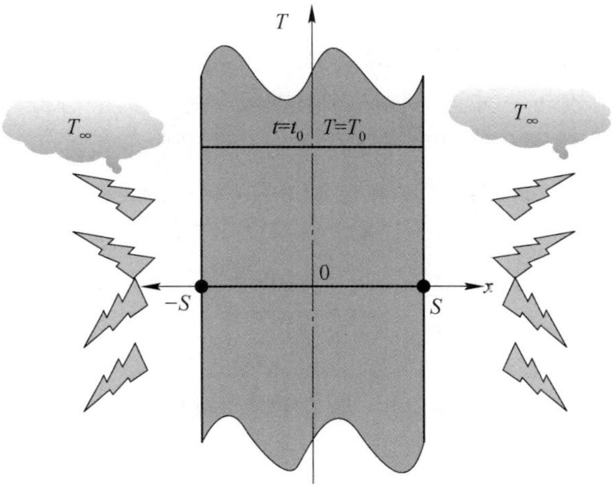

图9-20　表面为辐射条件的无限大平板非稳态导热

9.3.6.1　薄材（$Bi \leqslant 0.1$）

若无限大平板的 $Bi \leqslant 0.1$，则可视其为温度均匀分布的薄材，故可根据集总参数分析法得到平板温度 T 随时间的变化。

平板（两侧）壁面与周围流体间的辐射换热热流量为

$$Q_{rad} = 2\sigma\varepsilon A(T_s^4 - T_\infty^4) \tag{9-45a}$$

式中，T_s 为平板壁面温度，在薄材条件下平板温度内部温度 $T=T_s$。

根据热力学第一定律，单位时间内平板向周围流体通过辐射传输的热量应等于平板的焓的增量。这一热平衡关系为

$$Q_{rad} = -\rho c_p V\frac{dT}{dt} \tag{9-45b}$$

式中，等号右端的负号表示平板温度随时间的延长而降低。

联立式（9-45a）和式（9-45b），并考虑平板体积 $V=2SA$，于是有

$$-\frac{\sigma\varepsilon}{\rho c_p S}dt = \frac{dT}{T^4 - T_\infty^4} \tag{9-45c}$$

考虑 $\int\frac{dx}{x^4 - a^4} = \frac{1}{4a^3}\ln\frac{a-x}{a+x} - \frac{1}{2a^3}\arctan\frac{x}{a}$，将式（9-45c）两端分别在 $0\sim t$ 和 $T_0\sim T$ 的范围内积分，整理后可得到如下关于 T 的隐式

$$\frac{1}{4T^3}\ln\frac{T-T_\infty}{T+T_\infty} - \frac{1}{2T^3}\arctan\frac{T}{T_\infty} + m + n = 0 \tag{9-46}$$

其中 $$m=-\left(\frac{1}{4T_0^3}\ln\frac{T_0-T_\infty}{T_0+T_\infty}-\frac{1}{2T_0^3}\arctan\frac{T_0}{T_\infty}\right),\ n=\frac{\sigma\varepsilon}{\rho c_p S}t$$

需要指出，式（9-46）为隐式形式，所以一般需要借助试算法确定特定时刻的平板温度。另外，表面为辐射传热条件时，$Bi=\frac{h_{rad}S}{\lambda}=\sigma\varepsilon\frac{T_s^4-T_\infty^4}{T_s-T_\infty}\cdot\frac{S}{\lambda}$。由于其中的平板壁面温度 $T_s=T$，随时间改变，因此在应用式（9-46）得到 T 后必须进行薄材判据（即 $Bi\leqslant0.1$）的验算。

9.3.6.2　有限厚平板（$Bi>0.1$）

若无限大平板的 $Bi>0.1$，则其内部温度分布不均，集总参数分析法不再适用。由于平板两侧传热情况相同，故任一时刻平板内的温度分布将以其中心截面为对称。若把 x 轴的原点置于平板的中心截面上，则只需研究厚度为 S 的半块平板即可。对于这样的问题，温度场只是时间 t 和空间坐标 x 的函数，相应的导热微分方程为

$$\frac{\partial T}{\partial t}=a\frac{\partial^2 T}{\partial x^2} \tag{9-47}$$

式中，a 为平板热扩散系数，$a=\frac{\lambda}{\rho c_p}$。

对于辐射边界条件下无限大平板的一维非稳态导热，式（9-47）的初始条件为

$$t=0,\ 0\leqslant x\leqslant S,\ T=T_0$$

边界条件为

$$\begin{cases} t>0,\ x=0,\ \dfrac{\partial T}{\partial x}=0 \\ t>0,\ x=S,\ -\lambda\dfrac{\partial T}{\partial x}=\sigma\varepsilon(T_s^4-T_\infty^4) \end{cases}$$

这种情况下，一般借助第7章介绍的数值方法对式（9-47）求解。以下对内部节点和边界节点差分方程进行简要阐述。

如图9-21所示，对上述半平板进行时间域和空间域的离散。

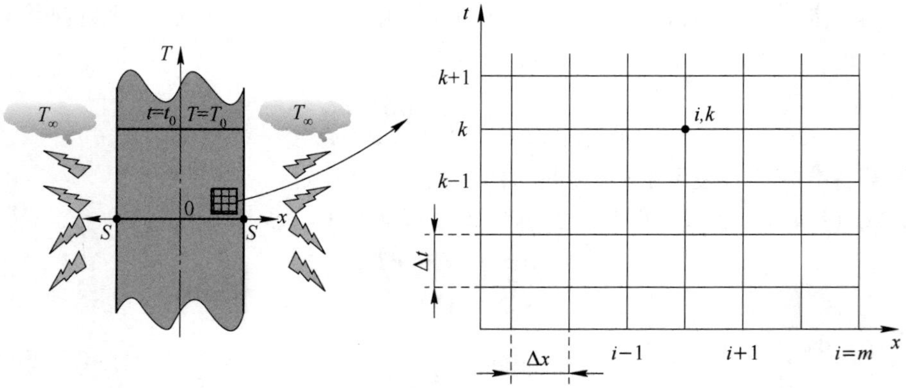

图9-21　半平板非稳态导热的时间-空间区域离散

（1）内部节点差分方程。对各内部节点而言，可写出关于节点温度的显式差分方

程，即

$$T_i^{k+1}=Fo(T_{i+1}^k+T_{i-1}^k)+(1-2Fo)T_i^k \qquad i=1,2,3,\cdots,m-1,k=0,1,2,\cdots \tag{9-48}$$

式中，Fo 为网格傅里叶数，$Fo=\frac{a\Delta t}{(\Delta x)^2}$。

（2）边界节点差分方程。$x=0$ 处为对称面，等同于绝热边界，因此节点 $i=0$ 的差分方程为

$$T_0^{k+1}=2FoT_1^k+(1-2Fo)T_0^k \qquad k=0,1,2,\cdots \tag{9-49}$$

为得到 $x=S$ 处辐射边界的节点方程，在平板右侧取体积为$\frac{\Delta x}{2}\cdot 1\cdot 1$的控制体（见图 9-22)，进行热量衡算。

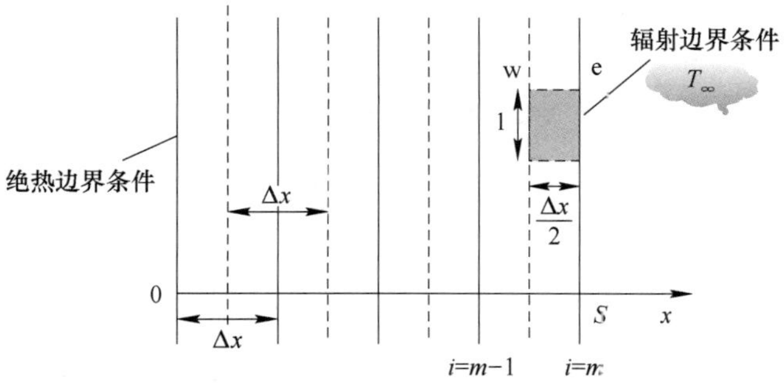

图 9-22　建立边界节点温度差分方程的控制体积法

在 $k\Delta t\sim(k+1)\Delta t$ 的时间段内，控制体内热量的累积速率为

$$Q_{acc}=\rho c_p\left(\frac{T_i^{k+1}-T_i^k}{\Delta t}\right)\frac{\Delta x}{2}\cdot 1\cdot 1 \tag{9-50}$$

由 w 面导入的热流量为

$$Q_w=\lambda\frac{T_{i-1}^k-T_i^k}{\Delta x} \tag{9-51}$$

由 e 面流入的热流量为

$$Q_e=\varepsilon\sigma[(T_\infty)^4-(T_i^k)^4] \tag{9-52}$$

鉴于控制体的热量平衡 $Q_w+Q_e=Q_{acc}$，可根据式（9-50)～式（9-52）得到

$$T_i^{k+1}=2\frac{\lambda}{\rho c_p}\cdot\frac{\Delta t}{(\Delta x)^2}(T_{i-1}^k-T_i^k)+2\frac{\varepsilon\sigma}{\rho c_p}\cdot\frac{\Delta t}{\Delta x}[(T_\infty)^4-(T_i^k)^4]+T_i^k \tag{9-53}$$

考虑 $a=\frac{\lambda}{\rho c_p}$及 $Fo=\frac{a\Delta t}{(\Delta x)^2}$，式（9-53）可进一步整理为

$$\begin{cases}T_i^{k+1}=2Fo\cdot T_{i-1}^k+(1-2Fo)T_i^k+D\\ D=2\frac{\varepsilon\sigma}{\rho c_p}\cdot\frac{\Delta t}{\Delta x}[(T_\infty)^4-(T_i^k)^4] \qquad k=0,1,2,\cdots\end{cases} \tag{9-54}$$

式（9-54）即为辐射条件下显示格式的边界节点方程。

复习思考题

9-1 何为角系数，角系数的性质和确定方法有哪些？

9-2 一个同时包含导热、对流以及辐射的传热体系中存在哪几类热阻？

9-3 何种情况下可忽略气体辐射对传热的影响？

9-4 考虑存在辐射传热的导热问题，试分别给出考虑和不考虑气体辐射导热问题的边界条件。

10 相变传热现象

本章讨论凝固传热和沸腾给热。这两种传热具有一个共同特点，即在传热过程中伴有物质集态的改变，如凝固传热时液态金属转变成固态金属及沸腾给热时液体的汽化，因此这两种传热过程统称为相变传热现象。

10.1 凝固传热

大部分金属制品的生产过程都涉及液态金属在冷却条件下的凝固，其内部缺陷和使用性能往往可追溯到凝固传热过程的控制。液态金属在进入模具后被冷却凝固时，在液-固边界（即相界面）处释放出凝固潜热（或称为熔化潜热），并通过已凝固的金属、模具等一系列热阻向周围介质传递这部分热量。随着凝固的进行，凝固层厚度及其内部的温度分布随时间而变化。因此，凝固是与时间有关，且液-固边界不断移动的非稳态移动边界传热问题。边界的移动给求解这类传热问题增加了很大困难，这是因为边界位置是待定的，本身就是解的一部分。

应当指出，合金的凝固过程与纯金属有所不同。对于纯金属，凝固过程发生在某个确定的凝固温度下，固相和液相被一个清晰的界面所分隔；对于合金，凝固过程发生于相当宽的温度范围内，固相和液相被一个由固、液两相组成的糊状区（mushy zone）所分隔，此时的凝固传热问题尤为复杂。为简单起见，本章仅讨论液体为纯金属，其凝固温度为一定值的情况。但是，对凝固温度区间很窄的部分合金，本章的一些公式仍是适用的。

图 10-1 为纯金属在模具中凝固时的温度分布示意图。由图可知，该传热体系包含的热阻沿热量传输的方向（即 x 反方向）依次为液态金属热阻、固态金属热阻、固态金属-模具界面热阻、模壁热阻及模具-空气界面热阻，这些热阻均影响凝固过程中的温度分布和热量传输。因此，液态金属的凝固是一个复杂的传热问题，目前只有在一定简化条件下才能得到其精确解。对于更一般的情况，一般采用近似方法或数值计算方法来求其近似解。

10.1.1 凝固传热的界面热平衡方程

考虑图 10-1 中的情况，在液-固界面 $x=M$ 处，相邻两相温度必然相等，并等于凝固温度 T_M，即

$$T_l(M,\ t) = T_s(M,\ t) = T_M \tag{10-1}$$

式中，$T_l(M,\ t)$、$T_s(M,\ t)$ 分别为界面 $x=M$ 处液态金属和固态金属的温度。

由于金属凝固时释放凝固潜热，液-固界面处的热量平衡可表示为

通过固相从界面导出的热通量 − 通过液相导入界面的热通量

= 凝固过程中单位截面上释放热量的速率

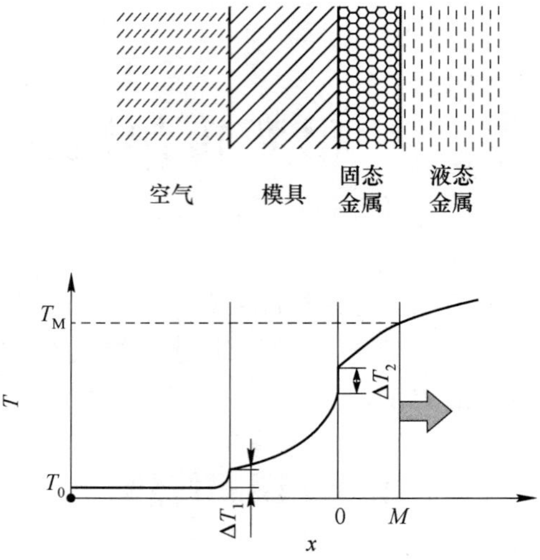

图 10-1 液态金属在模具中凝固时的温度分布

即

$$-(q_s - q_l) = \rho_s H \frac{dM}{dt} \tag{10-2}$$

式中，q_s、q_l 分别为固、液两相在界面上的热通量；ρ_s、H 分别为固态金属的密度和凝固潜热；最左边的负号表示该传热体系中净热流与液-固界面变化的方向相反。

当忽略液态金属的对流给热，认为固、液两相的传热仅为导热时，根据傅里叶定律，并考虑一维的情况，则有

$$q_s = -k_s \frac{dT_s}{dx} \tag{10-3a}$$

和

$$q_l = -k_l \frac{dT_l}{dx} \tag{10-3b}$$

式中，k_s、k_l 分别为固、液两相的导热系数。

于是，式（10-2）可写为

$$k_s \frac{dT_s}{dx} - k_l \frac{dT_l}{dx} = \rho_s H \frac{dM}{dt}, \quad x = M(t) \tag{10-4}$$

式（10-4）是在假定固、液两相中的传热仅为导热条件下而得到的。如果液相中的传热并非导热主导，而受对流支配，则式（10-4）需改写为

$$k_s \frac{dT_s}{dx} - h(T_\infty - T_M) = \rho_s H \frac{dM}{dt}, \quad x = M(t) \tag{10-5}$$

式中，h、T_∞ 分别为液相侧的对流给热系数和液相本体的温度。

在分析凝固传热时，为方便起见，往往忽略液态金属中的传热，认为液态金属的温度等于凝固温度，即 $T_l = T_M$，然后把实际液态金属温度降至凝固温度所放出的显热折合为一个附加凝固潜热。这样，单位体积金属凝固时释放的总热量为

$$Q = \rho_s H + c_l \rho_l (T_l - T_M) \tag{10-6}$$

式中，c_l 为液态金属的比热容。

若不考虑液态金属和固态金属的密度差别，认为$\rho_s=\rho_l$，则式（10-6）可写为

$$Q=\rho_s[H+c_l(T_l-T_M)]=\rho_s H' \tag{10-7}$$

式中，H'为等效凝固潜热，$H'=[H+c_l(T_l-T_M)]$。

将液态金属中的传热合并到等效凝固潜热后，凝固传热的界面热平衡方程式（10-5）可写为

$$k_s\frac{\mathrm{d}T_s}{\mathrm{d}x}=\rho_s H'\frac{\mathrm{d}M}{\mathrm{d}t},\quad x=M(t) \tag{10-8}$$

式（10-8）即为界面热量平衡方程是凝固传热中的基本方程之一。需要指出，本章为书写简便，在以下内容中用符号H替代式（10-8）中的H'。

10.1.2　砂模中的凝固传热

对图 10-1 所示的凝固传热过程，具体到不同的模壁材料和冷却条件，系统的热阻可得到适当简化，从而有利于问题的解析。例如，考虑砂模的情况，其中凝固过程的主要特点是（液态和固态）金属的导热能力远大于模壁材料，可将金属的热阻忽略，这样金属凝固传热的热阻主要集中在模壁中。

10.1.2.1　凝固层厚度

假定模具为针对板形铸件的平模壁，其内表面（热面）温度从$t=0$时刻与液态金属接触后便迅速升至金属的凝固温度T_M，并保持不变，而模壁外表面（冷面）温度在整个凝固过程中等于模壁的初始温度T_0。由于忽略了金属的热阻，系统的全部热阻都集中在模壁中，其温度T_m的分布如图 10-2 所示。

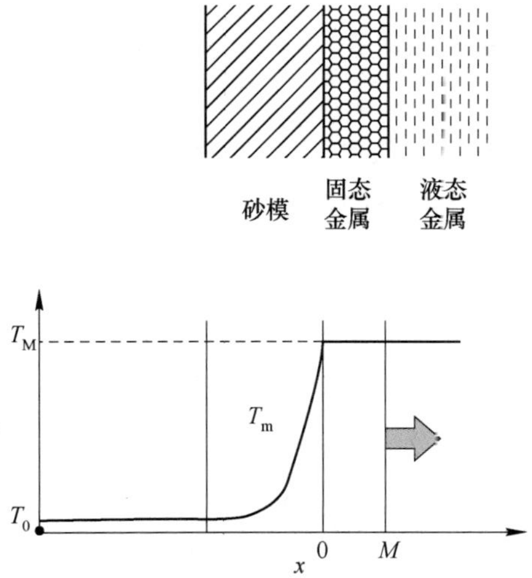

图 10-2　液态金属在砂模中凝固时的温度分布

在以上假设条件下，模壁中的导热实际上就是半无限大体的表面恒温加热过程。对于一维问题，此半无限大体的导热微分方程为

$$\frac{\partial T_m}{\partial t}=a_m\frac{\partial^2 T_m}{\partial x^2} \tag{10-9}$$

式中，a_m 为模壁材料的热扩散系数。

式（10-9）的初始条件为：$t=0$ 时，$T_m(x,\ 0)=T_0$；边界条件为：$t>0$ 时，$\begin{cases}T_m(0,\ t)=T_M\\T_m(-\infty,\ t)=T_0\end{cases}$。作为半无限大体，模壁内部温度分布的解析解为

$$\frac{T_M-T_m}{T_M-T_0}=\mathrm{erf}\left(-\frac{x}{2\sqrt{a_m t}}\right) \tag{10-10}$$

亦即

$$T_m=T_M-\mathrm{erf}\left(-\frac{x}{2\sqrt{a_m t}}\right)(T_M-T_0) \tag{10-11}$$

因为已假定金属内部无热阻，单位时间内通过模壁热面导出的热量应等于液态金属凝固所释放的潜热。于是，在模壁热面 $x=0$ 处应有

$$k_m\frac{\mathrm{d}T_m}{\mathrm{d}x}\bigg|_{x=0}=\rho_s H\frac{\mathrm{d}M}{\mathrm{d}t} \tag{10-12}$$

式中，k_m 为模壁材料的导热系数。

考虑 $\frac{\mathrm{d}[\mathrm{erf}(\eta)]}{\mathrm{d}\eta}=\frac{2}{\sqrt{\pi}}e^{-\eta^2}$，则可令式（10-11）中 $-\frac{x}{2\sqrt{a_m t}}=\eta$，再将此式对 x 求导为

$$\begin{aligned}\frac{\partial T_m}{\partial x}&=-(T_M-T_0)\frac{2}{\sqrt{\pi}}\cdot e^{-\eta^2}\cdot\frac{\partial\eta}{\partial x}=(T_M-T_0)\frac{2}{\sqrt{\pi}}\cdot e^{-\eta^2}\cdot\frac{1}{2\sqrt{a_m t}}\\&=(T_M-T_0)\frac{1}{\sqrt{\pi a_m t}}e^{-\eta^2}\end{aligned} \tag{10-13}$$

在模壁热面 $x=0$ 处，式（10-13）可写为

$$\frac{\partial T_m}{\partial x}\bigg|_{x=0}=\frac{T_M-T_0}{\sqrt{\pi a_m t}} \tag{10-14}$$

将式（10-14）代入式（10-12），整理后有

$$\frac{\mathrm{d}M}{\mathrm{d}t}=\frac{k_m}{\rho_s H\sqrt{\pi a_m t}}(T_M-T_0) \tag{10-15}$$

将模壁的热扩散系数 a_m 与导热系数 k_m、比热容 c_m 及密度 ρ_m 的关系 $a_m=\frac{k_m}{\rho_m c_m}$ 代入式（10-15），可得

$$\frac{\mathrm{d}M}{\mathrm{d}t}=\frac{\sqrt{k_m\rho_m c_m}}{\sqrt{\pi t}}\cdot\frac{T_M-T_0}{\rho_s H} \tag{10-16}$$

在 0~t、0~M 范围内对式（10-16）进行积分，整理后有

$$M=\frac{2}{\sqrt{\pi}}\cdot\frac{T_M-T_0}{\rho_s H}\sqrt{k_m\rho_m c_m}\sqrt{t} \tag{10-17}$$

式（10-17）即为平壁砂模中金属凝固层厚度 M 随凝固时间 t 变化的关系式。

10.1.2.2　金属完全凝固时间

由式（10-14）可知，单位时间内导入表面积为 F 的模壁的热量为

$$Fk_{\mathrm{m}}\frac{\partial T_{\mathrm{m}}}{\partial x}\bigg|_{x=0} = Fk_{\mathrm{m}}\frac{T_{\mathrm{M}} - T_0}{\sqrt{\pi a_{\mathrm{m}} t}} \tag{10-18}$$

在 0~t 范围内对式（10-18）进行积分，整理后可得经过 t 时间凝固后由模壁热面导出的总热量为

$$Q_t = 2Fk_{\mathrm{m}}\frac{T_{\mathrm{M}} - T_0}{\sqrt{\pi a_{\mathrm{m}}}}\sqrt{t} \tag{10-19}$$

对于体积为 V 的液体金属，当其全部凝固时，所释放出的等效凝固潜热 $Q=\rho_{\mathrm{s}}VH$。令 $Q=Q_t$，根据式（10-19）可得完全凝固所需时间，即

$$t_{\mathrm{f}} = \frac{\pi}{4}\left(\frac{\rho_{\mathrm{s}}H}{T_{\mathrm{M}} - T_0}\right)^2 \frac{1}{k_{\mathrm{m}}\rho_{\mathrm{m}}c_{\mathrm{m}}}\left(\frac{V}{F}\right)^2 \tag{10-20}$$

令 $C=\frac{\pi}{4}\left(\frac{\rho_{\mathrm{s}}H}{T_{\mathrm{M}}-T_0}\right)^2\frac{1}{k_{\mathrm{m}}\rho_{\mathrm{m}}c_{\mathrm{m}}}$，则式（10-20）可简写为

$$t_{\mathrm{f}} = C\left(\frac{V}{F}\right)^2 \tag{10-21}$$

式（10-21）即为契瓦利诺夫（Chvorinov）定律，其中的 C 称为契瓦利诺夫常数。应当指出，在应用契瓦利诺夫定律进行具体计算时，应考虑平壁模具具有两面。由于契瓦利诺夫定律是在平模壁条件下导出的，它忽略了模壁形状对凝固时间的影响。图 10-3 为模壁形状对模壁内热流方向的影响。可见，热流通过凹模壁时是发散的，所以要比通过平模壁快一些；热流通过凸模壁时是收敛的，所以要比通过平模壁慢一些。

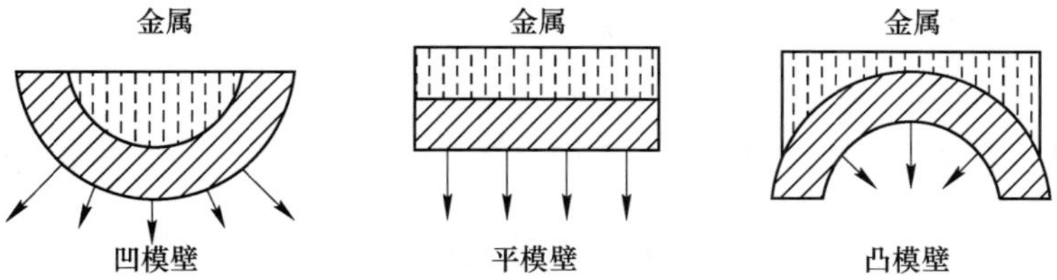

图 10-3　模壁形状对模壁内热流方向的影响

对于球体和无限长圆柱体的铸件，同样可以导出相应形状模壁表面的热通量和完全凝固时间的公式。但是，球体和无限长圆柱的公式比较复杂，使用不方便。为此，亚当斯（C. Adams）和泰勒（H. Taylor）提出了一个有足够精度的近似公式，即

$$\frac{V}{F} = \frac{T_{\mathrm{M}} - T_0}{\rho_{\mathrm{s}}H}\left(\frac{2}{\sqrt{\pi}}\sqrt{k_{\mathrm{m}}\rho_{\mathrm{m}}c_{\mathrm{m}}}\sqrt{t_{\mathrm{f}}} + \frac{nk_{\mathrm{m}}}{R}t_{\mathrm{f}}\right) \tag{10-22}$$

式中，R 为铸件半径；n 为形状因子，球体铸件的 $n=1$，长圆柱体铸件的 $n=1/2$。

10.1.3　水冷金属模中的凝固传热

液态金属在水冷金属中凝固时，由于水冷金属模的冷却强度大，可认为模壁始终保持恒定温度 T_0，且其热阻可忽略不计。如果不考虑固态金属和水冷模壁热面之间可能存在的接触热阻，则可认为从凝固开始起，固态金属的表面温度便迅速降到水冷模壁温度，并保持恒定。这些假定条件下的温度分布如图 10-4 所示。可见，仅在凝固层内部才存在明显

的温度梯度，凝固传热的主要热阻是固态金属层的导热热阻。

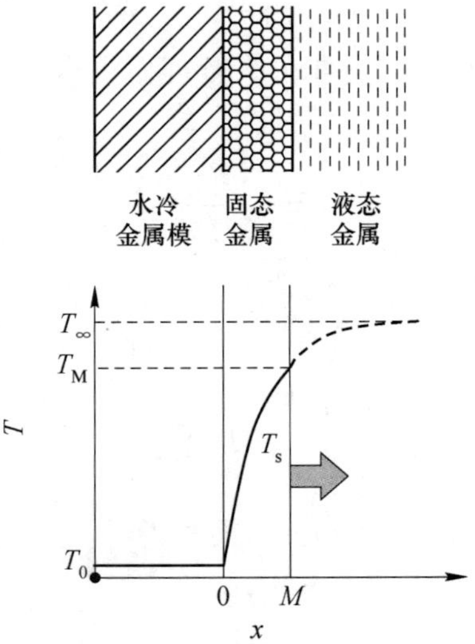

图 10-4　液态金属在水冷金属模中凝固时的温度分布

10.1.3.1　*凝固层厚度*

设想把图 10-4 中凝固层温度 T_s 的曲线沿 x 方向延伸至一假定温度 T_∞（见图中虚线），则该温度分布与半无限大体表面恒温冷却过程的温度分布相似。此时将凝固层作为一个半无限大体处理，描述其传热过程的微分方程为

$$\frac{\partial T_s}{\partial t}=a_s\frac{\partial^2 T_s}{\partial x^2} \tag{10-23}$$

式（10-23）的初始条件为：$t=0$ 时，$T_s(x,0)=T_\infty$；边界条件为：$t>0$ 时，$\begin{cases}T_s(0,t)=T_0\\T_s(\infty,t)=T_\infty\end{cases}$。作为半无限大体，凝固层内部温度分布的解析解为

$$\frac{T_s-T_0}{T_\infty-T_0}=\mathrm{erf}\left(\frac{x}{2\sqrt{a_st}}\right) \tag{10-24}$$

亦即

$$T_s=T_0+\mathrm{erf}\left(\frac{x}{2\sqrt{a_st}}\right)(T_\infty-T_0) \tag{10-25}$$

在 $x=M$ 处有 $T_s=T_M$，则式（10-24）可具体化为

$$\frac{T_M-T_0}{T_\infty-T_0}=\mathrm{erf}\left(\frac{M}{2\sqrt{a_st}}\right) \tag{10-26}$$

因式（10-26）等号左端为常数，则右端必为常数，从而有 $\dfrac{M}{2\sqrt{a_st}}$ 为常数。令 $\beta=\dfrac{M}{2\sqrt{a_st}}$，则有

$$M=2\beta\sqrt{a_st} \tag{10-27}$$

式（10-27）即为水冷金属模中凝固传热的解，它给出了金属凝固层厚度 M 与凝固时间 t 的关系，式中的 β 可利用 $x=M$ 处的界面热平衡方程确定。

参考式（10-13）的导出过程，将式（10-25）对 x 求导，并令 $x=M$，则有

$$\left.\frac{\partial T_{\mathrm{s}}}{\partial x}\right|_{x=M}=\frac{T_{\infty}-T_0}{\sqrt{\pi a_{\mathrm{s}} t}}\cdot e^{-\beta^2} \tag{10-28}$$

将式（10-27）对 t 求导

$$\frac{\mathrm{d}M}{\mathrm{d}t}=\beta\frac{\sqrt{a_{\mathrm{s}}}}{\sqrt{t}} \tag{10-29}$$

由于凝固层热阻不可忽略，在 $x=M$ 处应有 $k_{\mathrm{s}}\left.\frac{\mathrm{d}T_{\mathrm{s}}}{\mathrm{d}x}\right|_{x=M}=\rho_{\mathrm{s}}H\frac{\mathrm{d}M}{\mathrm{d}t}$，再结合式（10-28）和式（10-29），则有

$$k_{\mathrm{s}}\frac{T_{\infty}-T_0}{\sqrt{\pi a_{\mathrm{s}} t}}\cdot e^{-\beta^2}=\rho_{\mathrm{s}}H\beta\frac{\sqrt{a_{\mathrm{s}}}}{\sqrt{t}} \tag{10-30}$$

由式（10-26）可知

$$T_{\infty}-T_0=\frac{T_{\mathrm{M}}-T_0}{\mathrm{erf}\beta} \tag{10-31}$$

将式（10-31）代入式（10-30），整理后可得

$$k_{\mathrm{s}}\frac{T_{\mathrm{M}}-T_0}{a_{\mathrm{s}}\sqrt{\pi}}\cdot\frac{1}{\mathrm{erf}\beta}\cdot e^{-\beta^2}=\rho_{\mathrm{s}}H\beta \tag{10-32}$$

考虑 $a_{\mathrm{s}}=\frac{k_{\mathrm{s}}}{\rho_{\mathrm{s}}c_{\mathrm{s}}}$，式（10-32）亦即

$$(T_{\mathrm{M}}-T_0)\frac{c_{\mathrm{s}}}{H\sqrt{\pi}}=\beta\cdot\mathrm{erf}\beta\cdot e^{\beta^2} \tag{10-33}$$

利用式（10-33）即可求得 β 值。求得 β 值后，便可根据 $M=2\beta\sqrt{a_{\mathrm{s}}t}$ 计算凝固层厚度 M。由于式（10-33）为一超越方程，工程上常采用如图 10-5 所示的图解法求取 β 值。

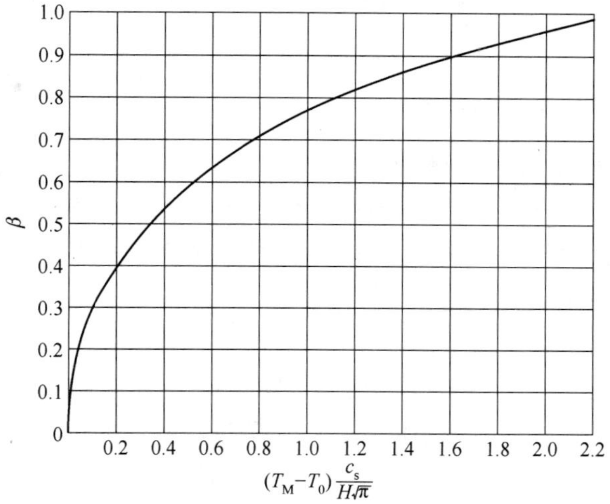

图 10-5　确定超越方程式（10-33）中 β 值的曲线

10.1.3.2　金属完全凝固时间

在求出 M 后，将其代入式（10-26）可以求得 T_∞，再通过式（10-25）计算凝固层内温度 T_s 的分布，进而可知单位时间内导入表面积为 F 模壁的热量 $Fk_s\left.\dfrac{\partial T_s}{\partial x}\right|_{x=0}$。对于体积为 V 的液体金属，当其全部凝固时，所释放出的等效凝固潜热为 $Q=\rho_s VH$。因此，可通过式（10-34）计算金属完全凝固时间 t_f。

$$\rho_s VH = \int_0^{t_f} Fk_s \left.\frac{\partial T_s}{\partial x}\right|_{x=0} \mathrm{d}t \tag{10-34}$$

必须指出，本小节上述方法适用于板状铸件的凝固传热计算，不能用于计算其他形状铸件的凝固问题。鉴于此，亚当斯采用将式（10-33）展开成幂级数的方法，得到了确定表面温度为常数的圆球体和长圆柱体铸件（二者特征尺寸均为 R）凝固时间的曲线图，如图 10-6 所示。

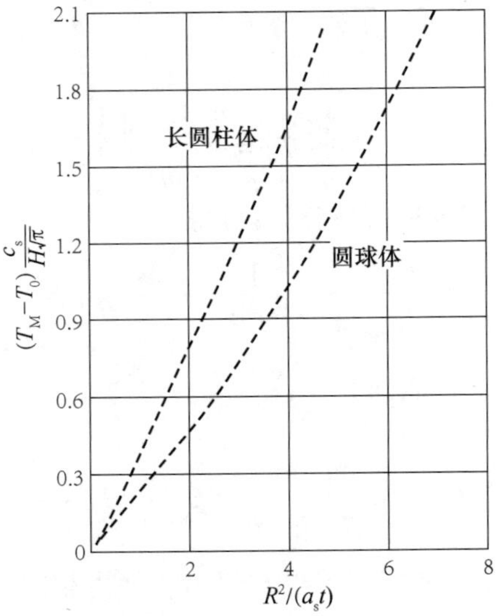

图 10-6　确定常表面温度 T_0 的圆球体和长圆柱体铸件凝固时间 t 的曲线

10.1.4　非水冷厚金属模中的凝固传热

以上分析砂模中凝固问题时忽略了金属的热阻，而水冷金属模中凝固问题忽略了模壁的热阻。在分析非水冷、厚金属模中凝固问题时，必须同时考虑金属、模壁及金属与模壁界面等各项热阻对凝固过程的影响。由于金属与模壁界面间存在接触热阻的情况处理起来非常烦琐，本书不予讨论。

10.1.4.1　凝固层厚度

图 10-7 为液态金属在非水冷厚金属模中凝固时整个传热体系的温度分布。由图可知，在凝固层和模壁内部都存在明显的温度梯度，表明这两部分的热阻均是凝固传热的控制因素。假定模壁有足够厚度，以致在凝固过程中其冷面温度不发生变化，恒为模壁的初始温度 T_0，并假定其热面温度为 T_i，故可把模壁视作半无限大体。对于凝固层，其温度分布与

水冷金属模中的温度分布类似，所以仍可沿用水冷金属模中的解析方法。

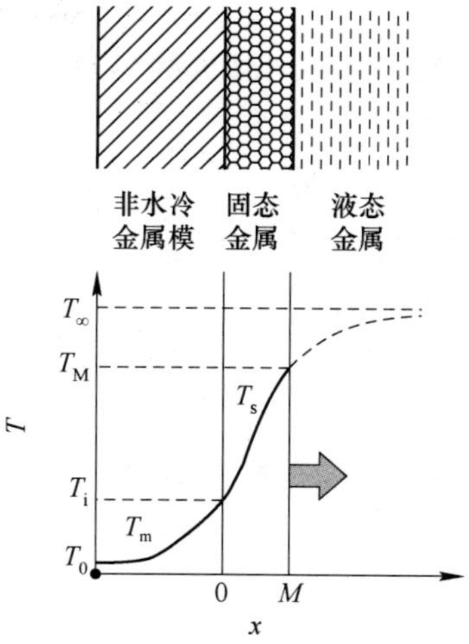

图 10-7　液态金属在非水冷厚金属模中凝固时的温度分布

在以上假设条件下，可写出非水冷厚金属模中凝固传热问题的微分方程。对模壁内温度 T_m 而言，有

$$\frac{\partial T_m}{\partial t}=a_m\frac{\partial^2 T_m}{\partial x^2} \tag{10-35}$$

初始条件为：$t=0$ 时，$T_m(x,\ 0)=T_0$；边界条件为：$t>0$ 时，$\begin{cases}T_m(0,\ t)=T_i\\T_m(-\infty,\ t)=T_0\end{cases}$。

对凝固层内温度 T_s 而言，有

$$\frac{\partial T_s}{\partial t}=a_s\frac{\partial^2 T_s}{\partial x^2} \tag{10-36}$$

初始条件为：$t=0$ 时，$T_s(x,\ 0)=T_\infty$；边界条件为：$t>0$ 时，$\begin{cases}T_s(0,\ t)=T_i\\T_s(\infty,\ t)=T_\infty\end{cases}$。

作为半无限大体，模壁和固态金属层内温度分布的解析解分别为

$$\frac{T_i-T_m}{T_i-T_0}=\mathrm{erf}\left(-\frac{x}{2\sqrt{a_m t}}\right) \tag{10-37}$$

$$\frac{T_s-T_i}{T_\infty-T_i}=\mathrm{erf}\left(\frac{x}{2\sqrt{a_s t}}\right) \tag{10-38}$$

亦即

$$T_m=T_i-\mathrm{erf}\left(-\frac{x}{2\sqrt{a_m t}}\right)(T_i-T_0) \tag{10-39}$$

$$T_s=T_i+\mathrm{erf}\left(\frac{x}{2\sqrt{a_s t}}\right)(T_\infty-T_i) \tag{10-40}$$

在 $x=M$ 处有 $T_s=T_M$，则由式（10-38）可得

$$\frac{T_M-T_i}{T_\infty-T_i}=\mathrm{erf}\beta \tag{10-41}$$

其中
$$\beta=\frac{M}{2\sqrt{a_s t}}$$

参考式（10-33）的导出过程，利用 $x=M$ 处的界面热平衡方程，可得

$$(T_M-T_i)\frac{c_s}{H\sqrt{\pi}}=\beta\cdot \mathrm{erf}\beta\cdot e^{\beta^2} \tag{10-42}$$

然而，按式（10-42）尚不能求出 β 值，因为其中 T_i 是未知数。为消去 T_i，还需利用 $x=0$ 处两侧热通量相等的边界条件，即

$$k_m\frac{\partial T_m}{\partial x}\bigg|_{x=0}=k_s\frac{\partial T_s}{\partial x}\bigg|_{x=0} \tag{10-43}$$

将式（10-39）对 x 求导，并令 $x=0$，整理后有

$$\frac{\partial T_m}{\partial x}\bigg|_{x=0}=\frac{T_i-T_0}{\sqrt{\pi a_m t}} \tag{10-44}$$

将式（10-40）对 x 求导，并令 $x=0$，则有

$$\frac{\partial T_s}{\partial x}\bigg|_{x=0}=\frac{T_\infty-T_i}{\sqrt{\pi a_s t}} \tag{10-45}$$

将式（10-44）和式（10-45）代入式（10-43），考虑 $a_m=\dfrac{k_m}{\rho_m c_m}$ 和 $a_s=\dfrac{k_s}{\rho_s c_s}$，整理后可得

$$\frac{T_i-T_0}{T_\infty-T_i}=\sqrt{\frac{k_s\rho_s c_s}{k_m\rho_m c_m}} \tag{10-46}$$

将式（10-46）与式（10-41）联立消去 T_∞，整理后有

$$\frac{T_i-T_0}{T_M-T_i}=\frac{\sqrt{\dfrac{k_s\rho_s c_s}{k_m\rho_m c_m}}}{\mathrm{erf}\beta} \tag{10-47}$$

亦即

$$T_M-T_i=(T_i-T_0)\cdot\frac{\mathrm{erf}\beta}{\sqrt{\dfrac{k_s\rho_s c_s}{k_m\rho_m c_m}}} \tag{10-48}$$

将式（10-48）与式（10-42）联立，整理后可得

$$(T_i-T_0)\frac{c_s}{H\sqrt{\pi}}=\beta\cdot e^{\beta^2}\cdot\sqrt{\frac{k_s\rho_s c_s}{k_m\rho_m c_m}} \tag{10-49}$$

将式（10-49）与式（10-42）两边同时相加可消去 T_i，最终有

$$(T_M-T_0)\frac{c_s}{H\sqrt{\pi}}=\beta\cdot e^{\beta^2}\cdot\left(\sqrt{\frac{k_s\rho_s c_s}{k_m\rho_m c_m}}+\mathrm{erf}\beta\right) \tag{10-50}$$

利用式（10-50）可求得 β 值。求得 β 值后，可根据 $M=2\beta\sqrt{a_s t}$ 计算凝固层厚度 M。

10.1.4.2　金属完全凝固时间

利用式（10-50）求得 β 值后，代入式（10-48）求得 T_i，进而通过式（10-46）求出

T_∞，再通过式（10-40）计算凝固层内温度 T_s 的分布，最后可求得单位时间内导入表面积为 F 模壁的热量 $Fk_s\left.\frac{\partial T_s}{\partial x}\right|_{x=0}$。对于体积为 V 的液体金属，当其全部凝固时，所释放出的等效凝固潜热 $Q=\rho_s VH$。因此，同样可通过式（10-34）计算金属完全凝固时间 t_f。

10.1.5　凝固传热问题的积分解法

关于动量边界层和热量边界层，本书在前述有关章节中曾利用冯·卡门和波尔豪森的近似积分解法得到了摩擦阻力系数和对流给热系数。实际上，此方法也可用于求解一维非稳态导热、熔化及凝固等问题。

利用积分法求解凝固传热问题，其步骤与求解对流给热问题类似，主要包括三个步骤：(1) 将凝固层视为与热边界层相类似的热作用区，假定仅在凝固层中存在温度梯度，在凝固层外几乎不再有温度变化，由此出发可建立凝固传热的积分方程；(2) 事先构造一个合适的凝固层温度分布近似关系式，其中的系数根据边界条件确定；(3) 将温度分布关系式代入积分方程，通过一系列必要运算，得到一个关于凝固层厚度的常微分方程，再利用边界条件，对这一常微分方程进行求解。

下面以水冷金属模中的凝固传热和连续铸锭时的凝固传热为例，展示近似积分解法在凝固传热中的应用。

10.1.5.1　水冷金属模中的凝固传热

A　建立积分方程

描述水冷金属模中的凝固传热过程的微分方程为式（10-23），即

$$\frac{\partial T_s}{\partial t}=a_s\frac{\partial^2 T_s}{\partial x^2}$$

初始条件为：$t=0$ 时，$T_s(x,0)=T_\infty$；边界条件为：$t>0$ 时，$\begin{cases}T_s(0,t)=T_0\\T_s(M,t)=T_M\end{cases}$；另有 $x=M$ 处的界面热量平衡方程 $k_s\left.\frac{\mathrm{d}T_s}{\mathrm{d}x}\right|_{x=M}=\rho_s H\frac{\mathrm{d}M}{\mathrm{d}t}$。

在 $x=0\sim M$ 范围内对式（10-23）进行积分可得

$$\int_0^M\frac{\partial T_s}{\partial t}\mathrm{d}x=\int_0^M a_s\frac{\partial^2 T_s}{\partial x^2}\mathrm{d}x \tag{10-51}$$

由于在数学上有 $\frac{\mathrm{d}}{\mathrm{d}t}\int_0^M T_s\mathrm{d}x=\int_0^M\frac{\partial T_s}{\partial t}\mathrm{d}x+T_s|_{x=M}\frac{\mathrm{d}M}{\mathrm{d}t}$，式（10-51）等号左端的 $\int_0^M\frac{\partial T_s}{\partial t}\mathrm{d}x=\frac{\mathrm{d}}{\mathrm{d}t}\int_0^M T_s\mathrm{d}x-T_s|_{x=M}\frac{\mathrm{d}M}{\mathrm{d}t}$。同时，式（10-51）等号右端的项可改写为

$$\int_0^M a_s\frac{\partial^2 T_s}{\partial x^2}\mathrm{d}x=a_s\left(\left.\frac{\partial T_s}{\partial x}\right|_{x=M}-\left.\frac{\partial T_s}{\partial x}\right|_{x=0}\right)$$

因此，式（10-51）可整理为

$$\frac{\mathrm{d}}{\mathrm{d}t}\int_0^M T_s\mathrm{d}x-T_s|_{x=M}\frac{\mathrm{d}M}{\mathrm{d}t}=a_s\left(\left.\frac{\partial T_s}{\partial x}\right|_{x=M}-\left.\frac{\partial T_s}{\partial x}\right|_{x=0}\right) \tag{10-52}$$

为方便起见，令 $\theta=T_s-T_M$，则上述边界条件相应地变为

$$\begin{cases}\theta\big|_{x=0}=T_0-T_M=\theta_0\\ \theta\big|_{x=M}=T_M-T_M=0\\ k_s\dfrac{d\theta}{dx}\Big|_{x=M}=\rho_s H\dfrac{dM}{dt}\end{cases} \tag{10-53}$$

将式（10-52）中的 T_s 用 θ 表示，则有

$$\frac{d}{dt}\int_0^M\theta dx-\theta\big|_{x=M}\frac{dM}{dt}=a_s\left(\frac{\partial\theta}{\partial x}\Big|_{x=M}-\frac{\partial\theta}{\partial x}\Big|_{x=0}\right) \tag{10-54}$$

结合式（10-53）中的第二个和第三个边界条件，可将式（10-54）变为

$$\frac{d}{dt}\int_0^M\theta dx=a_s\left(\frac{\rho_s H}{k_s}\cdot\frac{dM}{dt}-\frac{\partial\theta}{\partial x}\Big|_{x=0}\right) \tag{10-55}$$

式（10-55）即为水冷金属模中凝固传热问题的积分方程。

B　确定合适的凝固层温度分布关系式

假定凝固层温度分布为二次多项式，即 $\theta=A+B(x-M)+C(x-M)^2$，利用边界条件式（10-53）可确定其中的系数 A、B 及 C。

由式（10-53）中的第二个条件 $\theta\big|_{x=M}=0$ 可确定 $A=0$，之后可由第一个条件 $\theta\big|_{x=0}=\theta_0$ 明确 B 和 C 的关系。若要应用第三个条件来最终确定 B 和 C 的取值，必须处理其中的导数项 dM/dt。为此，对第二个边界条件两边取微分

$$d\theta=\left(\frac{\partial\theta}{\partial x}dx+\frac{\partial\theta}{\partial t}dt\right)\Big|_{x=M}=0 \tag{10-56}$$

两边同时除以 dt 可得

$$\frac{dM}{dt}\cdot\frac{\partial\theta}{\partial x}\Big|_{x=M}+\frac{\partial\theta}{\partial t}\Big|_{x=M}=0 \tag{10-57}$$

由式（10-53）中第三个边界条件可知 $\dfrac{\partial\theta}{\partial x}\Big|_{x=M}=\dfrac{\rho_s H}{k_s}\cdot\dfrac{dM}{dt}$，于是有

$$\frac{dM}{dt}=\frac{k_s}{\rho_s H}\cdot\frac{\partial\theta}{\partial x}\Big|_{x=M} \tag{10-58}$$

将式（10-23）中的 T_s 用 θ 表示，并令 $x=M$，则有

$$\frac{\partial\theta}{\partial t}\Big|_{x=M}=a_s\frac{\partial^2\theta}{\partial x^2}\Big|_{x=M} \tag{10-59}$$

将式（10-58）和式（10-59）代入式（10-57），整理后可得

$$\frac{k_s}{\rho_s H}\left(\frac{\partial\theta}{\partial x}\right)^2_{x=M}+a_s\left(\frac{\partial^2\theta}{\partial x^2}\right)_{x=M}=0 \tag{10-60}$$

将 $\theta=B(x-M)+C(x-M)^2$ 对 x 求一阶导数，并令 $x=M$，则有

$$\frac{\partial\theta}{\partial x}\Big|_{x=M}=B \tag{10-61}$$

将 $\theta=B(x-M)+C(x-M)^2$ 对 x 求二阶导数，并令 $x=M$，则有

$$\frac{\partial^2\theta}{\partial x^2}\Big|_{x=M}=2C \tag{10-62}$$

将式（10-61）和式（10-62）代入式（10-60），整理后可得

$$\frac{k_s}{\rho_s H}B^2 + 2a_s C = 0 \tag{10-63}$$

根据式（10-53）中第一个边界条件有

$$-MB + M^2 C = \theta_0 \tag{10-64}$$

求解式（10-63）和式（10-64）组成的代数方程组，结果为

$$\begin{cases} B = -\dfrac{2\theta_0}{\mu M}(-1 + \sqrt{1+\mu}) \\ C = -\dfrac{2\theta_0}{\mu M^2}(-1 + \sqrt{1+\mu}) + \dfrac{\theta_0}{M^2} \end{cases}$$

其中

$$\mu = \frac{2c_s}{H}(T_M - T_0)$$

综上分析，凝固层温度分布关系式为

$$\theta = -\frac{2\theta_0}{\mu}(-1 + \sqrt{1+\mu})\frac{x-M}{M} - \left[\frac{2\theta_0(-1+\sqrt{1+\mu}) - \mu\theta_0}{\mu}\right]\left(\frac{x-M}{M}\right)^2 \tag{10-65}$$

C　导出并求解凝固层厚度的常微分方程

将凝固层温度分布关系式（10-65）对 x 求导，并令 $x=0$，可得

$$\left.\frac{\partial\theta}{\partial x}\right|_{x=0} = -\frac{2\theta_0}{\mu M}(1 - \sqrt{1+\mu} + \mu) \tag{10-66}$$

在 $x=0\sim M$ 范围内对式（10-65）积分，可得

$$\int_0^M \theta \mathrm{d}x = \frac{\theta_0 M}{3\mu}(-1 + \sqrt{1+\mu} + \mu) \tag{10-67}$$

式（10-67）两边同时对 t 求导可得

$$\frac{\mathrm{d}}{\mathrm{d}t}\int_0^M \theta \mathrm{d}x = \frac{\theta_0}{3\mu}(-1 + \sqrt{1+\mu} + \mu)\frac{\mathrm{d}M}{\mathrm{d}t} \tag{10-68}$$

将式（10-66）和式（10-68）代入式（10-55），整理后可得

$$M\frac{\mathrm{d}M}{\mathrm{d}t} = \frac{6a_s(1 - \sqrt{1+\mu} + \mu)}{5 + \sqrt{1+\mu} + \mu} \tag{10-69}$$

对式（10-69）分离变量，并在 $0\sim M$ 和 $0\sim t$ 范围内积分，可得

$$\int_0^M M\mathrm{d}M = \frac{6a_s(1 - \sqrt{1+\mu} + \mu)}{5 + \sqrt{1+\mu} + \mu}\int_0^t \mathrm{d}t \tag{10-70}$$

于是有

$$M = 2\beta\sqrt{a_s t} \tag{10-71}$$

其中

$$\beta = \sqrt{3}\sqrt{\frac{1 - \sqrt{1+\mu} + \mu}{5 + \sqrt{1+\mu} + \mu}}$$

式（10-71）即是水冷金属模中凝固传热问题的积分（近似）解，它与精确解，即式（10-27）的形式完全相同。不同的是，精确解中的 β 值需通过超越方程式（10-33）求取，

使用不便；而近似解中，其中的 $\beta=\sqrt{3}\sqrt{\dfrac{1-\sqrt{1+\mu}+\mu}{5+\sqrt{1+\mu}+\mu}}$，$\mu=\dfrac{2c_s}{H}(T_M-T_0)$，在使用时相对方便。图 10-8 为水冷金属模中凝固传热问题的近似解和精确解的比较。由图可知，两者在较小 μ（<0.1）条件下非常接近。还需强调的是，采用上述积分解法也可得到砂模和非水冷、厚金属模中凝固传热问题的近似解。

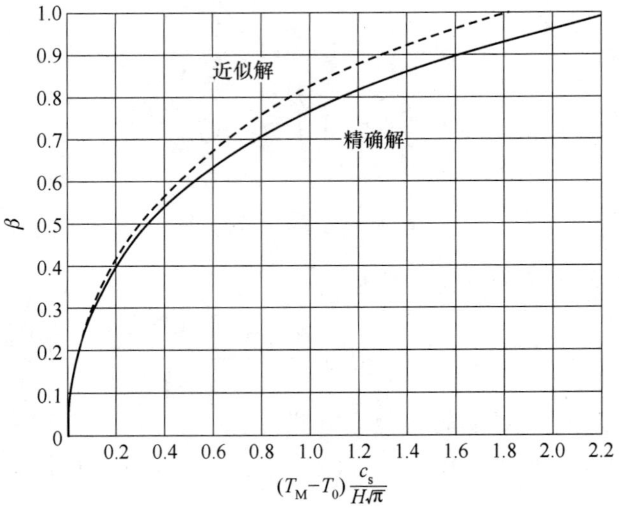

图 10-8　水冷金属模中凝固传热问题的近似解和精确解的比较

10.1.5.2　连续铸钢时的凝固传热

如图 10-9 所示，在连续铸钢（连铸）过程中，液态金属以一定速度由中间包注入水冷结晶器，并在结晶器中冷却形成凝固层（坯壳），凝固层厚度随着通过结晶器距离的增大而逐渐增加。当铸坯离开结晶器进入二次冷却区时，其铸坯中心仍保持液态，由于受到喷水冷却而凝固继续进行。

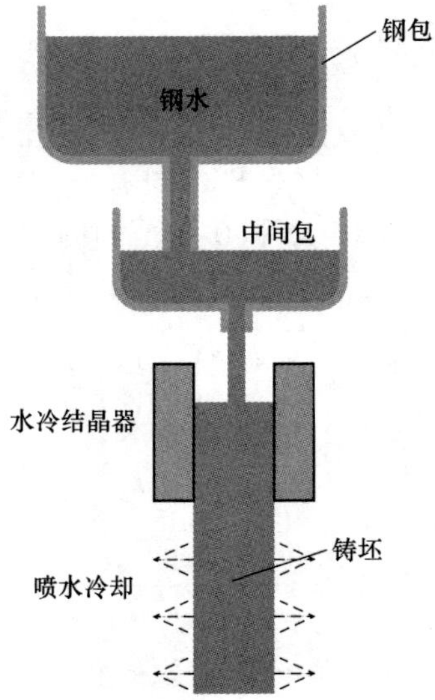

图 10-9　钢水连铸过程示意图

图 10-10 为铸坯在 y 方向以拉坯速度 v 向下运动时，其内部的温度分布。由于连铸过程中金属的凝固和冷却是在运动中进行的，因此分析凝固层中的温度分布时必须考虑铸坯本身运动速度的影响。如果铸坯的拉速 v 恒定，液态金属的浇铸温度、冷却水流量和温度等操作条件也都维持不变，则凝固层内部的温度场可看作处于稳态。如果忽略凝固层中 y 方向的导热，并且不考虑液相中的（对流）传热，则相应传热问题的微分方程为

$$v\frac{\partial T_s}{\partial y}=a_s\frac{\partial^2 T_s}{\partial x^2} \tag{10-72}$$

式（10-72）的边界条件为：$y=0$ 处，$M=0$；$y=0$ 和 $x=0$ 处，$T_s=T_M$；$y>0$ 和 $x=0$ 处，$k_s\left.\frac{\mathrm{d}T_s}{\mathrm{d}x}\right|_{x=0}=h(T_i-T_0)$（其中，$h$ 为水冷结晶器的传热系数）；$y>0$ 和 $x=M$ 处，$T_s=T_M$ 和 $k_s\left.\frac{\mathrm{d}T_s}{\mathrm{d}x}\right|_{x=M}=\rho_s Hv\frac{\mathrm{d}M}{\mathrm{d}y}$。

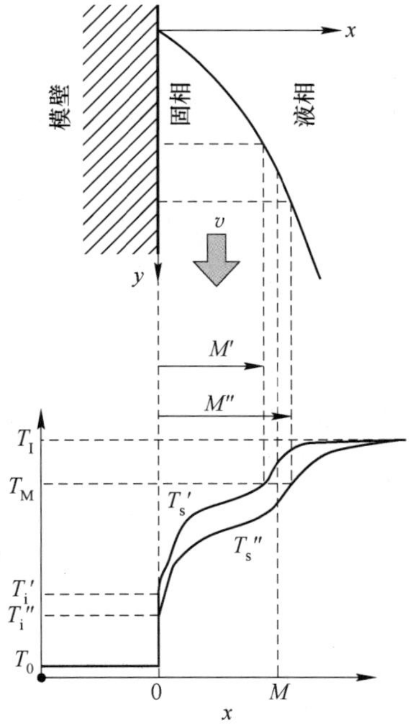

图 10-10　铸坯的部分凝固区和温度分布与其在结晶器内下降距离的关系

研究发现，上述问题难以得到精确解。希尔斯（A. Hills）曾利用前述的近似积分解法，在以下假设条件下成功地求得了连铸过程中凝固传热的近似解。这些假设条件主要为：液态金属中没有温度梯度，即不考虑液态金属的传热；固态金属中，铸坯运动方向（y 方向）的导热忽略不计，仅考虑 x 方向的导热；水冷结晶器给热系数 h 为常数，不随铸坯运动方向的距离而改变。

A　建立积分方程

为建立凝固层能量积分方程，取图 10-11 所示的控制体 $ABCDEF$，其高度为 δy、宽度为 $M+\delta M$，在 z 方向（垂直纸面方向）的尺寸取单位长度。假定 z 方向的传热可以忽略不计，只在 xy 平面上考虑控制体的能量平衡。

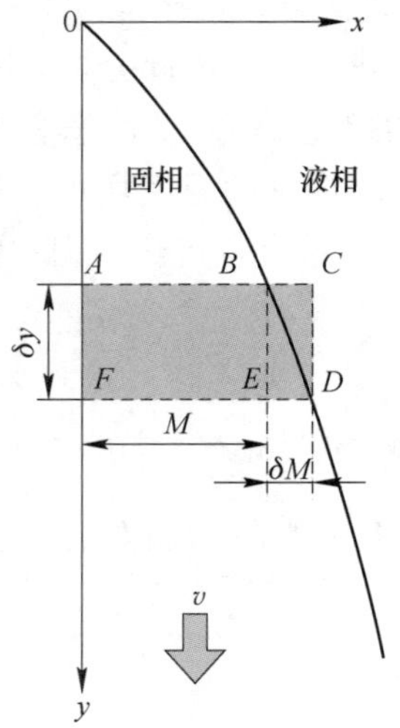

图 10-11 建立凝固层能量积分方程所用的控制体

（1）单位时间内通过 AB 面进入控制体的热量Ⅰ为 $\int_0^M v\rho_s c_s T_s \mathrm{d}x$ 。

（2）单位时间内通过 BC 面进入控制体的热量Ⅱ为 $v\rho_s(H+c_l T_M)\delta M \approx v\rho_s(H+c_s T_M)\delta M$。

（3）单位时间内通过 CD 面进入控制体的热量Ⅲ为 0。

（4）单位时间内经 DF 面流出控制体的热量Ⅳ为 $-\int_0^{M+\delta M} v\rho_s c_s T_s \mathrm{d}x$ 。

（5）单位时间内经 FA 面流出控制体的热量Ⅴ为$-h(T_i-T_0)\delta y$。假定冷却水温度 T_0 为 0 ℃，则单位时间内经 FA 面流出控制体的热量为$-hT_i\delta y$。

稳态条件下对控制体，根据Ⅰ+Ⅱ+Ⅲ+Ⅳ+Ⅴ=0 的关系进行能量衡算，有

$$\int_0^M v\rho_s c_s T_s \mathrm{d}x + v\rho_s(H + c_s T_M)\delta M - \int_0^{M+\delta M} v\rho_s c_s T_s \mathrm{d}x - hT_i\delta y = 0$$

合并等号左端的两积分项，整理后得

$$v\rho_s(H + c_s T_M)\delta M - \int_0^{\delta M} v\rho_s c_s T_s \mathrm{d}x - hT_i\delta y = 0$$

两端同除以控制体高度 δy，并取极限 $\mathrm{d}y$，有

$$v\rho_s(H + c_s T_M)\frac{\mathrm{d}M}{\mathrm{d}y} - \frac{\mathrm{d}}{\mathrm{d}y}\left(\int_0^M v\rho_s c_s T_s \mathrm{d}x\right) = hT_i$$

两端同除以 hT_M，并假定 v 和物性参数均为常数，则有

$$\frac{v\rho_s c_s}{h}\left(\frac{H}{c_s T_M} + 1\right)\frac{\mathrm{d}M}{\mathrm{d}y} - \frac{v\rho_s c_s}{h}\cdot\frac{\mathrm{d}}{\mathrm{d}y}\left(\frac{1}{T_M}\int_0^M T_s \mathrm{d}x\right) = \frac{T_i}{T_M} \tag{10-73}$$

式（10-73）即为连续铸钢过程的凝固层能量积分方程。

B　确定合适的凝固层温度分布关系式

为求解式（10-73），需先构造一个凝固层内温度分布关系式，然后用相关边界条件确定关系式中的各系数。假定温度分布为

$$\frac{T_s}{T_M} = A_0 + A_1\frac{x}{M} + A_2\left(\frac{x}{M}\right)^2 + A_3\left(\frac{x}{M}\right)^3 + \cdots \tag{10-74}$$

对于这一无穷级数，可将问题的微分方程（10-72）对 x 进行多次求导，并令 $x=0$，从而求得无穷多个 $\left.\frac{\partial^n T_s}{\partial x^n}\right|_{x=0}$ 的边界条件，再用这些边界条件确定系数 A_n。但是，实际上式（10-74）的无穷级数收敛很快，只取前四项就已足够精确。因此有以下边界条件：$n=0$ 时，$T_s=T_i$；$n=1$ 时，$\left.\frac{\partial T_s}{\partial x}\right|_{x=0}=\frac{h}{k_s}T_i$；$n=2$ 时，$\left.\frac{\partial^2 T_s}{\partial x^2}\right|_{x=0}=\frac{v\rho_s c_s}{k_s}\cdot\frac{dT_i}{dy}$；$n=3$ 时，$\left.\frac{\partial^3 T_s}{\partial x^3}\right|_{x=0}=\frac{v\rho_s c_s}{k_s}\cdot\frac{h}{k_s}\cdot\frac{dT_i}{dy}$。同时，在 $x=M$ 处有 $T_s=T_M$ 和 $\left.k_s\frac{dT_s}{dx}\right|_{x=M}=\rho_s Hv\frac{dM}{dy}$。

利用以上边界条件确定各系数，分别为

$$\begin{cases} A_0 = \theta^* \\ A_1 = \theta^* M^* \\ A_2 = 1 - \theta^* - \theta^* M^* - \frac{1}{6}M^{*3}\frac{\partial\theta^*}{\partial\xi} \\ A_3 = \frac{1}{6}M^{*3}\frac{\partial\theta^*}{\partial\xi} \end{cases} \tag{10-75}$$

式中，θ^* 为无因次温度，$\theta^*=\frac{T_i}{T_M}$；M^* 为无因次凝固层厚度，$M^*=\frac{h}{k_s}M$；ξ 为无因次坐标，$\xi=\frac{yh^2}{v\rho_s c_s k_s}$。

将式（10-75）代入式（10-74），可得到凝固层内温度分布为

$$\frac{T_s}{T_M}=\left(\frac{x}{M}\right)^2+\theta^*\left[1-\left(\frac{x}{M}\right)^2\right]+\theta^* M^*\left[\frac{x}{M}-\left(\frac{x}{M}\right)^2\right]+\frac{1}{6}M^{*3}\frac{\partial\theta^*}{\partial\xi}\left[\left(\frac{x}{M}\right)^3-\left(\frac{x}{M}\right)^2\right] \tag{10-76}$$

C 导出并求解凝固层厚度的常微分方程

将式（10-76）代入式（10-73），并进行无因次化后整理可得

$$\frac{dM^*}{d\xi}=\frac{\theta^*+\frac{1}{6}M^*(4+M^*)}{H^*-\frac{1}{3}-\frac{2}{3}\theta^*-\frac{1}{3}\theta^* M^*} \tag{10-77}$$

式中，H^* 为无因次热焓，$H^*=\frac{H}{c_s T_M}+1$。

式（10-77）即为无因次化凝固层厚度的常微分方程。

希尔斯求解了式（10-77），相应的结果示于图 10-12～图 10-14，图中的无因次结晶器长度 $L^*=\frac{Lh^2}{v\rho_s c_s k_s}$，无因次结晶器传热量 $Q^*=\frac{Q_L}{T_M\sqrt{Lv\rho_s c_s k_s}}$，两式中的 L 和 Q_L 分别为结晶器长度和单位时间内结晶器单位长度上的传热量。

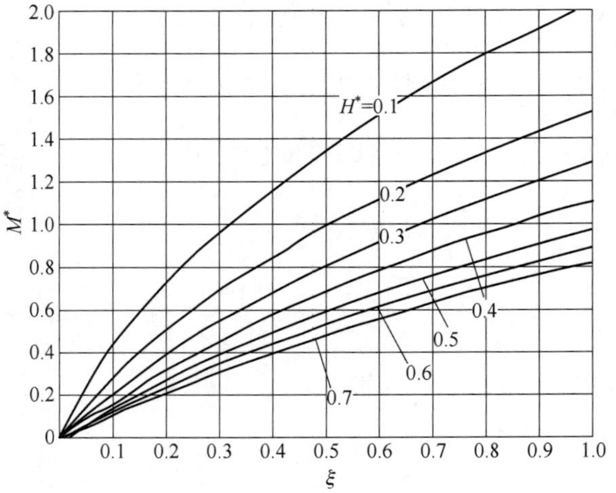

图 10-12　凝固层厚度与铸坯在结晶器中下降距离的关系

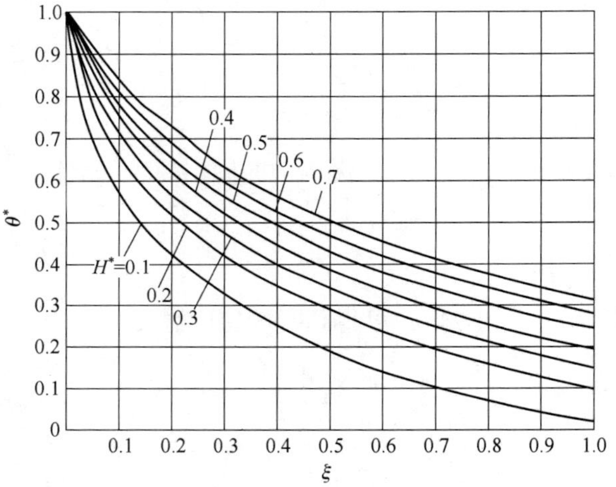

图 10-13　铸坯表面温度与铸坯在结晶器中下降距离的关系

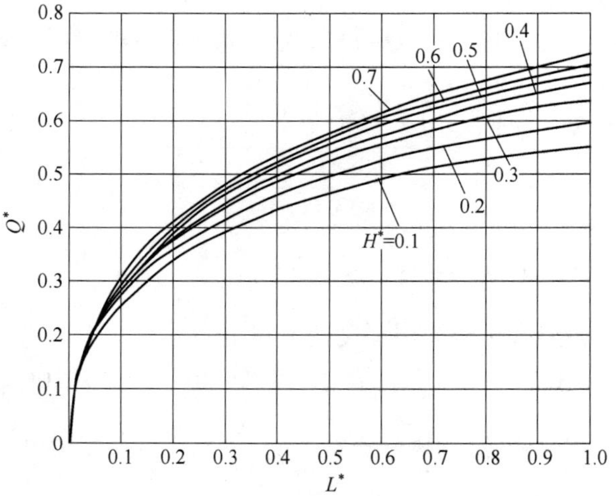

图 10-14　冷却水带走热量的速率与结晶器长度的关系

利用图 10-12 可确定沿结晶器不同高度的凝固层厚度，利用图 10-13 可确定沿结晶器不同高度的铸坯表面温度，利用图 10-14 可确定在结晶器长度上冷却水带走热量的速率。

10.2　沸腾给热

受加热液体的汽化（vaporization）可分为蒸发（evaporation）和沸腾（boiling）两种，前者是指发生在液体表面上的汽化过程，后者是指在液体内部产生气泡的汽化过程。就流体运动的驱动力而言，沸腾又分为两种，大容器沸腾（又称池沸腾（pool boiling））和强制对流沸腾，强制对流沸腾中最典型的是管内沸腾（in-tube boiling）。大容器沸腾是指被加热面浸没于无宏观流速的液体内部时发生的沸腾过程，其主要特征是从被加热面上产生的气泡都能脱离表面而自由浮升，所以液体表现出的运动是自然对流和气泡扰动共同作用的结果。强制对流沸腾是指强制流动的流体被加热时发生的沸腾。当液体在压差作用下以一定宏观流速在被加热管道中流动时，管道内则发生强制对流沸腾。这时被加热管道壁面所形成的气泡与液流混合，在管内形成传热机理甚为复杂的气-液两相流结构。需要强调，由于液体沸腾伴生的相变要吸收大量汽化潜热，以及在壁面上气泡不断形成和脱离使得壁面附近的液体被强烈扰动，因此对同一种液体而言，沸腾时的传热比无相变时的传热要强烈得多。

10.2.1　气泡形成的条件

无论是大容器沸腾还是管内沸腾，二者共同的特征是液体内部产生气泡。因此，在讨论沸腾给热之前，需要先分析气泡形成的条件。

10.2.1.1　饱和沸腾

气泡在液体中形成并存在必须同时满足力平衡和热平衡条件。以如图 10-15 所示的沸腾过程中出现半径为 R 的气泡为例，根据力平衡，该气泡内外的压差应与被作用于气-液界面上的表面张力 σ 抵消，即

$$\pi R^2(p_v - p_l) = 2\pi R\sigma \tag{10-78}$$

式中，p_v、p_l 分别为气泡内部蒸汽和外部液体的压强。

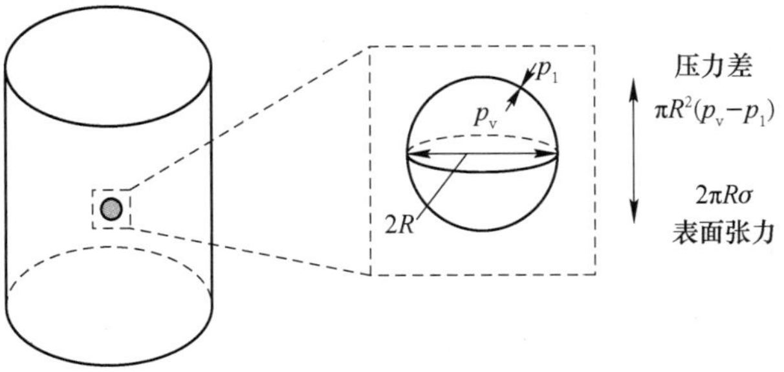

图 10-15　气泡力平衡示意图

由式（10-78）可知，因界面张力的存在，气泡内部蒸汽的压强必然大于外部液体的压强，否则气泡无法稳定存在。若忽略液相静压的影响，则式（10-78）中的 p_l 可近似为液体的饱和压强 p_{sat}，于是有 $p_v > p_{sat}$。又因为液体的饱和蒸气压曲线上压强和温度是一一

对应的，因此气泡内部温度必然大于与饱和压强对应的饱和温度，即 $T_v>T_{sat}$。

再讨论气泡的热平衡。如果气泡要稳定存在，则液体温度 T_l 必须等于气泡内蒸汽的温度 T_v（即 $T_l=T_v$）。这是因为，$T_l>T_v$ 时，液体对气泡加热，则气-液界面上的液体会继续汽化，气泡随之膨大；反之，气泡向液体传热，则气泡内蒸汽重新凝结成为液体，气泡随之缩小，严重时甚至瓦解。

综上所述，若同时满足力平衡和热平衡条件，必然有 $T_l>T_{sat}$，即过热度 $\Delta T=T_l-T_{sat}>0$。由此可见，沸腾液体必须具有一定过热度，其中的气泡才能稳定存在。液体具有一定过热度时的沸腾称为饱和沸腾（saturated boiling），本章涉及的沸腾现象在无明确说明的前提下均指饱和沸腾。

10.2.1.2　汽化核心

在沸腾过程中，紧贴于被加热壁面的液体温度与壁面温度几乎相等，所以具有最大的过热度，但这不等同于壁面上任意位置都能成为产生气泡的位点，即汽化核心。近几十年的理论研究和工程实践表明，对于光滑且不存在任何吸附气体的表面，要产生气泡基本不可能。实际上，大多数实际被加热壁面都不是非常平滑的，也不可能没有吸附气体，那些吸附着气体的凹坑、细缝、裂穴等位点就成为首先产生气泡的汽化核心。一旦第一个气泡在汽化核心处产生，当其成长后脱离壁面时必然留下残余的蒸汽，这些残余蒸汽就成为第二个气泡发展的原始小气泡。

10.2.2　大容器沸腾给热曲线

通过对水在 1 atm（1 atm = 101325 Pa）下的大容器沸腾给热过程进行实验观察，可以绘制出如图 10-16 所示的曲线，图中的横坐标为被加热面的过热度，或称为沸腾温差，纵坐标为热通量（或称为热流密度）。实验观察发现，随着过热度的增大，大容器沸腾给热曲线依次出现以下六个区域。

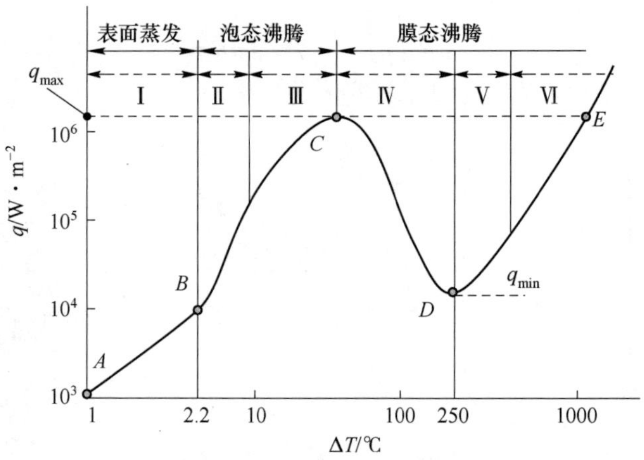

图 10-16　水在 1 atm 下的沸腾曲线

（1）Ⅰ区。由于过热度很小（$\Delta T<2.2$ ℃）时，壁面上无气泡产生，稍过热的液体通过自然对流浮升到液面，随之发生蒸发。这时的给热系数可按单相介质自然对流给热计算。

（2）Ⅱ区。当加热壁面热度 $\Delta T\geqslant2.2$ ℃后，壁面上个别汽化核心开始产生气泡，汽化核心产生的气泡彼此互不干扰，称为孤立气泡区。由于液体过热度还不够大，气泡从表面脱离后将重新凝结而在液体中消失。

（3）Ⅲ区。随着 ΔT 的进一步提高，汽化核心增加，气泡互相影响，并汇聚成气块和气柱，并能浮升到液体表面，最后冲破液面进入气相空间。

在Ⅱ区和Ⅲ区中，气泡的扰动剧烈，传热系数和热流密度都急剧增大。由于汽化核心对传热起着决定性影响，这两区的沸腾统称为泡态沸腾（bubble boiling）。泡态沸腾有温差小、传热强的特点，所以一般工业应用都设计在这个范围。泡态沸腾区的终点为图 10-16 中热通量峰值（q_{max}），即临界热通量对应的临界点 C 处。

（4）Ⅳ区。从 C 点进一步提高 ΔT，传热规律出现异乎寻常的变化。热流密度不仅不随 ΔT 的升高而提高，反而越来越低。这是因为气泡汇聚覆盖在加热面上，而蒸汽排出过程越趋恶化，这种情况持续到出现最低热通量 q_{min} 的 D 点为止，文献中常称 D 点为莱登佛罗斯特（Leidenfrost）点。C 点到 D 点这段沸腾称为过渡沸腾（transition boiling），是很不稳定的过程，故又称为不稳定膜态沸腾（unsteady film boiling）。

（5）Ⅴ区。自 D 点（$\Delta T \approx 250$ ℃）开始，一层稳定的气膜在加热表面上形成，这时的传热逐渐向稳定膜态沸腾（steady film boiling）转变。

（6）Ⅵ区。进一步提高 ΔT，由于加热面上已形成稳定的蒸汽膜层，产生的蒸汽有规律地排出膜层，热通量随壁面过热度的增加而迅速提高，这是因为加热表面对沸腾液体的加热除了依靠气膜的导热外，还以辐射方式穿过气膜向液体传递热量。

一般将Ⅴ区和Ⅵ区的沸腾统称为膜态沸腾（film boiling）。

图 10-16 中的具体数据是对水在 1 atm 下的饱和沸腾采用不锈钢管作为加热面而得出的。不同工质在不同压力和不同加热条件下沸腾的参数会随之而异，但是沸腾传热现象演变的总体规律仍是类似的。另外，还需指出的是，在沸腾状态达到临界点 C 后，随着给热系数的急剧下降，壁面附近液体的过热度急剧增加，可能使沸腾过程直接跨越至稳定膜态沸腾的 E 点，进而引起壁面温度迅速飞升，甚至超过壁面材料的熔化温度，所以工程上又形象地称 C 点为“烧毁”或“沸腾危机”点。因此，实际工业设备中沸腾给热需维持在临界点以下的泡态沸腾范围内。对于 1 atm 下水的沸腾，临界点的临界热通量约为 1.4×10^6 W/m^2。

10.2.3　大容器沸腾给热的计算

10.2.3.1　泡态沸腾给热

泡态沸腾传热之所以强烈，主要是由于气泡的产生与脱离造成强烈的扰动的缘故。为便于计算泡态沸腾的热通量 q，罗森诺（W. Rohsenow）将实验数据整理成了以下无量纲关联式：

$$\frac{c_{pl}\Delta T}{H_v} = C_{wl}\left[\frac{q}{H_v\mu_l}\sqrt{\frac{\sigma}{g(\rho_l - \rho_v)}}\right]^{0.33} Pr_l^s \tag{10-79}$$

式中，c_{pl} 为饱和液体的定压比热容；C_{wl} 为取决于被加热表面与液体组合情况的无量纲经验常数；H_v 为液体汽化潜热；μ_l、σ、ρ_l、ρ_v 分别为饱和液体的黏度、气-液表面张力、饱和液体及蒸汽的密度；g 为重力加速度；Pr_l 为饱和液体的普朗特数；s 为经验指数，对于水 $s=1.0$，其他液体 $s=1.7$。

观察式（10-79）可知，其中未出现特征尺寸，所以该式理论上只适用于被加热面为无限大平板的情况。实际应用中，当被加热面的特征长度大于气泡平均直径的3倍时，式(10-79)即可适用。实际上，应用式(10-79)的关键是确定其中的无量纲经验常数 C_{wl}。表10-1列出了一些表面与液体组合的 C_{wl} 值。

表10-1　一些表面与液体组合的 C_{wl} 值

加热面-液体组合	C_{wl} 值
抛光的铜-水	0.0130
粗糙表面的铜-水	0.0068
黄铜-水，镍-水	0.0060
铂-水	0.0130
机械抛光的不锈钢-水	0.0130
化学腐蚀的不锈钢-水	0.0130
研磨并抛光的不锈钢-水	0.0060
抛光的铜-正戊烷	0.0154
铬-苯	0.1010
铬-乙醇	0.0027

10.2.3.2　临界热通量

朱泊（N. Zuber）应用泰勒不稳定性原理分析气膜的运动，导出了大容器沸腾由泡态沸腾向过渡沸腾转变的热通量峰值 q_{max}（见图10-16中 C 点）及过渡沸腾向稳定膜态沸腾转变的最低热通量 q_{min}（见图10-16中 D 点）的计算式：

$$q_{max}=\frac{\pi}{24}\rho_v H_v\left[\frac{\sigma g(\rho_l-\rho_v)}{\rho_v^2}\right]^{1/4}\left(\frac{\rho_l}{\rho_l+\rho_v}\right)^{1/2} \tag{10-80a}$$

$$q_{min}=0.09\rho_v H_v\left[\frac{\sigma g(\rho_l-\rho_v)}{(\rho_l+\rho_v)^2}\right]^{1/4} \tag{10-80b}$$

对于图10-16中 C 点至 D 点间的过渡沸腾区，目前相关研究较少，还没有较为成熟的热通量或传热系数计算式。一个重要的原因是，在实际的工程设计中，一般要尽量避免出现过渡沸腾，因为该区域内传热效率随过热度的增加而降低。

10.2.3.3　膜态沸腾给热

稳定膜态沸腾时，汽化过程不再在被加热面上发生，而是在蒸汽膜-液体界面上发生，壁面的状况已不再对沸腾过程产生决定性影响。在忽略热辐射影响，仅考虑通过气膜导热的条件下，布朗利（L. Bromley）得到如下膜态沸腾时水平管外表面平均传热系数计算式。

$$h_0=0.62\left[\frac{g\rho_v H_v(\rho_l-\rho_v)k_v^3}{\mu_v d_o \Delta T}\left(1+\frac{0.4c_{pv}\Delta T}{H_v}\right)\right]^{1/4} \tag{10-81}$$

式中，h_0 为不考虑热辐射影响的平均传热系数；d_o 为管外径；c_{pv}、μ_v、ρ_v 分别为蒸汽的定压比热容、黏度及密度。

需要说明的是，式(10-81)中所有蒸汽的物性参数以壁面温度 T_w 和液体饱和温度 T_{sat} 的算术平均值确定。

若考虑热辐射的影响，稳定膜态沸腾的传热系数 h_{fb} 为

$$h_{fb} = h_0 \left(\frac{h_0}{h_{fb}} \right)^{1/3} + h_R \tag{10-82}$$

式中，h_R 为辐射传热系数，可按下式计算。

$$h_R = \frac{C_0}{\varepsilon^{-1} + \alpha^{-1} - 1} \cdot \frac{\left(\frac{T_w}{100} \right)^4 - \left(\frac{T_{sat}}{100} \right)^4}{\Delta T} \tag{10-83}$$

式中，ε、α 分别为加热面的黑度和液体的吸收率；C_0 为黑体辐射系数，$C_0 = 5.67\ W/(m^2 \cdot K^4)$。

10. 2. 4　管内沸腾给热的两相流

管内沸腾是流动的液体受管壁加热在管内产生的沸腾。冶金生产中常见管式冷却设备中的换热就属于管内沸腾。管内沸腾的基本原理和传热特点与大容器沸腾是相同的，但是管内沸腾时，由于空间的限制，沸腾产生的蒸汽和液体混合在一起形成气-液两相流动，这种两相流型的发展对传热有很大影响。

当过冷的液体流入管内，在达到饱和温度以前，是一个单向流体的加热过程，可按管内强制对流给热计算。当加热到饱和温度以后，即进入管内沸腾阶段。饱和液体继续被加热，在过热管壁上产生的气泡，长大脱离后加入液体流中，和液体一起在管内流动，这就形成了蒸汽和液体的两相流动。随着液体的不断汽化，管内气相的体积和流量不断增加，使气相和液相的比例不断发生变化。因为气相的密度较小，所以管内流速也逐渐增加。此外，由于流速的增加和管壁的摩擦，两相流的静压逐渐降低，因而对应的饱和温度也随之下降。基于上述特点，管内沸腾时的两相在不同区段会产生不同的流型。

实际上，从传热的特点看，不论是水平管还是垂直管，沸腾给热时其中的两相流动都包括如图 10-17 所示的四种流型。

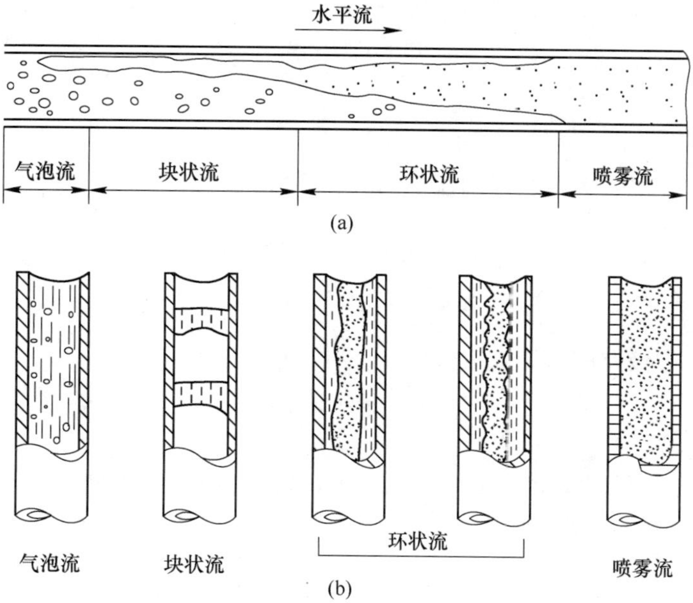

图 10-17　管内沸腾给热时的两相流动

（a）水平管；（b）垂直管

（1）气泡（bubbly）流：产生在刚开始泡态沸腾的区域中，产生的蒸汽以气泡的形式在管内流动，气泡分散在液体中，边流动边长大，气泡的流速和液体的流速大致相等。

（2）块状（slug）流：随着蒸汽含量的增加，气泡积聚，形成块状气泡团，气泡团往往集中于管中心和液体流动交替流动，周围还有分散的气泡存在。随着气泡团的不断长大，管内流速增加。

（3）环状（annular）流：蒸汽流量进一步增加，气泡团汇聚连成一体，在管中心形成气芯，液体被压成环状，紧贴壁面呈薄膜流动，这时气芯可以具有比液体薄膜更高的流动速度，并且其中伴有分散的液滴。

（4）喷雾（mist）流：液体薄膜进一步蒸发，中间气相的流速进一步增加；由于气-液界面的摩擦，气流能将液膜吹离壁面，并携带于蒸汽流中，这样液膜变成了小液滴分散在气相中，类似于雾状，故称为喷雾流。

应当指出，若流体继续受热，随着雾滴的完全蒸发，最后两相流动变成过热蒸汽的单相流动。

10.2.5　管内沸腾给热的计算

10.2.5.1　泡态沸腾给热

由于两相流的流型不同，管内传热具有不同的特点。对于气泡流、块状流和环状流，其传热机理可看成是泡态沸腾和两相强制流动两种传热的结合。根据这种机理，不同研究者提出了不同的计算公式。其中，陈氏（J. Chen）公式被认为是一个较好的计算壁面传热系数 h 的关系式，即

$$h = Sh_{\mathrm{b}} + Fh_{\mathrm{tp}} \tag{10-84}$$

式中，S、F 分别为泡态沸腾抑制系数和一个与马廷内勒（Martinelli）数 X_{tt} 相关的系数。

式（10-84）中仅考虑泡态沸腾的传热系数 h_{b} 为

$$h_{\mathrm{b}} = 0.0122\frac{k_{\mathrm{l}}^{0.79} \cdot c_{p\mathrm{l}}^{0.45} \cdot \rho_{\mathrm{l}}^{0.49}}{\sigma^{0.5} \cdot \mu_{\mathrm{l}}^{0.29} \cdot H_{\mathrm{v}}^{0.24} \cdot \rho_{\mathrm{v}}^{0.24}}\Delta T^{0.24} \cdot \Delta p^{0.75} \tag{10-85}$$

式中，Δp 为对应于 ΔT 在液体饱和曲线上的压差。

式（10-84）中仅考虑两相强制流动的传热系数 h_{tp} 为

$$h_{\mathrm{tp}} = 0.023\frac{k_{\mathrm{l}}}{d} \cdot Re_{\mathrm{l}}^{0.8} \cdot Pr_{\mathrm{l}}^{0.4} \tag{10-86}$$

式中，d 为管内径。

式（10-86）中液体的雷诺数 Re_{l} 为

$$Re_{\mathrm{l}} = \frac{dG(1 - w)}{\mu_{\mathrm{l}}} \tag{10-87}$$

式中，G 为管内气液两相的总质量通量；w 为气液混合物中气相的质量分数。

式（10-84）中的系数 F 为

$$F = \begin{cases} 1 & X_{\mathrm{tt}}^{-1} \leqslant 0.1 \\ 2.35(0.213 + X_{\mathrm{tt}}^{-1})^{0.736} & X_{\mathrm{tt}}^{-1} > 0.1 \end{cases} \tag{10-88}$$

式中，X_{tt} 为马廷内勒数，计算式如下：

$$X_{tt} = \left(\frac{1-w}{w}\right)^{0.9}\left(\frac{\rho_v}{\rho_l}\right)^{0.5}\left(\frac{\mu_l}{\mu_v}\right)^{0.1} \tag{10-89}$$

式（10-84）中泡态沸腾抑制系数 S 为

$$S = \frac{1}{1 + 2.53 \times 10^{-6} Re_{tp}^{1.17}} \tag{10-90}$$

式中，Re_{tp} 为两相雷诺数，$Re_{tp} = F^{1.25} \cdot Re_l$。

10.2.5.2　喷雾流给热

喷雾流中液膜已不存在，蒸汽直接与管壁接触，通常按下式计算壁面传热系数。

$$h = 0.0188\frac{k_v}{d}\left(\frac{dG_v}{\mu_v}\right)^{0.84}\left(\frac{c_{pv}\mu_v}{k_v}\right)^{1/3}(1-w)^{0.1} \tag{10-91}$$

式中，k_v 为蒸汽的导热系数；G_v 为蒸汽的质量通量，$kg/(m^2 \cdot s)$。

复习思考题

10-1　求解金属在砂模、水冷金属模及非水冷厚金属模中凝固问题的主要假设和数学方法有何区别？

10-2　对于冷金属模中金属的凝固，如何考虑模壁与固相之间的接触热阻？

10-3　何为沸腾危机，工程问题中如何避免出现沸腾危机？

10-4　如何得到连铸过程中凝固传热问题的近似解？

第三篇

质量传输现象

11　质量传输的基本概念和基本方程

质量传输（简称传质）是一种广泛存在于自然界和工程领域的现象，与动量传输和热量传输密切相关，三者并称“三传”。在冶金过程中，质量传输既能发生于单相介质（如钢合金化和钢中有害元素脱除的钢水内部）中，也可以在相际间（如气固氧化和还原反应的气-固界面）进行，并且往往是决定整个过程进程和速率的关键性和限制性环节。本章对质量传输的基本概念和定律进行重点阐述，并给出描述质量传输的基本方程。

11.1　基本概念和定律

11.1.1　质量传输的基本方式

质量传输的基本方式可分为（分子）扩散传质和对流（流动）传质两种。

（1）扩散传质。在含有两种或两种以上组元（或称组分）的固体或流体介质中，如果存在某一组元的化学位梯度，则该组元就具有从高化学位向低化学位方向迁移的趋势，这种由化学位梯度驱动的物质迁移过程称为扩散传质（mass transport by diffusion）。类似于导热的温度梯度（热量浓度梯度）和黏性动量传输的速度梯度（动量浓度梯度），扩散的驱动力是化学位梯度。但需要指出，在实际研究中，因组元在混合物介质中的浓度相对于其化学位更易测定，且在同一相内浓度与化学位存在正相关关系，故常使用浓度梯度来进行相关问题的表征和解析，这也是为何常言浓度梯度是扩散驱动力的缘由。

扩散传质的机理仍是微观粒子的运动，但与黏性动量传输和传导传热又有所不同：前者需要微观粒子的宏观迁移，而后者在无宏观迁移的粒子原位振动下也会发生。对某一传输组元而言，单位时间内由高浓度区迁移至低浓度区的粒子多于由低浓度区迁移至高浓度区的粒子，造成由高浓度区向低浓度区的净粒子流，即发生扩散传质。

（2）对流传质。对流传质（mass transfer by convection），也可简称质量对流（mass convection），是指流体流过固体表面时发生的流体与固体表面之间的质量传递（交换）现象。与对流传热类似，对流传质的机理也包括流固界面上两相间传质组元的质量交换和界面流体侧内部传质组元的迁移。对界面上相间的质量交换而言，一般是通过化学反应（例如，氧化和还原、溶解和析出等）进行的。由于化学反应是粒子（离子、分子和原子）尺度上的变化和迁移，所以是以扩散的方式完成的。对流体侧的传质而言，与传热类似，也有两种机理导致传质组元在流体和固体表面间迁移：一种是浓度梯度作用下的组元扩散；另一种是流动的流体携带传质组元的迁移，即移流传质（mass transport by advection），也形象地称为随流传质。与静止流体与固体壁面间的仅扩散传质相比，平行于壁面流体流动的移流传质使得传质方向上组元的浓度梯度变大，传质效率提高，这也是流动流体与固体壁面间的对流传质与静止流体与固体壁面间的仅扩散传质之间的区别。另外，与对流传热类似，在湍流情况下，也存在由速度脉动和涡流导致的传质方向上的移流传质，使得湍流对流传质比层流更强烈，传质系数也更大。因此，对流传质是扩散传质和移流传质两种机理综合作用的结果。

需要说明的是，与传热类似，上述的层流移流传质是通过垂直于传质方向的流动携带质量改变传质方向上组元的浓度梯度。尤其是在边界层充分发展的层流流动中，移流与传质方向完全垂直。实际问题中还有很多平行于传质方向的移流传质，例如稀溶液流股冲击待溶解固体表面，用控制容积法分析传质时流动将传质组元带入、带出控制容积等的移流传质等。在处于发展中的层流边界层中，由于存在垂直于壁面的速度分量，因此也存在平行于传质方向的移流传质。

11.1.2　质量传输中的浓度

质量传输往往涉及混合物，这就不得不提到“浓度”这一重要概念。根据不同的情况和需要，混合物中某组分的浓度有不同的表示方法，其中最常见的有以下四种：

（1）质量浓度。质量浓度又称质量密度。设混合物由 m 种组分组成，则某一组分 i 的质量浓度为单位体积混合物内该组分的质量，单位一般取 kg/m^3，以符号 ρ_i 表示。显然，混合物的质量浓度 ρ 等于所有组分质量浓度之和，即 $\rho = \sum_{i=1}^{m} \rho_i$ 。

（2）摩尔浓度。混合物中某一组分 i 的摩尔浓度为单位体积混合物内该组分的物质的量，单位一般取 mol/m^3，以符号 C_i 表示。C_i 与 ρ_i 的关系为 $C_i = \dfrac{\rho_i}{M_i}$（其中，$M_i$ 为组分 i 的摩尔质量），单位取 kg/mol。显然，混合物的摩尔浓度 C 等于所有组分摩尔浓度之和，即 $C = \sum_{i=1}^{m} C_i$ 。

（3）质量分数。混合物中某一组分的质量占混合物总质量的分数，以符号 w_i 表示。显然有，$w_i = \dfrac{\rho_i}{\rho}$和 $\sum_{i=1}^{m} w_i = 1$。

（4）摩尔分数。混合物中某一组分的物质的量占混合物总物质的量的分数，以符号 x_i 表示。显然有，$x_i = \dfrac{C_i}{C}$和 $\sum_{i=1}^{m} x_i = 1$。

对于混合气体而言，可利用气体状态方程建立某一组分摩尔浓度与其分压之间的关系，即 $C_i = \dfrac{p_i}{RT}$（其中，p_i、R、T 分别为气体组分的分压、理想气体常数及气体温度）。

11.1.3　流体中的传质通量和扩散通量

在一种发生分子扩散的流体混合物中，各组分具有不同的速度。令 v_i 表示混合物中组分 i 相对于静止坐标系的绝对速度。对于一个 m 组分混合物而言，其质量平均速度为

$$v = \frac{\sum_{i=1}^{m} \rho_i v_i}{\sum_{i=1}^{m} \rho_i} = \sum_{i=1}^{m} w_i v_i \tag{11-1}$$

由于具有相对于静止坐标系的绝对速度 v_i，混合物中组分 i 的绝对传质质量通量 $n_i = \rho_i v_i$，其中必然包含由于整体流动使得该组分被流体沿扩散方向携带的移流传质和浓度梯度驱动的扩散传质两部分。已知流体的质量平均速度为 v，可写出组分 i 的移流质量通量为 $\rho_i v$。若令浓度梯度驱动的扩散质量通量为 j_i，则涉及组分 i 的传质通量与扩散通量之间的关系为

$$n_i = \rho_i v_i = j_i + \rho_i v \tag{11-2}$$

若以摩尔浓度为基准，则该 m 组分混合物的摩尔平均速度为

$$v^* = \frac{\sum_{i=1}^{m} C_i v_i}{\sum_{i=1}^{m} C_i} = \sum_{i=1}^{m} x_i v_i \tag{11-3}$$

混合物中组分 i 的绝对传质摩尔通量 $N_i = C_i v_i$。若令浓度梯度驱动的扩散摩尔通量为 J_i，则涉及组分 i 的传质通量与扩散通量之间的关系为

$$N_i = C_i v_i = J_i + C_i v^* \tag{11-4}$$

对于 A+B 的二元混合物，当两组元的相对分子质量相近时，混合物的质量平均速度和摩尔平均速度近似相等。另外，若其中某一组元浓度很低，而另一组元浓度很高，则混合物的速度近似为高浓度组元的速度，此时混合物的质量平均速度和摩尔平均速度也近似相等。

A+B 二元混合物总的传质通量为

$$\rho v = n_A + n_B = \rho_A v_A + \rho_B v_B$$

由式（11-2）可得

$$j_A = \rho_A(v_A - v),\ j_B = \rho_B(v_B - v)$$

则总扩散通量为

$$j_A + j_B = \rho_A v_A + \rho_B v_B - \rho v = 0$$

亦即 $j_A = -j_B$。同理，以摩尔浓度为基准时，有 $J_A = -J_B$。由此可知，流体中不存在研究固态扩散时常见的科肯德尔效应（Kerkendall effect）。

在传质领域，一般将绝对质量通量 n_i 或绝对摩尔通量 N_i 为零的组分称为滞止（stagnant）组分。由式（11-2）和式（11-4）可知，若其中的扩散通量和移流通量大小相等、方向相反，则组分 i 成为滞止组分。然而，此时组分 i 的扩散通量不为零，这就说明组分 i 滞止并不意味着其不发生扩散传质。

考虑 $v = \sum_{i=1}^{m} w_i v_i$ 和 $v^* = \sum_{i=1}^{m} x_i v_i$，则式（11-2）和式（11-4）可进一步写为

$$n_i = j_i + w_i \sum_{i=1}^{m} n_i \tag{11-5}$$

$$N_i = J_i + x_i \sum_{i=1}^{m} N_i \tag{11-6}$$

11.1.4 菲克定律和牛顿公式

11.1.4.1 菲克定律

为描述分子扩散，菲克（A. Fick）类比于导热的傅里叶定律，提出混合物中某一组分 i 的扩散通量正比于该组分的浓度梯度，并朝向浓度梯度减小的方向。例如，若在某一方向（这里假定为 y）上存在浓度梯度，则有

$$J_i = -D_i \frac{\partial C_i}{\partial y} \tag{11-7}$$

式中，J_i 为以物质的量为基准的组分 i 的扩散通量，单位一般取 $mol/(m^2 \cdot s)$；等号右端的负号表示扩散通量与浓度梯度的方向相反；D_i 为组分 i 在混合物中的分子扩散系数（molecular diffusion coefficient）。

式（11-7）是菲克（第一）定律的经典表达式。除此之外，实际问题中也经常使用以质量浓度为基准的形式，即

$$j_i = -D_i \frac{\partial \rho_i}{\partial y} \tag{11-8}$$

式中，j_i 为以质量数为基准的组分 i 的扩散通量，单位一般取 $kg/(m^2 \cdot s)$。

对于可按理想气体处理的气体介质而言，可使用其中组分的分压 p_i 代替摩尔浓度，则式（11-7）又可表达为

$$J_i = -D_i \frac{1}{RT} \cdot \frac{\partial p_i}{\partial y} \tag{11-9}$$

11.1.4.2 牛顿公式

对于对流传质，常采用对流传热中的牛顿冷却公式的形式计算其传质通量，即

$$n_i = h_m \Delta\rho_i \quad 或 \quad N_i = h_m \Delta C_i \tag{11-10}$$

式中，$\Delta\rho_i$、ΔC_i 分别为组分 i 在界面处与流体本体中的质量浓度差和摩尔浓度差；h_m 为对流传质系数，m/s。

需要强调，式（11-10）既适用于层流，也适用于湍流的情况。一般来说，对流传质系数 h_m 与界面的形状、流体的物性及流体的流态等因素有关。由于与牛顿冷却公式具有相同的数学形式，式（11-10）也称为传质的牛顿公式。

11.2 物质的分子扩散系数

分子扩散系数是物质的物理属性，表示物质分子扩散能力的大小。它可以理解为沿扩散方向，在单位浓度梯度下，单位时间通过单位面积所传输的物质的量，单位为 m^2/s。物质的扩散系数与运动黏度和热扩散系数具有类似的物理意义和完全相同的量纲。

分子扩散系数与物质的种类、结构状态、温度、压力、浓度等都有关。从数量级上看，组分在固体中的扩散系数最小、液体中的居中、气体中的最大。

11.2.1 固体中的扩散系数

对于固体介质来说，其中扩散组分的分子扩散系数可分为自扩散系数（self-diffusion coefficient）、本征扩散系数（intrinsic diffusion coefficient，也称为化学扩散系数，chemical diffusion coefficient）及互扩散系数（interdiffusion coefficient）。

（1）自扩散系数：用于衡量无浓度梯度条件下，单一组分固体中自身粒子（分子、原子或离子）扩散能力的大小。为测定自扩散系数，通常使用放射性同位素作为示踪粒子。

（2）本征扩散系数：用于衡量多组分固体中，由浓度梯度驱动的某一组分扩散能力的大小。研究本征扩散时，组分扩散的快慢仅由浓度梯度驱动的扩散通量表征，这样的处理

对不产生本体位移通量的间隙式（interstitial）扩散而言是准确的。

（3）互扩散系数：用于衡量有浓度梯度条件下，多组固体中某一组分扩散能力的大小。但此时表征该组分扩散快慢的除浓度梯度驱动的扩散通量外，还包括置换式（substitutional）扩散而引起的本体位移通量。

固体中本征扩散系数与自扩散系数之间的关系为

$$D_i = D_i^* \left(1 + \frac{\partial \ln \gamma_i}{\partial \ln x_i}\right) \tag{11-11}$$

式中，D_i、D_i^* 分别为组分 i 的本征扩散系数和自扩散系数；γ_i、x_i 分别为组分 i 在固体中的活度系数和摩尔分数。

A+B 二元固体中组分的互扩散系数与本征扩散系数间的关系为

$$\tilde{D}_A = \tilde{D}_B = x_A D_B + x_B D_A \tag{11-12}$$

式中，$\tilde{D}_A$、$\tilde{D}_B$ 分别为组分 A 和组分 B 的互扩散系数。

为便于使用，扩散计算中常以 D_{AB} 表示 A+B 二元固体中的分子扩散系数。对置换式扩散而言，$D_{AB}=D_{BA}=\tilde{D}_A=\tilde{D}_B$；对组分 A 在介质 B 中的间隙式扩散而言，$D_{AB}=D_A$。

表 11-1 为不同温度下部分固体中相关组分互扩散系数的测量值。研究表明，固体中组分的互扩散系数随组分的浓度和介质的温度而变，但与压强无关。扩散系数与温度的关系服从如下的阿累尼乌斯关系式。

$$D_{AB} = D_0 \exp\left(-\frac{E}{RT}\right) \tag{11-13}$$

式中，D_0 为指前因子，m^2/s；E 为扩散活化能，J/mol；R 为理想气体常数，8.314 J/(mol·K)；T 为绝对温度，K。

表 11-1　不同温度下部分固体中相关组分互扩散系数的测量值

扩散体系	温度/K	$D_{AB}/m^2 \cdot s^{-1}$
Al 在 Cu 中	293	1.3×10^{-34}
Bi 在 Pb 中	293	1.1×10^{-20}
Sn 在 Fe 中	1173	8.3×10^{-15}
C 在 Fe 中	1073	7.7×10^{-9}
	1273	3.3×10^{-8}

对于常见的扩散体系，式（11-13）中的 D_0 和 E 值可查阅相关文献获取。

11.2.2　液体中的扩散系数

对于流体来说，由于微观结构和扩散机理的不同，严格地讲并不涉及上述固体中自扩散、化学扩散及互扩散的概念。但为统一起见，人们仍沿用 D_{AB} 来表示二组分液体或气体介质中组分的分子扩散系数。

溶质在液体中的扩散系数不仅与液体的种类和温度有关，而且还随溶质的浓度而变。式（11-14）为基于流体动力学理论（hydrodynamical theory），用于估算液体中组元扩散系数 D 的斯托克斯-爱因斯坦方程（Stokes-Einstein equation）。

$$D=\frac{\kappa_B T}{6\pi R\mu} \tag{11-14}$$

式中，κ_B 为玻尔兹曼常数（Boltzmann constant），数值为 1.380649×10^{-23} J/K；R 为扩散粒子半径；μ 为液体黏度。

必须指出的是，式（11-14）中液体黏度 μ 可采用第 1 章给出的相关关系式计算，这些关系式同样是温度 T 的函数。这样一来，液体中组元的扩散系数并不一定是温度的线性函数。另外，总的来说，由于液体扩散理论至今尚不成熟，液体中组元的扩散系数一般还是依靠半经验公式计算或通过实验测定。

对于常见物质，当大分子溶质 A 扩散到小分子溶剂 B 中时，可采用以下经验（Wilke-Chang）公式计算其扩散系数 D_{AB}（m^2/s）。

$$D_{AB}=\frac{9.96\times10^{-12}T}{\mu_B V_{Am}^{1/3}} \tag{11-15}$$

式中，T 为绝对温度，K；μ_B 为溶剂 B 的黏度，mPa · s；V_{Am} 为溶质 A 在正常沸点下的分子体积，cm^3/mol。

表 11-2 为一些常见物质在正常沸点下的分子体积。

表 11-2　一些常见物质在正常沸点下的分子体积　（cm^3/mol）

物质	V_{Am}	物质	V_{Am}
H_2	14.3	H_2O	18.9
O_2	25.6	H_2S	32.9
N_2	31.2	NH_3	25.8
Br_2	53.2	NO	23.6
Cl_2	48.4	N_2O	36.4
CO	30.7	SO_2	44.8
CO_2	34.0	I_2	71.5

某些元素在液态二组分有色金属合金和铁水中的扩散系数分别如图 11-1 和图 11-2 所示。

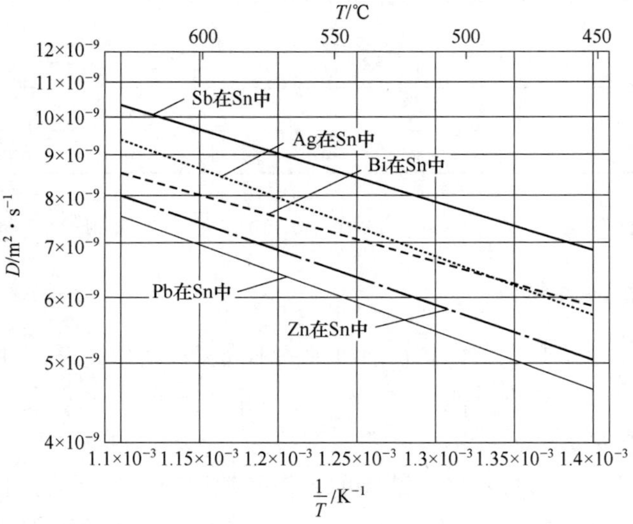

图 11-1　两组分液态有色金属中的分子扩散系数

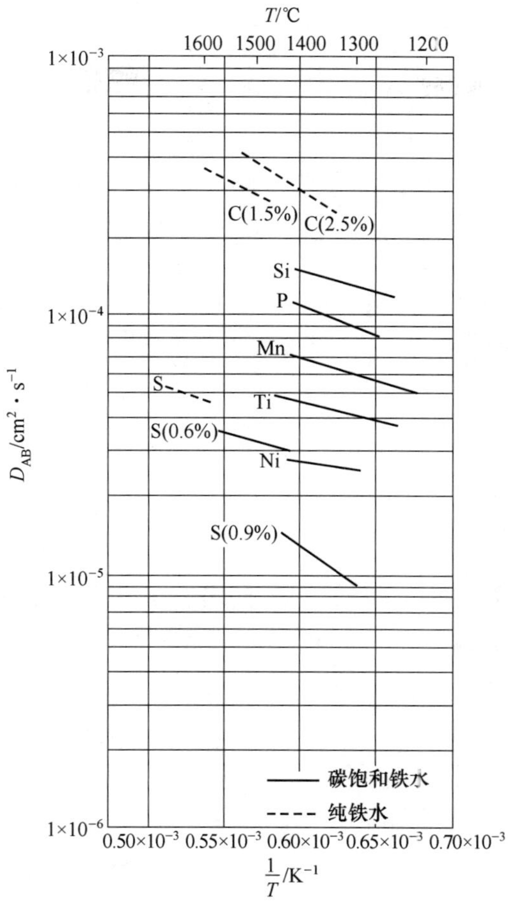

图 11-2　铁水中的分子扩散系数

由上述各种公式及图 11-1 和图 11-2 中数据可见，液体中组元的扩散系数与温度的关系大都服从阿累尼乌斯（S. A. Arrhenius）关系 $D \propto T$。

11.2.3　气体中的扩散系数

气体的分子扩散系数取决于扩散物质和扩散介质的种类、温度，与压强和浓度的关系较小，在低压情况下，更是与浓度无关。表 11-3 为 1 atm（101325 Pa）下 400 K 时一些二组分气体体系的扩散系数测量值。

表 11-3　1 atm（101325 Pa）下 400 K 时一些二组分气体体系的扩散系数测量值　（m^2/s）

扩散体系	D_{AB}	扩散体系	D_{AB}
Ar-CO	0.815×10^{-4}	CO-O_2	0.849×10^{-4}
Ar-CO_2	0.689×10^{-4}	CO_2-H_2	2.745×10^{-4}
Ar-H_2	3.496×10^{-4}	CO_2-H_2O	1.021×10^{-4}
Ar-He	2.911×10^{-4}	CO_2-N_2	0.733×10^{-4}
Ar-N_2	0.815×10^{-4}	CH_4-Ar	0.876×10^{-4}

续表 11-3

扩散体系	D_{AB}	扩散体系	D_{AB}
$Ar\text{-}O_2$	0.793×10^{-4}	$CH_4\text{-}H_2$	3.070×10^{-4}
$CO\text{-}H_2$	3.196×10^{-4}	$CH_4\text{-}He$	2.784×10^{-4}
CO-He	2.882×10^{-4}	$CH_4\text{-}N_2$	0.890×10^{-4}
$CO\text{-}N_2$	0.878×10^{-4}	$CH_4\text{-}O_2$	0.978×10^{-4}

在缺乏实际测量数据的情况下，通常可采用富勒（Fuller）半经验公式或者由气体分子运动论推导出的启普曼-恩斯科（Chapman-Enskog，也译为查普曼-昂萨格）理论公式计算气体的 D_{AB}（m^2/s）。

富勒公式的具体表达式为

$$D_{AB}=\frac{1\times10^{-7}T^{1.75}\sqrt{\frac{1}{M_A}+\frac{1}{M_B}}}{p(V_A^{1/3}+V_B^{1/3})^2} \tag{11-16}$$

式中，T 为绝对温度，K；M_A、M_B 分别为 A 组分和 B 组分的摩尔质量，g/mol；p 为气体的总压，atm，1 atm = 101325 Pa；V_A、V_B 分别为 A 组分和 B 组分的扩散体积，cm^3/mol。

表 11-4 为一些常见气体的扩散体积。

表 11-4　一些常见气体的扩散体积　　(cm^3/mol)

气体	扩散体积 V	气体	扩散体积 V
空气	20.1	H_2O	12.7
H_2	7.07	SO_2	41.1
O_2	16.6	Ar	16.1
N_2	17.9	He	2.88
CO	18.9	NH_3	14.9
CO_2	26.9	Cl_2	37.7

启普曼-恩斯科公式为

$$D_{AB}=\frac{1.858\times10^{-7}T^{\frac{3}{2}}\sqrt{\frac{1}{M_A}+\frac{1}{M_B}}}{p\sigma_{AB}^2\Omega_D} \tag{11-17}$$

式中，Ω_D 为表征气体分子非刚性球的碰撞积分，是无因次参量 $\kappa_B T/\varepsilon_{AB}$ 的函数；κ_B 为玻尔兹曼常数；ε_{AB} 为 A 和 B 分子的特征能量的几何平均值（$\varepsilon_{AB}=\sqrt{\varepsilon_A\varepsilon_B}$，其中，$\varepsilon_A$、$\varepsilon_B$ 分别为 A 和 B 的特征能量，常见气体的 ε/κ_B 数据也与黏度计算所用的数据相同，见表 1-1）；σ_{AB} 为组分 A 和 B 的算术平均碰撞直径，即

$$\sigma_{AB}=\frac{1}{2}(\sigma_A+\sigma_B) \tag{11-18}$$

式中，σ_A、σ_B 分别为组分 A 和 B 的碰撞直径，Å，1 Å = 0.1 nm。

常见气体的碰撞直径与黏度计算所用的碰撞直径相同，见表 1-1。Ω_D 与 $\kappa_B T/\varepsilon_{AB}$ 的函

数关系数据见表 11-5。需要注意的是，对应扩散系数的碰撞积分 Ω_D 与对应黏度和导热系数的碰撞积分 Ω_μ 和 Ω_λ 不同，而后两者相同。

表 11-5　Ω_D 与 $\kappa_B T/\varepsilon$ 的函数关系数据

$\kappa_B T/\varepsilon$	Ω_D	$\kappa_B T/\varepsilon$	Ω_D	$\kappa_B T/\varepsilon$	Ω_D	$\kappa_B T/\varepsilon$	Ω_D
0.30	2.662	1.30	1.273	2.6	0.9878	4.6	0.8568
0.35	2.476	1.35	1.253	2.7	0.977	4.7	0.853
0.40	2.318	1.40	1.233	2.8	0.9672	4.8	0.8492
0.45	2.184	1.45	1.215	2.9	0.9576	4.9	0.8456
0.50	2.066	1.50	1.198	3.0	0.949	5	0.8422
0.55	1.966	1.55	1.182	3.1	0.9406	6	0.8124
0.60	1.877	1.60	1.167	3.2	0.9328	7	0.7896
0.65	1.798	1.65	1.153	3.3	0.9256	8	0.7712
0.70	1.729	1.70	1.14	3.4	0.9186	9	0.7556
0.75	1.667	1.75	1.128	3.5	0.912	10	0.7424
0.80	1.612	1.80	1.116	3.6	0.9058	20	0.664
0.85	1.562	1.85	1.105	3.7	0.8998	30	0.6232
0.90	1.517	1.90	1.094	3.8	0.8942	40	0.596
0.95	1.476	1.95	1.084	3.9	0.8888	50	0.5756
1.00	1.439	2.00	1.075	4.0	0.8836	60	0.5596
1.05	1.406	2.1	1.057	4.1	0.8788	70	0.5464
1.10	1.375	2.2	1.041	4.2	0.874	80	0.5352
1.15	1.346	2.3	1.026	4.3	0.8694	90	0.5256
1.20	1.32	2.4	1.012	4.4	0.8652	100	0.517
1.25	1.296	2.5	0.9996	4.5	0.861		

对于由 n 个组分构成的多组分混合气体，当其中只有某一组分 i 有净的传质通量，而其他组分均为滞止时，该传质组分的扩散系数可用如下的威尔基（Wilke）公式计算（具体推导见 12.1.3.2 小节）。

$$D_{i,\ \mathrm{mix}} = \frac{1 - x_i}{\sum\limits_{\substack{j=1 \\ j \neq i}}^{m} \frac{x_j}{D_{ij}}} \tag{11-19}$$

11.2.4　气体在多孔介质中的扩散系数

在冶金领域，经常会碰到气体在多孔（固体）介质中的扩散，多孔介质的结构对扩散系数有重要的影响。根据多孔介质结构的不同，可分为以下四种情况。

11.2.4.1　普通扩散

气体通过固体内的毛细孔道进行扩散时，若毛细孔道的半径远远大于气体分子运动的平均自由程，这时气体分子间的碰撞概率远大于分子与孔壁的碰撞概率，毛细孔道内物质的分子扩散仍可采用菲克定律描述。但是，这时组分扩散流通的面积不是固体介质及孔隙的总截面积，而只是孔隙的横截面积；同时，扩散的路径也不是坐标方向上的直线距离，而是沿曲折的孔道进行，使扩散距离变长。因此，需要对扩散系数进行修正。一般用多孔固体的孔隙度来修正扩散的流通面积；用迷宫度，也称为曲折系数或曲折度来修正扩散距离；修正后的扩散系数称为有效扩散系数。对扩散组元 A，其有效扩散系数可表示为

$$D_{A,\ eff}=\frac{\varepsilon}{\tau}D_{AB} \tag{11-20}$$

式中，$D_{A,eff}$ 为扩散组元 A 的有效扩散系数；ε、τ分别为多孔固体的孔隙度和迷宫度。

11.2.4.2　纽特逊扩散

气体通过多孔固体内的毛细孔道进行扩散时，如毛细孔道的半径小于气体分子运动的平均自由程，或气体的压强小到接近真空，这时扩散的分子与孔壁碰撞的概率大于分子间的碰撞概率，所发生的扩散称为纽特逊（Knudsen，也译为克努森）扩散。对于这种情况，根据气体分子运动理论可导出扩散组元 A 的纽特逊扩散系数 $D_{A,K}$ 为

$$D_{A,\ K}=97\bar{r}\sqrt{\frac{T}{M_A}} \tag{11-21}$$

式中，$\bar{r}$、M_A、T 分别为毛细孔道的平均半径、扩散组分 A 的相对分子质量及体系的绝对温度。

与普通扩散类似，对纽特逊扩散系数也需进行孔隙度和迷宫度的修正，即

$$D_{A,\ K,\ eff}=\frac{\varepsilon}{\tau}D_{A,\ K} \tag{11-22}$$

11.2.4.3　过渡区扩散

固体内毛细孔道的半径与扩散气体分子运动的平均自由程相差不多时的扩散称为过渡区扩散，此时的扩散系数 $D_{A,tr}$ 可近似地用下式计算。

$$D_{A,tr}=\left(\frac{1}{D_{A,eff}}+\frac{1}{D_{A,K,eff}}\right)^{-1} \tag{11-23}$$

式（11-23）也可以作为通式使用。事实上，即使满足普通扩散条件（孔隙半径远远大于气体分子运动的平均自由程），也存在纽特逊扩散。只不过此时 $D_{A,eff}$ 远大于 $D_{A,K,eff}$，后者在式（11-23）中可以忽略，故 $D_{A,tr}=D_{A,eff}$；反之亦然，即 $D_{A,tr}=D_{A,K,eff}$。

11.2.4.4　表面扩散

当扩散气体能够被固体表面吸附时，会在固体表面形成吸附层，即在孔壁上形成吸附层。气体组元在吸附层内沿气相扩散方向存在浓度梯度，因而在吸附层内产生与气相扩散平行的扩散，这种扩散称为表面扩散。

表面扩散的驱动力是吸附层中扩散组元沿气相扩散流方向的浓度梯度。根据菲克定律，以多孔介质整体为基准的扩散通量为

$$J_{Ay,surf}=-\frac{\varepsilon}{\tau}\cdot D_{As}\cdot\frac{d(S_p\rho_pC_{As})}{dy}=-D_{As,eff}\cdot\frac{d(S_p\rho_pC_{As})}{dy} \tag{11-24}$$

式中，D_{As} 为表面扩散系数，m^2/s；C_{As} 为扩散组元的面积浓度，mol/m^2；S_p 为多孔介质的比表面积，m^2/kg；ρ_p 为多孔介质的表观密度，kg/m^3；$S_p\rho_pC_{As}$ 为吸附的 A 组元在多孔介质内的摩尔浓度，mol/m^3。

假定吸附处于平衡状态，且组元A在吸附层中的浓度与其在气相中的浓度成正比（吸附等温线为直线），即 $S_{\mathrm{p}}\rho_{\mathrm{p}}C_{\mathrm{As}}=KC_{\mathrm{A}}$，其中 K 为比例系数，则表面扩散通量可表示为

$$J_{\mathrm{A}y,\ \mathrm{surf}}=-KD_{\mathrm{As},\ \mathrm{eff}}\cdot\frac{\mathrm{d}C_{\mathrm{A}}}{\mathrm{d}y} \tag{11-25}$$

表面扩散与气相扩散叠加，使得总扩散通量大于无表面扩散时扩散通量，此时的总扩散通量为

$$J_{\mathrm{A}y,\ \mathrm{total}}=-\left[\left(\frac{1}{D_{\mathrm{A},\ \mathrm{eff}}}+\frac{1}{D_{\mathrm{A},\ \mathrm{K},\ \mathrm{eff}}}\right)^{-1}+KD_{\mathrm{As},\ \mathrm{eff}}\right]\frac{\mathrm{d}C_{\mathrm{A}}}{\mathrm{d}y} \tag{11-26}$$

因此，总扩散系数 $D_{\mathrm{A,total}}$ 为

$$D_{\mathrm{A},\ \mathrm{total}}=\left(\frac{1}{D_{\mathrm{A},\ \mathrm{eff}}}+\frac{1}{D_{\mathrm{A},\ \mathrm{K},\ \mathrm{eff}}}\right)^{-1}+KD_{\mathrm{As},\ \mathrm{eff}} \tag{11-27}$$

需要说明的是，在无吸附现象存在的条件下，尤其是在火法冶金的高温条件下，表面扩散一般可忽略不计。

11.3　质量传输的基本方程

假定流体为仅由组分A和B组成的二组分混合物，在以质量平均速度 $\boldsymbol{v}=(v_x,\ v_y,\ v_z)$ 流动，且无源项的情况下发生质量传输，通过对微元体进行组分A的质量衡算，可得到如下的质量传输方程的一般形式。

$$\frac{\partial\rho_{\mathrm{A}}}{\partial t}+\frac{\partial(\rho_{\mathrm{A}}v_x)}{\partial x}+\frac{\partial(\rho_{\mathrm{A}}v_y)}{\partial y}+\frac{\partial(\rho_{\mathrm{A}}v_z)}{\partial z}+\frac{\partial j_{\mathrm{A},\ x}}{\partial x}+\frac{\partial j_{\mathrm{A},\ y}}{\partial y}+\frac{\partial j_{\mathrm{A},\ z}}{\partial z}=0 \tag{11-28}$$

11.3.1　质量传输的微分方程

根据菲克定律，可以写出

$$\begin{cases} j_{\mathrm{A},\ x}=-D_{\mathrm{AB}}\dfrac{\partial\rho_{\mathrm{A}}}{\partial x} \\ j_{\mathrm{A},\ y}=-D_{\mathrm{AB}}\dfrac{\partial\rho_{\mathrm{A}}}{\partial y} \\ j_{\mathrm{A},\ z}=-D_{\mathrm{AB}}\dfrac{\partial\rho_{\mathrm{A}}}{\partial z} \end{cases} \tag{11-29}$$

将式（11-29）代入式（11-28），在不可压缩流体的假设下，可得到

$$\frac{\partial\rho_{\mathrm{A}}}{\partial t}+v_x\frac{\partial\rho_{\mathrm{A}}}{\partial x}+v_y\frac{\partial\rho_{\mathrm{A}}}{\partial y}+v_z\frac{\partial\rho_{\mathrm{A}}}{\partial z}=D_{\mathrm{AB}}\left(\frac{\partial^2\rho_{\mathrm{A}}}{\partial x^2}+\frac{\partial^2\rho_{\mathrm{A}}}{\partial y^2}+\frac{\partial^2\rho_{\mathrm{A}}}{\partial z^2}\right) \tag{11-30}$$

若以摩尔平均速度 v^* 和摩尔浓度 C_{A} 为基准，则有

$$\frac{\partial C_{\mathrm{A}}}{\partial t}+v_x^*\frac{\partial C_{\mathrm{A}}}{\partial x}+v_y^*\frac{\partial C_{\mathrm{A}}}{\partial y}+v_z^*\frac{\partial C_{\mathrm{A}}}{\partial z}=D_{\mathrm{AB}}\left(\frac{\partial^2 C_{\mathrm{A}}}{\partial x^2}+\frac{\partial^2 C_{\mathrm{A}}}{\partial y^2}+\frac{\partial^2 C_{\mathrm{A}}}{\partial z^2}\right) \tag{11-31}$$

式（11-30）和式（11-31）即为质量传输的微分方程，其与热量传输微分方程式

$$\frac{\partial T}{\partial t}+v_x\frac{\partial T}{\partial x}+v_y\frac{\partial T}{\partial y}+v_z\frac{\partial T}{\partial z}=a\left(\frac{\partial^2 T}{\partial x^2}+\frac{\partial^2 T}{\partial y^2}+\frac{\partial^2 T}{\partial z^2}\right) \tag{11-32}$$

以及动量传输微分方程（以 v_x 对应方程为例）

$$\frac{\partial v_x}{\partial t}+v_x\frac{\partial v_x}{\partial x}+v_y\frac{\partial v_x}{\partial y}+v_z\frac{\partial v_x}{\partial z}=\nu\left(\frac{\partial^2 v_x}{\partial x^2}+\frac{\partial^2 v_x}{\partial y^2}+\frac{\partial^2 v_x}{\partial z^2}\right)-\frac{1}{\rho}\cdot\frac{\partial\rho}{\partial x}+g_x \tag{11-33}$$

有高度类似的数学形式。另外，式（11-31）~式（11-33）中二阶偏微分项之前的系数 D_{AB}、a 及 ν 分别称为质量扩散系数、热量扩散系数及动量扩散系数。

若传质时介质静止，则式（11-30）可简化为

$$\frac{\partial\rho_A}{\partial t}=D_{AB}\left(\frac{\partial^2\rho_A}{\partial x^2}+\frac{\partial^2\rho_A}{\partial y^2}+\frac{\partial^2\rho_A}{\partial z^2}\right) \tag{11-34}$$

若用摩尔浓度表示，则式（11-31）可简化为

$$\frac{\partial C_A}{\partial t}=D_{AB}\left(\frac{\partial^2 C_A}{\partial x^2}+\frac{\partial^2 C_A}{\partial y^2}+\frac{\partial^2 C_A}{\partial z^2}\right) \tag{11-35}$$

式（11-34）和式（11-35）也称为扩散（传质）微分方程。

若研究的传质问题为一维，则式（11-34）和式（11-35）可进一步分别简化为

$$\frac{\partial\rho_A}{\partial t}=D_{AB}\frac{\partial^2\rho_A}{\partial x^2} \tag{11-36}$$

$$\frac{\partial C_A}{\partial t}=D_{AB}\frac{\partial^2 C_A}{\partial x^2} \tag{11-37}$$

式（11-36）和式（11-37）即为菲克第二定律。

若传质过程处于稳定状态，则式（11-34）和式（11-35）可分别简化为

$$\frac{\partial^2\rho_A}{\partial x^2}+\frac{\partial^2\rho_A}{\partial y^2}+\frac{\partial^2\rho_A}{\partial z^2}=0 \tag{11-38}$$

$$\frac{\partial^2 C_A}{\partial x^2}+\frac{\partial^2 C_A}{\partial y^2}+\frac{\partial^2 C_A}{\partial z^2}=0 \tag{11-39}$$

表 11-6 给出了常扩散系数条件下柱坐标系（r，θ，z）及球坐标系（r，θ，ϕ）的质量传输微分方程。

表 11-6　常扩散系数条件下柱坐标系及球坐标系的质量传输微分方程

坐标系	质量传输微分方程
柱坐标系	$\frac{\partial C_A}{\partial t}+v_r^*\frac{\partial C_A}{\partial r}+\frac{v_\theta^*}{r}\cdot\frac{\partial C_A}{\partial\theta}+v_z^*\frac{\partial C_A}{\partial z}=D_{AB}\left[\frac{1}{r}\cdot\frac{\partial}{\partial r}\left(r\frac{\partial C_A}{\partial r}\right)+\frac{1}{r^2}\cdot\frac{\partial^2 C_A}{\partial\theta^2}+\frac{\partial^2 C_A}{\partial z^2}\right]$
球坐标系	$\frac{\partial C_A}{\partial t}+v_r^*\frac{\partial C_A}{\partial r}+\frac{v_\theta^*}{r}\cdot\frac{\partial C_A}{\partial\theta}+\frac{v_\phi^*}{r\sin\theta}\cdot\frac{\partial C_A}{\partial\phi}=D_{AB}\left[\frac{1}{r^2}\cdot\frac{\partial}{\partial r}\left(r^2\frac{\partial C_A}{\partial r}\right)+\frac{1}{r^2\sin\theta}\cdot\frac{\partial}{\partial\theta}\left(\sin\theta\frac{\partial C_A}{\partial\theta}\right)+\frac{1}{r^2\sin^2\theta}\cdot\frac{\partial^2 C_A}{\partial\phi^2}\right]$

11.3.2 定解条件

在求解质量传输微分方程时，除系统内各物性已知外，还需要有具体的定解条件。定解条件包括几何条件、初始条件及边界条件。

传质问题的几何条件就是系统的几何形状和尺寸，它确定了传质过程的问题域，即传质进行的空间，如无限大尺寸、半无限大尺寸、有限尺寸及形状。

传质问题的初始条件就是问题域内传质组分在初始时刻的浓度，它可以是质量浓度，也可以是摩尔浓度；可以是空间变量函数，也可以是均匀分布的常数。

与传热类似，对传质问题也可写出如下的三类边界条件：

（1）系统的表面浓度为已知（第一类边界条件）。它可以是质量浓度，也可以是摩尔浓度；它可以是时间变量函数，也可以是不变的常数。对于气体，浓度还可以用分压来表示。

（2）系统表面的质量通量为已知（第二类边界条件）。它可以是时间变量函数，也可以是不变的常数，甚至是为零的常数。

（3）系统的外界环境浓度和传质系数为已知（第三类边界条件）。当流体流过一个有质量传输的表面时，边界上的对流传质系数 h_m 和传质组分在环境本体中的浓度已知。但需注意的是，传热的温度在边界上是连续的，而传质边界上很多情况下有化学反应发生，所以边界上的两侧不仅浓度不同，而且传质组元也不同，无法简单地给出像传热那样的第三类边界条件。当边界上的化学反应速率远快于传质问题域内组元的传质时，问题域边界上的浓度可根据反应的平衡常数从环境浓度求得，进而变为第一类边界条件，即问题域的表面浓度为已知（如气体通过金属壁的扩散）。当界面反应未达到平衡时，则可根据拟稳态下界面反应速率与两侧传质通量的对应关系（即化学反应计量关系），将问题变为第二类边界条件（如双膜理论）。

复习思考题

11-1 什么情况下质量浓度和摩尔浓度可以近似相互代替，传质通量和扩散通量有什么区别和联系？

11-2 为何流体不存在固态扩散中常见的科肯德尔效应？

11-3 固体介质中某组分的自扩散系数、本征扩散系数和互扩散系数有什么区别和联系？

11-4 采用威尔基公式计算多组分混合气体中某组分扩散系数的前提是什么？

12 分子扩散传质

在化学位（浓度）梯度的驱动下，分子扩散传质依靠分子运动来完成质量的传输，对冶金过程有重要的影响。为方便读者开展相关研究，本章在介绍相关概念的同时，给出一些冶金领域较常遇到的一维稳态和多维非稳态分子扩散问题的解析解。

12.1 典型一维稳态扩散现象

12.1.1 气体通过金属壁的扩散

12.1.1.1 金属平壁

假定有一扩散体系如图 12-1 所示，在浓度（分压）梯度的驱动下，气体 A 通过厚度为 L 的平壁形金属 B 由左至右扩散；假定 A 为双原子分子气体（如 H_2），若平壁两侧表面（即 z_1 和 z_2 处）气相中 A 的分压分别为 p_1 和 p_2，则可由西华特（Sieverts）定律写出对应表面处 A 的浓度 $C_1=K\sqrt{p_1}$，$C_2=K\sqrt{p_2}$。

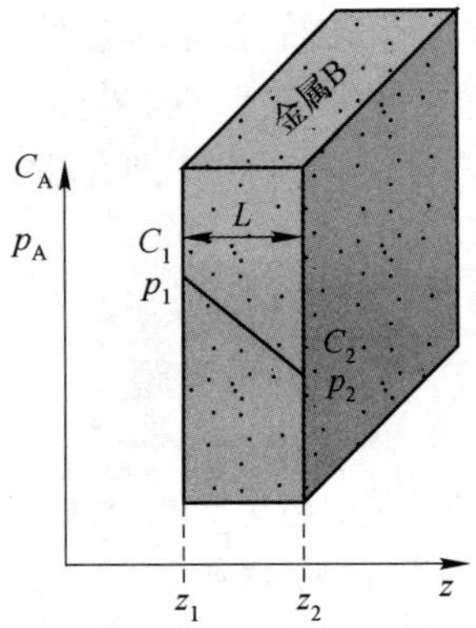

图 12-1 气体通过金属平壁的扩散

由于气体组分在金属中的扩散属于间隙式扩散，不存在置换式扩散涉及的位移通量，因此 z 方向上组分 A 的绝对摩尔通量与扩散通量相等，即

$$N_{A,z}=J_{A,z}=-D_{AB}\frac{dC_A}{dz} \tag{12-1}$$

稳态下扩散通量为常数，当扩散系数也为常数时，在 $z_1\sim z_2$ 的范围内对式（12-1）积分，可得平壁内 A 的浓度分布为

$$C_z=C_1-(C_1-C_2)\frac{z-z_1}{L} \tag{12-2}$$

于是可得 z 方向上组分 A 的扩散通量为

$$J_{A,z} = D_{AB}\frac{C_1 - C_2}{L} \tag{12-3a}$$

当扩散组元服从西华特定律时，扩散通量也可写为

$$J_{A,z} = D_{AB}K\frac{\sqrt{p_1} - \sqrt{p_2}}{L} \tag{12-3b}$$

12.1.1.2　金属管壁

如图 12-2 所示，若体系变为在浓度（分压）梯度的驱动下气体 A 通过一圆筒形金属（B）管壁由内向外扩散的情况，则可对菲克第一定律在 $r_1 \sim r_2$ 的范围内积分，得到管壁内 A 的浓度分布为

$$C_r = \frac{C_1 - C_2}{\ln\dfrac{r_1}{r_2}} \cdot \ln\frac{r}{r_2} + C_2 \tag{12-4}$$

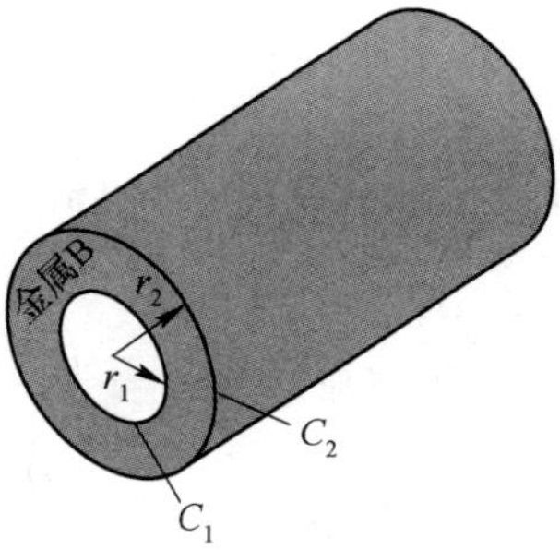

图 12-2　气体通过金属管壁的扩散

于是可得 r 方向上组分 A 的扩散通量为

$$J_{A,r} = D_{AB}\frac{C_1 - C_2}{r\ln(r_2/r_1)}$$

而通过长度为 L 管壁的扩散流量为

$$M_A = 2\pi rLD_{AB}\frac{C_1 - C_2}{r\ln(r_2/r_1)} = 2\pi LD_{AB}\frac{C_1 - C_2}{\ln(r_2/r_1)} \tag{12-5a}$$

当扩散组元服从西华特定律时，扩散流量也可写为

$$M_A = 2\pi LD_{AB}K\frac{\sqrt{p_1} - \sqrt{p_2}}{\ln(r_2/r_1)} \tag{12-5b}$$

12.1.1.3　金属球壁

如图 12-3 所示，若体系变为在浓度（分压）梯度的驱动下气体 A 通过一金属（B）球壁由内向外扩散的情况，则可对菲克第一定律在 $r_1 \sim r_2$ 的范围内积分，得到球壁内 A 的浓度分布为

$$C_r = \frac{C_1 - C_2}{\dfrac{1}{r_1} - \dfrac{1}{r_2}} \cdot \left(\frac{1}{r} - \frac{1}{r_2}\right) + C_2 \tag{12-6}$$

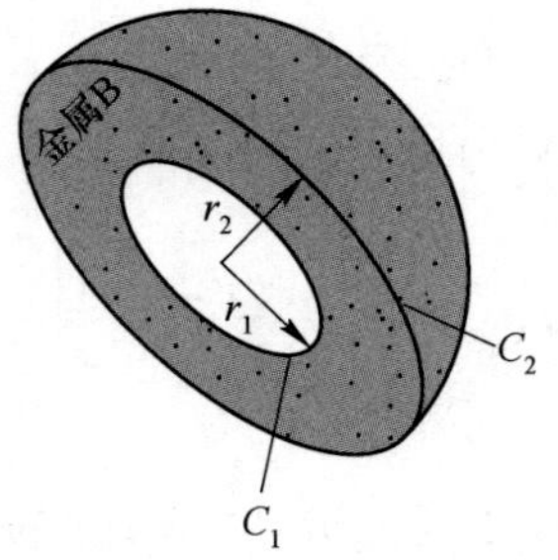

图 12-3　气体通过金属球壁的扩散

于是可得 r 方向上组分 A 的扩散通量为

$$J_{A,r} = D_{AB} \cdot \frac{C_1 - C_2}{\frac{1}{r_1} - \frac{1}{r_2}} \cdot \frac{1}{r^2}$$

而通过整个球壳的扩散流量为

$$M_A = 4\pi r^2 D_{AB} \cdot \frac{C_1 - C_2}{\frac{1}{r_1} - \frac{1}{r_2}} \cdot \frac{1}{r^2} = 4\pi D_{AB} \cdot \frac{C_1 - C_2}{\frac{1}{r_1} - \frac{1}{r_2}} \tag{12-7a}$$

当扩散组元服从西华特定律时，扩散流量也可写为

$$M_A = 4\pi D_{AB} K \cdot \frac{\sqrt{p_1} - \sqrt{p_2}}{\frac{1}{r_1} - \frac{1}{r_2}} \tag{12-7b}$$

12.1.2　两组分气体中的扩散

12.1.2.1　等摩尔逆向扩散

如图 12-4 所示，在一个两组分扩散体系中，气体 A 和 B 以大小相等、方向相反的通量进行扩散，并保持平衡，这类扩散称为等摩尔逆向扩散（equimolar counter-diffusion）。钢铁冶金领域 CO（或 H_2）还原铁氧化物时，多孔介质产物层中的扩散就属于这类扩散。

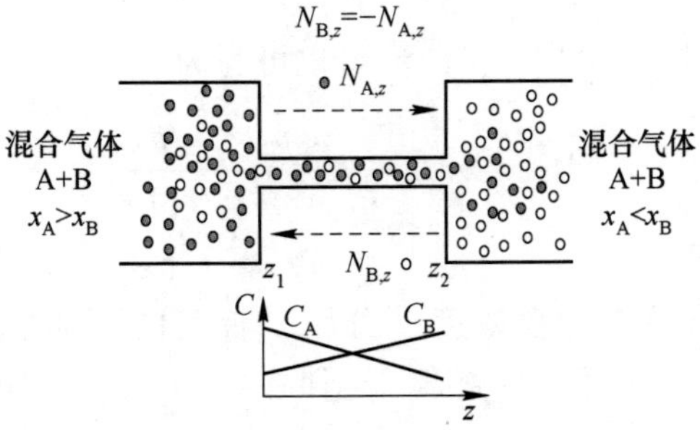

图 12-4　A 组分和 B 组分的等摩尔逆向扩散

在稳定状态下，根据式（11-6），z 方向上组分 A 的摩尔扩散通量为

$$N_{A,z} = J_{A,z} + x_A(N_{A,z} + N_{B,z}) \tag{12-8}$$

由等摩尔逆向扩散的条件可知 $N_{A,z}=-N_{B,z}$，再考虑菲克定律，则式（12-8）可写为

$$N_{A,z}=J_{A,z}=-D_{AB}\frac{dC_A}{dz} \tag{12-9}$$

若气体 A 和 B 为理想气体，则式（12-9）可进一步写为

$$N_{A,z}=J_{A,z}=-D_{AB}\frac{p}{RT}\cdot\frac{dx_A}{dz} \tag{12-10}$$

令式（12-10）的边界条件为：$z=z_1$，$x_A=x_{A,1}$；$z=z_2$，$x_A=x_{A,2}$，则在 $z_1\sim z_2$ 的范围内对其进行积分，整理后可得

$$N_{A,z}=\frac{D_{AB}}{z_2-z_1}\cdot\frac{p}{RT}(x_{A,2}-x_{A,1}) \tag{12-11}$$

12.1.2.2 非等摩尔逆向扩散

在一个与图 12-4 类似的两组分扩散体系中，气体 A 和 B 以大小不等、方向相反的通量进行扩散，并保持平衡，这类扩散称为非等摩尔逆向扩散（non-equimolar counter-diffusion）。钢铁冶金领域焦炭溶损（$C+CO_2=2CO$）时边界层中的扩散就属于这类扩散。

在稳定状态下，根据式（11-6），z 方向上组分 A 的摩尔扩散通量为

$$N_{A,z}=J_{A,z}+x_A(N_{A,z}+N_{B,z}) \tag{12-12}$$

令非等摩尔逆向扩散条件的表述为 $N_{B,z}=-bN_{A,z}$（$b\neq 1$），再考虑菲克定律，则式（12-12）变为

$$N_{A,z}=\frac{1}{1-(1-b)x_A}\left(-D_{AB}\frac{dC_A}{dz}\right) \tag{12-13}$$

若气体 A 和 B 为理想气体，则式（12-13）可进一步写为

$$N_{A,z}=-\frac{D_{AB}}{1-(1-b)x_A}\cdot\frac{p}{RT}\cdot\frac{dx_A}{dz} \tag{12-14}$$

令式（12-14）的边界条件为：$z=z_1$，$x_A=x_{A,1}$；$z=z_2$，$x_A=x_{A,2}$，则在 $z_1\sim z_2$ 的范围内对其进行积分，整理后可得

$$N_{A,z}=\frac{D_{AB}}{(1-b)(z_2-z_1)}\cdot\frac{p}{RT}\cdot\ln\left[\frac{1-(1-b)x_{A,2}}{1-(1-b)x_{A,1}}\right] \tag{12-15}$$

12.1.2.3 气体 A 通过滞止气膜 B 的扩散

工程中经常会遇到某气体组分通过滞止气膜的扩散，如水在大气中的蒸发、湿空气的干燥、吸附剂从混合气体中吸收某一组分及火法冶金中液态金属蒸发（如炼钢钢水中锰的蒸发损失）的过程等。如图 12-5 所示，设有一 T 形管，其底部盛有纯液体 A，处于恒温、恒压的环境之中。纯液体 A 的蒸发使得组分 A 扩散到气相中，再经移流进入上部横管，最后被流过的气体 B 带走。

在稳定状态下，根据式（11-6），z 方向上组分 A 的摩尔扩散通量为

$$N_{A,z}=J_{A,z}+x_A(N_{A,z}+N_{B,z})$$

由上式可得

$$N_{A,z}=\frac{J_{A,z}+x_AN_{B,z}}{1-x_A} \tag{12-16}$$

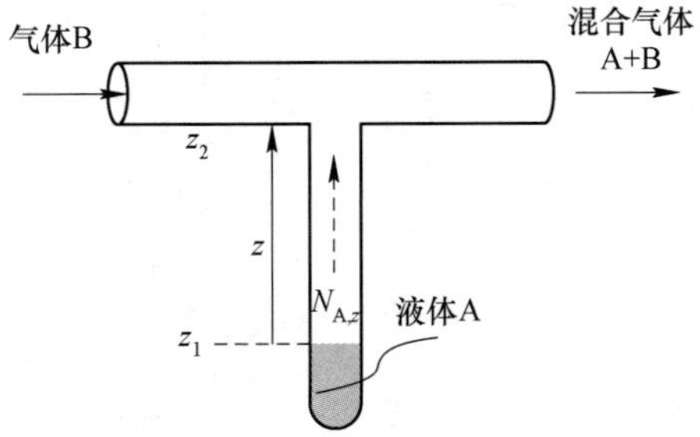

图 12-5　气体 A 通过滞止气膜 B 的扩散

若气体 B 在液体 A 中的溶解度为零，且与 A 不发生化学反应，则气体 B 在 z 方向上为滞止组分，即 $N_{B,z}=0$。由式（11-4）可知，气体 B 滞止的原因只能是 $J_{B,z}=-C_B v_z^*$，即 B 组分的移流通量与扩散通量恰好相互抵消。因此，式（12-16）可写为

$$N_{A,z}=\frac{J_{A,z}}{1-x_A}=-\frac{D_{AB}}{1-x_A}\cdot\frac{dC_A}{dz}=-\frac{D_{AB}}{1-x_A}\cdot\frac{p}{RT}\cdot\frac{dx_A}{dz} \tag{12-17}$$

在图 12-5 所示的体系中，若式（12-17）的边界条件为：$z=z_1$，$x_A=x_{A,1}$；$z=z_2$，$x_A=x_{A,2}$，在 $z_1\sim z_2$ 的范围内对其积分，整理后可得

$$N_{A,z}=\frac{D_{AB}}{z_2-z_1}\cdot\frac{p}{RT}\cdot\ln\frac{1-x_{A,2}}{1-x_{A,1}} \tag{12-18}$$

A+B 混合物在 z 向的摩尔平均速度为

$$v_z^*=\frac{D_{AB}}{z_2-z_1}\cdot\ln\frac{1-x_{A,2}}{1-x_{A,1}} \tag{12-19}$$

若 T 形管底部纯液体 A 的蒸发速率 Q（mol/s）为已知，在稳定状态下，可通过测量 $z=z_1$ 和 $z=z_2$ 处组分 A 的摩尔分数 $x_{A,1}$ 和 $x_{A,2}$，进而基于式（12-18）求得 A 和 B 的互扩散系数为

$$D_{AB}=\frac{Q}{\pi r^2}\cdot\frac{z_2-z_1}{\frac{p}{RT}\cdot\ln\frac{1-x_{A,2}}{1-x_{A,1}}} \tag{12-20}$$

式中，r 为 z 向竖管的（内）半径。

12.1.3　多组分气体的扩散

12.1.2 小节讨论的是两组分气体的扩散问题。在实际冶金过程中，经常会遇到多于两组分的多组分气体扩散问题，最典型的是高炉中 CO、H_2 及 N_2 的混合炉腹煤气对铁矿石的间接还原，其中参与扩散的有 CO、CO_2、H_2、H_2O 及 N_2 五种组分，情况十分复杂。由于扩散体系包含五种组分，即使考虑 $D_{AB}=D_{BA}$，所涉及的两组分扩散系数也多达 5×4/2=10 个。若采用菲克定律对该类扩散现象进行描述，面临的困难首先是如何选取或构造一个合适的多组分扩散系数，这也从侧面印证了菲克定律作为经验定律具有很大的局限性。

基于气体分子运动论，并考虑化学位梯度为分子扩散的本质驱动力，经复杂的推导能够得到可用于精确描述由 m 个组分构成的混合气体中扩散现象的斯蒂芬-麦克斯韦尔（Stefan-Maxwell）方程，其一般形式为

$$-\nabla x_i = \sum_{\substack{j=1\\ j\neq i}}^{m} \frac{1}{CD_{ij}}(x_j N_i - x_i N_j) \tag{12-21}$$

式中，D_{ij} 为组分 i 与 j 的两组分扩散系数；C 为气体总的摩尔浓度。

考虑 z 方向的一维扩散，式（12-21）可简化为

$$-\frac{\mathrm{d}C_i}{\mathrm{d}z} = \sum_{\substack{j=1\\ j\neq i}}^{m} \frac{1}{D_{ij}}(x_j N_i - x_i N_j) \tag{12-22}$$

12.1.3.1 菲克定律与 Stefan-Maxwell 方程

考虑混合气体仅含有 A 和 B 两种组分的情况，可将式（12-22）展开为

$$\begin{cases} -\dfrac{\mathrm{d}C_\mathrm{A}}{\mathrm{d}z} = \dfrac{1}{D_\mathrm{AB}}(x_\mathrm{B} N_\mathrm{A} - x_\mathrm{A} N_\mathrm{B}) \\ -\dfrac{\mathrm{d}C_\mathrm{B}}{\mathrm{d}z} = \dfrac{1}{D_\mathrm{BA}}(x_\mathrm{A} N_\mathrm{B} - x_\mathrm{B} N_\mathrm{A}) \end{cases} \tag{12-23}$$

在两组分情况下，有 $D_\mathrm{AB}=D_\mathrm{BA}$ 和 $x_\mathrm{A}+x_\mathrm{B}=1$，则式（12-23）可进一步整理为

$$\begin{cases} -\dfrac{\mathrm{d}C_\mathrm{A}}{\mathrm{d}z} = \dfrac{1}{D_\mathrm{AB}}[N_\mathrm{A} - x_\mathrm{A}(N_\mathrm{A} + N_\mathrm{B})] \\ -\dfrac{\mathrm{d}C_\mathrm{B}}{\mathrm{d}z} = \dfrac{1}{D_\mathrm{AB}}[N_\mathrm{B} - x_\mathrm{B}(N_\mathrm{A} + N_\mathrm{B})] \end{cases} \tag{12-24}$$

再考虑式（11-6）中 $N_i = J_i + x_i \sum\limits_{i=1}^{m} N_i$ ，可改写为 $J_i = N_i - x_i \sum\limits_{j=1}^{m} N_j$ ，则式（12-24）可进一步整理为以下菲克定律的形式

$$J_\mathrm{A} = -D_\mathrm{AB}\frac{\mathrm{d}C_\mathrm{A}}{\mathrm{d}z} \tag{10-25a}$$

$$J_\mathrm{B} = -D_\mathrm{AB}\frac{\mathrm{d}C_\mathrm{B}}{\mathrm{d}z} \tag{10-25b}$$

由此可见，菲克定律实际上是 Stefan-Maxwell 方程在两组分特例下的表达式。

12.1.3.2 多组分扩散系数

A 混合气体中除组分 i 外其他组分均是滞止的情况

考虑如图 12-6 的扩散，其中混合气体包含 m 种组分，除组分 i 外其他组分 j 均是滞止的，则有 $N_{j,j\neq i}=0$。同时代入理想气体 $C_i=\dfrac{p}{RT}x_i$ 的关系式，则式（12-22）可写为

$$-\frac{\mathrm{d}C_i}{\mathrm{d}z} = N_i \sum_{\substack{j=1\\ j\neq i}}^{m} \frac{x_j}{D_{ij}} \tag{12-26}$$

在 $N_{j,j\neq i}=0$ 的情况下，式（11-6）可简化为

$$N_i = J_i + x_i N_i \tag{12-27}$$

将式（12-27）代入式（12-26），整理后可得

$$J_i = -\frac{1-x_i}{\sum\limits_{\substack{j=1\\ j\neq i}}^{m} \dfrac{x_j}{D_{ij}}} \cdot \frac{\mathrm{d}C_i}{\mathrm{d}z}$$

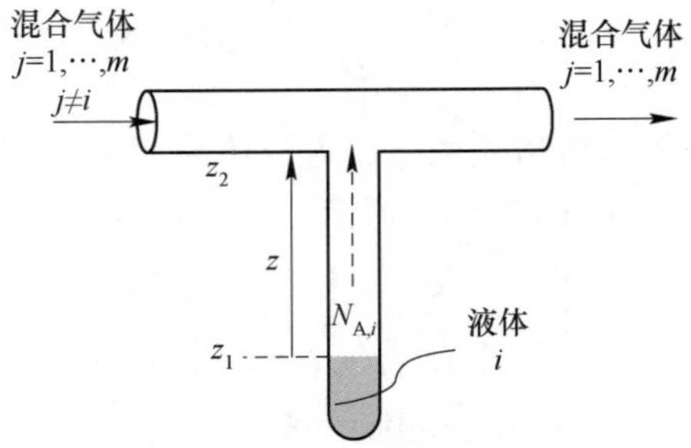

图 12-6 混合气体中除组分 i 外其他组分均滞止时的扩散

由此可参照菲克定律，写出组分 i 在上述体系中的扩散系数计算式为

$$D_{i,\ \mathrm{mix}} = \frac{1 - x_i}{\sum\limits_{\substack{j=1 \\ j \neq i}}^{m} \dfrac{x_j}{D_{ij}}} \tag{12-28}$$

式中，$D_{i,\mathrm{mix}}$ 的下标 mix 代表混合（mixture）气体。

式（12-28）又称为威尔基（Wilke）公式。

B 一般情况

考虑更一般的情况，根据式（11-6）可写出针对多组分气体扩散体系的传质通量与扩散通量的关系为

$$N_i = J_i + x_i \sum_{j=1}^{m} N_j = - D_{i,\ \mathrm{mix}} \frac{\mathrm{d}C_i}{\mathrm{d}z} + x_i \sum_{j=1}^{m} N_j \tag{12-29}$$

联立式（12-29）和式（12-22），可写出一般情况下多组分气体中任一组分 i 的扩散系数，即

$$D_{i,\ \mathrm{mix}} = \frac{N_i - x_i \sum\limits_{j=1}^{m} N_j}{\sum\limits_{\substack{j=1 \\ j \neq i}}^{m} \dfrac{1}{D_{ij}} (x_j N_i - x_i N_j)} \tag{12-30}$$

观察式（12-30）可知，$D_{i,\mathrm{mix}}$ 是互扩散系数 D_{ij}、组分浓度 x_j 及传质通量 N_j 的函数，这就导致具体计算一般比较复杂，通常需要借助数值方法处理。

12.1.3.3 三组分气体中存在一个滞止组分时的情况

考虑如图 12-7 所示的扩散，令组分 A 和组分 B 在 z 向的传质通量分别为 N_A 和 N_B，C 为滞止组分，其传质通量 $N_\mathrm{C}=0$。针对各组分，同时代入 $D_{ij}=D_{ji}$ 和理想气体 $C_i = \frac{p}{RT} x_i$ 的关系式，可将式（12-22）展开为

$$-\frac{p}{RT} \cdot \frac{\mathrm{d}x_\mathrm{A}}{\mathrm{d}z} = N_\mathrm{A} \left(\frac{x_\mathrm{B}}{D_\mathrm{AB}} + \frac{x_\mathrm{C}}{D_\mathrm{AC}} \right) - N_\mathrm{B} \frac{x_\mathrm{A}}{D_\mathrm{AB}} \tag{12-31}$$

$$-\frac{p}{RT} \cdot \frac{\mathrm{d}x_\mathrm{B}}{\mathrm{d}z} = - N_\mathrm{A} \frac{x_\mathrm{B}}{D_\mathrm{AB}} + N_\mathrm{B} \left(\frac{x_\mathrm{A}}{D_\mathrm{AB}} + \frac{x_\mathrm{C}}{D_\mathrm{BC}} \right) \tag{12-32}$$

$$-\frac{p}{RT}\cdot\frac{\mathrm{d}x_C}{\mathrm{d}z}=-N_A\frac{x_C}{D_{AC}}-N_B\frac{x_C}{D_{BC}} \tag{12-33}$$

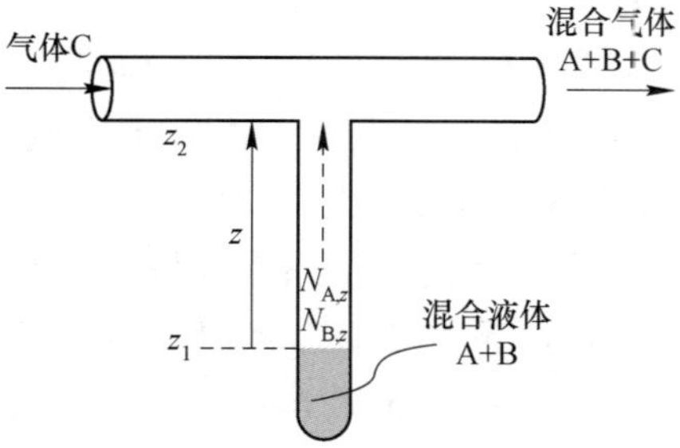

图 12-7　三组分气体中存在一个滞止组分时的扩散

引入一个由 D_{AB}、D_{BC} 及 D_{AC} 组成的无因次扩散系数

$$D_\xi=\frac{\dfrac{1}{D_{AB}}-\dfrac{1}{D_{AC}}}{\dfrac{1}{D_{AB}}-\dfrac{1}{D_{BC}}}=\frac{D_{BC}}{D_{AC}}\cdot\frac{D_{AC}-D_{AB}}{D_{BC}-D_{AB}}$$

进行［式（12-31）$\div N_A$］−［式（12-32）$\times\dfrac{D_\xi}{N_A}$］的运算，有

$$-\frac{p}{RT}\left(\frac{1}{N_A}\cdot\frac{\mathrm{d}x_A}{\mathrm{d}z}-\frac{D_\xi}{N_B}\cdot\frac{\mathrm{d}x_B}{\mathrm{d}z}\right)=-\frac{N_B}{N_A}\cdot\frac{x_A}{D_{AB}}+\left(\frac{x_B}{D_{AB}}+\frac{x_C}{D_{AC}}\right)+D_\xi\frac{N_A}{N_B}\cdot\frac{x_B}{D_{AB}}-D_\xi\left(\frac{x_A}{D_{AB}}+\frac{x_C}{D_{BC}}\right)$$

整理可得

$$-\frac{p}{RT}\cdot\frac{1}{N_A+N_B}\left(\frac{N_A+N_B}{N_A}\cdot\frac{\mathrm{d}x_A}{\mathrm{d}z}-D_\xi\frac{N_A+N_B}{N_B}\cdot\frac{\mathrm{d}x_B}{\mathrm{d}z}\right)$$

$$=-\frac{x_A}{D_{AB}}\cdot\frac{N_A+N_B}{N_A}+D_\xi\frac{x_B}{D_{AB}}\cdot\frac{N_A+N_B}{N_B}-(D_\xi-1)\frac{x_B}{D_{AB}}-(D_\xi-1)\frac{x_A}{D_{AB}}+\frac{x_C}{D_{AB}}\left(\frac{D_{AB}}{D_{AC}}-D_\xi\frac{D_{AB}}{D_{BC}}\right)$$

移项后有

$$(N_A+N_B)\mathrm{d}z=\frac{p}{RT}D_{AB}\frac{\mathrm{d}\left(\dfrac{N_A+N_B}{N_A}x_A-D_\xi\dfrac{N_A+N_B}{N_B}x_B\right)}{\dfrac{N_A+N_B}{N_A}x_A-D_\xi\dfrac{N_A+N_B}{N_B}x_B+(D_\xi-1)} \tag{12-34}$$

令式（12-34）的边界条件为：$z=z_1$，$x_A=x_{A,1}$、$x_B=x_{B,1}$、$x_C=x_{C,1}$；$z=z_2$，$x_A=x_{A,2}$、$x_B=x_{B,2}$、$x_C=x_{C,2}$，则在 $z_1\sim z_2$ 的范围内对其进行积分，整理后可得

$$N_A+N_B=\frac{p}{RT}\cdot\frac{D_{AB}}{z_2-z_1}\cdot\ln\frac{\dfrac{N_A+N_B}{N_A}x_{A,2}-D_\xi\dfrac{N_A+N_B}{N_B}x_{B,2}+(D_\xi-1)}{\dfrac{N_A+N_B}{N_A}x_{A,1}-D_\xi\dfrac{N_A+N_B}{N_B}x_{B,1}+(D_\xi-1)} \tag{12-35}$$

在 $z_1 \sim z_2$ 的范围内对式（12-33）进行积分，整理后可得

$$\frac{N_A}{D_{AC}}+\frac{N_B}{D_{BC}}=\frac{p}{RT}\cdot\frac{1}{z_2-z_1}\cdot\ln\frac{x_{C,2}}{x_{C,1}} \tag{12-36}$$

最后，联立式（12-35）和式（12-36）可计算 N_A 和 N_B。

对于钢铁冶金领域 CO 和 N_2 混合气体或 H_2 和 N_2 混合气体还原铁氧化物时，多孔产物层中的扩散即为三组分气体（$CO-CO_2-N_2$ 或 $H_2-H_2O-N_2$）中存在一个滞止组分（N_2，令其为组分 C）的情况来说，上述公式中的扩散系数需替换为考虑多孔产物层孔隙度和迷宫度的有效扩散系数。还有一个附加条件是还原性组分 A（CO 或 H_2）与其产物组分 B（CO_2 或 H_2O）之间为等摩尔逆向扩散，即 $N_A=-N_B$。将 $N_A=-N_B$ 代入式（12-30）可写出各组分的扩散系数为

$$\begin{cases} D_{A,\,mix}=\left(\dfrac{1-x_C}{D_{AB}}+\dfrac{x_C}{D_{AC}}\right)^{-1} \\ D_{B,\,mix}=\left(\dfrac{1-x_C}{D_{AB}}+\dfrac{x_C}{D_{BC}}\right)^{-1} \end{cases} \tag{12-37}$$

由式（12-37）可知，三组分气体中存在一个滞止组分（$N_C=0$），且其余两组分为等摩尔逆向扩散（$N_A=-N_B$）的情况下，两组分的扩散能力相当（$D_{A,mix}\approx D_{B,mix}$）的条件是 $D_{AC}\approx D_{BC}$。

由式（12-37）还可以看出，仅采用 D_{AB} 表征该扩散过程（$D_{A,mix}\approx D_{B,mix}\approx D_{AB}$），也就是计算扩散通量（$N_A$）的条件是 $D_{AC}\approx D_{BC}$ 且 $x_C\to 0$。对于更一般扩散的情况，将 $N_A=-N_B$ 代入式（12-36），整理后可得

$$\begin{aligned} N_A=-N_B&=\frac{p}{RT}\cdot\frac{D_{AC}D_{BC}}{(z_2-z_1)(D_{BC}-D_{AC})}\cdot\ln\frac{x_{C,2}}{x_{C,1}} \\ &=\frac{p}{RT}\cdot\frac{D_{AC}D_{BC}}{(z_2-z_1)(D_{BC}-D_{AC})}\cdot\ln\frac{1-x_{A,2}-x_{B,2}}{1-x_{A,1}-x_{B,1}} \end{aligned} \tag{12-38}$$

混合气体在扩散方向的摩尔平均速度为

$$v_z^*=\frac{D_{AC}D_{BC}}{(z_2-z_1)(D_{BC}-D_{AC})}\cdot\ln\frac{1-x_{A,2}-x_{B,2}}{1-x_{A,1}-x_{B,1}} \tag{12-39}$$

将式（12-38）应用于如图 12-8 所示的球坐标系，推导整理可得到通过多孔产物层的扩散流量为

$$\begin{aligned} M_A=-M_B&=4\pi\frac{p}{RT}\cdot\frac{r_1r_2}{r_2-r_1}\cdot\frac{D_{AC}D_{BC}}{D_{BC}-D_{AC}}\cdot\ln\frac{x_{C,2}}{x_{C,1}} \\ &=4\pi\frac{p}{RT}\cdot\frac{r_1r_2}{r_2-r_1}\cdot\frac{D_{AC}D_{BC}}{D_{BC}-D_{AC}}\cdot\ln\frac{1-x_{A,2}-x_{B,2}}{1-x_{A,1}-x_{B,1}} \end{aligned} \tag{12-40}$$

图 12-9 为 H_2 和 N_2 混合气体还原球团矿时，仅采用 H_2-H_2O 互扩散系数计算的多孔产物层扩散流量相对于由上述三组分气体扩散公式所得扩散流量的误差。由图可知，该相对误差随着混合气体中 N_2 含量及球团还原度（即多孔产物层的厚度）的提高而增大。

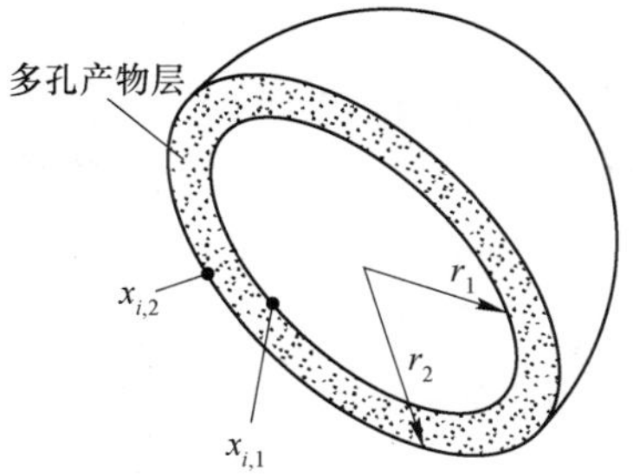

图 12-8 球坐标系下三组分气体中存在一个滞止组分时的扩散

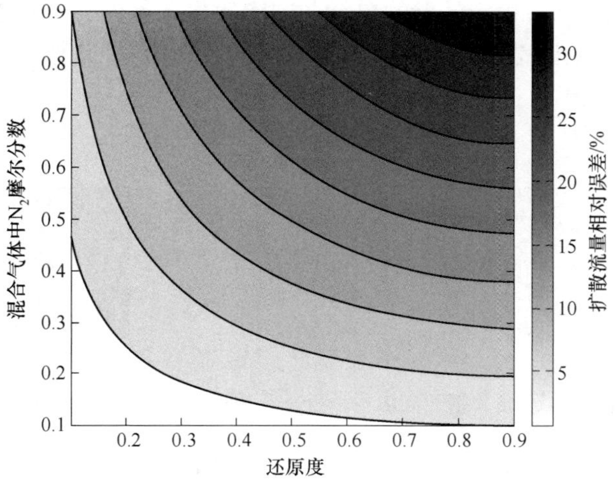

图 12-9 仅采用互扩散系数计算的多孔产物层扩散流量相对于由三组分气体扩散公式所得扩散流量的误差

12.2 二维稳态扩散现象

12.1 节关注的是只在一个坐标方向上有明显浓度梯度的一维稳态扩散现象。但在许多情况下，如果仍用一维来处理，会使这些问题因过度简化而不能反映实际情况，因此需要考虑多维效应。对于静止介质中的二维稳态分子扩散，式（11-35）可简化为式（12-41）

$$\frac{\partial^2 C_A}{\partial x^2}+\frac{\partial^2 C_A}{\partial y^2}=0 \tag{12-41}$$

参考图 12-10 所示的二维稳态扩散体系，令式（12-41）的边界条件为：$x=0$，$C_A=C_0$；$x=L$，$C_A=C_0$；$y=0$，$C_A=C_0$；$y=H$，$C_A=f(x)$。

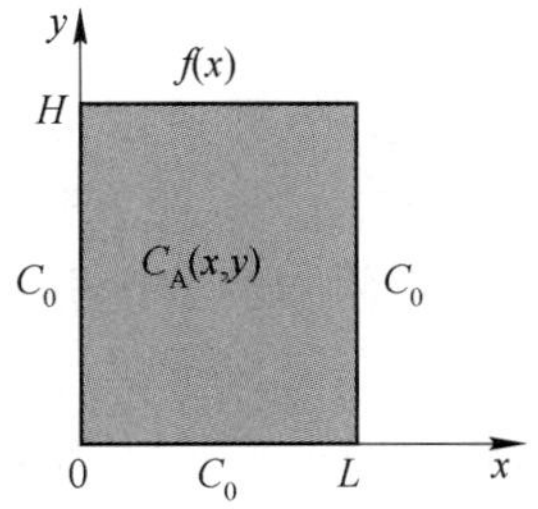

图 12-10 二维稳态分子扩散示意图

可以看到，式（12-41）与二维稳态导热方程在数学形式上完全一致，为拉普拉斯方程。因此，应用之前解析二维稳态导热问题的分离变量法求解式（12-41），可得到解析解（推导过程从略）为

$$C_A(x,\ y) = C_0 + \frac{2}{L}\sum_{n=1}^{\infty}\frac{\mathrm{sh}\left(\frac{n\pi}{L}y\right)}{\mathrm{sh}\left(\frac{n\pi}{L}H\right)}\cdot\sin\left(\frac{n\pi}{L}x\right)\int_0^L[f(x) - C_0]\sin\left(\frac{n\pi}{L}x\right)\mathrm{d}x \quad (12\text{-}42)$$

式（12-42）是只有一个非齐次边界条件的二维扩散问题的解析解。若有多个非齐次边界条件，可将问题分解为相应数量的单个非齐次边界条件的二维扩散问题，然后再将所有解析解叠加，最终可得多个非齐次边界条件的二维扩散问题的解，步骤如图 12-11 所示。

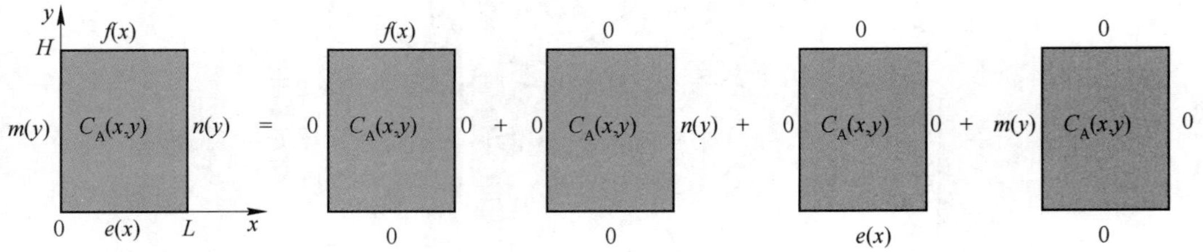

图 12-11　所有单个非齐次边界条件的二维扩散问题解析解的叠加处理

最后需要强调的是，上述的分离变量法还可推广到三维稳态分子扩散的情况，具体步骤是：令 $C_A = X(x)\cdot Y(y)\cdot Z(z)$，将其代入三维的式（11-39）中，实施变量分离后，可得到三个二阶常微分方程，在给定的边界条件下进行积分，最终可得到相应的解析解。

12.3　非稳态扩散现象

对于静止介质中的非稳态分子扩散现象，其控制方程为

$$\frac{\partial C_A}{\partial t} = D_{AB}\left(\frac{\partial^2 C_A}{\partial x^2} + \frac{\partial^2 C_A}{\partial y^2} + \frac{\partial^2 C_A}{\partial z^2}\right) \quad (12\text{-}43)$$

可以看到，式（12-43）与非稳态传导传热控制方程在数学形式上完全一致，只是将传导传热中的温度 T 和热扩散系数 a 分别替换为 C_A 和 D_{AB}。因此，可应用之前非稳态传导传热问题的解析方法来求解静止介质中的非稳态分子扩散问题。

12.3.1　零维非稳态扩散现象

零维非稳态扩散的概念可参照非稳态导热问题中的薄材加以理解，即在对流传质过程中，固体介质 B 内扩散组分 A 的浓度分布均匀，在任一时刻都可用一个浓度来代表整个介质中 A 的浓度。也就是说，组分 A 在介质中的浓度分布均匀，与坐标无关，仅是时间的函数。

假定对流传质系数为 h_m，固体介质的定型尺寸为 L，介质 B 中组分 A 的扩散系数为 D_{AB}，则可定义传质毕渥（Biot）数和传质傅里叶（Fourier）数为

$$Bi_{\mathrm{m}} = \frac{h_{\mathrm{m}}L}{D_{\mathrm{AB}}},\quad Fo_{\mathrm{m}} = \frac{D_{\mathrm{AB}}t}{L^2} \tag{12-44}$$

式中，下标 m 表示传质（mass transfer）；L 为定型尺寸，对于厚度为 $2S$ 的平板，$L=S$；对于半径为 R 的圆柱，$L=R$；对于半径为 R 的圆球，$L=R$。

对于体积为 V、表面积为 F 的任意形状物体，通常还可以 $L_{\mathrm{V}}=\frac{V}{F}$作为定型尺寸。对于厚度为 $2S$ 的平板，$L_{\mathrm{V}}=S$；对于半径为 R 的圆柱，$L_{\mathrm{V}}=R/2$；对于半径为 R 的圆球，$L_{\mathrm{V}}=R/3$。采用定型尺寸 L_{V} 时对应的传质毕渥数和传质傅里叶数就变为 $Bi_{\mathrm{m,V}}=\frac{h_{\mathrm{m}}L_{\mathrm{V}}}{D_{\mathrm{AB}}}$和 $Fo_{\mathrm{m,V}}=\frac{D_{\mathrm{AB}}t}{L_{\mathrm{V}}^2}$。

基于传质毕渥数，可给出判断固体介质是否为“传质薄材”的条件，即

$$Bi_{\mathrm{m,V}} = \frac{h_{\mathrm{m}}L_{\mathrm{V}}}{D_{\mathrm{AB}}} \leqslant 0.1M \tag{12-45}$$

式中，M 为采用定型尺寸 L_{V} 引出的形状因子，对于厚度为 $2S$ 的平板，$M=1$；对于半径为 R 的圆柱，$M=1/2$；对于半径为 R 的圆球，$M=1/3$。

对于零维非稳态扩散问题，类比导热薄材的式（7-57），介质中组分 A 的浓度 C_{A} 随时间的变化为

$$\frac{C_{\mathrm{A}} - C_{\mathrm{A},\infty}}{C_{\mathrm{A},0} - C_{\mathrm{A},\infty}} = \exp(-Bi_{\mathrm{m,V}} \cdot Fo_{\mathrm{m,V}}) \tag{12-46}$$

式中，$C_{\mathrm{A},0}$、$C_{\mathrm{A},\infty}$ 分别为初始时刻组分 A 在介质中的浓度和在流体本体中的浓度。

12.3.2　一维非稳态扩散现象

12.3.2.1　半无限大体一维非稳态扩散

扩散传质半无限大体的概念可参照传导传热的半无限大体加以理解，即所研究的时间范围内，扩散传质的影响深度远小于介质本身的厚度。

若关注的是只在一个坐标方向上有明显浓度梯度的半无限大体一维非稳态扩散现象，则可参照半无限大体一维非稳态导热问题的解析解写出不同边界条件下半无限大体一维非稳态扩散问题的解，分别列于表 12-1~表 12-3，其中符号的意义如图 12-12 所示。

表 12-1　第一类边界条件下半无限大体一维非稳态扩散问题的解析解

参数	数学公式	备注
初始条件	$C_{\mathrm{A}}(x,\ 0)=C_{\mathrm{A},0}$	
边界条件	$C_{\mathrm{A}}(0,\ t)=C_{\mathrm{A,w}}$	壁面浓度 $C_{\mathrm{A,w}}$ 为常数
介质内浓度分布	$\frac{C_{\mathrm{A}}-C_{\mathrm{A,w}}}{C_{\mathrm{A},0}-C_{\mathrm{A,w}}}=\mathrm{erf}\left(\frac{x}{2\sqrt{D_{\mathrm{AB}}t}}\right)$　（12-47）	erf 为误差函数
瞬时壁面扩散通量	$N_{\mathrm{A,w}}=(C_{\mathrm{A,w}}-C_{\mathrm{A},0})\sqrt{\frac{D_{\mathrm{AB}}}{\pi t}}$　（12-48）	

表 12-2　第二类边界条件下半无限大体一维非稳态扩散问题的解析解

参数	数学公式	备注
初始条件	$C_A(x,\ 0)=C_{A,0}$	
边界条件	$N_A(0,\ t)=-D_{AB}\left.\dfrac{\partial C_A}{\partial x}\right\|_{x=0}=N_{A,w}$	壁面扩散通量 $N_{A,w}$ 为常数
介质内浓度分布	$C_A - C_{A,0} = 2N_{A,w}\sqrt{\dfrac{t}{\pi D_{AB}}}\exp\left(-\dfrac{x^2}{4D_{AB}t}\right) - N_{A,w}\dfrac{x}{D_{AB}}\mathrm{erfc}\left(\dfrac{x}{2\sqrt{D_{AB}t}}\right)$　(12-49)	erfc 为余误差函数

表 12-3　第三类边界条件下半无限大体一维非稳态扩散问题的解析解

参数	数学公式	备注
初始条件	$C_A(x,\ 0)=C_{A,0}$	
边界条件	$N_{A,w}=-D_{AB}\left.\dfrac{\partial C_A}{\partial x}\right\|_{x=0}=h_m(C_{A,\infty}-C_{A,w})$	壁面扩散通量 $N_{A,w}$ 由对流条件给出
介质内浓度分布	$\dfrac{C_A - C_{A,0}}{C_{A,\infty} - C_{A,0}} = \mathrm{erfc}\left(\dfrac{x}{2\sqrt{D_{AB}t}}\right) - \left[\exp\left(\dfrac{h_m x}{D_{AB}} + \dfrac{h_m^2 t}{D_{AB}}\right)\right]\left[\mathrm{erfc}\left(\dfrac{x}{2\sqrt{D_{AB}t}} + \dfrac{h_m\sqrt{D_{AB}t}}{D_{AB}}\right)\right]$　(12-50)	erfc 为余误差函数

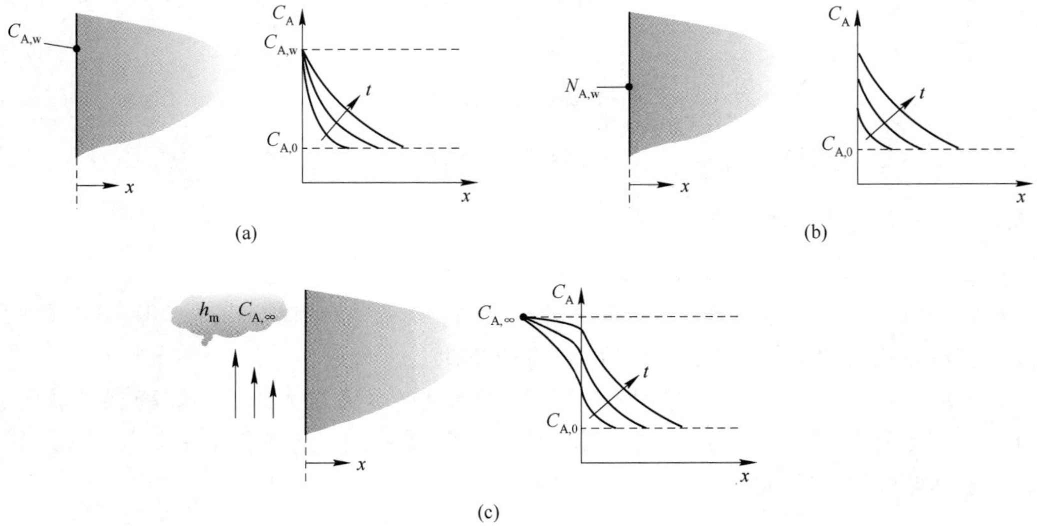

图 12-12　不同边界条件下半无限大体中的瞬态组分浓度分布

(a) 第一类边界条件的情况；(b) 第二类边界条件的情况；(c) 第三类边界条件的情况

12.3.2.2　无限大平板一维非稳态扩散

若扩散传质的影响深度并非远小于介质本身的厚度，则传质介质不再是半无限大体，表 12-1~表 12-3 中所列公式也不再适用。为研究只在一个坐标方向上有明显浓度梯度的无限大（但有限厚）物体的一维非稳态扩散问题，本小节类比无限大平板一维非稳态导热在第三类边界条件下的解析解，罗列相应无限大平板一维非稳态扩散问题的解析解，并在其基础上导出第一类边界条件下的解。最后，为便于使用，本小节还分别给出针对无限大平板、无限长圆柱及圆球内一维非稳态扩散的计算用诺谟图。

A　第三类边界条件

如图 12-13 所示，有一厚度为 2S 的无限大平板（B），初始状态下其中 A 组分浓度为 $C_{A,0}$，扩散过程开始时瞬间把平板置于 A 组分浓度恒为 $C_{A,\infty}$ 的流体中，保持不变，使平板处于扩散传质状态。设平板两侧的对流传质系数同为 h_m，且其他传质参数完全相同，则任一瞬间平板内部的 A 组分浓度分布以其中心截面为对称。若把 x 轴的原点置于平板的中心截面上，则只需研究厚度为 S 的一半平板即可。

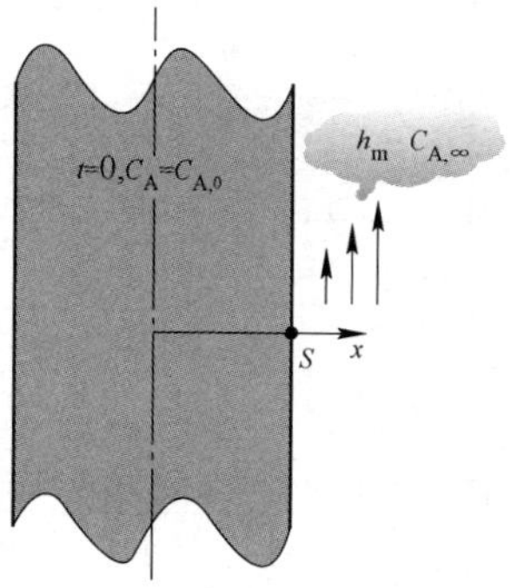

图 12-13　第三类边界条件下有限厚物体的一维非稳态扩散

对于静止平板中的一维非稳态分子扩散，其控制方程为

$$\frac{\partial C_A}{\partial t} = D_{AB}\frac{\partial^2 C_A}{\partial x^2}$$

初始条件：$t=0$，$0 \leqslant x \leqslant S$，$C_A = C_{A,0}$。

边界条件：$t>0$，$x=0$，$\left.\frac{\partial C_A}{\partial x}\right|_{x=0} = 0$；

$$t>0,\ x=S,\ N_{A,w} = -D_{AB}\left.\frac{\partial C_A}{\partial x}\right|_{x=S} = h_m(C_A|_{x=S} - C_{A,\infty})。$$

与无限大平板的一维非稳态导热类似，应用分离变量法，经过推导可写出上述一维非稳态分子扩散问题的无穷级数解析解，即

$$C_A^* = \frac{C_A - C_{A,\infty}}{C_{A,0} - C_{A,\infty}} = 2\sum_{n=1}^{\infty}\frac{\sin\mu_n}{\mu_n + \sin\mu_n \cdot \cos\mu_n}\cdot\cos\left(\mu_n \frac{x}{S}\right)\cdot\exp(-\mu_n^2 Fo_m) \quad (12\text{-}51)$$

式中，Fo_m 为传质傅里叶数；μ_n 为离散值；S 为平板的半厚度。

B　第一类边界条件

由于 Bi_m 为板内分子扩散阻力与边界层对流传质阻力之比，$Bi_m \to \infty$ 的条件相当于边界层对流传质阻力趋近于零，对流传质系数趋近于无穷大。这种情况实际上就对应着第一类边界条件，即壁面 A 组分浓度 $C_A|_{x=S} = C_{A,w}$ 为常数，且 $C_{A,w} = C_{A,\infty}$。

与传热类似，可得到第一类边界条件下无限大平板内一维非稳态扩散的解析解为

$$C_A^* = \frac{C_A - C_{A,w}}{C_{A,0} - C_{A,w}}$$
$$= \frac{4}{\pi}\sum_{n=1}^{\infty}\frac{(-1)^{n+1}}{2n-1}\cos\left[\frac{(2n-1)\pi}{2}\cdot\frac{x}{S}\right]\cdot\exp\left[-\frac{(2n-1)^2\pi^2}{4}Fo_m\right] \quad (12\text{-}52)$$

12.3.2.3　一维非稳态扩散计算用图

式（12-51）和式（12-52）都为无穷级数解，使用起来很不方便。为便于使用，可将式（12-51）绘制成工程上常用诺谟图。图 12-14 为无限大平板无因次中心浓度 $C_{A,c}^{*}=\dfrac{C_{A,c}-C_{A,\infty}}{C_{A,0}-C_{A,\infty}}$ 与 Fo_m 和 Bi_m 的关系；图 12-15 为无限大平板无因次浓度 $C_A^{*}=\dfrac{C_A-C_{A,\infty}}{C_{A,c}-C_{A,\infty}}$ 与 Bi_m 和 $x^{*}=\dfrac{x}{S}$ 的关系。因此，联合图 12-14 和图 12-15 可求出无限大平板内任意位置处的 A 组分浓度。

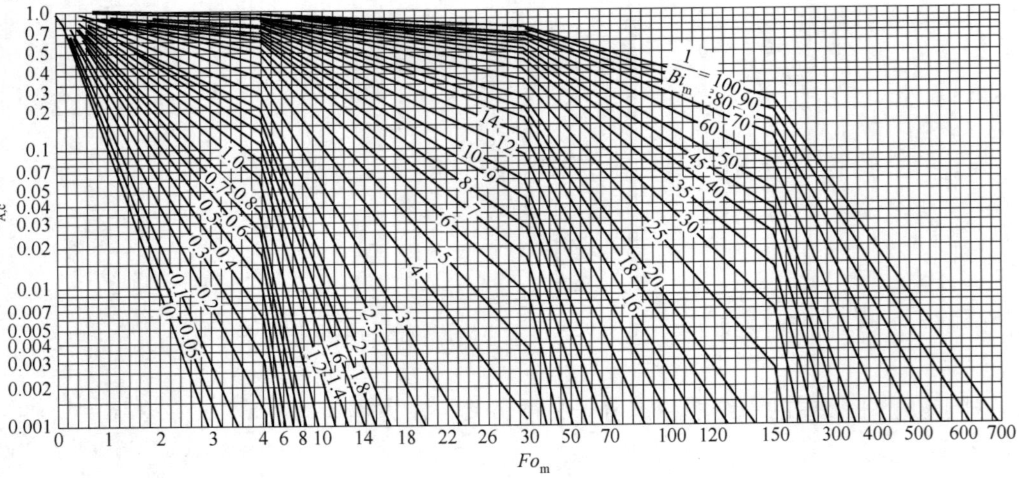

图 12-14　无限大平板无因次中心浓度 $C_{A,c}^{*}$ 与 Fo_m 和 Bi_m 的关系

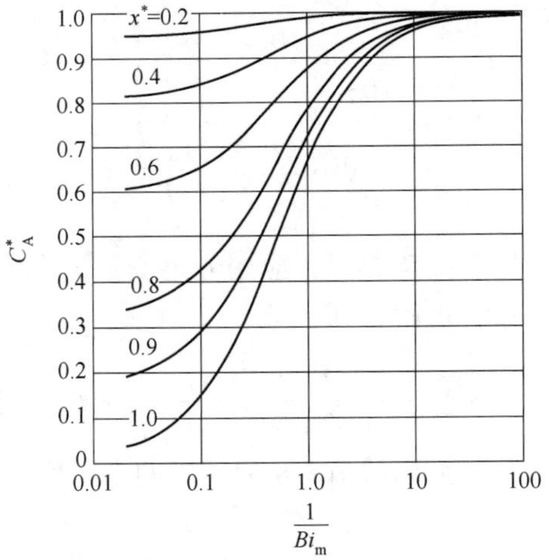

图 12-15　无限大平板无因次浓度 C_A^{*} 与 Bi_m 和 x^{*} 的关系

同样地，可基于分离变量法，针对第三类边界条件下半径为 R 的无限长圆柱及圆球内的一维非稳态扩散求得其解析解。

对于无限长圆柱而言，其径向任意位置处的 A 组分无因次浓度为

$$C_A^{*}=\frac{C_A-C_{A,\infty}}{C_{A,0}-C_{A,\infty}}=2\sum_{n=1}^{\infty}\frac{1}{\mu_n}\cdot\frac{J_1(\mu_n)}{J_0^2(\mu_n)+J_1^2(\mu_n)}\cdot J_0(\mu_n r^{*})\cdot\exp(-\mu_n^2 Fo_m)\quad(12\text{-}53)$$

式中，无量纲空间坐标 $r^* = \frac{r}{R}$；J_0、J_1 为第一类零阶和一阶贝塞尔（Bessel）函数。

为便于使用，可将式（12-53）制成诺谟图。图 12-16 为无限长圆柱无因次中心浓度 $C_{A,c}^* = \frac{C_{A,c}-C_{A,\infty}}{C_{A,0}-C_{A,\infty}}$与 Fo_m 和 Bi_m 的关系，图 12-17 为无限长圆柱无因次浓度 $C_A^* = \frac{C_A-C_{A,\infty}}{C_{A,c}-C_{A,\infty}}$与 Bi_m 和 $r^* = \frac{r}{R}$ 的关系。因此，联合图 12-16 和图 12-17 可求出无限长圆柱内径向任意位置处的 A 组分浓度。

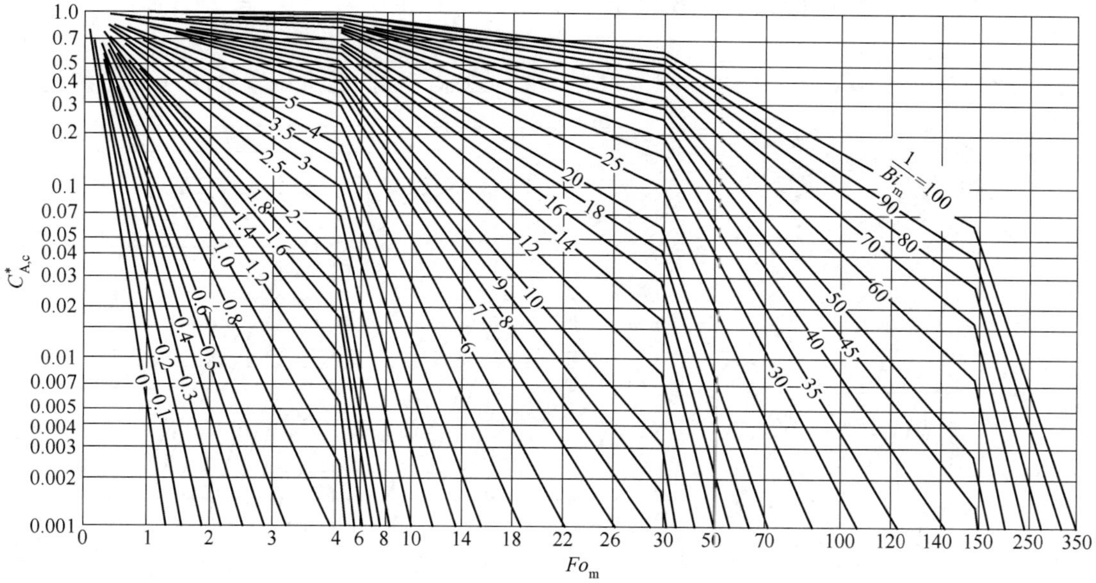

图 12-16 无限长圆柱无因次中心浓度 $C_{A,c}^*$ 与 Fo_m 和 Bi_m 的关系

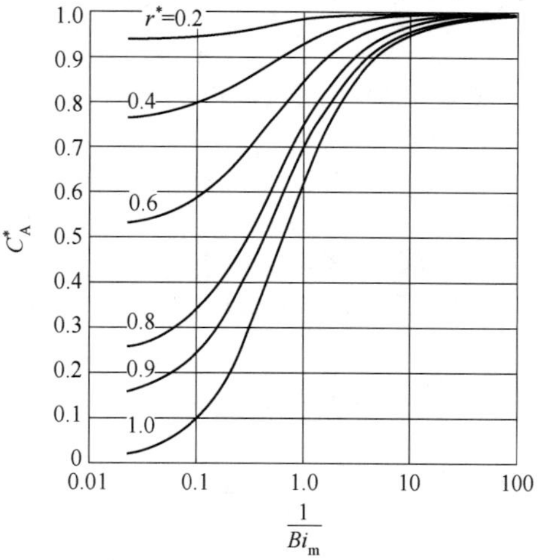

图 12-17 无限长圆柱无因次浓度 C_A^* 与 Bi_m 和 r^* 的关系

第一类边界条件下，无限长圆柱径向任意位置处的 A 组分无因次浓度为

$$C_A^* = \frac{C_A - C_{A,w}}{C_{A,0} - C_{A,w}} = 2\sum_{n=1}^{\infty} \frac{J_0(\mu_n r^*)}{\mu_n J_1(\mu_n)} \cdot \exp(-\mu_n^2 Fo_m) \tag{12-54}$$

对于圆球而言，其径向任意位置处的 A 组分无因次浓度为

$$C_A^* = \frac{C_A - C_{A,\infty}}{C_{A,0} - C_{A,\infty}} = 2\sum_{n=1}^{\infty}\frac{1}{\mu_n r^*}\cdot\frac{\sin\mu_n - \mu_n\cos\mu_n}{\mu_n - \sin\mu_n\cos\mu_n}\cdot\sin(\mu_n r^*)\cdot\exp(-\mu_n^2 Fo_m) \quad (12\text{-}55)$$

式中，无量纲空间坐标 $r^* = \frac{r}{R}$，其他参量详见 7.3.2.4 小节。

为便于使用，可将式（12-55）制成诺谟图。图 12-18 为圆球无因次中心浓度 $C_{A,c}^* = \frac{C_{A,c} - C_{A,\infty}}{C_{A,0} - C_{A,\infty}}$ 与 Fo_m 和 Bi_m 的关系，图 12-19 为圆球无因次浓度 $C_A^* = \frac{C_A - C_{A,\infty}}{C_{A,c} - C_{A,\infty}}$ 与 Bi_m 和 $r^* = \frac{r}{R}$ 的关系。因此，联合图 12-18 和图 12-19 可求出圆球内径向任意位置处的 A 组分浓度。

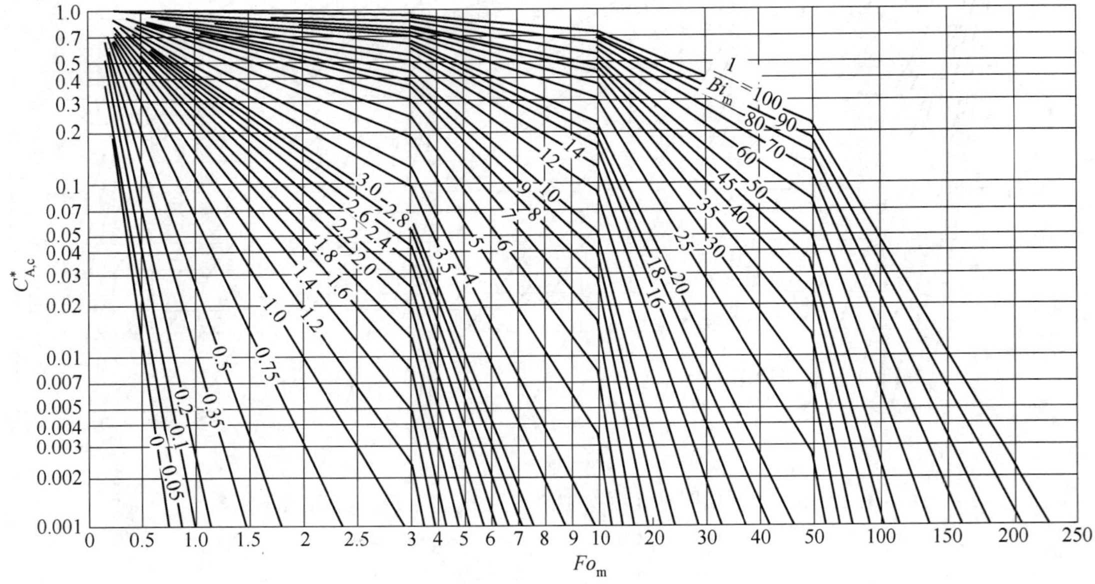

图 12-18　圆球无因次中心浓度 $C_{A,c}^*$ 与 Fo_m 和 Bi_m 的关系

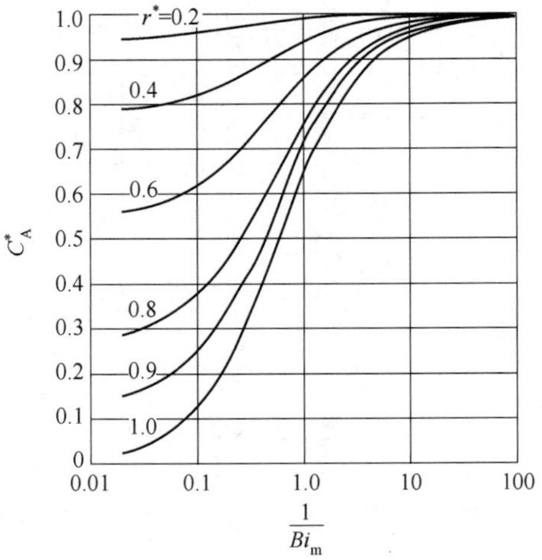

图 12-19　圆球无因次浓度 C_A^* 与 Bi_m 和 r^* 的关系

第一类边界条件下，圆球径向任意位置处的 A 组分无因次浓度为

$$C_A^* = \frac{C_A - C_{A,w}}{C_{A,0} - C_{A,w}} = 2\sum_{n=1}^{\infty}(-1)^{n+1} \cdot \frac{\sin(\mu_n r^*)}{\mu_n r^*} \cdot \exp(-\mu_n^2 Fo_m) \qquad (12\text{-}56)$$

12.3.3　多维非稳态扩散现象

12.3.2 小节讨论的非稳态扩散仅限于一维问题，但实际工程中经常遇到二维或三维非稳态扩散问题。与多维非稳态导热问题一样，多维非稳态扩散问题非常复杂。但幸运的是，同样可基于 7.3.3 小节所述乘积解法，利用相关一维问题的解析解来确定某些二维，甚至是三维问题的解析解。读者可参阅 7.3.3 小节相关内容，将公式中的温度 T 和热扩散系数 a 分别替换为组分浓度 C_A 和分子扩散系数 D_{AB}，进而可进行求解。

12.4　扩散问题的数值解法

由于扩散问题与导热问题的控制方程在数学形式上完全一致，边界条件的类型也相同，因此前述内容中导热问题的数值分析方法对扩散问题同样适用。读者可参阅 7.4 节相关内容，将公式中的温度 T 和热扩散系数 a 分别替换为组分浓度 C_A 和分子扩散系数 D_{AB}，进而可针对扩散问题开展数值求解。

复习思考题

12-1　为何求解等摩尔逆向扩散问题时不必考虑移流传质？

12-2　菲克定律与 Stefan-Maxwell 方程有何区别与联系？

12-3　对图 12-5 所示的气体 A 通过滞止气膜 B 的扩散，若 B 为 B+C 混合气体，是否意味着相关的讨论也适用于 A+B+C 三组元气体的扩散？

12-4　界定某物体能否视为扩散半无限大体的标准是什么？

13 对流传质现象

对流传质涉及的是介质表面与流动流体之间的质量传输，是相际传质的基础。用于计算对流传质通量的是牛顿公式，其中包含一个对流传质系数。对流传质系数不仅与流体的性质有关，而且受流体的流动状态和流场的几何特性影响。因此，对流传质系数的确定是对流传质的主要内容。由于对流传质与对流传热具有高度的类似性，对流传热系数的分析方法同样可以用于分析对流传质系数。本章首先以掠过平板流动的对流传质为例，介绍浓度边界层的基本概念，然后给出平板层流浓度边界和湍流浓度边界层的精确解和近似解。为便于读者参考和开展相关计算，本章最后还给出一些其他边界条件下对流传质系数的准数方程。

13.1　浓度边界层的基本概念和方程

13.1.1　浓度边界层

这里仍以掠过平板流动为例，对浓度边界层的相关概念进行阐述。如图 13-1 所示，有一不可压缩流体，以均匀来流速度 v_∞ 掠过长度为 L 的静止平板。由于壁面为无滑移条件，在近平板壁面处形成存在明显速度梯度，且厚度为 δ 的速度边界层，其中发生显著的壁面法向黏性动量传输。速度边界层外的流体可视为无黏流体，流动可近似为势流。若流体与平板间存在溶质 A 的浓度差，令来流中 A 的浓度为 $C_{A,\infty}$，平板表面 A 的浓度为 $C_{A,s}$（见图 13-1），且假定 $C_{A,\infty}>C_{A,s}$，那么与速度边界层相类似，这时在近平板壁面处形成一存在组分 A 的明显浓度梯度，且厚度为 δ_C 的浓度边界层，其中发生显著的组分 A 的壁面法向质量传输。浓度边界层外可认为是组分 A 的等浓度区，只有平行于壁面的移流质量传输。

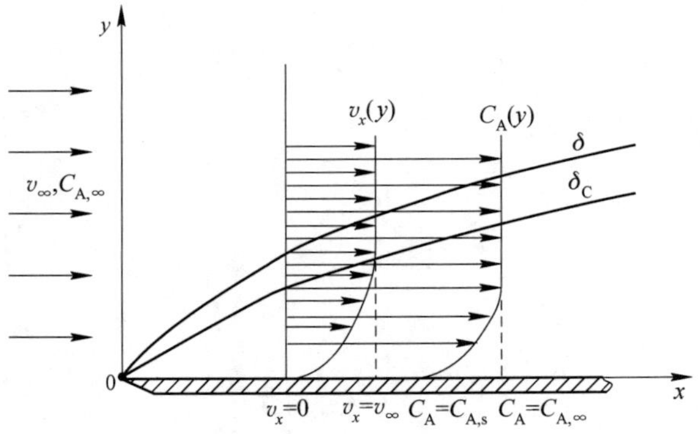

图 13-1　掠过平板层流流动时的速度边界层和浓度边界层（$Sc>1$）

浓度边界层与速度边界层和温度边界层相类似，它们的厚度均受流体流动状态的影响。虽然三者的厚度往往不相等，但存在确定的关系，即

$$\frac{\delta}{\delta_{\mathrm{T}}} = Pr^{1/3} = \left(\frac{\nu}{a}\right)^{1/3} \tag{13-1}$$

$$\frac{\delta}{\delta_{\mathrm{C}}} = Sc^{1/3} = \left(\frac{\nu}{D_{\mathrm{AB}}}\right)^{1/3} \tag{13-2}$$

$$\frac{\delta_{\mathrm{T}}}{\delta_{\mathrm{C}}} = Le^{1/3} = \left(\frac{a}{D_{\mathrm{AB}}}\right)^{1/3} \tag{13-3}$$

式中，δ、δ_{T}、δ_{C} 分别为速度边界层厚度、温度边界层厚度及浓度边界层厚度；Pr、Sc、Le 分别为普朗特数、施密特（Schmidt）数及刘易斯（Lewis）数；ν、a、D_{AB} 分别为流体的动量扩散系数（运动黏度）、热扩散系数及分子扩散系数。

表 13-1 为常见气体、液体及液态金属的 Pr 和 Sc 数值范围。

表 13-1　常见气体、液体及液态金属的 *Pr* 和 *Sc* 数值范围

相似准数	气体	液体	液态金属
Pr	0.6~1.0	1~10	0.003~0.059
Sc	0.1~2.0	100~1000	1000

分析图 13-1 所示平板壁面处（y=0）溶质 A 从流体向固体表面的传质过程。一方面，壁面与流体间关于 A 的传质通量 N_{A} 可由牛顿公式写出（N_{A} 为负值时代表传质沿逆 y 方向进行），即

$$N_{\mathrm{A}} = h_{\mathrm{m}}(C_{\mathrm{A,s}} - C_{\mathrm{A},\infty}) \tag{13-4}$$

式中，h_{m} 为对流传质系数；下标 m 代表传质（mass transfer）。

另一方面，平板壁面处，A 是以分子扩散的形式迁移的。因此，可由菲克定律写出关于 A 的传质通量，即

$$N_{\mathrm{A}} = -D_{\mathrm{AB}}\left.\frac{\mathrm{d}C_{\mathrm{A}}}{\mathrm{d}y}\right|_{y=0} \tag{13-5}$$

因平板壁面处 A 的浓度 $C_{\mathrm{A,s}}$ 为与 y 无关的常数，故式（13-5）可写为

$$N_{\mathrm{A}} = D_{\mathrm{AB}}\left.\frac{\mathrm{d}(C_{\mathrm{A,s}} - C_{\mathrm{A}})}{\mathrm{d}y}\right|_{y=0} \tag{13-6}$$

联立式（13-4）和式（13-6），经整理后可得

$$\frac{h_{\mathrm{m}}}{D_{\mathrm{AB}}} = \frac{\left.\dfrac{\mathrm{d}(C_{\mathrm{A,s}} - C_{\mathrm{A}})}{\mathrm{d}y}\right|_{y=0}}{C_{\mathrm{A,s}} - C_{\mathrm{A},\infty}} = \left.\frac{\mathrm{d}C_{\mathrm{A}}^{*}}{\mathrm{d}y}\right|_{y=0} \tag{13-7}$$

两端同时乘以一特征尺寸 L，有

$$\frac{h_{\mathrm{m}}L}{D_{\mathrm{AB}}} = L\left.\frac{\mathrm{d}C_{\mathrm{A}}^{*}}{\mathrm{d}y}\right|_{y=0} \tag{13-8}$$

式（13-8）等号左端是一个无因次数，称为舍伍德（Sherwood）数，记作 Sh，其推导过程与对流传热中的努塞尔特数 Nu 类似，所以又称为传质努塞尔特数。舍伍德数表征的是流体中扩散传质阻力 $\dfrac{L}{D_{\mathrm{AB}}}$ 与对流传质阻力 $\dfrac{1}{h_{\mathrm{m}}}$ 的比值。

由式（13-8）可知，若求得边界层（层流底层）的浓度分布，便可应用其得到对流传质系数，这也是下面分析确定对流传质系数的基本思路和方法。

13.1.2　平板层流浓度边界层的精确解

对于图 13-1 所示的掠过平板层流流动，描述边界层内动量传输的微分方程为

$$\frac{\partial v_x}{\partial x}+\frac{\partial v_y}{\partial y}=0 \tag{13-9}$$

$$v_x\frac{\partial v_x}{\partial x}+v_y\frac{\partial v_x}{\partial y}=\nu\frac{\partial^2 v_x}{\partial y^2} \tag{13-10a}$$

根据第 11 章质量传输微分方程的一般式（11-31），二维稳态条件下的质量传输微分方程为

$$v_x\frac{\partial C_A}{\partial x}+v_y\frac{\partial C_A}{\partial y}=D_{AB}\left(\frac{\partial^2 C_A}{\partial x^2}+\frac{\partial^2 C_A}{\partial y^2}\right) \tag{13-11}$$

由于式（13-11）中采用摩尔浓度 C_A 为基准，所以式（13-9）~式（13-11）中的速度实际为摩尔平均速度（$v_x=v_x^*$，$v_y=v_y^*$）。但在大多数情况下，传质组元 A 的浓度很低，流体的摩尔平均速度与质量平均速度近似相等，因此也可以使用质量平均速度。由量级分析可知，C_A 对 x 的二阶偏导数$\frac{\partial^2 C_A}{\partial x^2}$比 C_A 对 y 的二阶偏导数$\frac{\partial^2 C_A}{\partial y^2}$小得多，故式（13-11）可简化为

$$v_x\frac{\partial C_A}{\partial x}+v_y\frac{\partial C_A}{\partial y}=D_{AB}\frac{\partial^2 C_A}{\partial y^2} \tag{13-12a}$$

式（13-9）、式（13-10a）及式（13-12a）便组成平板层流对流传质的微分方程，它们的边界条件为 $y=0$，$v_x=v_y=0$，$C_A=C_{A,s}$；$y=\infty$，$v_x=v_\infty$，$C_A=C_{A,\infty}$。

比较式（13-12a）和式（13-10a）可知，两者形式上完全相同。若边界条件也相同，且 $D_{AB}=\nu$，则两者的解也应完全相同。

与第 8 章边界层传热类似，边界层传质的壁面边界条件为：在 $x=0\sim\infty$ 范围内，$C_A|_{y=0}=C_{A,s}$。这与动量方程在 $x=0\sim\infty$ 范围内 $v_x|_{y=0}=0$ 相对应，但在数值上并不为零（即非齐次边界）。为使质量方程和动量方程的边界条件同为齐次，可采用无因次函数和边界条件。

记 $\theta=\frac{v_x}{v_\infty}=\frac{C_A-C_{A,s}}{C_{A,\infty}-C_{A,s}}$，则式（13-10a）和式（13-12a）分别转化为

$$v_x\frac{\partial\theta}{\partial x}+v_y\frac{\partial\theta}{\partial y}=\nu\frac{\partial^2\theta}{\partial y^2} \tag{13-10b}$$

$$v_x\frac{\partial\theta}{\partial x}+v_y\frac{\partial\theta}{\partial y}=D_{AB}\frac{\partial^2\theta}{\partial y^2} \tag{13-12b}$$

相应地，两式的边界条件变为：$y=0$，$\theta=0$；$y=\infty$，$\theta=1$，即两式的边界条件完全相同。这样一来，当 $D_{AB}=\nu$ 时，式（13-10a）和式（13-12a）的解也应完全相同，即浓度边界层与速度边界层完全重合，无因次浓度分布与无因次速度分布也完全重合。图 13-2 直观地给出了浓度分布和速度分布之间的类似曲线。

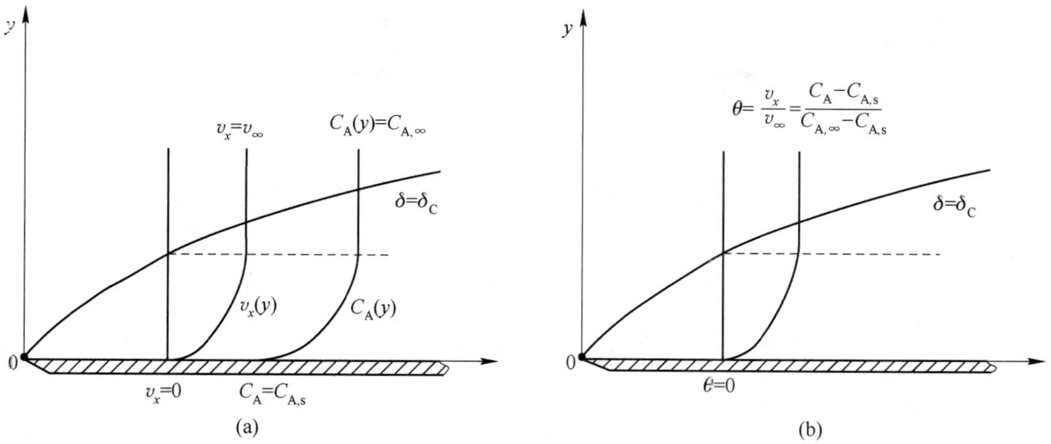

图 13-2　边界层内浓度分布与速度分布的类似曲线
（a）边界层内速度和浓度分布；（b）无因次速度和浓度分布

由 2.2.2 小节中的式（2-27）可得边界层内的速度分布为

$$\frac{v_x}{v_\infty}=f'(\eta)=C_2\eta-\frac{1}{2}\cdot\frac{C_2^2}{4!}\eta^4+\frac{11}{4}\cdot\frac{C_2^3}{7!}\eta^7-\frac{375}{8}\cdot\frac{C_2^4}{10!}\eta^{10}+L$$

式中，$\eta=y\sqrt{\frac{v_\infty}{\nu x}}$，$C_2=0.332$。

因此，对边界层内的浓度分布，可参照写为

$$\frac{C_A-C_{A,s}}{C_{A,\infty}-C_{A,s}}=f'(\eta)=C_2\eta-\frac{1}{2}\cdot\frac{C_2^2}{4!}\eta^4+\frac{11}{4}\cdot\frac{C_2^3}{7!}\eta^7-\frac{375}{8}\cdot\frac{C_2^4}{10!}\eta^{10}+L \quad (13\text{-}13)$$

进而写出流体与壁面间的传质通量为（要使通量为正值，忽略了负号）

$$N_A=D_A\frac{\partial C_A}{\partial y}\bigg|_{y=0}=D_{AB}(C_{A,\infty}-C_{A,s})f''(0)\sqrt{\frac{v_\infty}{\nu x}}$$

$$=0.332D_{AB}(C_{A,\infty}-C_{A,s})\sqrt{\frac{v_\infty}{\nu x}}$$

或

$$N_A=0.332\frac{D_{AB}}{x}(C_{A,\infty}-C_{A,s})\sqrt{\frac{v_\infty x}{\nu}}$$

$$=0.332\frac{D_{AB}}{x}\cdot Re_x^{\frac{1}{2}}\cdot(C_{A,\infty}-C_{A,s})$$

$$=h_{m,x}(C_{A,\infty}-C_{A,s})$$

最终得到对流传质系数为

$$h_{m,x}=0.332\frac{D_{AB}}{x}Re_x^{\frac{1}{2}} \quad (13\text{-}14a)$$

式中，Re_x 为局部雷诺数，$Re_x=\sqrt{\frac{v_\infty x}{\nu}}$。

考虑局部舍伍德数 $Sh_x=\frac{h_{m,x}x}{D_{AB}}$，式（13-14a）的准数方程形式为

$$Sh_x=\frac{h_{m,x}x}{D_{AB}}=0.332Re_x^{\frac{1}{2}} \tag{13-15a}$$

式（13-14a）和式（13-15a）的适用条件是 $D_{AB}=\nu$，即施密特数 $Sc=\frac{\nu}{D_{AB}}=1$。对较大 Sc 的情况，式（13-13）中的 $C_2=0.332Sc^{\frac{1}{3}}$。因此，更一般的表达式为

$$h_{m,x}=0.332\frac{D_{AB}}{x}Re_x^{\frac{1}{2}}\cdot Sc^{\frac{1}{3}} \tag{13-14b}$$

$$Sh_x=\frac{h_{m,x}x}{D_{AB}}=0.332Re_x^{\frac{1}{2}}\cdot Sc^{\frac{1}{3}} \tag{13-15b}$$

对式（13-14b）和式（13-15b）沿整个平板长度 L 积分，整理后得平均对流传质系数和平均舍伍德数分别为

$$\bar{h}_{m,L}=0.664\frac{D_{AB}}{L}Re_L^{\frac{1}{2}}\cdot Sc^{\frac{1}{3}} \tag{13-14c}$$

$$\overline{Sh}_L=\frac{\bar{h}_{m,L}L}{D_{AB}}=0.664Re_L^{\frac{1}{2}}\cdot Sc^{\frac{1}{3}} \tag{13-15c}$$

式（13-14c）和式（13-15c）的适用条件为 $0.6\leqslant Sc\leqslant 60$ 且 $Re_L=\frac{U_\infty L}{\nu}\leqslant 5\times10^5$。在应用精确解时，计算流体物性参数使用的温度（即定性温度），需取边界层平均温度（又称为膜温度）$T_m=\frac{T_s+T_\infty}{2}$。

13.1.3　平板层流浓度边界层的近似解

目前对于浓度边界层涉及的流动非层流，或为非平板绕流的情况，尚未出现解析解。然而，可在浓度边界层中取一如图 13-3 所示的控制体，然后根据质量衡算，并采用积分法，最终能够得到其近似解。

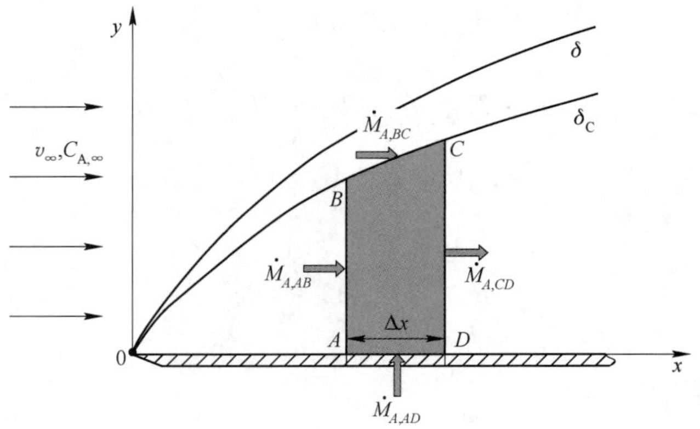

图 13-3　用于质量衡算的浓度边界层控制体

采用与8.1.3.1小节相类似的方法，可推导出如下浓度边界层的积分方程

$$\frac{\mathrm{d}}{\mathrm{d}x}\int_0^{\delta_C}(C_A - C_{A,\infty})v_x\mathrm{d}y = -D_{AB}\frac{\partial C_A}{\partial y}\Big|_{y=0} \tag{13-16}$$

其需要满足的条件为：$y=0$，$C_A=C_{A,s}$；$y=\infty$，$C_A=C_{A,\infty}$。

根据传质牛顿公式，壁面处通过 AD 面的组分A摩尔流量也可写为 $N_{A,AD}=h_m(C_{A,s}-C_{A,\infty})\Delta x\cdot 1$，则式（13-16）变为

$$\frac{\mathrm{d}}{\mathrm{d}x}\left[\int_0^{\delta_C}(C_A - C_{A,\infty})v_x\mathrm{d}y\right] = h_m(C_{A,s} - C_{A,\infty}) \tag{13-17}$$

采用与8.1.3.2小节类似的方法，可得到边界层内组分A的浓度分布为

$$\frac{C_A - C_{A,s}}{C_{A,\infty} - C_{A,s}} = \frac{3}{2}\frac{y}{\delta_C} - \frac{1}{2}\left(\frac{y}{\delta_C}\right)^3$$

应用该浓度分布对式（13-17）进行积分运算，可得到浓度边界层与速度边界层之间的关系

$$\frac{\delta_C}{\delta} = 0.976Sc^{-\frac{1}{3}} \tag{13-18}$$

以及浓度边界层厚度的表达式

$$\frac{\delta_C}{x} = 4.53Re_x^{-\frac{1}{2}}\cdot Sc^{-\frac{1}{3}} \tag{13-19}$$

再应用浓度分布写出传质通量，然后结合牛顿公式，最终可得到如下的对流传质系数表达式。

$$h_{m,x} = 0.331\frac{D_{AB}}{x}\cdot Re_x^{\frac{1}{2}}\cdot Sc^{\frac{1}{3}} \tag{13-20a}$$

$$\bar{h}_{m,L} = 0.662\frac{D_{AB}}{L}\cdot Re_L^{\frac{1}{2}}\cdot Sc^{\frac{1}{3}} \tag{13-21a}$$

整理成准数形式为

$$Sh_x = \frac{h_{m,x}x}{D_{AB}} = 0.331Re_x^{\frac{1}{2}}\cdot Sc^{\frac{1}{3}} \tag{13-20b}$$

$$\overline{Sh_L} = \frac{\bar{h}_{m,L}L}{D_{AB}} = 0.662Re_L^{\frac{1}{2}}\cdot Sc^{\frac{1}{3}} \tag{13-21b}$$

比较可知，式（13-20b）和式（13-21b）分别与式（13-15b）和式（13-15c）非常接近。

13.2　湍流流动中的质量传输

13.2.1　湍流扩散

如11.1.1小节中对“对流传质”的介绍所述，在湍流情况下，存在由速度脉动和涡流导致的传质方向上的移流传质。对湍流移流传质的直接表征需要流场的湍流信息，即脉动速度和涡流数据。对流场的直接数值模拟可以得到这些信息，但直接表征比较繁杂，所

以一般采用模型化处理。目前常用的方法是借助湍流模型将湍流移流传质表征为湍流扩散，也称为涡流扩散。顾名思义，湍流扩散就是引入湍流扩散系数，用菲克第一定律将移流传质表征为扩散传质，其中的湍流扩散系数由湍流模型确定。

记 D_T 为湍流扩散系数，则垂直于流动方向上总的传质通量可以表示为分子扩散通量和湍流扩散通量之和，即

$$J_{A,z} = -(D_{AB} + D_T)\frac{dC_A}{dz} \tag{13-22}$$

从整个浓度边界层来看，无论湍流程度如何，壁面上总有一个层流底层。在湍流情况下，无论速度梯度还是浓度梯度都主要集中在该层流底层内，而边界层湍流区域的梯度是很小的。从整个边界层来说，强化湍流既增大湍流区域的湍流扩散系数 D_T，又减薄层流底层，减小传质阻力，从而能够强化整个传质过程。总之，无论从哪一方面解释，强化湍流都能强化总的传质过程。

以上基于对流传质的机理引入了表征湍流移流传质的湍流扩散系数 D_T。但在对流传质的定量表征中，由于 D_T 和层流底层表征困难，因此通常还是用笼统的传质系数来表征，即应用传质牛顿公式，通过实验数据处理确定其中传质系数的表达式。

13.2.2　平板湍流浓度边界层的近似解

图 13-4 为大雷诺数条件下平板上流体经历层流和过渡区，最后转变为湍流的过程，在此过程中依次形成由转捩点 x_{tr} 分隔的层流边界层和湍流边界层。对湍流边界层而言，它又可分为湍流核心区和层流底层。

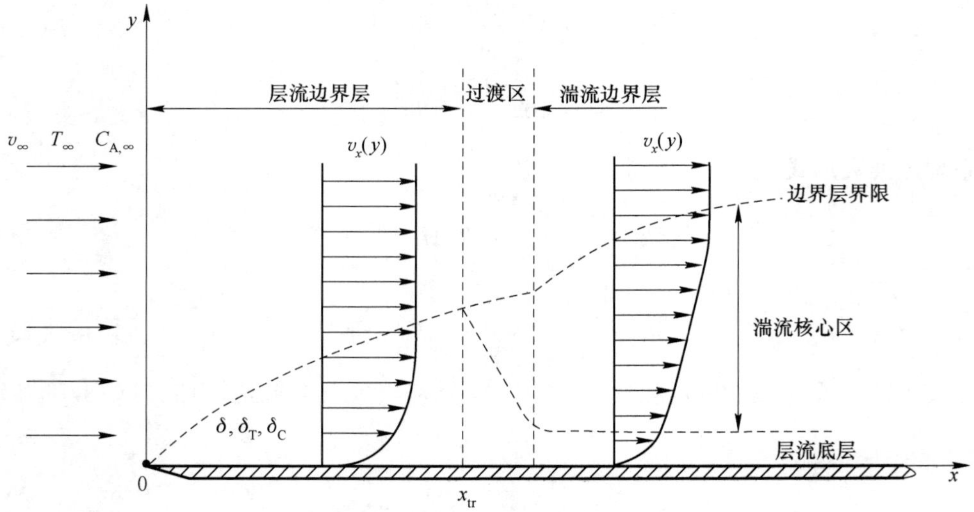

图 13-4　掠过平板流动的层流边界层和湍流边界层

湍流浓度边界层内的传质无法基于质量传输微分方程求解，只能应用浓度边界层积分方程来确定其近似解。根据经验数据，假定边界层内速度分布为 $\frac{v_x}{v_\infty} = \left(\frac{y}{\delta}\right)^{\frac{1}{7}}$，浓度分布为

$\frac{C_A - C_{A,s}}{C_{A,\infty} - C_{A,s}} = \left(\frac{y}{\delta_C}\right)^{\frac{1}{7}}$，将它们代入浓度边界层积分方程式（13-16）中，经推导整理可得湍流传质系数为

$$h_{m,x} = 0.0296\frac{D_{AB}}{x}\cdot Re_x^{\frac{4}{5}}\cdot Sc^{\frac{1}{3}} \tag{13-23}$$

假定沿整个平板长度 L 均为湍流边界层，则对应的平均传质系数为

$$\bar{h}_{m,L} = 0.037\frac{D_{AB}}{L}\cdot Re_L^{\frac{4}{5}}\cdot Sc^{\frac{1}{3}} \tag{13-24}$$

需要注意，式（13-24）的适用条件为 $Sc>0.5$ 且 $Re_L>5\times10^5$。

若平板前沿 0 ~x_{tr} 段为层流边界层，则整个板长上的平均传质系数需修正为

$$\bar{h}'_{m,L} = \frac{D_{AB}}{L}\left[0.664Re_c^{\frac{1}{2}} + 0.037\left(Re_L^{\frac{4}{5}} - Re_c^{\frac{4}{5}}\right)\right]Sc^{\frac{1}{3}} \tag{13-25}$$

作与层流边界层同样的处理，可将关于传质系数的式（13-23）~式（13-25）分别整理成如下准数形式。

$$Sh_x = \frac{h_{m,x}x}{D_{AB}} = 0.0296Re_x^{\frac{4}{5}}\cdot Sc^{\frac{1}{3}} \tag{13-26}$$

$$\overline{Sh_L} = \frac{\bar{h}_{m,L}L}{D_{AB}} = 0.037Re_L^{\frac{4}{5}}\cdot Sc^{\frac{1}{3}} \tag{13-27}$$

$$\overline{Sh'_L} = \frac{\bar{h}'_{m,L}L}{D_{AB}} = \left[0.664Re_c^{\frac{1}{2}} + 0.037\left(Re_L^{\frac{4}{5}} - Re_c^{\frac{4}{5}}\right)\right]Sc^{\frac{1}{3}} \tag{13-28}$$

13.3　对流传质的准数方程

对大多数实际条件下的对流传质，无法利用数学分析方法求解，所以往往利用相似原理指导下的实验获得准数方程。还有一种方法是通过类比，直接应用已有的对流传热准数方程（详见第 15 章相关内容）。

对（强制）对流传质来说，一般形式的对流传质准数方程为

$$Sh = A\cdot Re^n\cdot Sc^m \tag{13-29}$$

其中

$$Sh = \frac{h_m L}{D_{AB}},\quad Re = \frac{UL}{\nu},\quad Sc = \frac{\nu}{D_{AB}}$$

式中，h_m、L、D_{AB} 分别为对流传质系数、特征尺寸及分子扩散系数；U、ν 分别为流体的特征速度和运动黏度。

13.3.1　绕球流动时（连续相内）的传质

对于绕球流动时（连续相内）传质的情况，式（13-29）需进行相应修正，可表示为包括两项的一般形式，即

$$Sh = 2.0 + A\cdot Re^n\cdot Sc^m \tag{13-30}$$

式（13-30）中的特征尺寸和特征速度分别为球的直径和流体的来流速度。当流体静

止时，$Re=0$，$Sh=2.0$，实际为球形颗粒在静止流体中仅发生径向扩散的极限情况。

13.3.1.1　固体颗粒与气体间传质的情况

考虑固体颗粒与气体间传质的情况，在 $0.6 \leqslant Sc \leqslant 2.7$ 和 $1 \leqslant Re \leqslant 4800$ 的条件下，有

$$Sh = 2.0 + 0.552Re^{1/2} \cdot Sc^{1/3} \tag{13-31}$$

在 $0.6 \leqslant Sc \leqslant 1.85$ 和 $2 \leqslant Re \leqslant 12000$ 的条件下有

$$Sh = 2.0 + 0.6Re^{1/2} \cdot Sc^{1/3} \tag{13-32}$$

13.3.1.2　固体颗粒与液体间传质的情况

考虑固体颗粒与液体间传质的情况，在 $2 \leqslant Re \leqslant 2000$ 的条件下有

$$Sh = 2.0 + 0.95Re^{1/2} \cdot Sc^{1/3} \tag{13-33}$$

在 $2000<Re \leqslant 17000$ 的条件下有

$$Sh = 0.347Re^{0.62} \cdot Sc^{1/3} \tag{13-34}$$

应当指出，式（13-31）~式（13-34）只有在自然对流的贡献可以忽略的前提下才能用于计算强制对流的传质系数。

若绕球流动处于爬流（$Re<1$）状态，在 $Pe=Re \cdot Sc<10^4$ 的条件下有

$$Sh = \sqrt{4.0 + 1.21Pe^{2/3}} \tag{13-35}$$

在 $Pe=Re \cdot Sc>10^4$ 的条件下有

$$Sh = 1.0Pe^{1/3} \tag{13-36}$$

13.3.1.3　液滴与液体间传质的情况

考虑单个液滴与液体间传质的情况，有

$$Sh = 0.46 + Re^{1/2} \cdot Sc^{1/2} \cdot \frac{\mu_c}{\mu_c + \mu_d} \tag{13-37}$$

式中，μ 为液体的动力学黏度；下标 c 表示连续相，d 表示分散相。

13.3.1.4　气泡与液体间传质的情况

考虑单个气泡与液体间传质的情况，有

$$Sh = 2.0 + 0.061\left[Re^{0.484} \cdot Sc^{0.339} \cdot \left(\frac{g^{1/3} \cdot d}{D_A^{2/3}}\right)^{0.072}\right]^{1.61} \tag{13-38}$$

式中，g 为重力加速度。

13.3.2　流体在圆管内流动时的传质

针对流体在光滑圆管内流动时流体与管内壁间的对流传质，在大量实验的基础上，已获得准数方程为

$$Sh = 0.023Re^{0.83} \cdot Sc^{0.44} \tag{13-39}$$

式（13-39）的适用条件为 $0.6 \leqslant Sc \leqslant 2500$ 且 $2000<Re<70000$，其中的特征尺寸和特征速度分别为圆管内径和管内流体的平均流速。

对于层流的情况，在 $10<Re<2000$ 的条件下有

$$Sh = \max\left[3.66,\ 1.86\left(\frac{d}{L} \cdot Re \cdot Sc\right)^{1/3}\right] \tag{13-40}$$

式中，d 为圆管内径；L 为管长。

13.3.3 绕圆柱体流动时（连续相内）的传质

对于垂直于轴向绕圆柱体的对流传质而言，若流体为气体，则有

$$Sh = 0.281Re^{1/2} \cdot Sc^{0.44} \tag{13-41}$$

式（13-41）的适用条件为 $0.6 \leqslant Sc \leqslant 2.6$ 且 $400<Re<25000$，其中的特征尺寸和特征速度分别为圆柱的直径和气体的来流速度。

若流体为液体，则有

$$Sh = 0.281Re^{0.6} \cdot Sc^{1/3} \tag{13-42}$$

式（13-42）的适用条件为 $Sc \leqslant 3000$ 且 $400<Re<25000$。

13.3.4 两相流传质现象

13.3.4.1 流固两相流传质

冶金过程中经常遇到流体流过填充床时的传质，这类传质过程的对流传质系数与流体流速、床层空隙度、雷诺数及施密特数等有关。

当气体流过球形颗粒固定床进行传质时，在 $90<Re<4000$ 的条件下，可采用式（13-43）计算对流传质系数。

$$h_m = 2.06 \frac{v_s}{\varepsilon} \cdot Re^{-0.575} \cdot Sc^{-2/3} \tag{13-43}$$

其中

$$Re = \frac{v_s d_p}{\nu}$$

式中，v_s 为气体的表观流度（也称空塔速度，即气体通过空塔截面的流速）；ε 为床层空隙度；d_p 为颗粒直径；ν 为气体的运动黏度。

当液体流过球形颗粒固定床进行传质时，在 $165 \leqslant Sc \leqslant 70600$、$0.006<Re<55$ 及 $0.35<\varepsilon<0.75$ 的条件下，可采用下式计算对流传质系数。

$$h_m = 1.09 \frac{v_s}{\varepsilon} \cdot Re^{-2/3} \cdot Sc^{-2/3} \tag{13-44}$$

在 $165 \leqslant Sc \leqslant 10690$、$55<Re<1500$ 及 $0.35<\varepsilon<0.75$ 条件下，则采用式（13-45）。

$$h_m = 0.25 \frac{v_s}{\varepsilon} \cdot Re^{-0.31} \cdot Sc^{-2/3} \tag{13-45}$$

当流体（气体和液体）流过球形颗粒流化床时，在 $20<Re<300$ 条件下可采用下式计算对流传质系数。

$$h_m = v_s \left(0.01 + \frac{0.863}{Re^{0.58} - 0.483}\right) Sc^{-2/3} \tag{13-46}$$

13.3.4.2 气液两相流传质

前述式（13-38）可用于计算单个气泡向液体的传质系数。然而，冶金过程中经常遇到大量聚集态球形气泡穿行于液相中的情况，也就是气泡群与液体间的传质。例如，VD 工艺中钢包内的气泡柱对钢水的搅拌（传动）脱气（传质）。

考虑气泡在液体内上升过程中随着体积的变化会产生形变，在气泡直径 $d_b<2.5$ mm 的条件下，可采用式（13-47）计算气泡群与液体间的对流传质系数。

$$Sh = 0.31Gr^{1/3} \cdot Sc^{1/3} \tag{13-47}$$

式中，Gr 为气液体系的格拉晓夫数，$Gr = \dfrac{d_b^3 \rho_c g \Delta\rho}{\mu_c^2}$；$\Delta\rho$ 为气液两相的密度差；ρ_c、μ_c 分别为连续相的密度和动力学黏度。

在气泡直径 $d_b \geqslant 2.5$ mm 的条件下，则采用式（13-48）。

$$Sh = 0.42Gr^{1/3} \cdot Sc^{1/2} \tag{13-48}$$

复习思考题

13-1　速度、温度及浓度三者的边界层厚度存在何种关系？式（13-1）~式（13-3）的关系式可否用于湍流边界层？

13-2　舍伍德数的物理意义是什么？

13-3　用于计算对流传质准数方程中流体物性参数的定性温度如何选取？

14　相际传质

冶金过程涉及的大多数为两相，甚至是多相反应，而传质往往是这些反应的速率控制环节。在多相系统中，传质之所以能够发生，仍然是因为存在某一组分的浓度梯度。对一个实际的反应来说，各相内部的传质是同时发生且相互影响的。另外，相界面上的化学反应也是整个过程的一环。因此，多相反应是包含各相内传质和相界面化学反应的综合速率过程。但是，实际问题中是否考虑界面化学反应，取决于界面反应是否达到平衡。若界面反应快而两相内的传质慢，则界面反应可视为达到平衡。这样一来，整个过程速率的快慢就取决于两相内的传质，而界面反应的影响可以忽略。反之，则必须考虑界面反应。考虑到应用的一般性，本章依次围绕考虑界面化学反应速率的两不相溶流体相间和气固间的相际综合传质，以及伴有传热的相际综合传质进行讨论。

需要指出的是，由于化学反应的热效应，实际问题中伴有化学反应的相际传质过程，严格说来都是非等温过程，所涉及的传输和反应动力学参数都不是常数，只有等温动力学实验才是等温过程。但是，为了简化问题，本章只讨论等温过程，非等温过程的相关处理可参考宏观动力学方面的文献。

14.1　两不相溶流体间的综合传质——双膜理论

讨论两不相溶流体间的相际传质时通常采用双膜理论（double film theory）。该理论认为，两相间的界面两侧各自存在着一定厚度的薄膜（传质组元的浓度边界层），在界面处的两相处于稳定的平衡状态，传质阻力只存在于界面两侧的两个薄膜内。更一般地表述，当界面上的化学反应未达到平衡时，界面反应也形成相际传质的阻力之一，构成如图 14-1 所示的综合传质过程。

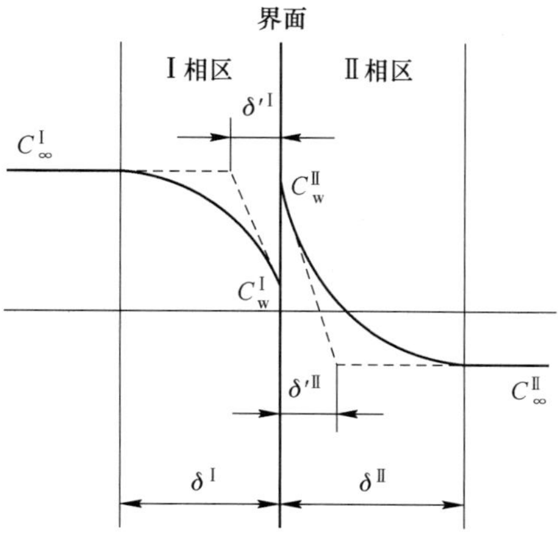

图 14-1　综合传质过程的双膜理论

在这种情况下，传质过程可分为三个环节来分析，Ⅰ相内的传质、界面上的化学反应及Ⅱ相内的传质。图 14-1 中，δ_{I} 和 δ_{II} 分别代表Ⅰ相和Ⅱ相的浓度边界层厚度，C_{∞}^{I} 和 C_{∞}^{II} 分别代表两相本体内的浓度，$C_{\mathrm{w}}^{\mathrm{I}}$ 和 $C_{\mathrm{w}}^{\mathrm{II}}$ 分别代表界面上两侧的浓度；$C_{\mathrm{w}}^{\mathrm{II}}>C_{\mathrm{w}}^{\mathrm{I}}$ 并不意味着传质从Ⅱ相向Ⅰ相进行，这是因为在界面上有化学反应的关系。

假定界面化学反应为一级可逆反应，在拟稳态条件下，可得到图 14-1 所示体系的传质通量为

$$N=\frac{C_{\infty}^{\mathrm{I}}-C_{\infty}^{\mathrm{II}}/K}{\dfrac{1}{h_{\mathrm{m}}^{\mathrm{I}}}+\dfrac{1}{k_{+}}+\dfrac{1}{Kh_{\mathrm{m}}^{\mathrm{II}}}} \tag{14-1}$$

此时，以 $C_{\infty}^{\mathrm{I}}-C_{\infty}^{\mathrm{II}}/K$ 作为驱动力进行处理时的综合传质系数为

$$h_{\mathrm{m}}^{\Sigma}=\frac{1}{\dfrac{1}{h_{\mathrm{m}}^{\mathrm{I}}}+\dfrac{1}{k_{+}}+\dfrac{1}{Kh_{\mathrm{m}}^{\mathrm{II}}}} \tag{14-2}$$

当研究的问题是在Ⅰ相或Ⅱ相空间内的传质时，式（14-1）便可以作为问题的第二类边界条件。

下面以解析冶金中常见的渣-金间脱硫过程为例，简要介绍双膜理论的应用。

假定渣-金间脱硫反应由三个步骤构成：（1）反应物［S］由金属液内部向界面的传质；（2）界面上发生的脱硫反应；（3）脱硫产物（S）由界面向渣液内部的传质。可见，该过程属于界面存在化学反应的情况，所以硫元素的传质通量可由式（14-1）给出。

生产实践中，渣-金反应通常处于高温条件下，速率较快，所以式（14-1）中的界面化学反应阻力 $\dfrac{1}{k_{+}}$ 可以忽略。又由于硫在金属液中的扩散能力远强于渣液中，则式（14-1）中的金属液侧扩散（传质）阻力 $\dfrac{1}{h_{\mathrm{m}}^{\mathrm{I}}}$ 也可忽略。因此，脱硫过程中硫元素的传质通量可写为

$$N=h_{\mathrm{m}}^{\mathrm{II}}(KC_{\infty}^{\mathrm{I}}-C_{\infty}^{\mathrm{II}}) \tag{14-3}$$

相应地，硫元素的迁移速率为

$$M=AN=Ah_{\mathrm{m}}^{\mathrm{II}}(KC_{\infty}^{\mathrm{I}}-C_{\infty}^{\mathrm{II}}) \tag{14-4}$$

式中，A 为渣-金接触面积；$h_{\mathrm{m}}^{\mathrm{II}}$、$K$、$C_{\infty}^{\mathrm{I}}$、$C_{\infty}^{\mathrm{II}}$ 分别为脱硫产物（S）在渣液中的传质系数、界面脱硫反应的平衡常数、金属液本体中反应物［S］的浓度及渣液本体中脱硫产物（S）的浓度。

金属液本体的硫含量［%S］（质量分数）与浓度 C_{∞}^{I} 的关系为

$$C_{\infty}^{\mathrm{I}}=\frac{[\%\mathrm{S}]\cdot\rho^{\mathrm{I}}}{100m} \tag{14-5}$$

渣液本体的硫含量（%S）与浓度 C_{∞}^{II} 的关系为

$$C_{\infty}^{\mathrm{II}}=\frac{(\%\mathrm{S})\cdot\rho^{\mathrm{II}}}{100m} \tag{14-6}$$

渣-金间硫的分配比为 $L=\dfrac{(\%\mathrm{S})}{[\%\mathrm{S}]}$，其与界面脱硫反应的平衡常数 K 的关系为

$$K = L\frac{\rho^{\text{II}}}{\rho^{\text{I}}} \tag{14-7}$$

式中，m 为硫元素的摩尔质量；ρ^{I}、ρ^{II} 分别为金属液和渣液的密度。

根据质量守恒，硫元素的迁移速率必然等于金属液中［S］的减少速率，即

$$M = -\frac{\mathrm{d}n}{\mathrm{d}t} = -\frac{\mathrm{d}\left(\dfrac{[\%\mathrm{S}]\cdot V^{\text{I}}\cdot\rho^{\text{I}}}{100m}\right)}{\mathrm{d}t} \tag{14-8}$$

式中，V^{I} 为金属液的体积。

联立式（14-4）~式（14-8），整理后可得

$$-\frac{\mathrm{d}[\%\mathrm{S}]}{\mathrm{d}t} = \beta\{[\%\mathrm{S}]\cdot L - (\%\mathrm{S})\} \tag{14-9}$$

其中
$$\beta = \frac{A}{V^{\text{I}}}\cdot\frac{\rho^{\text{II}}}{\rho^{\text{I}}}\cdot h_{\mathrm{m}}^{\text{II}}$$

根据硫平衡，任意时刻渣液本体的硫含量可表示为

$$(\%\mathrm{S}) = (\%\mathrm{S})_0 + \frac{[\%\mathrm{S}]_0 - [\%\mathrm{S}]}{\dfrac{W^{\text{II}}}{W^{\text{I}}}} \tag{14-10}$$

式中，下标 0 表示初始时刻；W^{I}、W^{II} 分别为金属液和渣液的质量。

将式（14-10）代入式（14-9）并积分，整理后可得任意时刻金属液中的硫含量为

$$[\%\mathrm{S}] = \left([\%\mathrm{S}]_0 - \frac{b}{a}\right)\exp(-at) + \frac{b}{a} \tag{14-11}$$

其中
$$a = \beta\left(L + \frac{W^{\text{I}}}{W^{\text{II}}}\right);\ b = \beta\left[(\%\mathrm{S})_0 + [\%\mathrm{S}]_0\frac{W^{\text{I}}}{W^{\text{II}}}\right]$$

14.2 伴有气固反应的相际稳态综合传质

在第 12 章讨论气体通过金属壁的分子扩散传质时，实际上已涉及气-固的相际传质问题，只不过当时假定了气-固界面处于平衡状态，仅关注了固体内部的扩散。若着眼于更一般气固反应的情况，对整个传质过程的研究需要全面考虑组分在气相和固相中的迁移及气-固界面上可能发生的化学反应。冶金过程中这类问题的情况有很多，如铁矿石的还原、炭粒（焦炭）的燃烧、石灰石及各种矿物的焙烧等，其中铁矿石被 CO 还原和碳粒（焦炭）在 O_2 中的燃烧为最典型，也是最重要的例子。

14.2.1 铁矿石还原——有固体产物层的情况

采用 CO 或 H_2 还原铁矿石（假定为球形），若按一般情况考虑（570 ℃以上），矿球由外到内被逐渐还原，且发生 Fe_2O_3 先被还原为 Fe_3O_4，再还原为 FeO，最终为 Fe 的逐级多界面反应，如图 14-2 所示。大量实验表明，在还原过程中，相对于最终产物金属 Fe 层和原始的 Fe_2O_3 层，中间产物 Fe_3O_4 层和 FeO 层都比较薄。作为近似处理，若忽略中间产物层，则可按照图 14-3 所示的单界面未反应核模型处理；反之，作为精确解析，则需按

照图 14-4 所示的三界面未反应核模型处理。

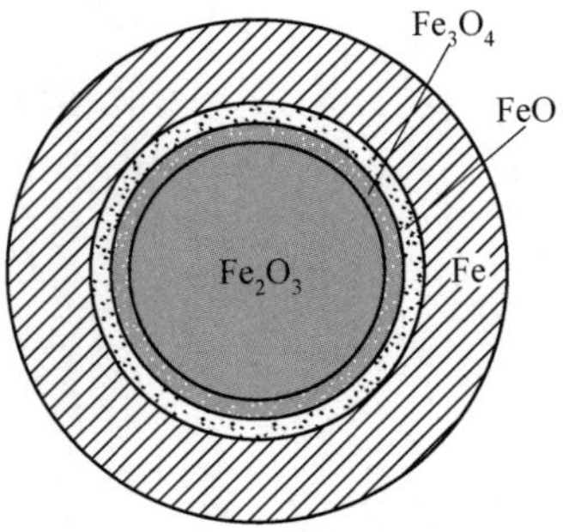

图 14-2 铁矿石内部的多界面反应

14.2.1.1 单界面未反应核模型

CO 或 H_2 还原 Fe_2O_3 矿球包括 5 个基元步骤：（1）CO 或 H_2 从气相本体通过近气-固界面的气膜（边界层）向矿球表面的传质；（2）CO 或 H_2 在多孔的 Fe 产物层内向反应界面（即未反应的 Fe_2O_3 表面）的扩散；（3）界面上 Fe_2O_3 与 CO 或 H_2 的化学反应，生成等物质的量的气体产物 CO_2 或 H_2O；（4）CO_2 或 H_2O 在多孔的 Fe 产物层内向矿球表面的扩散；（5）CO_2 或 H_2O 由矿球表面通过气膜向气相本体的传质。

以 CO 还原为例，在拟稳定状态条件下，由于对气相来说是等摩尔反应，即 $1/3Fe_2O_3+CO = 2/3Fe+CO_2$，所以无论是在多孔的 Fe 产物层内，还是在气膜中，CO_2 背离矿球中心的传质与 CO 朝向矿球中心的传质在速率大小上是相等的。因此，可仅着眼于 CO，考虑串联的三个基元环节是：（1）气膜内的传质，简称外扩散；（2）多孔固体产物层内的扩散，简称内扩散；（3）界面化学反应。这样一来，CO 还原 Fe_2O_3 矿球时，CO 在径向有如图 14-3 所示的浓度分布。

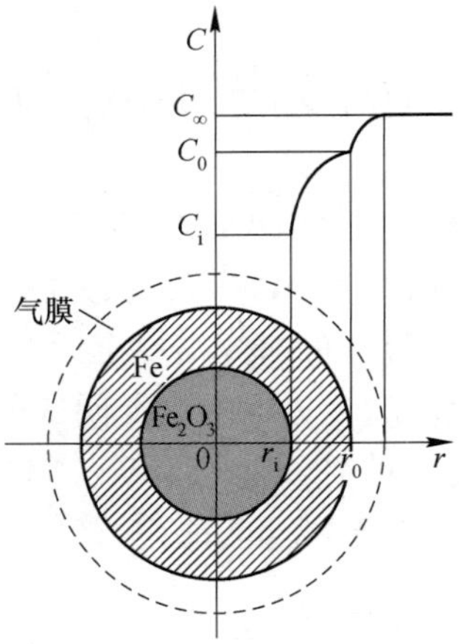

图 14-3 Fe_2O_3 矿球还原的单界面未反应核模型

对于外扩散，单位时间内气相本体向矿球表面迁移的 CO 物质的量 M_g 为

$$M_g = 4\pi r_0^2 h_m (C_\infty - C_0) \tag{14-12}$$

式中，r_0 为矿球半径；h_m 为传质系数；C_∞、C_0 分别为气相本体中和矿球表面 CO 的浓度。

对于内扩散，可采用菲克定律写出多孔固体产物层内 CO 的扩散速率 M_s 为

$$M_s = -4\pi r^2 D_{eff} \frac{dC}{dr} \tag{14-13}$$

假定 D_{eff} 为常数，将式（14-13）分离变量后，在 $C_0 \sim C_i$ 和 $r_0 \sim r_i$ 的范围内进行积分，并规定逆 r 方向的扩散速率为正值，可得

$$M_s = 4\pi D_{eff} \frac{r_0 r_i}{r_0 - r_i}(C_0 - C_i) \tag{14-14}$$

式中，r_i 为未反应 FeO 核的半径；C_i 为未反应核表面 CO 的浓度。

对于界面上的化学反应 $1/3Fe_2O_3+CO = 2/3Fe+CO_2$，视其为一级可逆反应，则单位时间内因化学反应消耗掉的 CO 物质的量为

$$M_r = 4\pi r_i^2(k_+ C_i - k_- C_i') \tag{14-15}$$

式中，k_+、k_-分别为正反应和逆反应的速率常数；C_i' 为未反应核表面 CO_2 的浓度。

由热力学可知，可逆反应的平衡常数 K 为

$$K = \frac{k_+}{k_-} = \frac{C_e'}{C_e} \tag{14-16}$$

式中，C_e、C_e'分别为 CO 和 CO_2 的平衡浓度。

对于等摩尔反应，气相的总摩尔浓度不变，即

$$C_i + C_i' = C_e + C_e' \tag{14-17}$$

联立式（14-15）~式（14-17），整理后可得

$$M_r = \frac{4\pi(C_i - C_e)}{\dfrac{K}{r_i^2 k_+ (1 + K)}} \tag{14-18}$$

拟稳定状态下有 $M_g = M_s = M_r = M$，则可联立式（14-12）、式（14-14）及式（14-18），整理后可得综合传质速率 M 为

$$M = 4\pi r_0^2 \frac{C_\infty - C_e}{\dfrac{1}{h_m} + \dfrac{r_0}{D_{eff}} \cdot \dfrac{r_0 - r_i}{r_i} + \dfrac{r_0^2}{r_i^2} \cdot \dfrac{K}{k_+(1 + K)}} \tag{14-19}$$

式中，$C_\infty - C_e$ 为传质过程的推动力；分母的第一项为气膜的传质阻力、第二项为多孔固体产物层的扩散阻力、第三项为界面化学反应阻力，这也就是说，过程的总阻力等于三个基元环节的阻力之和。

对薄片状和长圆柱状矿石，应用相同的方法，也可推导出相应的综合速率公式，具体列于表 14-1 中。

表 14-1　薄片和长圆柱状矿石还原时的综合传质速率计算公式

矿石形状	综合传质速率计算公式
薄片	$$M = \frac{2A(C_\infty - C_e)}{\dfrac{1}{h_m} + \dfrac{1}{D_{eff}}(s - s_i) + \dfrac{K}{k_+(1 + K)}} \tag{14-20}$$ 式中，A、s 分别为薄片的单侧面积和薄片厚度的一半；s_i 为反应界面的坐标（未反应片状核厚度的一半）

续表 14-1

矿石形状	综合传质速率计算公式
长圆柱	$$M = 2\pi r_0 L \frac{C_\infty - C_e}{\frac{1}{h_m} + \frac{r_0}{D_{eff}} \cdot \ln \frac{r_0}{r_i} + \frac{K}{k_+ (1+K)} \cdot \frac{r_0}{r_i}} \qquad (14\text{-}21)$$ 式中，r_0、L 分别为长圆柱的半径和长度；r_i 为反应界面的坐标（未反应柱状核的半径）

对于球形矿石而言，其还原率（或称转化率）f 的定义为

$$f = \frac{\frac{4}{3}\pi r_0^3 - \frac{4}{3}\pi r_i^3}{\frac{4}{3}\pi r_0^3} = 1 - \left(\frac{r_i}{r_0}\right)^3 \tag{14-22}$$

将还原率对时间 t 求导，有

$$\frac{df}{dt} = -3 \frac{r_i^2}{r_0^3} \cdot \frac{dr_i}{dt} \tag{14-23}$$

记原矿球中可还原除去的氧浓度为 ρ_0（mol/m^3），根据质量守恒定律，综合（还原）传质速率 M 与未反应 Fe_2O_3 核尺寸（半径 r_i）有如下关系：

$$\frac{dr_i}{dt} = -\frac{M}{4\pi r_i^2 \rho_0} \tag{14-24}$$

联立式（14-19）、式（14-23）和式（14-24），整理后可得

$$\frac{df}{dt} = \frac{1}{r_0 \rho_0} \cdot \frac{3(C_\infty - C_e)}{\frac{1}{h_m} + \frac{r_0}{D_{eff}}[(1-f)^{-1/3} - 1] + \frac{K}{k_+(1+K)}(1-f)^{-2/3}} \tag{14-25}$$

若 h_m、D_{eff} 及 k_+ 均为常数，将式（14-25）分离变量后，在 $0\sim f$ 和 $0\sim t$ 的范围内进行积分，整理后可得

$$\frac{f}{3h_m} + \frac{r_0}{6D_{eff}}[1 - 3(1-f)^{2/3} + 2(1-f)] + \frac{K}{k_+(1+K)}[1-(1-f)^{1/3}] = \frac{C_\infty - C_e}{r_0 \rho_0} t \tag{14-26}$$

可见，式（14-26）左边为外扩散、内扩散和界面化学反应三个基元环节的转化率函数。在不同的控制环节情况下，可略去非控制环节项得到相应的简化式，进而通过动力学实验数据的拟合（转化率函数对时间作图）获得相关的动力学参数。

由式（14-26）可得矿球完全还原（即 $f=1$）所需的时间 t_f 为

$$t_f = \frac{r_0 \rho_0}{C_\infty - C_e}\left[\frac{1}{3h_m} + \frac{r_0}{6D_{eff}} + \frac{K}{k_+(1+K)}\right] \tag{14-27}$$

根据碳元素的质量守恒有

$$C_e + C'_e = C_\infty + C'_\infty \tag{14-28a}$$

式中，C'_∞ 为气相本体中 CO_2 的浓度。

根据热力学又有

$$\frac{C'_e}{C_e} = K \tag{14-28b}$$

联立式（14-28a）和式（14-28b）可得如下用于计算以上诸式中的 CO 平衡浓度 C_e 的关系式。

$$C_e = \frac{C_\infty + C'_\infty}{1+K} \tag{14-29}$$

对薄片状和长圆柱状矿石，采用相同的方法，也可推导出转化率与时间的关系式，见表 14-2。

表 14-2 薄片和长圆柱状矿石还原的转化率与时间的关系计算公式

矿石形状	转化率与时间的关系计算公式
薄片	$\frac{1}{h_m}f + \frac{s}{2D_{eff}}f^2 + \frac{K}{k_+(1+K)}f = \frac{C_\infty - C_e}{s\rho_O}t$ (14-30)
长圆柱	$\frac{1}{h_m}f + \frac{1}{2}\cdot\frac{r_0}{D_{eff}}[(1-f)\ln(1-f)+f] + \frac{2K}{k_+(1+K)}[1-(1-f)^{1/2}] = \frac{2(C_\infty - C_e)}{\rho_O}t$ (14-31)

14.2.1.2 三界面未反应核模型

单界面未反应核模型并不能反映铁氧化物逐级还原的特征，因此提出了如图 14-4 所示的三界面未反应核模型。在半径为 r_0 的氧化铁颗粒还原过程中，由表面向内依次存在 Fe、FeO、Fe_3O_4 和 Fe_2O_3 四个层和 Fe/FeO、FeO/Fe_3O_4 和 Fe_3O_4/Fe_2O_3 三个反应界面，分别记作界面 1、2 和 3，半径分别为 r_1、r_2 和 r_3。在界面 1、2 和 3 处还原气体浓度分别为 C_1、C_2 和 C_3。在主气流中和颗粒表面的还原气体浓度分别为 C_∞ 和 C_0。以 CO 还原为例，三个反应界面上的化学反应分别为

界面 1： $FeO(s)+CO(g) = Fe(s)+CO_2(g)$ （Ⅰ）

界面 2： $Fe_3O_4(s)+CO(g) = 3FeO(s)+CO_2(g)$ （Ⅱ）

界面 3： $3Fe_2O_3(s)+CO(g) = 2Fe_3O_4(s)+CO_2(g)$ （Ⅲ）

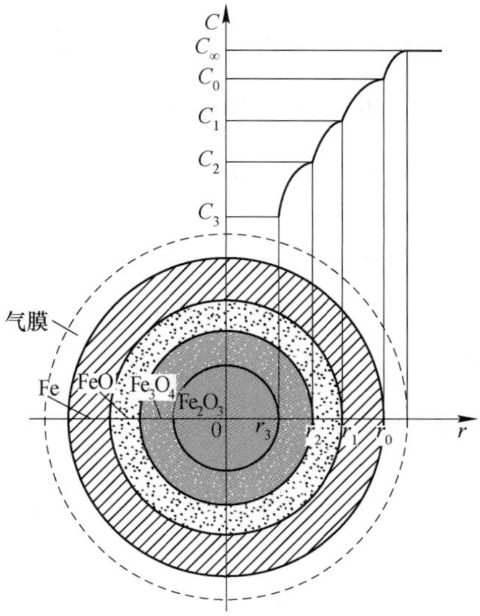

图 14-4 Fe_2O_3 矿球还原的三界面未反应核模型

还原过程的基元环节和相应的速率可描述为：

（1）CO 通过气体边界层向矿球表面的传质，即外扩散，速率记为 M_g；

（2）CO 通过产物 Fe 层向界面 1 的扩散，即内扩散 1，速率记为 M_{d1}；

（3）界面 1 上发生反应（Ⅰ），部分 CO 被消耗，速率为 M_{r1}；

（4）剩余的 CO 通过 FeO 层向界面 2 扩散，即内扩散 2，速率为 M_{d2}；

（5）界面 2 上发生反应（Ⅱ），部分 CO 被消耗，速率为 M_{r2}；

（6）剩余的 CO 通过 Fe_3O_4 层向界面 3 扩散，即内扩散 3，速率为 M_{d3}；

（7）界面 3 上发生反应（Ⅲ），部分 CO 被消耗，速率为 M_{r3}。

与单界面未反应核模型类似，下面介绍各基元环节的速率。

（1）外扩散速率 M_g：

$$M_g = 4\pi r_0^2 h_m (C_\infty - C_0) = \frac{C_\infty - C_0}{R_g} \tag{14-32}$$

式中，R_g 为外扩散阻力，$R_g = \dfrac{1}{4\pi r_0^2 h_m}$。

（2）三个产物层的内扩散（逆 r 方面）速率 M_{di}（$i=1$，2，3）为：

$$M_{di} = 4\pi r^2 D_i \frac{dC}{dr}$$

式中，D_i 为第 i 层内的扩散系数。

由于拟稳态条件下每层内的扩散速率分别为常数，因此在 $r=r_{i-1} \sim r_i$ 和 $C=C_{i-1} \sim C_i$ 区间上积分可得

$$M_{di} = 4\pi D_{\text{eff},i} \frac{r_{i-1} \cdot r_i}{r_{i-1} - r_i} (C_{i-1} - C_i) = \frac{C_{i-1} - C_i}{R_{di}} \tag{14-33}$$

式中，R_{di} 为内扩散阻力，$R_{di} = \dfrac{1}{4\pi D_{\text{eff},i}} \cdot \dfrac{r_{i-1} - r_i}{r_{i-1} \cdot r_i}$。

（3）三个反应界面上的化学反应速率 M_{ri}（$i=1$，2，3）为

$$M_{ri} = 4\pi r_i^2 (k_{+i} C_i - k_{-i} C_i') = 4\pi r_i^2 k_{+i} \left(C_i - \frac{1}{K_i} C_i' \right) \tag{14-34}$$

式中，k_{+i}、k_{-i} 分别为第 i 个界面上的正反应和逆反应速率常数；K_i 为第 i 个界面上的反应平衡常数；$K_i = \dfrac{k_{+i}}{k_{-i}} = \dfrac{C_{ei}'}{C_{ei}}$；下标“e”表示平衡状态，上标“′”表示气相产物。

由于 $C_i + C_i' = C_{ei} + C_{ei}'$，因此有

$$C_i' = C_{ei} + C_{ei}' - C_i = C_{ei} + K_i C_{ei} - C_i = (1 + K) C_{ei} - C_i$$

代入反应速率式（14-34），整理可得

$$M_{ri} = \frac{C_i - C_{ei}}{\dfrac{K_i}{4\pi r_i^2 k_{+i}(1 + K_i)}} = \frac{C_i - C_{ei}}{R_{ri}} \tag{14-35}$$

式中，R_{ri} 为界面化学反应阻力，$R_{ri} = \dfrac{K_i}{4\pi r_i^2 k_{+i}(1 + K_i)}$。

在拟稳态条件下，根据物质守恒，各基元环节的速率需满足

$$
\begin{cases}
M_{g} = M_{d1} \\
M_{d1} = M_{r1} + M_{d2} \\
M_{d2} = M_{r2} + M_{d3} \\
M_{d3} = M_{r3}
\end{cases}
\tag{14-36}
$$

可见，还原过程的综合速率为 $M = M_{g} = \sum_{i=1}^{3} M_{ri}$。

式（14-36）可展开为

$$
\begin{cases}
\dfrac{C_{\infty} - C_{0}}{R_{g}} = \dfrac{C_{0} - C_{1}}{R_{d1}} \\
\dfrac{C_{0} - C_{1}}{R_{d1}} = \dfrac{C_{1} - C_{e1}}{R_{r1}} + \dfrac{C_{1} - C_{2}}{R_{d2}} \\
\dfrac{C_{1} - C_{2}}{R_{d2}} = \dfrac{C_{2} - C_{e2}}{R_{r2}} + \dfrac{C_{2} - C_{3}}{R_{d3}} \\
\dfrac{C_{2} - C_{3}}{R_{d3}} = \dfrac{C_{3} - C_{e3}}{R_{r3}}
\end{cases}
\tag{14-37}
$$

观察可知，式（14-37）为涉及四个未知界面浓度（C_0、C_1、C_2、C_3）的代数方程组，对其进行求解可得

$$
C_{0} = \frac{1}{W}\left\{\left[\frac{R_{d1}W}{X_{1}} + \frac{R_{g}}{X_{1}}R_{r1}(X_{2}X_{3} + R_{d2}R_{r2})\right]C_{\infty} + R_{g}[(X_{2}X_{3} + R_{d2}R_{r2})C_{e1} + R_{r1}X_{3}C_{e2} + R_{r1}R_{r2}C_{e3}]\right\}
\tag{14-38a}
$$

$$
C_{1} = \frac{1}{W}[R_{r1}(X_{2}X_{3} + R_{d2}R_{r2})C_{\infty} + X_{1}(X_{2}X_{3} + R_{d2}R_{r2})C_{e1} + X_{1}R_{r1}X_{3}C_{e2} + X_{1}R_{r1}R_{r2}C_{e3}]
\tag{14-38b}
$$

$$
C_{2} = \frac{1}{W}[X_{1}R_{r1}R_{r2}C_{\infty} + X_{1}R_{r2}X_{3}C_{e1} + (X_{1}R_{d2}X_{3} + X_{3}R_{r1}R_{d2} + X_{1}R_{d1}X_{3})C_{e2} + R_{r2}(X_{1}R_{d2} + R_{r1}R_{d2} + X_{1}R_{r1})C_{e3}]
\tag{14-38c}
$$

$$
\begin{aligned}
C_{3} = \frac{1}{W}[&R_{r1}R_{r2}R_{r3}C_{\infty} + X_{1}R_{r2}R_{r3}C_{e1} + (X_{1}R_{d2}R_{r3} + R_{r1}R_{d2}R_{r3} + X_{1}R_{r1}R_{r3})C_{e2} + \\
&(X_{1}R_{d2}R_{r2} + R_{r1}R_{d2}R_{r2} + X_{1}R_{r1}R_{r2} + X_{1}X_{2}R_{d3} + R_{r1}X_{2}R_{d3} + X_{1}R_{r1}R_{d3})C_{e3}]
\end{aligned}
\tag{14-38d}
$$

其中，

$$
X_{1} = R_{g} + R_{d1},\ X_{2} = R_{d2} + R_{r2},\ X_{3} = R_{d3} + R_{r3}
$$

$$
W = X_{1}X_{2}X_{3} + R_{r1}X_{2}X_{3} + X_{1}R_{r1}X_{3} + X_{1}R_{r1}R_{r2} + X_{1}R_{d2}R_{r2} + R_{r1}R_{d2}R_{r2}
$$

至此，对于等温下的还原过程，应用式（14-35）可以计算出各界面上反应物的消耗速率为

$$
M_{r1} = \frac{1}{W}[(X_{2}X_{3} + R_{d2}R_{r2})C_{\infty} - (X_{2}X_{3} + X_{1}X_{3} + X_{1}R_{r2} + R_{d2}R_{r2})C_{e1} + X_{1}X_{3}C_{e2} + X_{1}R_{r2}C_{e3}]
\tag{14-39a}
$$

$$M_{r2} = \frac{1}{WR_{r2}}[X_1R_{r1}R_{r2}C_\infty + X_1R_{r2}X_3C_{e1} + (X_1R_{d2}X_3 + X_3R_{r1}R_{d2} + X_1R_{d1}X_3 - W)C_{e2} + R_{r2}(X_1R_{d2} + R_{r1}R_{d2} + X_1R_{r1})C_{e3}] \quad (14\text{-}39b)$$

$$M_{r3} = \frac{1}{WR_{r3}}[R_{r1}R_{r2}R_{r3}C_\infty + X_1R_{r2}R_{r3}C_{e1} + (X_1R_{d2}R_{r3} + R_{r1}R_{d2}R_{r3} + X_1R_{r1}R_{r3})C_{e2} + (X_1R_{d2}R_{r2} + R_{r1}R_{d2}R_{r2} + X_1R_{r1}R_{r2} + X_1X_2R_{d3} + R_{r1}X_2R_{d3} + X_1R_{r1}R_{d3} - W)C_{e3}] \quad (14\text{-}39c)$$

由于各界面处气体反应物的消耗与相应氧化物中的脱氧是等摩尔进行的，因此各界面的推进速度为

$$\frac{dr_i}{dt} = -\frac{M_{ri}}{4\pi r_i^2 \rho_{O,i}} \qquad i = 1,\ 2,\ 3 \quad (14\text{-}40)$$

式中，$\rho_{O,\,i}$ 为第 i 层中可还原氧的摩尔浓度，mol/m^3。

将式（14-23）代入式（14-40）可得各层还原率的微分方程为

$$\frac{df_i}{dt} = \frac{M_{ri}}{(4/3)\pi r_0^3 \rho_{O,i}} \qquad i = 1,\ 2,\ 3 \quad (14\text{-}41)$$

这样，在 $t=0$、$r_i(i=1,\ 2,\ 3)=r_0$ 的初始条件下，采用数值方法积分式（14-41）便可以得到各层的局部转化率 f_i 随反应时间 t 的变化情况。

根据氧元素守恒定律，$Fe_2O_3 \rightarrow Fe_3O_4$、$Fe_3O_4 \rightarrow FeO$ 及 $FeO \rightarrow Fe$ 三个阶段相对 $Fe_2O_3 \rightarrow Fe$ 总体过程的最大还原率为 1/9、2/9 及 6/9。因此，氧化铁的总还原率为

$$f = \frac{1}{9}f_1 + \frac{2}{9}f_2 + \frac{6}{9}f_3 \quad (14\text{-}42)$$

14.2.2　炭粒燃烧——无固体产物层的情况

与上述铁矿石还原相比，炭粒的燃烧过程存在两点不同：一是炭粒（灰分含量低）在燃烧时不形成多孔固体产物层，整个传质过程也就不包括内扩散这一环节；二是碳元素与氧气的反应比较复杂，可以是等摩尔气体反应 $C+O_2 = CO_2$，也可以是非等摩尔气体反应 $2C+O_2 = 2CO$。考虑一般情况，记 O_2 消耗为 C 消耗的 α 倍，可将 C 与 O_2 的反应以一般的形式写为

$$C + \alpha O_2 = 2(1-\alpha)CO + (2\alpha - 1)CO_2 \quad (14\text{-}43)$$

14.2.2.1　综合传质模型

由于不包括内扩散的环节，炭粒的燃烧可分解为两个子过程：（1）O_2 从气相本体通过近气-固界面的气膜（边界层）向炭粒（假定为球形）表面的传质；（2）炭粒表面 O_2 与 C 的化学反应，生成的气体产物为 CO 和（或）CO_2。

将炭粒表面的燃烧反应视为一级（不可逆）反应，在拟稳态条件下，可推导出如下 O_2 传质通量（$mol/(m^2 \cdot s)$）计算式。

$$N_{O_2} = \frac{C_\infty}{\dfrac{1}{h_m} + \dfrac{1}{k_r}} \quad (14\text{-}44)$$

式中，C_∞ 为气相本体中 O_2 的浓度；h_m、k_r 分别为传质系数和表观反应速率常数。

14.2.2.2 模型的应用

根据质量守恒，碳元素的消耗（摩尔通量）与炭粒尺寸（半径 r）的关系为

$$N_C = -\frac{\rho_C}{M_C} \cdot \frac{dr}{dt} \tag{14-45}$$

式中，ρ_C、M_C 分别为炭粒的密度（g/m^3）和碳的摩尔质量（g/mol）。

根据反应（14-43）的化学计量数，稳定状态下 C 消耗与 O_2 供给间的关系为

$$N_C = \frac{1}{\alpha} N_{O_2} \tag{14-46}$$

联立式（14-44）~式（14-46），整理后可得

$$\frac{dr}{dt} = -\frac{1}{\alpha} \frac{C_\infty}{\frac{1}{h_m} + \frac{1}{k_r}} \cdot \frac{M_C}{\rho_C} \tag{14-47}$$

当炭颗粒在静止的氧气中燃烧时，对流传质系数 h_m 随颗粒尺寸的变化可由舍伍德数 $Sh = \frac{h_m \cdot 2r}{D} = 2$ 求得。因此，将 $h_m = \frac{Sh \cdot D}{2r}$ 代入式（14-47），分离变量后在 $0 \sim t$ 和 $r_0 \sim r$ 的范围内进行积分可得

$$t = \frac{\alpha \rho_C}{M_C C_\infty} \left(\frac{r_0^2 - r^2}{Sh \cdot D} + \frac{r_0 - r}{k_r} \right) \tag{14-48}$$

式中，r_0 为炭粒的初始半径。

由式（14-48）可得，炭粒完全燃烧（$r=0$）所需的时间 t_f 为

$$t_f = \frac{\alpha \rho_C r_0}{M_C C_\infty} \left(\frac{r_0}{Sh \cdot D} + \frac{1}{k_r} \right) \tag{14-49}$$

对于等摩尔气体反应 $C + O_2 = CO_2$，气体产物中不存在 CO，$\alpha = 1$，则式（14-49）变为

$$t_f = \frac{\rho_C r_0}{M_C C_\infty} \left(\frac{r_0}{Sh \cdot D} + \frac{1}{k_r} \right) \tag{14-50}$$

对于非等摩尔气体反应 $2C + O_2 = 2CO$，气体产物中不存在 CO_2，$\alpha = 0.5$，则式（14-49）变为

$$t_f = \frac{\rho_C r_0}{2 M_C C_\infty} \left(\frac{r_0}{Sh \cdot D} + \frac{1}{k_r} \right) \tag{14-51}$$

事实上，对于 $\alpha = 0.5$ 的非等摩尔气体反应，由于气体产物多于反应物，气相传质不再是简单的等摩尔逆向扩散，而是类似于 12.1.2 节中所述的非等摩尔逆向扩散。因此，更严谨的表征应该是按照非等摩尔逆向扩散处理。

对于 $0.5 < \alpha < 1$ 的反应，气相传质情况则更加复杂，不仅是非等摩尔逆向扩散，而且还变成了 O_2-CO-CO_2 的三组元气体扩散。因此，更严谨的表征需要按照 12.1.3 节中所述的多组元气体扩散来处理。

当炭颗粒在流动的氧气中燃烧时，由式（13-31）和式（13-32）可知，Sh 不再是常

数，也无法得到 h_m 的显式表达式。若仍取 Sh 为常数，则按式（14-48）~式（14-51）进行计算将导致较大误差，一般可通过数值积分求解式（14-47）。作为近似估算，也可对式（14-47）分段积分，亦即对式（14-48）进行分段计算，分段越细则误差越小。

14.3　伴有传热的相际稳态综合传质

本节以液体在气体中的蒸发及废钢的增碳熔化为例，对伴有传热的相际稳态综合传质，即传质和传热同时发生的物理过程进行讨论。

14.3.1　液体在气体中的蒸发

当气体掠过液体表面时，如果气体未达到此液体的饱和分压，液体即发生蒸发。如果这时不向液体额外提供热量，则液体被冷却，液体的温度变得低于周围气体温度，气体就向液体传热。当气体传出的热量与蒸发耗热相等时，过程达到稳定状态，如图 14-5 所示。

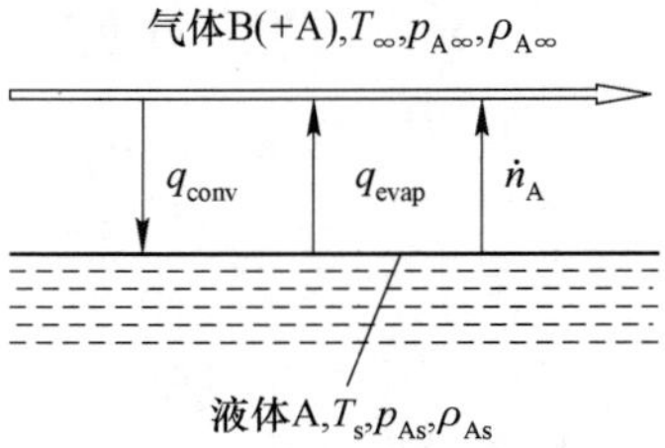

图 14-5　液体在气体中的蒸发

根据质量和热量守恒，在拟稳态条件下，可推导出液体在气体中蒸发时温度和浓度之间的定量关系为

$$T_\infty - T_s = \frac{h_m}{h}\left(\frac{p_{As}}{T_s} - \frac{p_{A\infty}}{T_\infty}\right)\frac{\Delta H}{R} \tag{14-52}$$

式中，T_∞、T_s 分别为气体本体温度和液体表面温度；h_m、h 分别为传质系数和传热系数；p_{As}、$p_{A\infty}$ 分别为蒸发组分在液体表面的分压和气体本体中的分压；ΔH、R 分别为液体的汽化热和气体状态常数。

实际上，式（14-52）正是干湿球湿度计（简称湿度计，psychrometer）的测量原理。如图 14-6 所示，湿度计主要由两支温度计构成，其中一个在球部用湿布包覆，此即湿球，所测温度记作 T_{wb}；另一个温度计露置于空气中，称为干球，所测温度为 T_{db}。

由于被湿布包覆，湿球周围空气中的水蒸气应处于饱和状态，其分压为 p°_{wb,H_2O}；干球与空气接触，其中的实际水蒸气分压记作 p_{db,H_2O}，饱和蒸气压为 p°_{db,H_2O}。这样一来，式（14-52）可写为

$$T_{db} - T_{wb} = \frac{h_m}{h}\left(\frac{p^\circ_{wb,H_2O}}{T_{wb}} - \frac{p_{db,H_2O}}{T_{db}}\right)\frac{\Delta H}{R} \tag{14-53}$$

于是有

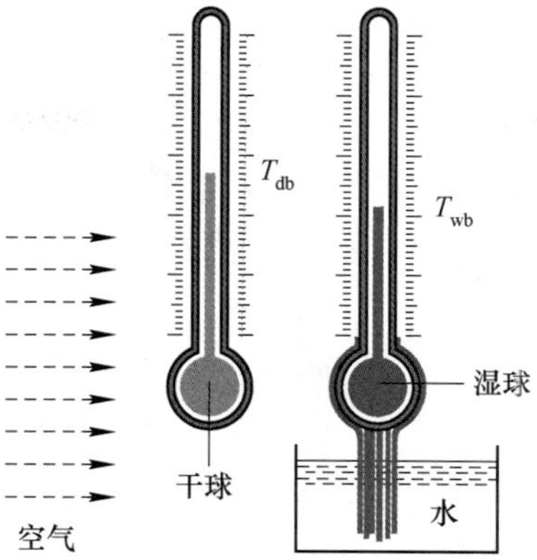

图 14-6　干湿球湿度计示意图

$$p_{db,H_2O}=\left[\frac{p^o_{wb,H_2O}}{T_{wb}}-\frac{R}{\Delta H}\cdot\frac{h}{h_m}(T_{db}-T_{wb})\right]T_{db} \tag{14-54}$$

因此，干球所测空气的相对湿度（relative humidity）为

$$\varphi=\frac{p_{db,H_2O}}{p^o_{db,H_2O}}\times 100=\left[\frac{p^o_{wb,H_2O}}{T_{wb}}-\frac{R}{\Delta H}\cdot\frac{h}{h_m}(T_{db}-T_{wb})\right]\frac{T_{db}}{p^o_{db,H_2O}}\times 100 \tag{14-55}$$

14.3.2　废钢的增碳熔化

转炉炼钢时通常会添加一定量的废钢。由于废钢的碳含量一般低于转炉中熔体（铁水、熔钢）的碳含量，故其液相线温度比熔体的温度高，因而在废钢熔化的前期会先进行增碳，即熔体中的碳向废钢表面迁移。随着废钢表面碳含量的不断增加，其液相线温度逐渐下降，废钢即开始熔化。因此，废钢的增碳熔化是传热和传质同时存在的速率过程。

令转炉内熔体本体温度为 T_l，废钢液相线温度为 T_{melt}，则熔体向薄平板状废钢的传热通量为

$$q=h(T_l-T_{melt}) \tag{14-56}$$

式中，h 为传热系数。

废钢熔化消耗的热量通量为

$$q_{melt}=f\{\rho_s[\Delta H+(T_l-T_{melt})c_p]\} \tag{14-57}$$

式中，f 为废钢熔化的线速度；ρ_s、ΔH、c_p 分别为废钢密度、熔化潜热及比热容。

稳定状态下 $q=q_{melt}$，则可令式（14-56）和式（14-57）的右端相等，整理后可得

$$f=\frac{h(T_l-T_{melt})}{\rho_s[\Delta H+(T_l-T_{melt})c_p]} \tag{14-58}$$

应当指出，式（14-58）中废钢液相线温度 T_{melt}（℃）与液-固界面废钢的碳含量 w_i（质量分数）相关，两者的关系可近似为

$$T_{melt}=1809-54w_i-8.13w_i^2 \tag{14-59}$$

对碳元素进行衡算，废钢以某一线速度熔化后变为熔体的增碳量应与从熔体本体迁移至液-固界面的碳量相等。若以质量通量计算，前者可表示为

$$m_{\mathrm{melt}} = f\rho_{\mathrm{s}}(w_{\mathrm{melt}} - w_0) \tag{14-60}$$

从熔体本体迁移至液-固界面的碳元素质量通量为

$$m = h_{\mathrm{m}}\rho_{\mathrm{melt}}(w_{\mathrm{melt}} - w_{\mathrm{i}}) \tag{14-61}$$

式中，w_0、w_{melt} 分别为废钢和熔体的碳含量；ρ_{melt} 为熔体的密度。

拟稳定状态下 $m_{\mathrm{melt}}=m$，则可令式（14-60）和式（14-61）的右端相等，整理后可得

$$f = h_{\mathrm{m}}\frac{\rho_{\mathrm{melt}}}{\rho_{\mathrm{s}}} \cdot \frac{w_{\mathrm{melt}} - w_{\mathrm{i}}}{w_{\mathrm{melt}} - w_0} \tag{14-62}$$

联立式（14-58）、式（14-59）和式（14-62）即可求出废钢熔化线速度 f、液-固界面碳含量 w_{i} 及液相线温度 T_{melt}。由这三个公式还可看出，为加快废钢在转炉中的熔化速度，除减小入炉废钢的尺寸外，还可采取提高 h（传热系数）、h_{m}（传质系数）、T_{l}（熔池温度）及增加 w_{melt}（熔池碳含量）等措施。

在实际生产中，废钢的形状各异、尺寸不同，成分也差别较大，上述方程式的推导中难以考虑这些因素。因此，实际废钢的熔化过程相当复杂，一般采用以下经验公式来确定。

$$-\frac{\mathrm{d}M}{\mathrm{d}t} = B \cdot M^{2/3} \tag{14-63}$$

式中，M 为废钢的质量；B 为与废钢形状、尺寸及成分等相关的经验参数。

复习思考题

14-1　求解相际传质问题时常采用的拟稳态假设成立的前提是什么？

14-2　干湿球湿度计的工作原理是什么？

14-3　若还原过程中铁矿石内部的温度梯度不可忽略，那么需对常见的未反应核模型作何种扩展？

15 传输现象的类似和耦合

动量、热量（热辐射除外）和质量传输之间存在许多类似之处，根据类似性，对这三种传输现象进行比较分析，从而建立相应物理量间定量关系的过程称为类比。对传输现象进行类比，既有利于加深对各传输过程机理的理解，又可利用类比得到的定量关系，由动量传输中的摩擦阻力系数直接求出热量传输中的对流传热系数和质量传输中的对流传质系数，这对研究理论和实验上均相对困难的质量传输而言十分有利。另外，在复杂的冶金过程中，往往是动量传输、热量传输、质量传输及化学反应等过程同时并存，它们不可避免地发生相互耦合，产生干涉效应。干涉效应有时可以忽略不计，有时则必须考虑，因此定量描述多个传输现象耦合的干涉效应是传输原理领域的重要内容之一。本章就传输现象的类似和耦合，对传输现象的类似律及处理干涉效应的唯象方程和昂萨格倒易关系进行概述；然后，以热质扩散问题和多组分扩散问题为例，对应用唯象方程处理耦合传输现象进行简要讨论。

15.1 扩散传输现象的类似

在动量传输中，当流体做层流流动时，由黏性引起的动量传输通量，也称动量扩散通量（剪切应力）τ，可由牛顿黏性定律表示为

$$\tau=-\mu\frac{\mathrm{d}v_x}{\mathrm{d}y}=-\nu\frac{\mathrm{d}(\rho v_x)}{\mathrm{d}y} \tag{15-1}$$

式中，ν 为流体的运动黏度，$\nu=\dfrac{\mu}{\rho}$，又称为动量扩散系数；$\dfrac{\mathrm{d}(\rho v_x)}{\mathrm{d}y}$为垂直于流动方向上单位体积流体的动量梯度。

当流动处于湍流状态时，流体内的动量扩散通量（剪切应力）除黏性所致的 τ 外，更多的是湍流微团脉动所致的 τ_t，它可表示为

$$\tau_t=-\nu_t\frac{\mathrm{d}(\rho v_x)}{\mathrm{d}y} \tag{15-2}$$

式（15-2）中，微团脉动运动黏度（动量扩散系数）ν_t 与层流流动时的运动黏度 ν 不同，它不是由流体性质决定的，而是取决于 Re 和湍流强度等因素，从而反映流动状态的参数。因此，湍流时总的动量扩散通量 τ_{all} 应为 τ 和 τ_t之和，即

$$\tau_{all}=\tau+\tau_t=-\rho(\nu+\nu_t)\frac{\mathrm{d}v_x}{\mathrm{d}y} \tag{15-3}$$

在热量传输中，当流体做层流流动时，单位面积分子运动导致的导热通量，或者说热扩散通量 q 可由傅里叶定律表示为

$$q=-\lambda\frac{\mathrm{d}T}{\mathrm{d}y}=-a\frac{\mathrm{d}(\rho c_pT)}{\mathrm{d}y} \tag{15-4}$$

式中，a 为热量扩散系数，$a=\frac{\lambda}{\rho c_p}$。

当流动处于湍流状态时，流体微团脉动热扩散通量 q_t 可表示为

$$q_t=-a_t\frac{\mathrm{d}(\rho c_pT)}{\mathrm{d}y} \tag{15-5}$$

式中，a_t 为微团脉动热扩散系数，它与 ν_t 一样，不是由流体性质决定的，而是取决于 Re 和湍流强度等因素，从而反映流动状态的参数。

因此，湍流时总的热扩散通量 q_{all} 应为 q 和 q_t 之和。由式（15-4）和式（15-5）可得

$$q_{all}=q+q_t=-\rho c_p(a+a_t)\frac{\mathrm{d}T}{\mathrm{d}y} \tag{15-6}$$

在质量传输中，当流体做层流流动时，单位面积因分子扩散引起的扩散传质通量 J 可由菲克定律表示为

$$J=-D\frac{\mathrm{d}C}{\mathrm{d}y} \tag{15-7}$$

式中，D 为质量扩散系数。

当流动处于湍流状态时，流体微团脉动引起的扩散传质通量 J_t 可表示为

$$J_t=-D_t\frac{\mathrm{d}C}{\mathrm{d}y} \tag{15-8}$$

式中，D_t 为微团脉动质量扩散系数。

因此，湍流时总的扩散传质通量 J_{all} 应为 J 和 J_t 之和。由式（15-7）和式（15-8）可得

$$J_{all}=J+J_t=-(D+D_t)\frac{\mathrm{d}C}{\mathrm{d}y} \tag{15-9}$$

由式（15-3）、式（15-6）及式（15-9）可以看出，动量、热量及质量传输之间存在密切的类似关系，有着类似的数学表达，即“扩散通量正比于浓度梯度”这一唯象关系式（phenomenological correlation）。为便于比较，三种扩散传输现象的通量表达式列于表 15-1。

表 15-1　动量、热量及质量扩散传输之间的类似关系

现象	驱动力	分子运动引起的扩散通量	微团脉动引起的扩散通量	湍流时总的扩散通量
动量传输	速度（动量浓度）梯度	$\tau=-\nu\frac{\mathrm{d}(\rho v_x)}{\mathrm{d}y}$	$\tau_t=-\nu_t\frac{\mathrm{d}(\rho v_x)}{\mathrm{d}y}$	$\tau_{all}=-\rho(\nu+\nu_t)\frac{\mathrm{d}v_x}{\mathrm{d}y}$
热量传输	温度（热量浓度）梯度	$q=-a\frac{\mathrm{d}(\rho c_pT)}{\mathrm{d}y}$	$q_t=-a_t\frac{\mathrm{d}(\rho c_pT)}{\mathrm{d}y}$	$q_{all}=-\rho c_p(a+a_t)\frac{\mathrm{d}T}{\mathrm{d}y}$
质量传输	浓度梯度	$J=-D\frac{\mathrm{d}C}{\mathrm{d}y}$	$J_t=-D_t\frac{\mathrm{d}C}{\mathrm{d}y}$	$J_{all}=-(D+D_t)\frac{\mathrm{d}C}{\mathrm{d}y}$

表 15-1 中未知的 ν_t 与普朗特混合长度 l 的关系为

$$\nu_t = l^2 \left| \frac{dv_x}{dy} \right| \tag{15-10}$$

对于湍流传热和传质，一般认为微团脉动的贡献远大于分子扩散的作用，并且微团脉动热量扩散系数和质量扩散系数均与动量扩散系数大小相当，于是有

$$a_t \approx D_t \approx \nu_t \tag{15-11}$$

这样一来，对三种湍流扩散现象来说，不仅数学表达式类似，而且扩散系数也相同。事实上，式（15-11）表现的本质还是移流传输。无论对动量、热量，还是质量来说，携带这些物理量的湍流移流是同一移流。所以，用通量正比于浓度梯度的唯象关系式来表示时，才具有相同的比例系数。

湍流扩散传输现象类似的主要意义在于，三种传输现象具有相同的湍流扩散系数，只要获得一种传输现象的湍流扩散系数，便可用于其他两种现象。动量传输现象中，湍流动量通量以剪切应力的形式是容易测得的，这样便可将获得动量的湍流扩散系数用于热量和质量的湍流扩散计算；反之亦然。

15.2 对流传输现象的类似律

如上节所述，既然分子扩散和移流传输的三种传输现象都分别类似，那么由扩散和移流两种基本机理构成的三种对流传输现象也必然类似。下面对常见的描述对流传输现象类似的雷诺类似律、普朗特-泰勒（Taylor）类似律、卡门类似律和柯尔本（Colburn）类似律进行介绍。

15.2.1 雷诺类似律

雷诺认为，单位时间内质量为 m 的流体微团，在离固壁表面一定距离向表面运动，到达表面时速度 v_x 降为零，所以单位时间传输的动量为 mv_x。根据动量定律，单位时间动量的变化等于作用在表面上的剪切应力，即

$$m(v_x - 0) = \tau A \quad 或 \quad \frac{m}{A} = \frac{\tau}{v_x} \tag{15-12}$$

如果该流体微团与表面的温度差为 $T_b - T_s$，则单位时间内传给表面的热量为 $mc_p(T_b - T_s)$，其实这就是对流传热对应的单位时间通过面积 A 传给表面的热量，于是有

$$mc_p(T_b - T_s) = hA(T_b - T_s) \quad 或 \quad \frac{m}{A} = \frac{h}{c_p} \tag{15-13}$$

式中，h 为对流给热系数。

如果该流体微团与表面的（某组分）浓度差为 $C_\infty - C_s$，则单位时间内传给表面的组分量为$\frac{m}{\rho}(C_\infty - C_s)$，其实这就是对流传质对应的单位时间通过面积 A 传给表面的组分量，于是有

$$\frac{m}{\rho}(C_\infty - C_s) = h_m A(C_\infty - C_s) \quad 或 \quad \frac{m}{A} = h_m \rho \tag{15-14}$$

式中，h_m 为对流传质系数。

为类比动量传输和热量传输，联立式（15-12）和式（15-13），并对方程两边同时除以 ρv_x，可得

$$\frac{\tau}{\rho v_x^2}=\frac{h}{\rho c_p v_x} \tag{15-15}$$

根据摩擦阻力系数的定义可知

$$\frac{\tau}{\rho v_x^2}=\frac{f}{2} \tag{15-16}$$

由相似准数的定义可知

$$\frac{\tau}{\rho v_x^2}=\frac{h}{\rho c_p v_x}=\frac{Nu}{Re\cdot Pr}=St \tag{15-17}$$

式中，St 为斯坦顿（Stanton）数，表示动量传输过程与热量传输过程的类比。

联立式（15-16）和式（15-17）可得

$$St=\frac{h}{\rho c_p v_x}=\frac{f}{2} \tag{15-18}$$

式（15-18）称为动量传输与热量传输的雷诺类似律，由其可从动量传输的摩擦系数 f 直接求出热量传输的对流传质系数 h。

为类比动量传输和质量传输，联立式（15-12）和式（15-14），并对方程两边同时除以 ρv_x，可得

$$\frac{\tau}{\rho v_x^2}=\frac{h_m}{v_x} \tag{15-19}$$

将式（15-16）代入式（15-19）可得

$$\frac{f}{2}=\frac{h_m}{v_x} \tag{15-20}$$

同样，可将式（15-20）整理为关联各准数的形式，即

$$St_m=\frac{Sh}{Re\cdot Sc}=\frac{h_m}{v_x} \tag{15-21}$$

式中，St_m 为传质斯坦顿数，表示动量传输过程与质量传输过程的类比。

式（15-21）称为动量传输与质量传输的雷诺类似律，由其可从动量传输的摩擦系数关系 f 直接求出质量传输的对流传质系数 h_m，反之亦然。

15.2.2　普朗特-泰勒类似律

应当指出，雷诺类似律是建立在湍流边界层单层结构的假设上，即认为边界层内湍流核心区一直延伸至固壁壁面处。这显然与实际不相符，因为无论来流的 Re 数有多大，近壁面处都会存在一个层流底层，其中分子扩散的作用不可忽略。因此，雷诺类似律的使用具有很大的局限性。

基于雷诺类比的思想，普朗特进一步地考虑了壁面附近速度分布的特征，视湍流边界层为包含层流底层和湍流核心区的双层结构，最终推导出如下关系式

$$St = \frac{\frac{f}{2}}{1 + 5\sqrt{\frac{f}{2}}(Pr - 1)} \tag{15-22}$$

之后，泰勒利用旋涡传递理论得出相同的关系式。因此，式（15-22）称为雷诺类似律的普朗特-泰勒修正式，或普朗特-泰勒类似律。

为类比动量传输和质量传输，可采用相同的方法，得到的关系式为

$$St_{\mathrm{m}} = \frac{\frac{f}{2}}{1 + 5\sqrt{\frac{f}{2}}(Sc - 1)} \tag{15-23}$$

由式（15-22）和式（15-23）可看出，当 $Pr=Sc=1$ 时，此两式可分别简化为式（15-18）和式（15-21），回到雷诺类似律。对于 Pr 或 Sc 为 0.5~2.0 的流体而言，普朗特-泰勒类似律与实验结果十分吻合。

15.2.3 卡门类似律

分析湍流边界层内速度和温度分布的实验数据不难发现，在层流底层和湍流核心区交界附近存在一个缓冲（过渡）层，其中微团脉动的贡献与分子扩散的作用相当。因此，卡门将湍流边界层视为包含层流底层、缓冲层及湍流核心区的三层结构，在雷诺类比思想的指导下，最终推导出的卡门类似律为

$$St = \frac{\frac{f}{2}}{1 + 5\sqrt{\frac{f}{2}}\left[(Pr - 1) + \ln\left(\frac{1 + 5Pr}{6}\right)\right]} \tag{15-24}$$

为类比动量传输和质量传输，可采用相同的方法，得到的关系式为

$$St_{\mathrm{m}} = \frac{\frac{f}{2}}{1 + 5\sqrt{\frac{f}{2}}\left[(Sc - 1) + \ln\left(\frac{1 + 5Sc}{6}\right)\right]} \tag{15-25}$$

卡门类似律在推导过程中采用的是光滑壁面附近的速度分布公式，但它也适用于粗糙壁面。对于后者，需将式（15-24）和式（15-25）中的 f 换作粗糙壁面的摩擦阻力系数。对于 Pr 或 Sc 为 0.5~10.0 的流体而言，卡门类似律与实验结果十分吻合。

15.2.4 柯尔本类似律

柯尔本（Colburn）通过实验深入研究了对流换热与流体摩擦阻力的变化规律，并认为二者之间存在的关系为

$$\frac{f}{2} = St \cdot Pr^{2/3} = j_{\mathrm{H}} \tag{15-26}$$

式中，j_{H} 为传热 j 因子。

式（15-26）称为柯尔本类似律。对于气体或液体而言，式（15-26）的适用条件为 $0.6 \leqslant Pr \leqslant 60 \sim 100$。

将式（15-26）扩展至动量传输与质量传输的类比，有

$$\frac{f}{2} = St_{\mathrm{m}} \cdot Sc^{2/3} = j_{\mathrm{m}} \tag{15-27}$$

式中，j_{m} 为传质 j 因子。

对于气体或液体而言，式（15-27）的适用条件为 $0.6 \leqslant Sc \leqslant 2500 \sim 3000$。

15.3 传输现象的耦合

由传输现象的本质可知，体系中若存在速度梯度、温度梯度或浓度梯度，这些梯度会作为驱动力，通过微观载体（分子、原子、离子及电子，乃至光子、声子等）的扩散传递或宏观载体（流体微团）的移流输运，使动量、热量和质量发生迁移，以消除物理量的不均匀分布。如果传输在两相间发生，则使处于不平衡状态的两相趋于平衡。因此，传输现象是由于体系偏离平衡态而存在热力学势场，在势梯度的驱动下产生的运动和演变的不可逆过程。事实上，不可逆过程热力学（即非平衡态热力学）正是研究非平衡状态下运动过程的。所以说，传输现象属于不可逆过程热力学的研究范畴。这便是采用不可逆过程热力学研究传输过程的理论基础。在复杂的冶金过程中，往往是动量传输、热量传输、质量传输及化学反应等过程同时并存，它们不可避免地发生相互耦合，产生干涉效应。干涉效应有时可以忽略不计，有时则必须考虑。除方程分析法（如第 14 章关于伴有传热的相际稳态综合传质的讨论）外，目前常用于处理耦合，进而确定干涉效应的方法主要涉及不可逆过程热力学中的唯象（phenomenology）方程和昂萨格倒易关系（Onsager reciprocity relations）。

15.3.1 唯象方程和昂萨格倒易关系

非平衡态热力学认为，一切不可逆过程都是在某种广义热力学势（即驱动力，简称力）推动下产生与之共轭的广义热力学流（即通量，简称流）的结果。例如，温度势引起（导热）热流、化学位（势）引起（扩散）质流及电动势引起电流等。当力足够“弱”，也就是体系处于近平衡区时（冶金过程中的动量、热量和质量传输一般都是在近平衡区进行），流与力呈齐次线性关系，此即线性通量原理。据此，可写出相应的唯象方程。所谓唯象方程，是指针对具体不可逆现象，通过概括和提炼实验数据而建立起来的流与力的关系式。这种方程可对具体现象进行描述和预测，但并不能解释现象的内在机理。

对于某一独立发生的不可逆过程，唯象方程的形式为

$$J = LX \tag{15-28}$$

式中，J 为过程的流；X 为驱动力；L 为唯象系数，或称为迁移系数、传输系数。

独立不可逆过程的唯象方程实际上已经把传输过程涉及的所有经验定律包含在内。可以发现，动量传输的牛顿黏性定律、导热的傅里叶定律及扩散传质的菲克定律均具有式（15-28）的数学形式。对于三者而言，等号左端的流分别为黏性动量通量、热通量及质量通量，等号右端的力分别为驱动过程发生的速度梯度、温度梯度及浓度梯度。需要指出，唯象系数 L 虽与可测的黏度、导热系数以及扩散系数相关，但并不一定与它们相等。

对于非独立发生的不可逆过程，各过程相互耦合，存在干涉效应，采用唯象方程可反映干涉效应的影响。针对 n 个相互耦合的不可逆过程，可写出 n 个唯象方程，即

$$J_i = \sum_{j=1}^{n} L_{ij}X_j \qquad (i = 1,2,\cdots,n) \tag{15-29}$$

式（15-29）中共出现 n^2 个唯象系数，构成一个 n 阶的唯象系数矩阵。其中，对角元素 L_{ii} 为自唯象系数，而非对角元素 L_{ij}（$j \neq i$）为互唯象系数，又称耦合系数或干涉系数，是描述 i 和 j 两过程之间干涉效应的参数。自唯象系数 L_{ii} 是由体系状态决定的物性参数，永远为正值，而互唯象系数 L_{ij}（$j \neq i$）可正可负，这是因为干涉效应是可正可负的。一般来说，唯象系数是不能用热力学方法来推算的，而是必须通过实验测定。

昂萨格指出，研究 n 个相互耦合的不可逆过程时，只要对流和其共轭力的关系式做适当的选择整理，使之满足熵源强度方程，则流与力线性关系中的唯象系数矩阵就是对称的，即 $L_{ij}=L_{ji}$，此即昂萨格倒易关系，又称为昂萨格定理。昂萨格倒易关系是不可逆热力学的基础，它适用于无磁场影响的近平衡态体系，起源于微观运动的时间反演不变性，可应用涨落理论（也称起伏理论，fluctuation theorem）对其进行证明，但本书从略。

昂萨格倒易关系表明，对应于不可逆过程 i 的流 J_i 通过干涉系数 L_{ij} 为不可逆过程 j 的力 X_j 影响的同时，过程 j 的流 J_j 也会通过同数值的干涉系数（$L_{ji}=L_{ij}$）为过程 i 的力 X_i 影响。n 个相互耦合的不可逆过程的唯象系数矩阵包含 n^2 个元素，其中 n 个对角元素为自唯象系数，其余的 n^2-n 个非对角元素为反映干涉效应的互唯象系数。根据昂萨格倒易关系，n^2-n 个互唯象系数中只有一半是独立的。因此，需要通过实验测定的唯象系数可缩减为 $n+\frac{1}{2}(n^2-n)=\frac{1}{2}n(n+1)$ 个。

15.3.2　热量传输和质量传输间耦合的唯象方程

鉴于动量传输现象的多样性和复杂性，本书在此不予讨论涉及动量传输的耦合问题。假定体系为各向同性、无外力作用且处于近平衡状态，考虑居里（Curie）定律后，按照熵源强度方程可写出描述某一热量传输（导热）过程 q 和 n 个组分质量传输（扩散）过程间耦合的唯象方程，即

$$\begin{cases} J_q = -L_{qq}\dfrac{\nabla T}{T^2} - \sum\limits_{i=1}^{n} L_{qi}\dfrac{\nabla \mu_i}{T} \\ J_i = -L_{iq}\dfrac{\nabla T}{T^2} - \sum\limits_{j=1}^{n} L_{ij}\dfrac{\nabla \mu_j}{T} \end{cases} \qquad i = 1,2,\cdots,n \tag{15-30}$$

式中，J_q 为导热过程 q 的热流；J_i 为 i 组分扩散过程的质流；T、μ 分别为体系的温度和组分的化学位；L 为唯象系数。

需要说明的是，式（15-30）中的（$n+1)^2$ 唯象系数并不是全部独立的，这是因为各组分的扩散流并不是完全独立的，它们存在的关系为

$$\sum_{i=1}^{n} J_i = 0 \tag{15-31}$$

考虑式（15-31），可将式（15-30）改写为

$$\begin{cases} J_q = -L_{qq}\dfrac{\nabla T}{T^2} - \displaystyle\sum_{i=1}^{n-1} L_{qi}\dfrac{\nabla(\mu_i - \mu_n)}{T} \\ J_i = -L_{iq}\dfrac{\nabla T}{T^2} - \displaystyle\sum_{j=1}^{n-1} L_{ij}\dfrac{\nabla(\mu_j - \mu_n)}{T} \end{cases} \quad i = 1,2,\cdots,n-1 \tag{15-32}$$

式（15-32）包含 n^2 个独立的唯象系数，所满足的昂萨格关系为

$$\begin{cases} L_{qi} = L_{iq} \\ L_{ji} = L_{ij} \end{cases} \quad i,\ j = 1,2,\cdots,n-1 \tag{15-33}$$

根据吉布斯-杜亥姆（Gibbs-Duhem）方程，式（15-32）中驱动力项可表达为

$$\begin{cases} \nabla(\mu_i - \mu_n) = \displaystyle\sum_{l=1}^{n-1} A_{il}\nabla\mu_l \\ \nabla(\mu_j - \mu_n) = \displaystyle\sum_{j=1}^{n-1} A_{jl}\nabla\mu_l \end{cases} \tag{15-34}$$

以组分质量分数 w 为例，式（15-34）中

$$\begin{cases} A_{ab} = \delta_{ab} + \dfrac{w_b}{w_n} \\ \delta_{ab} = \begin{cases} 1, & a = b \\ 0, & a \neq b \end{cases} \end{cases} \quad a,\ b = 1,2,\cdots,n-1 \tag{15-35}$$

式（15-32）表明，组分扩散流的本质驱动力是化学位梯度。然而，自菲克总结出扩散定律以来，扩散流的驱动力习惯上一直以浓度梯度表示。其现实的原因在于借助实验可直接测定浓度梯度，但难以直接测定化学位梯度。因此，除可以采用同样基于不可逆热力学而导出的 Maxwell-Stefan 方程外，还可以将式（15-32）中涉及扩散的项转化为浓度梯度作驱动力的菲克定律的形式。菲克定律与 Maxwell-Stefan 方程之间关系的简要讨论见 15.3.2.2 小节。

以组分质量分数 w 为例，可按下式将化学位梯度改写成浓度梯度。

$$\nabla\mu_l = \sum_{j=1}^{n-1}\chi_{lj}\nabla w_j \qquad l = 1,2,\cdots,n-1 \tag{15-36}$$

其中

$$\chi_{lj} = \left(\frac{\partial\mu_l}{\partial w_j}\right)_{T,\ p,\ w_m(m\neq j,\ n)}$$

将式（15-34）和式（15-36）代入式（15-32），整理后可得

$$\begin{cases} J_q = -L_{qq}\dfrac{\nabla T}{T^2} - \displaystyle\sum_{j=1}^{n-1}\sum_{i=1}^{n-1}\sum_{l=1}^{n-1} L_{qi}\dfrac{A_{jl}\chi_{lj}\nabla w_j}{T} \\ J_i = -L_{iq}\dfrac{\nabla T}{T^2} - \displaystyle\sum_{j=1}^{n-1}\sum_{k=1}^{n-1}\sum_{l=1}^{n-1} L_{ik}\dfrac{A_{kl}\chi_{lj}\nabla w_j}{T} \end{cases} \quad i = 1,2,\cdots,n-1 \tag{15-37}$$

作为采用唯象方程处理耦合传输现象的示例，下面分别针对热质扩散问题和多组分扩散问题进行具体讨论。

15.3.2.1　热质扩散问题——索莱效应和杜伏效应

热传导与分子扩散（传质）耦合引起的热质扩散，典型的实例有索莱或索瑞（Soret）效应和杜伏（Dufour）效应。索莱效应是指因温度梯度引起混合物中出现附加浓度梯度而

造成传质的现象；杜伏效应则是指由于各种物质互相扩散引起温度梯度而造成的传热。

对于二组分的混合物来说，若其中发生热质扩散，式（15-37）可具体转化为

$$J_q = -L_{qq}\frac{\nabla T}{T^2} - L_{q1}\frac{\partial \mu_1}{\partial w_1}\cdot\frac{1}{Tw_2}\nabla w_1 \tag{15-38a}$$

$$J_1 = -L_{1q}\frac{\nabla T}{T^2} - L_{11}\frac{\partial \mu_1}{\partial w_1}\cdot\frac{1}{Tw_2}\nabla w_1 \tag{15-38b}$$

式中，存在 $L_{q1}=L_{1q}$ 的昂萨格关系。

对照傅里叶定律的数学形式，由式（15-38a）可确定导热系数 λ 与唯象系数 L_{qq} 的关系为

$$\lambda = \frac{L_{qq}}{T^2} \tag{15-39}$$

对照菲克定律的数学形式，由式（15-38b）可确定扩散系数 D 与唯象系数 L_{11} 的关系为

$$D = \frac{L_{11}}{\rho T w_2}\cdot\frac{\partial \mu_1}{\partial w_1} \tag{15-40}$$

引入热质扩散系数 $D' = \dfrac{L_{1q}}{\rho w_1 w_2 T^2} = \dfrac{L_{q1}}{\rho w_1 w_2 T^2}$，将式（15-38）改写为

$$J_q = -\lambda\nabla T - \rho w_1\frac{\partial \mu_1}{\partial w_1}TD'\nabla u_1 \tag{15-41a}$$

$$J_1 = -\rho w_1 w_2 D'\nabla T - \rho D\nabla w_1 \tag{15-41b}$$

当体系处于稳定状态时，$J_1=0$，则由式（15-41b）可得

$$D' = -D\frac{\nabla w_1}{w_1 w_2\nabla T} \approx -D\frac{\Delta w_1}{w_1 w_2\Delta T} \tag{15-42}$$

联立式（15-40）和式（15-42）可得

$$L_{1q} = L_{q1} \approx -\rho T^2 D\frac{\Delta w_1}{\Delta T} \tag{15-43}$$

式（15-39）、式（15-40）及式（15-43）便是各唯象系数与相应物性参数间的关系式。利用这些关系式，可通过实验测定各唯象系数。

15.3.2.2　多组分扩散问题

A　广义菲克定律

一般来说，多组分扩散问题涉及的混合物由三个及以上数目的组分构成。若无传热的影响，式（15-37）可具体化为

$$J_i = -\sum_{j=1}^{n-1}\sum_{k=1}^{n-1}\sum_{l=1}^{n-1}L_{ik}\frac{A_{kl}\chi_{lj}\nabla x_j}{T}\qquad i=1,2,\cdots,n-1 \tag{15-44}$$

为方便比较，式（15-44）中采用摩尔分数 x，所以其他参量也需进行相应改写。但为保持统一，仍沿用式（15-37）的符号。参照菲克定律的数学形式，可将式（15-44）写为

$$J_i = -\sum_{j=1}^{n-1}D_{ij}^{\text{Fick}}\nabla C_j\qquad i=1,2,\cdots,n-1 \tag{15-45}$$

此时，针对多组分扩散问题的式（15-45）可称为广义菲克定律，而适用于二元扩散体系的 $J_i=-D\dfrac{\partial C_i}{\partial y}$ 就可称为狭义菲克定律。实际上，本书 12.1 节中已证明过狭义菲克定律为 Stefan-Maxwell 方程在两组分特例下的表达式。

式（15-45）中的扩散系数 D_{ij}^{Fick} 称为广义菲克扩散系数，具体表达式为

$$D_{ij}^{\mathrm{Fick}}=\frac{1}{C_{\mathrm{tot}}T}\sum_{k=1}^{n-1}\sum_{l=1}^{n-1}L_{ik}A_{kl}\chi_{lj} \tag{15-46}$$

对于同样的多组分扩散体系，可基于本书第 12 章介绍的 Maxwell-Stefan 方程相关内容写出 i 组分的扩散通量为

$$J_i=-D_{ij}^{\mathrm{M-S}}\cdot\nabla C_i=\frac{N_i-x_i\sum\limits_{j=1}^{m}N_j}{\sum\limits_{\substack{j=1\\j\neq i}}^{m}\dfrac{1}{D_{ij}}(x_jN_i-x_iN_j)}\nabla C_i \tag{15-47}$$

式中，$D_{ij}^{\mathrm{M-S}}$ 为 Maxwell-Stefan 扩散系数。

比较式（15-45）和式（15-47）可知，虽然广义菲克定律和 Maxwell-Stefan 方程都可用于计算多组分体系的扩散通量（且已证明两者的结果一致），但两者涉及的扩散系数 D_{ij}^{Fick} 和 $D_{ij}^{\mathrm{M-S}}$ 差别很大，这主要是因为广义菲克定律中的力为多个势梯度的加合，体现了各扩散过程间的耦合；而 Maxwell-Stefan 方程中的力为单一势梯度，各扩散过程间的耦合体现于扩散系数 $D_{ij}^{\mathrm{M-S}}$ 中。

B　广义菲克定律的矩阵形式

若以矩阵形式表达，式（15-46）可简记为

$$[D^{\mathrm{Fick}}]=\frac{1}{C_{\mathrm{tot}}T}[L][A][\chi]=\frac{1}{C_{\mathrm{tot}}T}[L][G] \tag{15-48}$$

式（15-48）中唯象系数矩阵 $[L]$ 满足昂萨格倒易关系，即

$$[L]=[L]^{\mathrm{T}} \tag{15-49}$$

式中，上标 T 表示转置。

联立式（15-48）和式（15-49）可得关于 D_{ij}^{Fick} 的倒易关系，即

$$[G]^{\mathrm{T}}[D^{\mathrm{Fick}}]=[D^{\mathrm{Fick}}]^{\mathrm{T}}[G] \tag{15-50}$$

对于三组分（$n=3$）混合物，由式（15-45）可得

$$\begin{cases}J_1=-D_{11}^{\mathrm{Fick}}\cdot\nabla C_1-D_{12}^{\mathrm{Fick}}\cdot\nabla C_2\\J_2=-D_{21}^{\mathrm{Fick}}\cdot\nabla C_1-D_{22}^{\mathrm{Fick}}\cdot\nabla C_2\end{cases}\quad i=1,\ 2 \tag{15-51}$$

式（15-51）中存在四个扩散系数，它们存在式（15-50）的倒易关系，具体为

$$G_{11}D_{12}^{\mathrm{Fick}}+G_{12}D_{22}^{\mathrm{Fick}}=D_{11}^{\mathrm{Fick}}G_{12}+D_{21}^{\mathrm{Fick}}G_{22} \tag{15-52}$$

这就说明，三组分混合物扩散涉及的独立多组分扩散系数实际为三个，可通过实验分别测定。

复习思考题

15-1　何为雷诺类似律、普朗特-泰勒类似律、卡门类似律以及柯尔本类似律？

15-2 简述昂萨格定理的重要性。

15-3 组分扩散的本质驱动力是什么?

15-4 应用唯象方程组和 Maxwell-Stefan 方程都可以处理多组元气体耦合扩散现象，两者有何区别和联系，你认为哪种方法更合理?

16　传输现象的数值模拟基础

定量地研究自然界和工业过程中的现象必然涉及动量、能量和质量的传输等，用于描述这些传输现象的控制方程通常由二阶非线性偏微分方程组构成。因此，当所研究的现象处于三维空间或边界条件复杂时，即使在层流条件下，数学解析方法往往会无能为力，湍流条件下则更无可能获得解析解。这种状况长期阻碍了人们对自然界、工业过程的深入理解。计算机的出现及其技术的发展促进了人们用数值方法来求解复杂的过程传输现象。实际上，数值模拟正成为研究很多自然界和工业过程现象的一种现代研究方法，其基础是流体力学、湍流理论和数值方法。基于此，本章扼要介绍数值模拟的相关基础知识，以便为读者开展过程冶金传输现象的数值模拟研究提供入门参考。

16.1　传输现象的控制方程

总结前述相关章节的内容，可写出以下针对不可压缩流体、不同传输现象的控制方程。

16.1.1　连续性方程

连续性方程即流体流动的质量守恒方程，其一般形式为

$$\nabla \cdot (\rho \boldsymbol{u}) = S_{\mathrm{m}} \tag{16-1a}$$

式中，ρ 为流体密度；$\boldsymbol{u}$ 为流体速度（矢量）；S_{m} 为源项。

若以分量表示，式（16-1a）可写为

$$\frac{\partial (\rho u_i)}{\partial x_i} = S_{\mathrm{m}} \tag{16-1b}$$

16.1.2　动量守恒方程

不可压缩流体的动量守恒方程即N-S方程，其一般形式为

$$\frac{\partial (\rho \boldsymbol{u})}{\partial t} + \nabla \cdot (\rho \boldsymbol{u}\boldsymbol{u}) = \nabla \cdot (\mu \nabla \boldsymbol{u}) - \nabla p + \rho \boldsymbol{g} + \boldsymbol{F} \tag{16-2a}$$

式中，t 为时间；μ 为流体黏度。

式（16-2a）等号左端第一项是单位体积流体的动量变化率，称为动量累积项；第二项是由流体流动引起的动量变化，称为移流项。等号右端第一项是由于黏性引起的动量变化，称为扩散项；第二项是压力梯度的影响；第三项是重力；第四项为除去压力和重力以外的其他动量源项。

若以分量表示，式（16-2a）也可写为

$$\frac{\partial(\rho u_i)}{\partial t}+\frac{\partial(\rho u_j u_i)}{\partial x_j}=\frac{\partial}{\partial x_j}\left(\mu\frac{\partial u_i}{\partial x_j}\right)-\frac{\partial p}{\partial x_i}+\rho g_i+F_i \tag{16-2b}$$

16.1.3 能量守恒方程

不可压缩流体能量守恒方程（以温度作为场量）的一般形式为

$$\frac{\partial(\rho c_p T)}{\partial t}+\nabla\cdot(\rho c_p \boldsymbol{u}T)=\nabla\cdot(\lambda\nabla T)+q+\Phi \tag{16-3a}$$

式中，c_p、λ 分别为流体的定压热容和导热系数。

式（16-3a）等号左端第一项是热量在微元体内的变化率，为累积项；第二项是由于流体流动引起的净热量传递，为移流项。等号右端第一项是导热决定的净热量传递，为扩散项；第二项为热量源项；第三项为流体因黏性在做功时所产生的摩擦热，也称耗散热。

若 c_p 为常数，式（16-3a）可改写为

$$\frac{\partial(\rho T)}{\partial t}+\nabla\cdot(\rho\boldsymbol{u}T)=\nabla\cdot\left(\frac{\lambda}{c_p}\nabla T\right)+\frac{q}{c_p}+\frac{\Phi}{c_p} \tag{16-3b}$$

若以分量表示，式（16-3b）可写为

$$\frac{\partial(\rho T)}{\partial t}+\frac{\partial(\rho u_j T)}{\partial x_j}=\frac{\partial}{\partial x_j}\left(\frac{\lambda}{c_p}\cdot\frac{\partial T}{\partial x_j}\right)+\frac{q}{c_p}+\frac{\Phi}{c_p} \tag{16-3c}$$

16.1.4 组分质量守恒方程

流体中某组分 A 的质量守恒方程又称为组分输运方程。若以质量平均速度 $\boldsymbol{u}$ 和质量分数 w_A 为基准，组分输运方程的一般形式为

$$\frac{\partial(\rho w_A)}{\partial t}+\nabla\cdot(\rho\boldsymbol{u}w_A)=\nabla\cdot(D_A\nabla w_A)+R_A \tag{16-4a}$$

式中，D_A 为组分 A 在混合中的分子扩散系数。

式（16-4a）等号左端第一项为组分质量累积项；第二项是由于流体流动引起的宏观浓度在空间分布的变化，为移流项。等号右端第一项是由于分子扩散造成的微元体内浓度分布的变化，为扩散项；第二项是组分 A 的质量源项。

若以分量表示，式（16-4a）可写为

$$\frac{\partial(\rho w_A)}{\partial t}+\frac{\partial(\rho u_j w_A)}{\partial x_j}=\frac{\partial}{\partial x_j}\left(D_A\frac{\partial w_A}{\partial x_j}\right)+R_A \tag{16-4b}$$

16.1.5 控制方程的通用形式

比较式（16-1）~式（16-4）四个控制方程可以看出，尽管这些方程中目标变量（或称输运量）各不相同，但它们具有相近的数学形式。若用 ϕ 代表某一输运量，则上述四个方程可以归纳为一个通用的形式，即

$$\frac{\partial(\rho\phi)}{\partial t}+\nabla\cdot(\rho\boldsymbol{u}\phi)=\nabla\cdot(\Gamma\nabla\phi)+S_\phi \tag{16-5a}$$

若以分量表示，式（16-5a）可写为

$$\frac{\partial(\rho\phi)}{\partial t}+\frac{\partial(\rho u_j\phi)}{\partial x_j}=\frac{\partial}{\partial x_j}\left(\Gamma\frac{\partial\phi}{\partial x_j}\right)+S_\phi \tag{16-5b}$$

式中，ϕ 为通用输运量；Γ 为广义扩散系数；S_ϕ 为广义源项。

式（16-5b）中，从左到右各项依次为瞬态项、移流项、扩散项和源项。

对于特定的输运量，ϕ、Γ 和 S_ϕ 有特定的表达式，见表 16-1。

表 16-1　通用方程式（16-5）中各符号的具体表达式

方程	ϕ	Γ	S_ϕ
连续性方程	0	0	S_m
动量守恒方程	$\boldsymbol{u}$	μ	$-\nabla p+\rho\boldsymbol{g}+\boldsymbol{F}$
能量守恒方程	T	$\frac{\lambda}{c_p}$	$\frac{q}{c_p}+\frac{\Phi}{c_p}$
组分质量守恒方程	w_A	D_A	R_A

可见，所有控制方程都可经过适当的数学处理，从而转化为通用微分方程式（16-5）。在进行数值模拟时，只需考虑数值解算式（16-5），写出其计算机程序，就足以求解不同类型流体流动及传热和传质问题。对于不同的 ϕ，只要重复调用该程序，并给定 Γ 和 S_ϕ 的具体表达式及初始条件和边界条件，便可求解。

16.2　湍流的基本概念及其模型化

16.2.1　湍流的流动特征及数学描述

根据流体流动的雷诺数 Re 的大小，流动可分为层流和湍流。当流体流动的 Re 小于某一临界值时，流动是平滑的，即相邻的流体层彼此有序地流动，这种流动称为层流；当 Re 大于临界值时，流动是不稳定的，呈无序的混乱状态，速度等流动特性随机变化，这种状态称为湍流。图 16-1 所示为湍流流动速度随机不规则变化的情况。

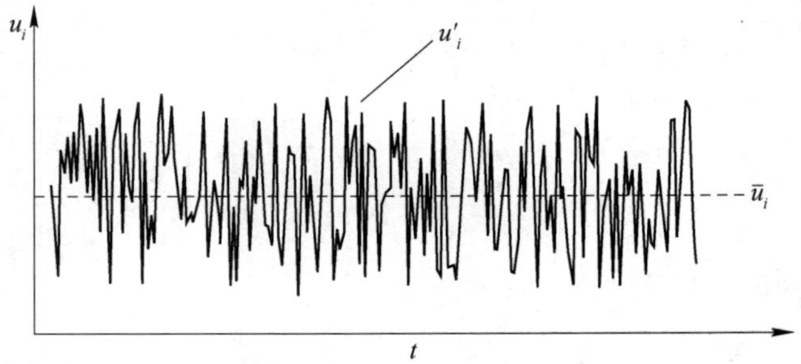

图 16-1　湍流时速度的脉动

湍流流动是自然界和大多数工程问题中常见的流动现象。湍流的主要特征是随机性、有旋性、三维性、扩散性和耗散性。对湍流的大量理论和实验研究表明，虽然湍流是一种无规则的流动状态，湍流中的各量呈现随时间和空间的随机变化，但在足够长的时间内，这些量的统计平均值的变化仍是有规则的，亦即湍流运动服从数学统计规律，可以用统计的方法来研究。通常的处理办法是引入时均速度的概念。设在某一时间间隔 t（它是比脉动持续时间要长得多的时间）内的平均速度为 $\bar{u}_i$，此速度就是在时间间隔 t 内速度变化曲线的平均值，称为时均速度，如图 16-1 所示。这样，湍流时的瞬时速度 u_i 可以用一个不变的时均速度 $\bar{u}_i$ 与随时间变化的脉动速度 u'_i 来表示，即

$$u_i = \bar{u}_i + u'_i \tag{16-6}$$

同样，湍流中各点的瞬时压强可表示为

$$p = \bar{p} + p' \tag{16-7}$$

式（16-6）和式（16-7）中，时均速度和时均压强的定义为

$$\bar{u}_i = \frac{1}{t}\int_0^t u_i \mathrm{d}t \quad \text{和} \quad \bar{p} = \frac{1}{t}\int_0^t p \mathrm{d}t \tag{16-8}$$

由统计学相关内容可知，脉动速度 u' 和脉动压强 p' 的时均值应为零，即

$$\bar{u}'_i = \frac{1}{t}\int_0^t u'_i \mathrm{d}t = 0 \quad \text{和} \quad \overline{p'} = \frac{1}{t}\int_0^t p' \mathrm{d}t = 0 \tag{16-9}$$

引入时均速度和时均压强的概念后，就可以将流体的湍流运动理解为流体按时均速度和时均压强在运动。因此，对于湍流的一切概念，都可从时均值来定义，这样就大大简化了对湍流运动的相关研究。例如，在湍流中的流线可定义为：流线是在运动流体的时均速度场中所作的曲线，在某一瞬时，位于该曲线上流体质点的时均速度的方向与它相切。又如，如果湍流中各空间点上的时均速度不随时间改变，则称为稳定湍流流动；反之，则称为不稳定湍流流动。工程中管道内的湍流一般都是稳定流动。将实际上是不稳定的湍流运动通过时间平均化后，前述中有关稳定流动的规律，如伯努利方程等，仍然适用。不过，所用的速度和压强都是时均值。

16.2.2　湍流的基本方程

一般而言，无论湍流运动多么复杂，16.1 节中描述流体传输现象的控制方程对于湍流运动仍然是适用的，只是各变量需被替换为瞬时变量，这种直接使用瞬时变量控制方程对湍流进行计算的方法称为湍流的直接数值模拟（direct numercial simulation，DNS）。该方法计算所得湍流运动的瞬时物理场虽然在理论上讲是准确的，但目前还无法实现真正意义上的工程计算，这是因为湍流中包含了大量极小尺度的空间结构（湍流涡）及变化剧烈的时间特性。此外，从工程应用的观点看，重要的是湍流所引起的时均流场的变化，是整体的效果。因此，人们往往更关心湍流的时均量。针对湍流时均变量的处理方法称为 Reynolds 平均法，相对于 DNS 而言，Reynolds 平均法是一种非直接的湍流计算模拟方法。

湍流状态下，16.2.1 小节所述基本控制方程的 Reynolds 平均形式有以下四种。

（1）时均连续性方程：

$$\frac{\partial(\rho\bar{u}_i)}{\partial x_i} = S_{\mathrm{m}} \tag{16-10}$$

（2）时均 N-S 方程：

$$\frac{\partial(\rho\bar{u}_i)}{\partial t} + \frac{\partial(\rho\bar{u}_j\bar{u}_i)}{\partial x_j} = \frac{\partial}{\partial x_j}\left(\mu\frac{\partial\bar{u}_i}{\partial x_j} - \rho\overline{u'_i u'_j}\right) - \frac{\partial\bar{p}}{\partial x_i} + \rho g_i + F_i \tag{16-11}$$

式中，$-\rho\overline{u_i'u_j'}$ 表示湍流脉动引起的动量变化，称为雷诺应力（Reynolds stress）或湍流切应力，是一个二阶对称张量。

（3）时均能量守恒方程：

$$\frac{\partial(\rho\overline{T})}{\partial t}+\frac{\partial(\rho\overline{u}_j\overline{T})}{\partial x_j}=\frac{\partial}{\partial x_j}\left(\frac{\lambda}{c_p}\cdot\frac{\partial\overline{T}}{\partial x_j}-\rho\overline{u_j'T'}\right)+\frac{q}{c_p}+\frac{\Phi}{c_p} \tag{16-12}$$

式中，$-\rho\overline{u_j'T'}$ 表示湍流脉动引起的能量变化。

（4）时均组分质量守恒方程：

$$\frac{\partial(\rho\overline{w}_A)}{\partial t}+\frac{\partial(\rho\overline{u}_j\overline{w}_A)}{\partial x_j}=\frac{\partial}{\partial x_j}\left(D_A\frac{\partial\overline{w}_A}{\partial x_j}-\rho\overline{u_j'w_A'}\right)+R_A \tag{16-13}$$

式中，$-\rho\overline{u_j'w_A'}$ 表示湍流脉动引起的组分质量变化。

可以发现，湍流条件下时均化控制方程的通用形式为

$$\frac{\partial(\rho\overline{\phi})}{\partial t}+\frac{\partial(\rho\overline{u}_j\overline{\phi})}{\partial x_j}=\frac{\partial}{\partial x_j}\left(\Gamma\frac{\partial\overline{\phi}}{\partial x_j}-\rho\overline{u_j'\phi'}\right)+S_\phi \tag{16-14}$$

比较式（16-14）和式（16-5b）可知，湍流条件下的通用方程多出$-\rho\overline{u_j'\phi'}$这一湍流项，从而造成控制方程的不封闭。因此，找到合适的湍流模型，用以表征各时均传输方程中的湍流项，是数值模拟多年来的研究重点。

16.2.3　湍流模型概述

16.2.3.1　布辛涅斯克涡黏性假定

为表征上述时均 N-S 方程中的雷诺应力项$-\rho\overline{u_i'u_j'}$，目前常用的湍流模型有两大类：雷诺应力模型和涡黏模型。

在雷诺应力模型中，直接构建表示雷诺应力的方程。根据方程的形式不同，可分为雷诺应力方程模型和代数应力方程模型，前者的雷诺应力方程是微分形式，而后者为代数方程的形式。关于雷诺应力模型的具体形式，有需要的读者可参阅相关文献。

涡黏模型最早是由法国力学家布辛涅斯克（J. V. Boussinesq）基于唯象原理提出的。他将湍流脉动产生的雷诺应力与黏性应力进行类比，提出了著名的涡黏性假定，建立了雷诺应力与时均速度梯度之间的类比关系，并用类似牛顿黏性定律的形式表示出来。对于简单的近壁区二维流动，雷诺应力可表示为

$$\tau_t=-\rho\overline{u_i'u_j'}=\mu_t\frac{\partial\overline{u}}{\partial y} \tag{16-15}$$

式中，μ_t 为湍流黏度，与分子黏性系数不同的是，μ_t 不是流体的物理属性，而是湍流运动状态的函数，因此依赖流场中各点的湍流特征。

因此，时均 N-S 方程中的总应力为流体黏性应力和雷诺应力之和，即

$$\tau_{总}=\tau+\tau_t=(\mu+\mu_t)\frac{\partial\overline{u}}{\partial y}=\mu_{eff}\frac{\partial\overline{u}}{\partial y}$$

式中，湍流有效黏度 $\mu_{eff}=\mu+\mu_t$。

同样地，根据传输现象的类似，可将时均能量守恒方程和时均组分质量守恒方程中的湍流项分别表示为

$$-\rho\overline{u_j'T'} = \frac{\mu_t}{Pr_t} \cdot \frac{\partial \overline{T}}{\partial y} \tag{16-16}$$

$$-\rho\overline{u_j'w_A'} = \frac{\mu_t}{Sc_t} \cdot \frac{\partial \overline{w}_A}{\partial y} \tag{16-17}$$

式中，Pr_t、Sc_t 分别为湍流普朗特数和湍流施密特数，一般来说，二者均是由实验确定的经验参数。

这样一来，可将时均 N-S 方程、时均能量守恒方程及时均组分质量守恒方程的不封闭性，由式（16-15）~式（16-17）转到湍流黏度 μ_t 上，遂将问题归结为 μ_t 的确定上。而所谓的涡黏模型，就是把 μ_t 与湍流时均参数联系起来的关系式。根据确定 μ_t 的微分方程数目，涡黏模型又分为零方程模型、单方程模型和两方程模型。

16.2.3.2 零方程模型

所谓零方程模型，就是用代数关系式把湍流黏度与时均值联系起来的模型。在该模型中，最著名的是普朗特提出的混合长理论，建立了湍流黏度与时均速度梯度和一个混合长度 l 之间的关系，具体表达式为

$$\mu_t = l^2 \left| \frac{\partial \overline{u}}{\partial y} \right| \tag{16-18}$$

式中，混合长度 l 在不同流动体系中的值不同，其大小一般通过实验确定。

于是，雷诺应力可表示为

$$\tau_t = \rho l^2 \left| \frac{\partial \overline{u}}{\partial y} \right| \frac{\partial \overline{u}}{\partial y} \tag{16-19}$$

总体来看，普朗特混合长理论的优点是直观简单。对于较简单的流动，如二维边界层流动、平直通道内的流动，比较容易确定 l 的取值。但是，对复杂流动则很难确定 l。因此，零方程模型在实际工程计算中目前已很少应用。

16.2.3.3 单方程模型

针对上述混合长理论的局限性，柯尔莫哥洛夫（A. N. Kolmogorov）和普朗特提出了单方程模型，即

$$\mu_t = C_\mu \rho k^{1/2} l_t \tag{16-20}$$

式中，l_t 为湍流长度，与混合长度 l 类似，通常也由实验确定；C_μ 为经验常数，工程计算中一般取 0.09；k 为湍流脉动平均值，也称为湍动能，其表达式为

$$k = \frac{1}{2}\sum_i \overline{u_i'^2} \tag{16-21}$$

从 N-S 方程出发，有学者推导出了湍动能 k 的输运方程为

$$\frac{\partial(\rho k)}{\partial t} + \frac{\partial(\rho \overline{u}_j k)}{\partial x_j} = \frac{\partial}{\partial x_j}\left[\left(\mu + \frac{\mu_t}{\sigma_k}\right)\frac{\partial k}{\partial x_j}\right] + \mu_t \frac{\partial \overline{u}_j}{\partial x_i}\left(\frac{\partial \overline{u}_j}{\partial x_i} + \frac{\partial \overline{u}_i}{\partial x_j}\right) - C_D \rho \frac{k^{1/2}}{l_t} \tag{16-22}$$

式中，C_D 为经验系数，一般取 0.08~0.38；σ_k 称为湍动能普朗特数，一般取 1.0。

16.2.3.4 两方程模型

单方程模型虽以 k 和 l_t 表示的湍流黏度规避了混合长理论（零方程模型）的缺点，但对于复杂的流动，l_t 的确定仍相当困难，因此又有学者提出了两方程模型。两方程模型实

际上是针对影响湍流黏度的两个特征量，即 k 和 l_t 分别建立输运方程。在具体推导时，通常针对的一个是 k 方程，而另一个不直接采用 l_t，而是采用 $z=k^m \cdot l_t^n$。目前，对 z 的不同选择，形成了不同的两方程模型，如 $k-\varepsilon$（其中，$z=k^{2/3} \cdot l_t^{-1}$）、$k-\omega$（其中，$z=kl_t^{-2}$）等。就目前应用而言，使用较广泛的是朗道（B. E. Launder）和斯伯丁（D. B. Spalding）于1972年提出的 $k-\varepsilon$ 模型。该模型中，ε 表示湍动能耗散率，定义为

$$\varepsilon = \frac{\mu}{\rho}\overline{\left(\frac{\partial u_i'}{\partial x_k}\right)\left(\frac{\partial u_i'}{\partial x_k}\right)} \tag{16-23}$$

湍流黏度 μ_t 为 k 和 ε 的函数，具体表达式为

$$\mu_t = \rho C_\mu \frac{k^2}{\varepsilon} \tag{16-24}$$

k 和 ε 的输运方程分别为

$$\frac{\partial(\rho k)}{\partial t} + \frac{\partial(\rho \bar{u}_j k)}{\partial x_j} = \frac{\partial}{\partial x_j}\left[\left(\mu + \frac{\mu_t}{\sigma_k}\right)\frac{\partial k}{\partial x_j}\right] + G_k - G_b - \rho\varepsilon - Y_M \tag{16-25}$$

$$\frac{\partial(\rho \varepsilon)}{\partial t} + \frac{\partial(\rho \bar{u}_j \varepsilon)}{\partial x_j} = \frac{\partial}{\partial x_j}\left[\left(\mu + \frac{\mu_t}{\sigma_\varepsilon}\right)\frac{\partial \varepsilon}{\partial x_j}\right] + C_{1\varepsilon}\frac{\varepsilon}{k}(G_k + C_{3\varepsilon}G_b) - C_{2\varepsilon}\rho\frac{\varepsilon^2}{k} \tag{16-26}$$

比较可知，k 和 ε 的输运方程同样可归纳为式（16-14）的通用形式。

式（16-25）和式（16-26）中，G_k、G_b 及 Y_M 分别为由平均速度梯度引起的湍动能产生项、由浮力引起的湍动能产生项及可压缩湍流中脉动扩张的贡献。

G_k 一般由式（16-27）计算。

$$G_k = \mu_t \frac{\partial \bar{u}_j}{\partial x_i}\left(\frac{\partial \bar{u}_j}{\partial x_i} + \frac{\partial \bar{u}_i}{\partial x_j}\right) \tag{16-27}$$

对不可压缩流体，$G_b=0$；对于可压缩流体，有

$$G_b = \beta g_i \frac{\mu_t}{Pr_t} \cdot \frac{\partial \bar{T}}{\partial x_i} \tag{16-28}$$

式中，β 为流体的热膨胀系数。

对不可压缩流体，$Y_M=0$；对于可压缩流体，有

$$Y_M = 2\rho\varepsilon M_t^2 \tag{16-29}$$

式中，M_t 为湍动马赫数，$M_t=\sqrt{\frac{k}{a^2}}$；a 为声速。

式（16-24）~式（16-26）中，$C_{1\varepsilon}$、$C_{2\varepsilon}$、$C_{3\varepsilon}$、σ_k、σ_ε、C_μ 均为经验常数，常用的取值见表 16-2。

表 16-2 $k-\varepsilon$ 模型中使用的常数

常数	$C_{1\varepsilon}$	$C_{2\varepsilon}$	$C_{3\varepsilon}$	σ_k	σ_ε	C_μ
数值	1.44	1.92	1.0 或 0	1.0	1.3	0.09

注：$C_{3\varepsilon}$ 为可压缩流体的流动计算中与浮力有关的系数，当主流方向与重力方向平行时，$C_{3\varepsilon}=1.0$；当主流方向与重力方向垂直时，$C_{3\varepsilon}=0$。

式（16-25）和式（16-26）常被称为标准 $k-\varepsilon$ 湍流模型。该模型在一般的工程应用中

有很好的适用性，但在一些特殊条件，如强旋流或带有弯曲壁面的流动，会出现一定程度的失真。因此，在该模型的基础上，后来又发展出了重整化群（renormalization group，RNG）$k-\varepsilon$ 湍流模型和可实现（realizable）$k-\varepsilon$ 湍流模型。关于这两个 $k-\varepsilon$ 湍流模型及其他种类的两方程模型（如 $k-\omega$ 湍流模型）的具体细节，本书在此不再阐述。还应强调的是，在对湍流的非直接计算模拟方法中，除了上述的 Reynolds 平均法外，还有大涡模拟法（large eddy simulation，LES）和统计平均法。得益于计算机技术的发展，大涡模拟法正成为目前研究的热点，有需要的读者可参阅相关文献。

16.3　数值模拟基本方法

一般情况下，表示湍流传输过程的二阶偏微分方程组的分析解是难以求得的，故不得不求助于数值求解方法，即数值模拟。数值模拟的基本思想是：把原来在空间与时间坐标中连续的物理量场（如速度场、温度场、浓度场等），用一系列有限个离散点（称为节点）上的值的集合来代替，通过一定的原则建立起这些离散点上变量值之间关系的代数方程（称为离散方程），求解建立起来的代数方程以获得所求解变量的近似值。该基本思想可以用图 16-2 表示。

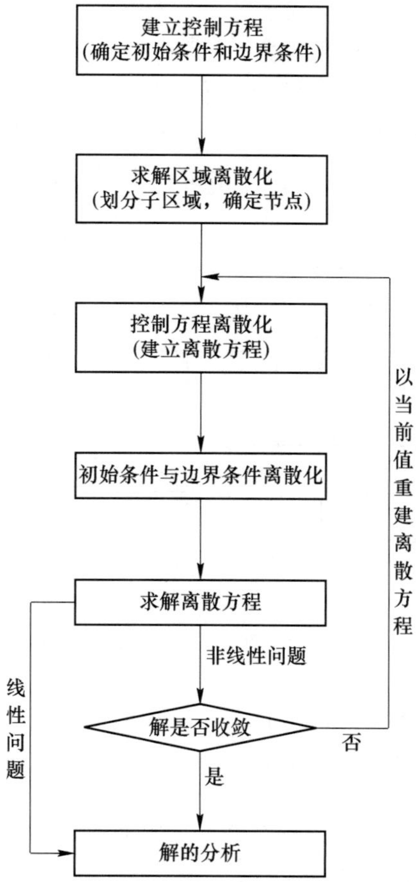

图 16-2　物理问题数值求解的基本过程

数值求解的核心是求解区域的离散化、控制方程的离散化和离散方程的求解这三个环节。本节就这三个环节进行扼要介绍，其中最后一个环节着重介绍流场的求解。

16.3.1　求解区域的离散化

在对偏微分方程定解问题进行离散化处理之前，必须对方程的求解区域进行离散化处理，即对空间上连续的计算区域进行划分，用有限个离散点来代替原来的连续空间。求解区域离散化处理的一般实施过程是：把计算区域划分成多个互不重叠的子区域，确定每个子区域中的节点位置及节点所代表的控制体积。区域离散化处理后，可以得到以下四种几何要素。

（1）节点：所要求解的未知物理量的几何位置；

（2）控制体积：应用控制方程或守恒定律的最小几何单元；

（3）界面：各节点相对应控制体的分界面；

（4）网格线：沿坐标轴方向连结相邻两节点而形成的曲线簇。

16.3.1.1　区域离散化方法

通常把节点看成是控制体积的代表，控制体积内的物理量被定义并存储在该节点处，控制体积与子区域并不总是重合的。在区域离散化过程开始时，由一系列与坐标轴相对应的直线或曲线簇划分出来的小区域称为子区域。根据节点在子区域中位置的不同，区域离散化方法可分为外节点法和内节点法两类。

（1）外节点法：节点位于子区域的角顶上，划分区域的曲线簇（实线）就是网格线，但子区域不是控制体积，如图 16-3（a）所示。为了确定各节点代表的控制体积，需要在相邻两节点的中间位置作界面线（虚线），由这些界面线构成各节点的控制体积，该法也称为先节点后界面方法。

（2）内节点法：节点位于子区域的中心，这时子区域就是控制体积，划分子区域的曲线簇就是控制体积的界面线，如图 16-3（b）所示，该法也称为先界面后节点方法。

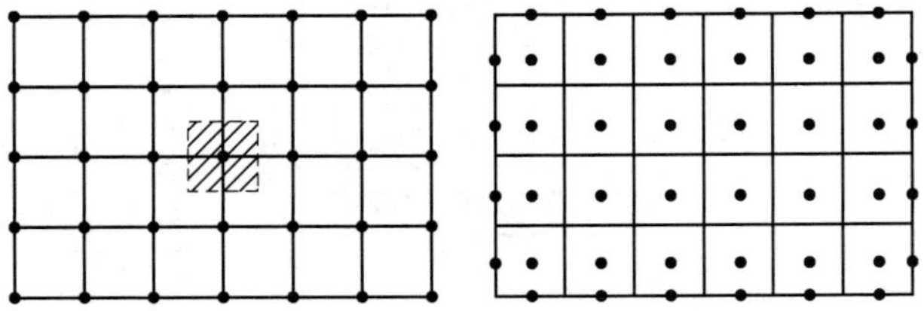

(a)　　(b)

图 16-3　两种区域离散化方法

（a）外节点法；（b）内节点法

16.3.1.2　区域离散化方法的区别

上述两种区域离散化方法的主要区别表现在以下四个方面。

（1）边界节点代表的控制体积不同。如图 16-4 所示，在外节点法中，位于非顶角上的边界节点代表了半个控制体积，而在内节点法中则可看成是代表厚度为零的控制体积。

（2）当网格不均匀时，内节点法中节点永远位于控制体积的中心，而外节点法形成的节点则不然，如图 16-5 所示。从节点是控制体积的代表这一角度看，内节点法更合理。

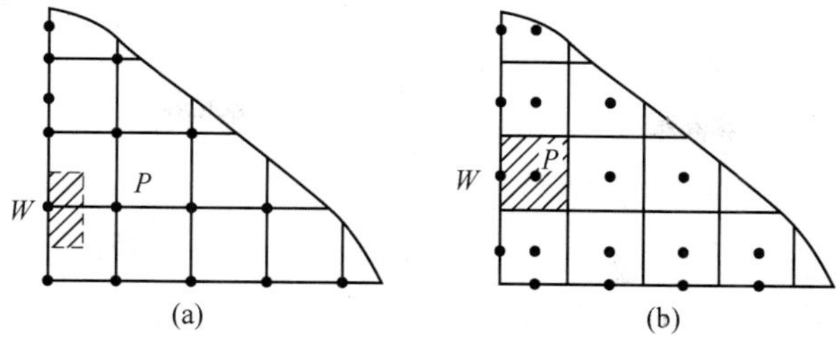

图 16-4　两种方法边界节点的比较

（a）外节点法；（b）内节点法

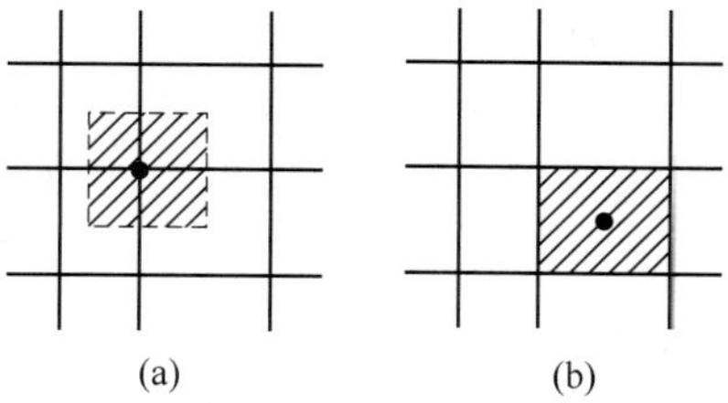

图 16-5　不均匀网格时的控制体

（a）外节点法；（b）内节点法

（3）当网格不均匀时，外节点法中界面永远位于两相邻节点的中间位置（见图 16-6（a）），而内节点法则不然，其界面不一定总处于两相邻节点的中间位置，如图 16-6（b）所示。

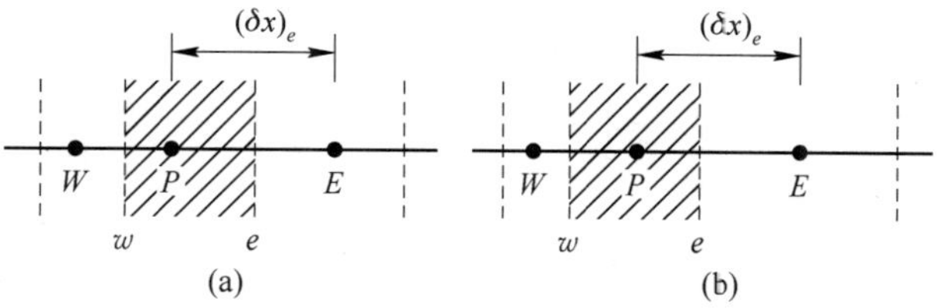

图 16-6　两种方法的界面

（a）外节点法；（b）内节点法

（4）当求解区域中物性发生阶跃性变化时，采用内节点可以比较方便地把发生阶跃变化的面作为界面，从而可避免在同一控制体积内物性发生突变的情形。当采用外节点法时，实现这一点则要困难得多。

16.3.2　控制方程的离散化

在求解区域离散化之后，对控制方程也要进行离散化处理。目前主要的控制方程离散化方法包括有限元法和有限差分法。

有限元法（finite element method，FEM）主要应用在固体力学中应力和应变的分析计算。该方法的处理过程是：把计算区域划分成一系列元体（二维情况下，元体多为三角形或四边形），在每个元体上取数个点，然后通过对控制方程做积分来获得离散方程。在处理过程中，要选定一个形状函数（如线性函数），并通过元体中节点上的被求物理量值来表示该形状函数，在积分之前，将该形状函数代入到控制方程中。此外，控制方程在积分之前要乘上一个权函数，要求在整个计算区域上控制方程余量（即代入形状函数后使控制方程等号两端不相等的差值）的加权平均值等于零，从而得出一组关于节点被求变量的代数方程。有限元法的基础是极值原理和划分插值，它吸收了有限差分法中离散处理的内核，又采用变分计算中选择逼近函数并对区域进行积分的合理方法，是这两类方法相结合、取长补短的发展结果。它具有广泛的适应性，特别适用于几何及物理条件比较复杂的问题，而且便于程序的标准化。

有限差分法（finite difference method，FDM）是目前在流动和传热计算中应用较多的一种方法。建立有限差分离散方程通常采用 Taylor 级数展开法、控制体积（积分）法及多项式拟合法等。需要指出的是，有文献也将控制体积法看作不同于有限差分法的另一种离散化方法。然而，本书将其作为有限差分法中的处理方法之一，以下着重对常用的 Taylor 级数展开法和控制体积法进行介绍。

16. 3. 2. 1　Taylor 级数展开法

Taylor 级数展开法是一种从数学观点出发的差商法，即在求解区域的网格节点上，用差商代替微商，把偏微分方程转化成差分格式（即代数方程组）。差商和微商之间的关系，可由 Taylor 级数展开来描述。为简化讨论，令网格均匀分布，即 $\Delta x_1 = \Delta x_2 = \Delta x_3 = \cdots = \Delta x$，用 ϕ 表示节点上某物理量的值，则有

$$\phi_{i+1} = \phi_i + \left(\frac{\mathrm{d}\phi}{\mathrm{d}x}\right)_i \Delta x + \frac{1}{2!}\cdot\left(\frac{\mathrm{d}^2\phi}{\mathrm{d}x^2}\right)_i \Delta x^2 + \frac{1}{3!}\cdot\left(\frac{\mathrm{d}^3\phi}{\mathrm{d}x^3}\right)_i \Delta x^3 + \frac{1}{4!}\cdot\left(\frac{\mathrm{d}^4\phi}{\mathrm{d}x^4}\right)_i \Delta x^4 + \cdots \tag{16-30}$$

$$\phi_{i-1} = \phi_i - \left(\frac{\mathrm{d}\phi}{\mathrm{d}x}\right)_i \Delta x + \frac{1}{2!}\cdot\left(\frac{\mathrm{d}^2\phi}{\mathrm{d}x^2}\right)_i \Delta x^2 - \frac{1}{3!}\cdot\left(\frac{\mathrm{d}^3\phi}{\mathrm{d}x^3}\right)_i \Delta x^3 + \frac{1}{4!}\cdot\left(\frac{\mathrm{d}^4\phi}{\mathrm{d}x^4}\right)_i \Delta x^4 + \cdots \tag{16-31}$$

由式（16-30）和式（16-31）分别可得 ϕ 的一阶导数的向前差分和向后差分格式，具体为

$$\left(\frac{\mathrm{d}\phi}{\mathrm{d}x}\right)_i = \frac{\phi_{i+1} - \phi_i}{\Delta x} + O(\Delta x) \tag{16-32}$$

$$\left(\frac{\mathrm{d}\phi}{\mathrm{d}x}\right)_i = \frac{\phi_i - \phi_{i-1}}{\Delta x} + O(\Delta x) \tag{16-33}$$

式（16-32）和式（16-33）中，$O(\Delta x)$ 为截断误差，括号内的 Δx 表示其精度与 Δx 的量级一致，故这种精度称为一阶精度。由式（16-32）和式（16-33）可知，最常用一阶导数的向前差分和向后差分的截断误差均是一阶精度。

用式（16-30）减去式（16-31），可得一阶导数的中心差分格式，即

$$\left(\frac{\mathrm{d}\phi}{\mathrm{d}x}\right)_i = \frac{\phi_{i+1} - \phi_{i-1}}{2\Delta x} + O(\Delta x)^2 \tag{16-34}$$

具体地，式（16-34）称为中心差分的三点格式。所谓三点格式，是指在计算 i 节点的一阶导数时，需要用到 $i+1$、i 和 $i-1$ 三点的值。另外，由式（16-34）可知，中心差分

三点格式的精度较向前差分和向后差分格式要高，是二阶精度。

将式（16-30）与式（16-31）相加，整理后可得二阶导数的差分格式，即

$$\left(\frac{d^2\phi}{dx^2}\right)_i = \frac{\phi_{i+1} - 2\phi_i + \phi_{i-1}}{(\Delta x)^2} + O(\Delta x)^2 \tag{16-35}$$

式（16-35）称为二阶导数的三点差分格式，也是二阶精度。

对于非稳态项$\frac{d\phi}{dt}$，同样有向前、向后及中心差分的格式，其表达式与上述相应各式类似，只是要将空间步长 Δx 用时间步长 Δt 来代替。

16.3.2.2　控制体积法

控制体积法又称有限容积法或有限体积法（finite volume method，FVM），在流动与传热计算中应用十分广泛。其一般的实施步骤为：

（1）将控制方程在任一控制体积及时间间隔内对空间和时间作积分；

（2）选定未知函数及其导数对空间及时间的局部分布曲线，即确定插值方式（离散格式）；

（3）对各项按选定的插值方式作积分，并整理成关于节点上未知物理量的代数方程。

下面以一维非稳态问题为例，扼要地说明有限体积法的实施过程。直角坐标系下，一维非稳态问题的通用控制方程为

$$\frac{\partial(\rho\phi)}{\partial t} + \frac{\partial(\rho u\phi)}{\partial x} = \frac{\partial}{\partial x}\left(\Gamma\frac{\partial\phi}{\partial x}\right) + S_\phi \tag{16-36}$$

为推导式（16-36）的离散方程，考虑如图 16-7 所示的一维网格，用 P 标识一个广义节点，其东西两侧相邻节点分别用 E 和 W 标识。同时，与节点 P 对应的控制体也用同一标识符。控制体 P 的左右两个界面分别用 w 和 e 标识，两个界面的距离为 Δx。控制体的体积为 $\Delta V=\Delta x\times A=\Delta x\times 1=\Delta x$（$A$ 为控制体的界面面积，一维问题中 $A=1$）。节点 E 和 P 间的距离为 $(\delta x)_e$，节点 W 和节点 P 间的距离为 $(\delta x)_w$。

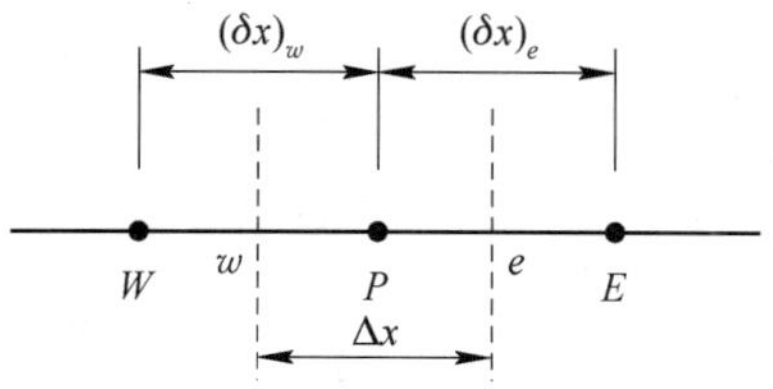

图 16-7　一维网格划分

对式（16-36）在控制体积 P 上积分，有

$$\int_t^{t+\Delta t}\int_{\Delta V}\frac{\partial(\rho\phi)}{\partial t}dVdt + \int_t^{t+\Delta t}\int_{\Delta V}\frac{\partial(\rho u\phi)}{\partial x}dVdt = \int_t^{t+\Delta t}\int_{\Delta V}\frac{\partial}{\partial x}\left(\Gamma\frac{\partial\phi}{\partial x}\right)dVdt + \int_t^{t+\Delta t}\int_{\Delta V}S_\phi dVdt \tag{16-37}$$

对于一维问题，式（16-37）可进一步写为

$$\int_{\Delta V}\int_t^{t+\Delta t}\frac{\partial(\rho\phi)}{\partial t}dtdV + \int_t^{t+\Delta t}\int_w^e\frac{\partial(\rho u\phi)}{\partial x}dxdt = \int_t^{t+\Delta t}\int_w^e\frac{\partial}{\partial x}\left(\Gamma\frac{\partial\phi}{\partial x}\right)dxdt + \int_t^{t+\Delta t}\int_{\Delta V}S_\phi dVdt \tag{16-38}$$

式中，等号左端的两项分别为非稳态项和移流项；等号右端的两项分别为扩散项和源项。

若要更进一步积分出物理量 ϕ 的值，需对物理量 ϕ 在控制体内的分布作一些基本假设，即确定其插值方式。常用的插值方式有两种（见图 16-8）：一是认为控制体内具有相同的 ϕ 值，即阶梯式分布；二是认为 ϕ 在相邻两节点之间是分段线性分布，这种分布也称为中心差分。选择不同的插值方式，可对式（16-38）中的各项做进一步积分处理。

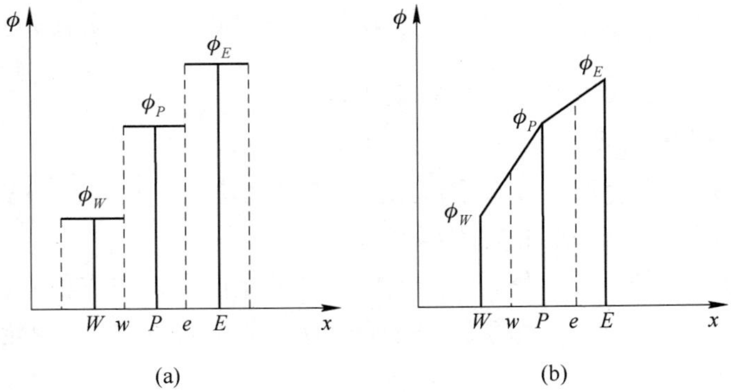

图 16-8　控制体性质的两种假设

（a）均匀分布；（b）分段线性分布

（1）非稳态项。选定 ϕ 的插值方式为阶梯式分布，即物理量 ϕ 在每个控制体内分布均匀，等于相应节点之值，于是有

$$\int_{\Delta V}\left[\int_{t}^{t+\Delta t}\frac{\partial(\rho\phi)}{\partial t}\mathrm{d}t\right]\mathrm{d}V=\rho\int_{\Delta V}[\phi^{t+\Delta t}-\phi^{t}]\mathrm{d}V=\rho(\phi_P^{t+\Delta t}-\phi_P^{t})\Delta V=\rho(\phi_P^{t+\Delta t}-\phi_P^{t})\Delta x \tag{16-39a}$$

（2）移流项。取物理量 ϕ 分段线性分布，则有

$$(\rho u\phi)_w=\frac{(\rho u\phi)_W+(\rho u\phi)_P}{2}\quad 和 \quad(\rho u\phi)_e=\frac{(\rho u\phi)_E+(\rho u\phi)_P}{2}$$

因此可得

$$\begin{aligned}\int_{t}^{t+\Delta t}\int_{w}^{e}\frac{\partial(\rho u\phi)}{\partial x}\mathrm{d}x\mathrm{d}t&=\int_{t}^{t+\Delta t}[(\rho u\phi)_e-(\rho u\phi)_w]\mathrm{d}t\\&=\int_{t}^{t+\Delta t}\left[(\rho u)_e\left(\frac{\phi_E+\phi_P}{2}\right)-(\rho u)_w\left(\frac{\phi_W+\phi_P}{2}\right)\right]\mathrm{d}t\end{aligned} \tag{16-39b}$$

（3）扩散项。同样地，取物理量 ϕ 分段线性变化，则有

$$\left(\Gamma\frac{\partial\phi}{\partial x}\right)_e=\Gamma_e\frac{\phi_E-\phi_P}{(\delta x)_e}\quad 和 \quad\left(\Gamma\frac{\partial\phi}{\partial x}\right)_w=\Gamma_w\frac{\phi_P-\phi_W}{(\delta x)_w}$$

因此可得

$$\begin{aligned}\int_{t}^{t+\Delta t}\int_{w}^{e}\frac{\partial}{\partial x}\left(\Gamma\frac{\partial\phi}{\partial x}\right)\mathrm{d}x\mathrm{d}t&=\int_{t}^{t+\Delta t}\left[\left(\Gamma\frac{\partial\phi}{\partial x}\right)_e-\left(\Gamma\frac{\partial\phi}{\partial x}\right)_w\right]\mathrm{d}t\\&=\int_{t}^{t+\Delta t}\left\{\Gamma_e\left[\frac{\phi_E-\phi_P}{(\delta x)_e}\right]-\Gamma_w\left[\frac{\phi_P-\phi_W}{(\delta x)_w}\right]\right\}\mathrm{d}t\end{aligned} \tag{16-39c}$$

（4）源项。一般取源项 S_ϕ 呈阶梯式变化，并把源项做线性化处理，即将源项分解成两部分，一部分是与 ϕ 和时间无关的常量 S_u，一部分是与 ϕ 和时间有关的 S_P，并令 $S_\phi = S_u + S_P\phi_P$，则有

$$\int_t^{t+\Delta t}\int_{\Delta V} S_u \mathrm{d}V\mathrm{d}t = \int_t^{t+\Delta t}(S_u + S_P\phi_P)\Delta V\mathrm{d}t = \int_t^{t+\Delta t}(S_u + S_P\phi_P)\Delta x\mathrm{d}t \tag{16-39d}$$

将式（16-39）代入式（16-38），整理后可得

$$\rho(\phi_P^{t+\Delta t} - \phi_P^t)\Delta x + \int_t^{t+\Delta t}\left[(\rho u)_e\left(\frac{\phi_E + \phi_P}{2}\right) - (\rho u)_w\left(\frac{\phi_W + \phi_P}{2}\right)\right]\mathrm{d}t$$
$$= \int_t^{t+\Delta t}\left\{\Gamma_e\left[\frac{\phi_E - \phi_P}{(\delta x)_e}\right] - \Gamma_w\left[\frac{\phi_P - \phi_W}{(\delta x)_w}\right]\right\}\mathrm{d}t + \int_t^{t+\Delta t}(S_u + S_P\phi_P)\Delta x\mathrm{d}t \tag{16-40}$$

为计算其中的时间积分，需要对式（16-40）中变量 ϕ 随时间的变化规律做出某种假设。一般而言，可认为 ϕ_P 的新值由 $t+\Delta t$ 时刻与 t 时刻的值的贡献组成。根据这种假设，ϕ_P 的时间积分可写成

$$\int_t^{t+\Delta t}\phi_P\mathrm{d}t = [f\phi_P^{t+\Delta t} - (1-f)\phi_P^t]\Delta t \tag{16-41}$$

式中，f 为加权因子，其值在 0~1 之间。当 $f=0$ 时，称为显式时间积分方案；当 $f=1$ 时，称为隐式时间积分方案；当 $f=0.5$ 时，称为 Crank-Nicolson 时间积分方案。

将式（16-41）代入式（16-39）可得

$$\rho(\phi_P^{t+\Delta t} - \phi_P^t)\frac{\Delta x}{\Delta t} + f\left[(\rho u)_e\left(\frac{\phi_E^{t+\Delta t} + \phi_P^{t+\Delta t}}{2}\right) - (\rho u)_w\left(\frac{\phi_W^{t+\Delta t} + \phi_P^{t+\Delta t}}{2}\right)\right] +$$
$$(1-f)\left[(\rho u)_e\left(\frac{\phi_E^t + \phi_P^t}{2}\right) - (\rho u)_w\left(\frac{\phi_W^t + \phi_P^t}{2}\right)\right]$$
$$= f\left\{\Gamma_e\left[\frac{\phi_E^{t+\Delta t} - \phi_P^{t+\Delta t}}{(\delta x)_e}\right] - \Gamma_w\left[\frac{\phi_P^{t+\Delta t} - \phi_W^{t+\Delta t}}{(\delta x)_w}\right]\right\} + (1-f)\left\{\Gamma_e\left[\frac{\phi_E^t - \phi_P^t}{(\delta x)_e}\right] - \Gamma_w\left[\frac{\phi_P^t - \phi_W^t}{(\delta x)_w}\right]\right\} +$$
$$[f(S_u + S_P\phi_P^{t+\Delta t}) + (1-f)(S_u + S_P\phi_P^t)]\Delta x \tag{16-42}$$

整理后为

$$\left\{\rho\frac{\Delta x}{\Delta t} + f\left[\frac{\Gamma_e}{(\delta x)_e} + \frac{\Gamma_w}{(\delta x)_w}\right] + f\left[\frac{(\rho u)_e}{2} - \frac{(\rho u)_w}{2}\right] - fS_P\Delta x\right\}\phi_P^{t+\Delta t}$$
$$= \left[\frac{\Gamma_w}{(\delta x)_w} + \frac{(\rho u)_w}{2}\right][f\phi_W^{t+\Delta t} + (1-f)\phi_W^t] + \left[\frac{\Gamma_e}{(\delta x)_e} - \frac{(\rho u)_e}{2}\right][f\phi_E^{t+\Delta t} + (1-f)\phi_E^t] +$$
$$\left\{\rho\frac{\Delta x}{\Delta t} - (1-f)\left[\frac{\Gamma_e}{(\delta x)_e} + \frac{(\rho u)_e}{2}\right] - (1-f)\left[\frac{\Gamma_w}{(\delta x)_w} - \frac{(\rho u)_w}{2}\right] + (1-f)S_P\Delta x\right\}\phi_P^t +$$
$$S_u\Delta x \tag{16-43}$$

定义如下变量（注意：对于此处讨论的一维问题有：$A_w = A_e = 1$）：

$$F_w = (\rho u)_w A_w,\ F_e = (\rho u)_e A_e,\ D_w = \frac{\Gamma_w A_w}{(\delta x)_w},\ D_e = \frac{\Gamma_e A_e}{(\delta x)_e}$$

并代入式（16-43），整理后可得

$$
\begin{aligned}
&\left[f(D_w + D_e) + f\left(\frac{F_w}{2} - \frac{F_e}{2}\right)\right]\phi_P^{t+\Delta t} \\
&= f\left(D_w + \frac{F_w}{2}\right)\phi_W^{t+\Delta t} + f\left(D_e - \frac{F_e}{2}\right)\phi_E^{t+\Delta t} + \\
&\left[\rho\frac{\Delta x}{\Delta t} - (1-f)\left(D_e + \frac{F_e}{2}\right) - (1-f)\left(D_w - \frac{F_w}{2}\right) + (1-f)S_P\Delta x\right]\phi_P^t + \\
&(1-f)\left(D_w + \frac{F_w}{2}\right)\phi_W^t + (1-f)\left(D_e - \frac{F_e}{2}\right)\phi_E^t - \left[\rho\frac{\Delta x}{\Delta t} - fS_P\Delta x + (F_e - F_w)\right]\phi_P^{t+\Delta t} + S_u\Delta x
\end{aligned}
$$

或进一步整理为

$$
a_P\phi_P^{t+\Delta t} = a_W\phi_W^{t+\Delta t} + a_E\phi_W^{E+\Delta t} + a_P^0\phi_P^t + b \tag{16-44}
$$

其中

$$
a_W = f\left(D_w + \frac{F_w}{2}\right); \ a_E = f\left(D_e - \frac{F_e}{2}\right)
$$

$$
a_P = a_W + a_E = f(D_w + D_e) + f\left(\frac{F_w}{2} - \frac{F_e}{2}\right)
$$

$$
a_P^0 = \rho\frac{\Delta x}{\Delta t} - (1-f)\left(D_w - \frac{F_w}{2}\right) - (1-f)\left(D_e + \frac{F_e}{2}\right) + (1-f)S_P\Delta x
$$

$$
b = (1-f)a_W\phi_W^t + (1-f)a_E\phi_E^t - \left[\rho\frac{\Delta x}{\Delta t} - fS_P\Delta x - (F_w - F_e)\right]\phi_P^{t+\Delta t} + S_u\Delta x
$$

式（16-44）即为一维非稳态问题的离散方程。同理，也可得到形如式（16-44）的二维和三维非稳态问题的离散方程，这里不再详细推导。建立离散方程后，可采用针对代数方程组的数值方法对其进行迭代求解。

需要指出的是，在有限体积法中选取插值方式仅是为了导出离散化方程，一旦离散方程建立起来，插值方式就完成了使命而不再具有任何意义。因此，在插值方式选取时主要考虑的是实施及所形成的离散化方程具有满意的数值特性，而不必要前后各项保持一致。此外，在有限体积法中，扩散项通常采用前述中心差分格式；而对于移流项，根据待求解的具体问题不同，一般也可采用其他格式，如具有一阶精度的一阶迎风格式、混合格式、指数格式、乘方格式，以及具有二阶精度的二阶迎风格式、具有三阶精度的 QUICK 格式等。对于这些插值格式，本书不详述，读者可参阅相关文献。

16.3.2.3 建立离散方程的四项基本原则

对于有限差分法，要保持建立的离散方程与微分方程具有相同的性质，并且保证所得的解符合物理真实，必须遵循下列四项基本原则。

（1）通过控制体界面上的通量必须保持一致。在两个相邻节点的界面上，从节点 P 经界面 e 流出的流量应等于经该同一界面 e 流入到节点 E 的流量，这就是控制体界面上通量的一致性。

（2）系数为正。大多数情况下，离散方程表示节点 P 的物理量值的计算式表明，它受到相邻节点的物理量值的影响；如果相邻点的物理量值增大，则节点 P 的物理量值也必然增大，而不可能出现物理量值反而降低的状况，增大的量由离散方程来控制。因此，建立的离散方程必须保证所有节点物理量相关项的系数为正。

（3）源项作线性处理后，S_P 值必须为负。由式（16-43）可知，要保证 a_P 的系数为正，S_P 一定要取负值，否则就存在 a_P 出现负值的可能。

（4）a_P 的系数等于相邻各系数之和。为了使离散方程与微分方程具有相同的性质，应尽可能保证 a_P 的系数等于相邻各系数之和，即 $a_P = \sum a_{nb}$（下标 nb 代表相邻，即 neighbour）。

16.3.3 离散方程的求解

16.3.3.1 流场计算的困难和方法

首先介绍流场的计算，这是因为流场（即速度场）是计算其他变量，如温度、浓度及湍流参数等的前提。若计算的变量本身就是速度，即待求解控制方程为 N-S 方程时，问题变得很复杂。要求出速度场，首先要知道压力场，然而压力场通常未知，且没有相应的控制方程，而是出现在 N-S 方程的源项中。为解决未知压力给流场计算带来的困难，早期产生了流函数-涡量法，其中压力梯度项被消除，也就不存在压力场的问题。但是，该方法的突出缺点是壁面的涡量很难确定，流函数和涡量反映的物理概念并不直观，而且不易推广到三维问题，因此应用存在很大局限性。

为解决上述问题，帕坦卡（S. V. Patankar）提出了以速度、压力为基本变量的原始变量法，也称速度-压力梯度法，即对连续性方程和 N-S 方程进行直接求解，从而获得速度场。目前被广泛应用的是 SIMPLE（semi-implicit method for pressure-linked equations）算法，以及在其基础上衍生的 SIMPLER、SIMPLEST 和 SIMPLEC 算法等。以下仅对 SIMPLE 算法涉及的几个方面作扼要阐述。

16.3.3.2 交错网格的提出

在 N-S 方程中，有一项为压力梯度项。以 x 方向为例，压力梯度项为 $\dfrac{\partial p}{\partial x}$，对图 16-7 所示的控制体，它的离散化形式为

$$\int_w^e \frac{\partial p}{\partial x}\mathrm{d}x = p_e - p_w = \frac{1}{2}(p_P + p_E) - \frac{1}{2}(p_P + p_W) = \frac{1}{2}(p_E - p_W) \tag{16-45}$$

式（16-45）表明，作用于控制体界面 w 和 e 上的压差为相隔节点之间压差的一半，也就是说，压力插值选取的网格粗将导致计算精度下降。更严重的是，粗网格的选取还会使锯齿形的压力场在计算上等价于均匀压力场。实际上，连续性方程的离散化也存在同样的问题。比如，对节点 P 处 x 方向的速度分量 u 而言有 $\dfrac{\partial u}{\partial x} = 0$，其离散化形式为

$$\int_w^e \frac{\partial u}{\partial x}\mathrm{d}x = u_e - u_w = \frac{1}{2}(u_P + u_E) - \frac{1}{2}(u_P + u_W) = \frac{1}{2}(u_E - u_W) = 0 \tag{16-46}$$

式（16-46）表明，完全不符合实际的锯齿形速度场在计算上是能满足连续性方程的。出现此问题的原因是，在对一阶导数进行离散化时，涉及界面上的变量值，而界面上不储存变量值，需要用插值把该界面上的变量值用相邻节点上的值来表示。

要解决上述问题，方法之一是：使不同的变量具有不同的控制体积，而不是所有变量都位于网格的同一点上，这就是交错网格（staggered grid）的提出。所谓交错网格，就是

除速度外，把其他所有待确定的物理量都放在网格主节点上，而速度则在控制体的界面上计算，如图 16-9 所示。以二维问题为例，N-S 方程中 x 方向和 y 方向压力梯度的离散形式分别为

$$\frac{\partial p}{\partial x}=\frac{p_E-p_P}{(\delta x)_e} \quad \text{和} \quad \frac{\partial p}{\partial y}=\frac{p_N-p_P}{(\delta y)_n} \tag{16-47}$$

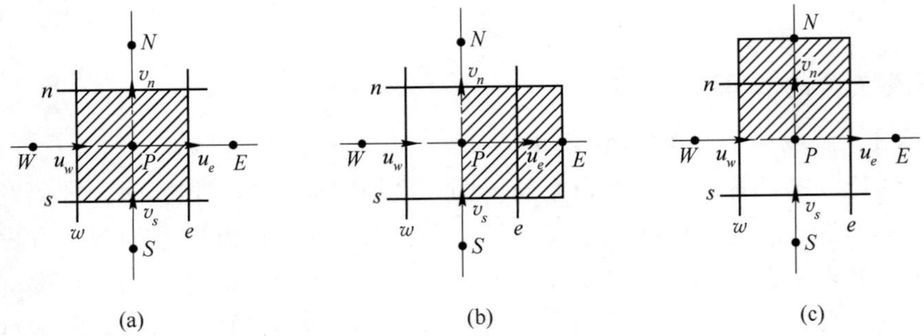

图 16-9 交错网格示意图

（a）主控制体积；（b）u 控制体积；（c）v 控制体积

这样一来，此时的压力梯度是通过相邻两节点的压差，而不是用相隔两个节点间的压差来描述，因而可以有效避免锯齿形压力场的出现。

采用交错网格的另一优点是不用对有关速度分量进行插值，就可以计算通过控制体表面的质量流量。此外，对主控制体，其离散化的连续性方程包含相邻两节点速度分量之差，这就能够避免出现锯齿形速度场的情况。

16.3.3.3 N-S 方程的离散化

由于压力梯度是速度场的推动力，在 N-S 方程中把压力梯度项单独列出来，而与源项分离，这样源项中就仅剩容易处理的体积力。以二维问题为例（其他方向可以此类推），x 方向的 N-S 方程为

$$\frac{\partial(\rho u)}{\partial t}+\frac{\partial(\rho uu)}{\partial x}+\frac{\partial(\rho uv)}{\partial y}=-\frac{\partial p}{\partial x}+\mu\left(\frac{\partial^2 u}{\partial x^2}+\frac{\partial^2 u}{\partial y^2}\right)+S_{\phi,\ x} \tag{16-48}$$

式中，v 为 y 方向的速度分量。

将压力梯度从源项中独立出来，应用控制体积法（控制体见图 16-9），针对速度分量 u_e，可建立离散方程（其中，忽略上标 $t+\Delta t$）为

$$a_e u_e=\sum a_{\mathrm{nb}}u_{\mathrm{nb}}+(p_P-p_E)A_e+b \tag{16-49}$$

式中，$A_e=\Delta y$，为控制体 e 界面的表面积。

同理，也可对 v_n 写出类似的离散方程，即

$$a_n v_n=\sum a_{\mathrm{nb}}v_{\mathrm{nb}}+(p_P-p_N)A_n+b \tag{16-50}$$

式中，$A_n=\Delta x$，为控制体 n 界面的表面积。

16.3.3.4 速度修正公式

由式（16-49）和式（16-50）可以看出，如果已知正确的压力场，则就可求出正确的速度场。但当压力场未知时，一般采用如下步骤进行求解：

（1）假定一个压力场，用式（16-49）和式（16-50）可求出各节点速度，即速度场；

（2）由于压力场是假定的，由其求出的速度场不一定正确。因此，需用连续性方程对速度场进行验证，从而基于某种压力修正方程，对假定的压力场进行修正；

（3）压力场经过修正后，比之前假定的压力场有所改良，用此改良的压力场作为假定，再利用式（16-49）和式（16-50）求出速度场，然后执行步骤（2）；

（4）依次迭代，最终可得到正确的压力场和速度场。

用上标“＊”代表假定值，则式（16-49）和式（16-50）可写为

$$a_e u_e^* = \sum a_{\mathrm{nb}} u_{\mathrm{nb}}^* + (p_P^* - p_E^*)A_e + b \tag{16-51a}$$

$$a_n v_n^* = \sum a_{\mathrm{nb}} v_{\mathrm{nb}}^* + (p_P^* - p_N^*)A_n + b \tag{16-51b}$$

若正确的压力场表示为假定压力场 p^* 与压力修正量 p' 之和，即

$$p = p^* + p'$$

同理，对各速度分量有

$$\begin{cases} u = u^* + u' & (16\text{-}52a) \\ v = v^* + v' & (16\text{-}52b) \end{cases}$$

用式（16-49）减去式（16-51a），可得速度修正量的关系式

$$a_e u_e' = \sum a_{\mathrm{nb}} u_{\mathrm{nb}}' + (p_P' - p_E')A_e \tag{16-53}$$

式中，等号右端第一项表示相邻节点速度修正量的贡献；第二项表示压力修正量之差的贡献。

式（16-49）中，由于 u_e' 并不是目标速度值，只是在迭代中作为修正量，因此一般忽略其中等号右端的第一项，将其简化为

$$a_e u_e' = (p_P' - p_E')A_e$$

于是有

$$u_e' = \frac{A_e}{a_e}(p_P' - p_E') = d_e(p_P' - p_E') \tag{16-54}$$

将式（16-54）代入式（16-52），可得速度修正公式为

$$u_e = u_e^* + d_e(p_P' - p_E') \tag{16-55}$$

同理，亦可得到关于 v 和 w（三维问题中 z 方向速度分量）的修正公式为

$$v_n = v_n^* + d_n(p_P' - p_N') \tag{16-56a}$$

$$w_t = w_t^* + d_t(p_P' - p_T') \tag{16-56b}$$

至此，只要知道压力修正量 p'，就可以得到改善的速度场，以使速度值精确，反复迭代，最后获得正确的速度场。可见，获得求出压力修正量 p' 的压力修正方程十分重要，是改善速度场的基础。

另外需要说明的是，式（16-54）简化的目的是为了简化计算步骤。这种简化仅会影响迭代过程的收敛速度，不会影响最终结果的正确性。

16.3.3.5　压力修正方程

压力修正方程可由连续性方程导出。若密度与压力无关，则连续性方程为

$$\frac{\partial \rho}{\partial t} + \frac{\partial(\rho u)}{\partial x} + \frac{\partial(\rho v)}{\partial y} + \frac{\partial(\rho w)}{\partial z} = 0$$

图 16-10 所示的控制体体积为 $\Delta x\Delta y\Delta z$。在控制体上积分上述连续性方程，可得其离散式为

$$\frac{(\rho_P - \rho_P^0)\Delta x\Delta y\Delta z}{\Delta t} + [(\rho u)_e - (\rho u)_w]\Delta y\Delta z + [(\rho v)_n - (\rho v)_s]\Delta x\Delta z + [(\rho w)_t - (\rho w)_b]\Delta x\Delta y = 0 \tag{16-57}$$

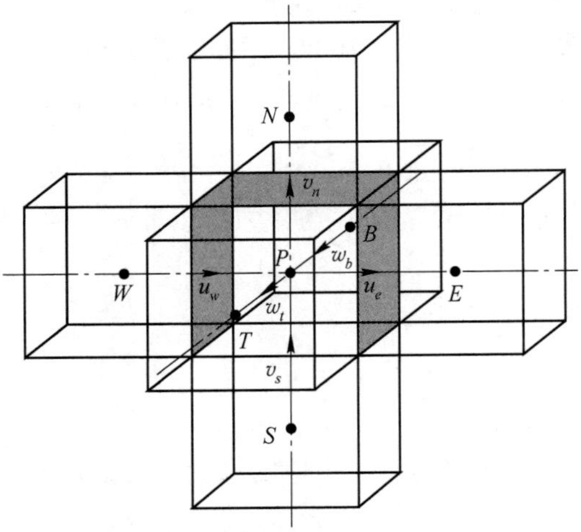

图 16-10　连续性方程积分的控制体

为标记简便，式（16-57）中忽略了代表新值的上角标（$t+\Delta t$），而旧值的上角标 t 用 0 标记。将式（16-55）和式（16-56）代入式（16-57），整理后可得压力修正方程为

$$a_P p'_P = a_E p'_E + a_W p'_W + a_N p'_N + a_S p'_S + a_T p'_T + a_B p'_B + b = \sum a_{\mathrm{nb}} p'_{\mathrm{nb}} + b \tag{16-58}$$

其中 $a_E = \rho_e d_e \Delta y\Delta z$；$a_W = \rho_w d_w \Delta y\Delta z$；$a_N = \rho_n d_n \Delta z\Delta x$；$a_S = \rho_s d_s \Delta z\Delta x$；

$a_T = \rho_t d_t \Delta x\Delta y$；$a_B = \rho_b d_b \Delta x\Delta y$；$a_P = a_E + a_W + a_N + a_S + a_T + a_B$；

$$b = \frac{(\rho_P^0 - \rho_P)\Delta x\Delta y\Delta z}{\Delta t} + [(\rho u^*)_e - (\rho u^*)_w]\Delta y\Delta z + [(\rho v^*)_n - (\rho v^*)_s]\Delta x\Delta z + [(\rho w^*)_t - (\rho w^*)_b]\Delta x\Delta y$$

由于密度 ρ 值也位于主节点上，界面位置上的 ρ_e 值一般可采用算术平均值计算，即 $\rho_e = \frac{1}{2}(\rho_P + \rho_E)$。

由式（16-58）可知，b 的实质含义是用假定值 u^*、v^*、w^* 表示连续性方程。若 $b=0$，表示 u^*、v^*、w^* 已经满足连续性方程，此时 u^*、v^*、w^* 即为正确值，所以就不需要压力修正方程了。因此，b 也称为质量误差，可用 b 值大小来判断 N-S 方程迭代计算过程中的收敛情况。

压力修正方程不进行任何边界修正。因为在边界上，速度一般为已知，压力也是正确压力，不需要修正。在出口边界处，一般会给出边界的法向速度，所以压力也是恒定的，无需修正。压力修正方程是一个中间工具，可用于求出较好的速度分布；当迭代收敛时，压力修正量趋于零，速度修正量也趋于零，所以不会影响最终结果的正确性。

16.3.3.6 SIMPLE 算法

SIMPLE 算法意为“求解压力耦合方程组的半隐式方法”，它是在交错网格的基础上计算压力场，从而达到求解 N-S 方程，获得正确流场的目的。该算法是目前工程上应用最为广泛的一种流场计算方法，可用于可压缩和不可压缩流场的计算。其求解步骤如下：

（1）假定初始压力场 p^*；

（2）将 p^* 代入离散化 N-S 方程，求解出 u^*、v^*、w^*；

（3）将 u^*、v^*、w^* 代入压力修正方程，求出 p' 以及质量误差 b；

（4）利用 p' 和速度修正公式，由 u^*、v^*、w^* 求出修正后的 u、v、w；

（5）根据 $p=p^*+p'$，进行压力场修正；

（6）利用修正后的速度场求解与速度场耦合的变量，如温度、浓度以及湍流参数等；

（7）根据修正后的压力场，对各点密度进行修正；

（8）把修正后的 p 作为新的压力场 p^*，重新返回到步骤（2），直至步骤（3）所得 b 趋于零，最终得到收敛解。

复习思考题

16-1　传输现象的数值模拟对于智能冶金的重要性体现在哪些方面？

16-2　对传输过程进行数值求解的基本思想和主要步骤是什么？

16-3　对 N-S 方程进行数值求解时必须进行速度和压力修正的原因为何？

附　录

附表 A　1 atm（101325 Pa）下一些气体的热物性参数

温度 T/K	密度 ρ/kg·m^{-3}	动力黏度 μ /Pa·s	定压比热容 c_p /kJ·$(kg·K)^{-1}$	导热系数 λ /W·$(m·K)^{-1}$
		空气		
300	1.177	1.85×10^{-5}	1.005	0.0261
350	1.009	2.08×10^{-5}	1.008	0.0297
400	0.883	2.29×10^{-5}	1.013	0.0331
450	0.785	2.49×10^{-5}	1.020	0.0363
500	0.706	2.68×10^{-5}	1.029	0.0395
550	0.642	2.86×10^{-5}	1.039	0.0426
600	0.589	3.03×10^{-5}	1.051	0.0456
700	0.504	3.35×10^{-5}	1.075	0.0513
800	0.441	3.64×10^{-5}	1.099	0.0569
900	0.392	3.92×10^{-5}	1.120	0.0625
1000	0.353	4.18×10^{-5}	1.141	0.0672
1200	0.294	4.65×10^{-5}	1.175	0.0759
1400	0.252	5.09×10^{-5}	1.201	0.0835
1600	0.221	5.49×10^{-5}	1.240	0.0904
1800	0.196	5.87×10^{-5}	1.276	0.0970
2000	0.177	6.23×10^{-5}	1.327	0.1032
		一氧化碳（CO）		
300	1.138	1.78×10^{-5}	1.051	0.0252
350	0.976	2.01×10^{-5}	1.056	0.0288
400	0.854	2.21×10^{-5}	1.060	0.0323
450	0.759	2.41×10^{-5}	1.065	0.0355
500	0.683	2.60×10^{-5}	1.071	0.0386
550	0.621	2.77×10^{-5}	1.077	0.0416
600	0.569	2.94×10^{-5}	1.084	0.0444
700	0.488	3.25×10^{-5}	1.099	0.0497
800	0.427	3.54×10^{-5}	1.114	0.0549
900	0.379	3.81×10^{-5}	1.128	0.0596
1000	0.342	4.06×10^{-5}	1.142	0.0644

续附表 A

温度 T/K	密度 ρ/kg·m^{-3}	动力黏度 μ /Pa·s	定压比热容 c_p /kJ·(kg·K)$^{-1}$	导热系数 λ /W·(m·K)$^{-1}$
1100	0.310	4.30×10^{-5}	1.155	0.0692
1200	0.285	4.53×10^{-5}	1.168	0.0738
二氧化碳（CO_2）				
300	1.789	1.50×10^{-5}	0.852	0.0166
350	1.533	1.73×10^{-5}	0.897	0.0205
400	1.341	1.94×10^{-5}	0.939	0.0244
450	1.192	2.15×10^{-5}	0.979	0.0283
500	1.073	2.35×10^{-5}	1.017	0.0323
550	0.976	2.54×10^{-5}	1.049	0.0363
600	0.894	2.72×10^{-5}	1.077	0.0403
700	0.767	3.06×10^{-5}	1.126	0.0487
800	0.671	3.39×10^{-5}	1.169	0.0560
900	0.596	3.69×10^{-5}	1.205	0.0621
1000	0.537	3.97×10^{-5}	1.235	0.0680
1200	0.447	4.49×10^{-5}	1.283	0.0780
1400	0.383	4.97×10^{-5}	1.315	0.0867
氢气（H_2）				
300	0.0819	0.89×10^{-5}	14.32	0.182
350	0.0702	0.99×10^{-5}	14.42	0.203
400	0.0614	1.09×10^{-5}	14.48	0.221
450	0.0546	1.18×10^{-5}	14.50	0.239
500	0.0492	1.27×10^{-5}	14.51	0.256
550	0.0447	1.36×10^{-5}	14.52	0.274
600	0.0410	1.45×10^{-5}	14.54	0.291
700	0.0351	1.61×10^{-5}	14.61	0.325
800	0.0307	1.77×10^{-5}	14.71	0.360
900	0.0273	1.92×10^{-5}	14.84	0.394
1000	0.0246	2.07×10^{-5}	14.99	0.428
1200	0.0205	2.36×10^{-5}	15.37	0.495
水蒸气（H_2O）				
380	0.586	1.27×10^{-5}	2.060	0.0246
400	0.555	1.32×10^{-5}	2.000	0.0264
450	0.491	1.52×10^{-5}	1.968	0.0307
500	0.441	1.73×10^{-5}	1.977	0.0357
550	0.401	1.93×10^{-5}	1.994	0.0411

续附表 A

温度 T/K	密度 ρ/kg · m^{-3}	动力黏度 μ /Pa · s	定压比热容 c_p /kJ · (kg · K)$^{-1}$	导热系数 λ /W · (m · K)$^{-1}$
600	0. 367	2.13×10^{-5}	2. 022	0. 0464
700	0. 314	2.54×10^{-5}	2. 083	0. 0572
800	0. 275	2.95×10^{-5}	2. 148	0. 0686
900	0. 244	3.36×10^{-5}	2. 217	0. 078
1000	0. 220	3.76×10^{-5}	2. 288	0. 087
氮气 (N_2)				
300	1. 139	1.79×10^{-5}	1. 040	0. 0260
350	0. 967	2.01×10^{-5}	1. 041	0. 0294
400	0. 854	2.21×10^{-5}	1. 045	0. 0325
450	0. 759	2.41×10^{-5}	1. 050	0. 0356
500	0. 683	2.59×10^{-5}	1. 057	0. 0387
550	0. 621	2.76×10^{-5}	1. 065	0. 0414
600	0. 569	2.93×10^{-5}	1. 075	0. 0441
700	0. 488	3.24×10^{-5}	1. 098	0. 0493
800	0. 427	3.52×10^{-5}	1. 122	0. 0541
900	0. 380	3.79×10^{-5}	1. 146	0. 0587
1000	0. 342	4.04×10^{-5}	1. 168	0. 0631
1200	0. 285	4.50×10^{-5}	1. 205	0. 0713
1400	0. 244	4.92×10^{-5}	1. 233	0. 0797
氧气 (O_2)				
300	1. 301	2.07×10^{-5}	0. 920	0. 0267
350	1. 115	2.34×10^{-5}	0. 929	0. 0306
400	0. 976	2.59×10^{-5}	0. 942	0. 0342
450	0. 867	2.83×10^{-5}	0. 956	0. 0377
500	0. 780	3.05×10^{-5}	0. 971	0. 0412
550	0. 709	3.27×10^{-5}	0. 987	0. 0447
600	0. 650	3.47×10^{-5}	1. 003	0. 0480
700	0. 557	3.85×10^{-5}	1. 032	0. 0544
800	0. 488	4.21×10^{-5}	1. 054	0. 0603
900	0. 434	4.54×10^{-5}	1. 074	0. 0661
1000	0. 390	4.85×10^{-5}	1. 091	0. 0717
1200	0. 325	5.42×10^{-5}	1. 116	0. 0821
1400	0. 278	5.95×10^{-5}	1. 136	0. 0921
氩气 (Ar)				
300	1. 623	2.27×10^{-5}	0. 5216	0. 0177

续附表 A

温度 T/K	密度 ρ/kg · m^{-3}	动力黏度 μ /Pa · s	定压比热容 c_p /kJ · (kg · K)$^{-1}$	导热系数 λ /W · (m · K)$^{-1}$
350	1. 392	2.57×10^{-5}	0. 5212	0. 0201
400	1. 218	2.85×10^{-5}	0. 5210	0. 0223
450	1. 082	3.12×10^{-5}	0. 5209	0. 0244
500	0. 974	3.37×10^{-5}	0. 5208	0. 0264
550	0. 886	3.60×10^{-5}	0. 5207	0. 0283
600	0. 812	3.83×10^{-5}	0. 5206	0. 0301
700	0. 696	4.25×10^{-5}	0. 5206	0. 0336
800	0. 609	4.64×10^{-5}	0. 5205	0. 0369
900	0. 541	5.01×10^{-5}	0. 5205	0. 0398
1000	0. 487	5.35×10^{-5}	0. 5205	0. 0427
1200	0. 406	5.99×10^{-5}	0. 5205	0. 0481
1400	0. 348	6.56×10^{-5}	0. 5204	0. 0535
1600	0. 304	7.10×10^{-5}	0. 5204	0. 0588
1800	0. 271	7.60×10^{-5}	0. 5204	0. 0641
2000	0. 244	8.07×10^{-5}	0. 5204	0. 0692
氦气（He）				
300	0. 1627	1.99×10^{-5}	5. 197	0. 150
350	0. 1394	2.21×10^{-5}	5. 197	0. 165
400	0. 1220	2.43×10^{-5}	5. 197	0. 180
450	0. 1085	2.63×10^{-5}	5. 197	0. 195
500	0. 0976	2.83×10^{-5}	5. 197	0. 211
550	0. 0887	3.02×10^{-5}	5. 197	0. 229
600	0. 0813	3.20×10^{-5}	5. 197	0. 247
700	0. 0697	3.55×10^{-5}	5. 197	0. 278
800	0. 0610	3.88×10^{-5}	5. 197	0. 307
900	0. 0542	4.20×10^{-5}	5. 197	0. 335
1000	0. 0488	4.50×10^{-5}	5. 197	0. 363
1200	0. 0407	5.08×10^{-5}	5. 197	0. 416
1400	0. 0349	5.61×10^{-5}	5. 197	0. 469
1600	0. 0305	6.10×10^{-5}	5. 197	0. 521
1800	0. 0271	6.57×10^{-5}	5. 197	0. 570
2000	0. 0244	7.00×10^{-5}	5. 197	0. 620
氨气（NH_3）				
300	0. 692	10.27×10^{-6}	2. 298	0. 0246
350	0. 593	12.06×10^{-6}	2. 349	0. 0302

续附表 A

温度 T/K	密度 ρ/kg · m^{-3}	动力黏度 μ /Pa · s	定压比热容 c_p /kJ · (kg · K)$^{-1}$	导热系数 λ /W · (m · K)$^{-1}$
400	0.519	13.90×10^{-6}	2.402	0.364
450	0.461	15.76×10^{-6}	2.455	0.0433
500	0.415	17.63×10^{-6}	2.507	0.0506
550	0.378	19.5×10^{-6}	2.559	0.0580
600	0.346	21.4×10^{-6}	2.611	0.0656
700	0.297	25.1×10^{-6}	2.710	0.0811
800	0.260	28.8×10^{-6}	2.810	0.0977
900	0.231	32.4×10^{-6}	2.907	0.1146
1000	0.208	35.9×10^{-6}	3.001	0.1317

附表 B　一些液态金属的热物性参数

温度 T /K	密度 ρ /kg·m^{-3}	动力黏度 μ /Pa·s	定压比热容 c_p /kJ·(kg·K)$^{-1}$	导热系数 λ /W·(m·K)$^{-1}$
铝（Al），$T_m \approx 933$ K				
950	2386	1.298×10^{-3}	1.18	89.9
1000	2371	1.178×10^{-3}		91.8
1050	2356	1.079×10^{-3}		93.6
1100	2341	0.996×10^{-3}		95.3
1150	2326	0.925×10^{-3}		96.9
1200	2311	0.865×10^{-3}		98.4
铜（Cu），$T_m \approx 1358$ K				
1400	7962	3.74×10^{-3}	0.49	153.5
1450	7921	3.46×10^{-3}		157.0
1500	7881	3.21×10^{-3}		160.5
1550	7840	3.00×10^{-3}		164.0
1600	7799	2.81×10^{-3}		167.5
1650	7758	2.65×10^{-3}		171.1
1700	7717	2.50×10^{-3}		174.6
锂（Li），$T_m \approx 454$ K				
454	512	6.1×10^{-4}	4.19	43
500	508	5.9×10^{-4}		44
600	498	5.7×10^{-4}		48
700	489	5.4×10^{-4}		51
800	480	5.2×10^{-4}		54
900	471	4.9×10^{-4}		57
1000	462	4.7×10^{-4}		60
铅（Pb），$T_m \approx 601$ K				
601	10588	2.62×10^{-3}	0.161	15.5
700	10476	2.15×10^{-3}	0.157	17.4
800	10359	2.05×10^{-3}	0.153	19.0
900	10237	1.54×10^{-3}	0.149	20.3
1000	10111	1.32×10^{-3}	0.145	21.5
钾（K），$T_m \approx 337$ K				
337	827	4.7×10^{-4}	0.802	55
400	812	3.9×10^{-4}	0.798	52
500	789	3.0×10^{-4}	0.790	48
600	766	2.3×10^{-4}	0.783	44
700	742	1.8×10^{-4}	0.775	40

续附表 B

温度 T /K	密度 ρ /kg · m^{-3}	动力黏度 μ /Pa · s	定压比热容 c_p /kJ · (kg · K)$^{-1}$	导热系数 λ /W · (m · K)$^{-1}$
800	718	1.6×10^{-4}	0.767	37
900	693	1.4×10^{-4}	0.760	34
1000	669	1.3×10^{-4}	0.752	31
钠（Na），$T_m\approx371$ K				
371	929	7.0×10^{-4}	1.382	88
400	922	6.1×10^{-4}	1.371	87
500	896	4.1×10^{-4}	1.334	82
600	871	3.2×10^{-4}	1.309	76
700	849	2.6×10^{-4}	1.284	72
800	822	2.1×10^{-4}	1.259	67
900	797	1.9×10^{-4}	1.256	63
汞（Hg），$T_m\approx234$ K				
234	13723	2.00×10^{-3}	0.142	7.3
273	13628	1.69×10^{-3}	0.140	8.2
300	13562	1.51×10^{-3}	0.139	8.9
350	13441	1.31×10^{-3}	0.138	10.0
400	13320	1.18×10^{-3}	0.137	11.0
500	13081	1.02×10^{-3}	0.136	12.7
600	12816	0.84×10^{-3}	0.134	14.2
铋（Bi），$T_m\approx545$ K				
545	10069	1.75×10^{-3}	0.143	16.8
600	9997	1.61×10^{-3}	0.145	16.4
700	9867	1.34×10^{-3}	0.150	15.6
800	9752	1.12×10^{-3}	0.154	15.6
900	9636	0.96×10^{-3}	0.159	15.6
1000	9510	0.83×10^{-3}	0.163	15.6

附表 C　一些保温/耐火材料的导热系数与温度的关系

材料名称	材料最高允许温度 T /℃	密度 /kg · m^{-3}	导热系数 /W · (m · ℃)$^{-1}$
超细玻璃棉毡、管	400	18~20	0.033+0.00023T
矿渣棉	550~600	350	0.0674+0.000215T
水泥硅石制品	800	420~450	0.103+0.000198T
水泥珍珠岩制品	600	300~400	0.065+0.000105T
粉煤灰泡沫砖	300	500	0.099+0.0002T
水泥泡沫砖	250	450	0.1+0.0002T
A 级硅藻土制品	900	500	0.0395+0.00019T
B 级硅藻土制品	900	550	0.0477+0.0002T
膨胀珍珠岩	1000	55	0.0424+0.000137T
微孔硅酸钙制品	650	≤250	0.041+0.0002T
耐火黏土砖	1350~1450	1800~2040	(0.7~0.84)+0.00058T
轻质耐火黏土砖	1250~1300	800~1300	(0.29~0.41)+0.00026T
超轻质耐火黏土砖	1150~1300	540~610	0.093+0.00016T
超轻质耐火黏土砖	1100	270~330	0.058+0.00017T
硅砖	1700	1900~1950	0.93+0.0007T
镁砖	1600~1700	2300~2600	2.1+0.00019T
铬砖	1600~1700	2600~2800	4.7+0.00017T

附表 D　一些金属材料的密度、比定压热容和导热系数

材料名称	20 ℃		导热系数/W·(m·℃)$^{-1}$								
	密度 /kg·m^{-3}	比定压热容 /J·(kg·℃)$^{-1}$	20 ℃	100 ℃	200 ℃	300 ℃	400 ℃	600 ℃	800 ℃	1000 ℃	1200 ℃
纯铝	2710	902	236	240	238	234	223	215			
杜拉铝 (96Al-4Cu-微量 Mg)	2790	881	169	188	188	193					
铝合金（92Al-8Mg）	2610	904	107	123	148						
铝合金（87Al-13Si）	2660	871	162	173	176	180					
铍	1850	1758	219	170	145	129	118				
纯铜	8930	386	398	393	389	384	379	366	352		
铝青铜（90Cu-10Al）	8360	420	56	57	66						
青铜（89Cu-11Sn）	8800	343	24.8	28.4	33.2						
黄铜（70Cu-30Zn）	8440	377	109	131	143	145	148				
铜合金（60Cu-40Ni）	8920	410	22.2	23.4							
黄金	19300	127	315	313	310	305	300	287			
纯铁	7870	455	81.1	72.1	63.5	56.5	50.3	39.4	29.6	29.4	31.6
灰铸铁（$w_C \approx 3\%$）	7570	470	39.2	32.4	35.8	37.2	36.6	20.8	19.2		
碳钢（$w_C \approx 0.5\%$）	7840	465	49.8	47.5	44.8	42.0	39.4	34.0	29.0		
铬钢（$w_{Cr} \approx 5\%$）	7830	460	36.1	35.2	34.7	33.5	31.4	23.0	27.2	27.2	27.2
铬钢（$w_{Cr} \approx 13\%$）	7740	460	26.8	27.0	27.0	27.0	27.6	28.4	29.0	29.0	
铬钢（$w_{Cr} \approx 17\%$）	7710	460	22	22.2	22.6	22.6	23.3	24.0	24.8	25.5	
铬钢（$w_{Cr} \approx 26\%$）	7650	460	22.6	23.8	25.5	27.2	28.5	31.8	35.1	38	
铬镍钢 (17～19Cr/9～13Ni)	7830	460	14.7	16.1	17.5	18.8	20.2	22.8	25.5	28.2	30.9
镍钢（$w_{Ni} \approx 1\%$）	7900	460	45.5	46.8	46.1	44.1	41.2	35.7			
镍钢（$w_{Ni} \approx 3.5\%$）	7910	460	36.5	38.8	39.7	39.2	37.8				
镍钢（$w_{Ni} \approx 25\%$）	8030	460	13.0								
镍钢（$w_{Ni} \approx 35\%$）	8110	460	13.8	15.4	17.1	18.6	20.1	23.1			
镍钢（$w_{Ni} \approx 50\%$）	8260	460	19.6	20.5	21.0	21.1	21.3	22.5			
锰钢(12～13Mn/3Ni)	7800	487	13.6	14.8	16.0	17.1	18.3				
锰钢（$w_{Mn} \approx 0.4\%$）	7860	440	51.2	51.0	50.0	47.0	43.5	35.5	27		
钨钢 ($w_W \approx 5\% \sim 6\%$)	8070	436	18.7	19.7	21.0	22.3	23.6	24.9	26.3		
铅	11340	123	35.3	34.3	32.8	31.5					
镁	1730	1020	156	154	152	150					
钼	9590	255	133	135	131	127	123	116	100	103	93.7
镍	8900	444	91.4	82.8	74.2	67.3	64.6	69.0	73.3	77.6	81.9

续附表 D

材料名称	20 ℃		导热系数/W·(m·℃)$^{-1}$								
	密度/kg·m^{-3}	比定压热容/J·(kg·℃)$^{-1}$	20 ℃	100 ℃	200 ℃	300 ℃	400 ℃	600 ℃	800 ℃	1000 ℃	1200 ℃
铂	21450	133	71.4	71.6	72.0	72.8	73.6	76.6	80.0	84.2	88.9
银	10500	234	427	422	415	407	399	384			
锡	7310	228	67	63.2	60.9						
钛	4500	520	22	20.7	19.9	19.5	19.4	19.9			
铀	19070	116	27.4	29.1	31.1	33.4	35.7	40.6	45.6		
锌	7140	388	121	117	112						
锆	6570	276	22.9	21.8	21.2	29.9	21.4	22.3	24.5	26.4	28.0
钨	19350	134	179	166	153	142	134	125	119	114	110

参考文献

[1] 张先棹．冶金传输原理［M］．北京：冶金工业出版社，1988.

[2] 查金荣，陈家镛．传递过程原理及应用［M］．北京：冶金工业出版社，1997.

[3] 舍克里 J. 冶金中的流体流动现象［M］．彭一川，等译．北京：冶金工业出版社，1985.

[4] 盖格 G H，波伊里尔 D R. 冶金中的传热传质现象［M］．俞景禄，魏季和，译．北京：冶金工业出版社，1981.

[5] POIRIER D R，GEIGER G H. Transport phenomena in materials processing［J］．TMS（The Minerals，Metals and Materials Society），1994.

[6] GASKELL D R. An Introduction to Transport Phenomena in Materials Engineering［M］．Macmillan Publishing Company，1992.

[7] THEMELIS N J. Transport and Chemical Rate Phenomena［M］．New York：Gordon and Breach Science Publishers SA，1995.

[8] 方丁酉．两相流动力学［M］．长沙：国防科技大学出版社，1988.

[9] 郑洽馀，鲁钟琪．流体力学［M］．北京：机械工业出版社，1980.

[10] 章梓雄，董增南．粘性流体力学［M］．北京：清华大学出版社，2011.

[11] YUNUS A C，JOHN M C. Fluid Mechanics Fundamentals and Applications［M］．McGraw-Hill Companies，2006.

[12] BERGMAN T L，LAVINE A S，INCROPERA F P，et al. Fundamentals of Heat and Mass Transfer［M］．John Wiley & Sons，2011.

[13] 陶文铨．传热学［M］．北京：高等教育出版社，2019.

[14] 卫斯里荷 J A，克里斯纳 R. 多组分混合物中的质量传递［M］．刘辉，译．北京：化学工业出版社，2006.

[15] 翟玉春．非平衡态热力学［M］．北京：科学出版社，2017.

[16] 肖泽强，朱苗勇．冶金过程数值模拟分析技术的应用［M］．北京：冶金工业出版社，2006.